华章程序员书库

Go Programming from Beginners to Masters

Thinking, Methods and Techniques

Go 语言精进之路

从新手到高手的编程思想、方法和技巧

白明 著

机械工业出版社
CHINA MACHINE PRESS

图书在版编目（CIP）数据

Go 语言精进之路：从新手到高手的编程思想、方法和技巧 .1/ 白明著 . -- 北京：机械工业出版社，2022.1（2023.10 重印）
（华章程序员书库）
ISBN 978-7-111-69821-0

I. ①G… II. ①白… III. ①程序语言－程序设计 IV. ①TP312

中国版本图书馆 CIP 数据核字（2021）第 252234 号

Go 语言精进之路
从新手到高手的编程思想、方法和技巧 1

出版发行：机械工业出版社（北京市西城区百万庄大街 22 号 邮政编码：100037）
责任编辑：陈 洁 罗词亮
责任校对：马荣敏
印 刷：固安县铭成印刷有限公司
版 次：2023 年 10 月第 1 版第 3 次印刷
开 本：186mm×240mm 1/16
印 张：27
书 号：ISBN 978-7-111-69821-0
定 价：99.00 元

客服电话：（010）88361066 68326294

Preface 推荐序

既然你翻开了这本关于 Go 语言的书，那就说明你对 Go 语言有兴趣，打算学习一下 Go 语言。不过，在你继续翻阅之前，我先问你一个问题："你觉得 Go 语言简单吗？"

简单？不简单？

对于这个问题，有的人会说 Go 语言很简单，一个晚上就能学完所有语法，也有人会说 Go 语言不简单，要做到运用自如需要大量磨炼。

为什么会有两个截然不同的答案？因为他们回答的其实并不是同一个问题。真正的问题是：

- Go 语言入门简单吗？简单！
- Go 语言精通简单吗？不简单！

从入门到精通的路有多远呢？大概相当于从学会说话到写文章发表的距离吧！能说话的人有的是，一般一岁的小朋友就可以做到。但能写文章发表的人有多少呢？即便是在自媒体如此发达的今天，能够利用文字表达自己的也只有少数人，大多数人只能作为信息的接收者。

同样，入门的程序员数量庞大，但真正精通的程序员却为数不多。一个有追求的程序员绝不满足于会写 Hello World，他会望向那座叫作"精通"的高峰，但怎样攀上高峰是摆在很多人面前的现实问题。

要精通一门语言，最好的方式是跟着一个已经精通这门语言的人系统学习。然而，并不是每个人都有这样的机会。不是每个人身边都有一位精通这门语言的高手，即便有，高手也不见得有意愿、有能力把自己的知识体系整理出来，倾囊相授。好在这个世界上还有很多高手乐于分享，把知识系统地整理了出来，我们才有机会向他们学习。

从入门到进阶

入门的书与进阶的书有哪些不同呢？**入门的书一般讲的是语言本身**，按照一个合适的顺序介绍语法规范中的各种细节，最多再增加一些标准库的使用方式就够了。各种语言的差异无非是语法和标准库数量的多寡，基本结构大体类似。

对于编程新手而言，难的并不是掌握这些语法和标准库，而是建立一种思维方式。你只要学会了任何一门程序设计语言，通过了建立思维方式的关卡，再去学习一门新的程序设计语言，就只需要学习具体的语法和一些这门语言特有的知识。所以，程序员通常是“一专多能”的，除了自己最拿手的那门语言，还会使用很多门其他的语言，而更厉害的家伙甚至是“多专多能”的。

那一本进阶的书能告诉我们什么呢？**它会告诉我们一个生态**。如果说入门书是在练习场上模拟，那么进阶的书就是在真实战场上拼杀。在真实世界中编写代码解决的不再是一个个简单的问题，而是随着需求不断膨胀的复杂问题。我们编写的不是“写过即弃”的代码，所以必须面对真实的问题，比如如何做设计，如何组织代码，如何管理第三方的程序库，等等。这些在很多人眼中琐碎的问题其实是我们每日都要面对的问题，很多技术团队正是因为没有遵循这些方面的最佳实践而陷入了无尽的深渊。而这些内容显然超出了语言本身的范畴，属于生态的范围。

进阶的书很重要，然而，写好进阶的书却不是一件容易的事。一个初出茅庐的程序员就可以写入门书，而只有经验丰富的程序员才能写出进阶的书。这种经验不仅在于写了很多年代码，还在于能够向行业动态看齐。只有这样，写出来的才不是个人偏见，而是行业共识。

如果你是一名 Go 程序员，而且不满足于在入门水平徘徊，那么这就是为你准备的一本进阶书。

一个高手，一本进阶书

本书的作者白明是一位有超过十年系统编程经验的资深程序员。这里说的程序员指的是那些真正热爱编程，把编程当作一门手艺不断打磨的人。虽然他有着诸如架构师之类的头衔，但骨子里他依然是个不断精进的程序员。

他刚刚开始工作时我们就相识了，那时他就是一个热爱编程的人，时隔多年依然如故。他刚开始用 C 语言写通信网关这种有着各种严苛要求的软件，但一直在寻找更好的工具。Go 的出现让他眼前一亮：一方面，Go 与 C 一脉相承，有着共同的创造者；另一方面，Go 引入了一些更加现代的特性，让它更适合大规模开发。于是，白明把自己更多的时间献给了 Go。一晃十多年过去，Go 由他最初的个人爱好变成了他日常工作中使用的语言。

除了在工作中使用 Go，白明还是一位非常积极的分享者，经常在 Go 社区分享内容。他不仅主导了一个叫 Gopher 部落的技术社群，还坚持把自己收集到的资料整理成 Gopher 日报，此外，也在 GopherChina 这样的技术大会上做过主题演讲。目前，中文社区内最好的 Go 语言入门教程《Tony Bai · Go 语言第一课》就出自白明之手。

如果由一个既有丰富实战经验又有丰富分享经验的人来写一本 Go 语言的进阶书，这会是 Go 社区的幸运，而你手上的就是这样一本书。

这本书完全符合我对一本进阶书的定义，在这里你会看到 Go 语言的生态，你会了解到关于写好 Go 项目的种种知识。如果说这本书有什么缺点，那就是它太厚了，不过，这恰恰是白明经验丰富的体现。没办法，真实世界就是这么复杂。

如果你能坚持把这本书读完，把其中的知识内化为自己的行动，你的 Go 项目开发之路将由荆棘密布变成一片坦途，对路上的种种你都会有似曾相识的感觉。

祝你阅读愉快，开发愉快！

郑晔

《10×程序员工作法》专栏作者 / 前火币网首席架构师 /

前 Thoughtworks 首席咨询师

前　言 Introduction

为什么要写本书

Go 是 Google 三位大师级人物 Robert Griesemer、Rob Pike 及 Ken Thompson 共同设计的一种静态类型、编译型编程语言。它于 2009 年 11 月正式开源，一经面世就凭借语法简单、原生支持并发、标准库强大、工具链丰富等优点吸引了大量开发者。经过十余年演进和发展，Go 如今已成为主流云原生编程语言，很多云原生时代的杀手级平台、中间件、协议和应用都是采用 Go 语言开发的，比如 Docker、Kubernetes、以太坊、Hyperledger Fabric 超级账本、新一代互联网基础设施协议 IPFS 等。

Go 是一门特别容易入门的编程语言，无论是刚出校门的新手还是从其他编程语言转过来的老手，都可以在短时间内快速掌握 Go 语法并编写 Go 代码。但很多 Go 初学者的疑问是：**Go 入门容易，但精进难，怎么才能像 Go 开发团队那样写出符合 Go 思维和语言惯例的高质量代码呢？** 这个问题引发了我的思考。在 2017 年 GopherChina 大会上，我以演讲的形式初次尝试回答这个问题，但鉴于演讲的时长有限，很多内容没能展开，效果不甚理想。而本书正是我对解答这个问题所做出的第二次尝试。

我这次解答的思路有两个。

- **思维层面**：写出高质量 Go 代码的前提是思维方式的进阶，即用 Go 语言的思维写 Go 代码。
- **实践技巧层面**：Go 标准库和优秀 Go 开源库是挖掘符合 Go 惯用法的高质量 Go 代码的宝库，对其进行阅读、整理和归纳，可以得到一些能够帮助我们快速进阶的有效实践。

本书正是基于以上思路为想实现 Go 精进但又不知从何入手的你而写的。

首届图灵奖得主、著名计算机科学家 Alan J. Perlis 曾说过："不能影响到你的编程思维方式的编程语言不值得学习和使用。"由此可见编程思维对编程语言学习和应用的重要性。只有真正领悟了一门编程语言的设计哲学和编程思维，并将其应用到日常编程当中，你才算真正精通了这门编程语言。

因此，本书将首先带领大家回顾 Go 语言的演进历程，一起了解 Go 语言设计者在设计 Go 语言时的所思所想，与他们产生思维上的共鸣，深刻体会那些看似随意实则经过深思熟虑的设计。

接下来，本书将基于对 Go 开发团队、Go 社区高质量代码的分析与归纳，从项目结构和代码风格、基础语法、函数、方法、接口、并发、错误处理、测试与性能优化、标准库、工具链等多个方面，给出改善 Go 代码质量、写出符合 Go 思维和惯例的代码的箴言。

学习了本书中的这些箴言，你将拥有和 Go 专家一样的 Go 编程思维，写出符合 Go 惯例风格的高质量 Go 代码，从众多 Go 初学者中脱颖而出，快速实现从 Go 编程新手到专家的转变！

读者对象

本书主要适合以下人员阅读：

- 迫切希望在 Go 语言上精进并上升到新层次的 Go 语言初学者；
- 希望写出更符合 Go 惯用法的高质量代码的 Go 语言开发者；
- 有 Go 语言面试需求的在校生或 Go 语言求职者；
- 已掌握其他编程语言且希望深入学习 Go 语言的开发者。

本书特色

本书的特色可以概括为以下几点。

- **进阶必备**：精心总结的编程箴言助你掌握高效 Go 程序设计之道。
- **高屋建瓴**：Go 设计哲学与编程思想先行。
- **深入浅出**：原理深入，例子简明，讲解透彻。
- **图文并茂**：大量图表辅助学习，重点、难点轻松掌控。

如何阅读本书

本书内容共分为十部分，限于篇幅，分为两册出版，即《Go 语言精进之路：从新手到高手的编程思想、方法和技巧 1》和《Go 语言精进之路：从新手到高手的编程思想、方法和技巧 2》。其中，第 1 册包含第一～七部分，第 2 册包含第八～十部分。

- **第一部分　熟知 Go 语言的一切**

本部分将带领读者穿越时空，回顾历史，详细了解 Go 语言的诞生、演进以及发展现状。通过归纳总结 Go 语言的设计哲学和原生编程思维，让读者站在语言设计者的高度理解 Go 语言与众不同的设计，认同 Go 语言的设计理念。

- **第二部分　项目结构、代码风格与标识符命名**

每种编程语言都有自己惯用的代码风格，而遵循语言惯用风格是编写高质量 Go 代码的必要条件。本部分详细介绍了得到公认且广泛使用的 Go 项目的结构布局、代码风格标准、标识符命名惯例等。

- **第三部分　声明、类型、语句与控制结构**

本部分详述基础语法层面高质量 Go 代码的惯用法和有效实践，涵盖无类型常量的作用、定义 Go 的枚举常量、零值可用类型的意义、切片原理以及高效的原因、Go 包导入路径的真正含义等。

- **第四部分　函数与方法**

函数和方法是 Go 程序的基本组成单元。本部分聚焦于函数与方法的设计和实现，涵盖 init 函数的使用、跻身“一等公民”行列的函数有何不同、Go 方法的本质等。

- **第五部分　接口**

接口是 Go 语言中的“魔法师”。本部分聚焦于接口，涵盖接口的设计惯例、使用接口类型的注意事项以及接口类型对代码可测试性的影响等。

- **第六部分　并发编程**

Go 以其轻量级的并发模型而闻名。本部分详细介绍 Go 基本执行单元——goroutine 的调度原理、Go 并发模型以及常见并发模式、Go 支持并发的原生类型——channel 的惯用模式等内容。

- **第七部分　错误处理**

Go 语言十分重视错误处理，它有着相对保守的设计和显式处理错误的惯例。本部分涵盖 Go 错误处理的哲学以及在这套哲学下一些常见错误处理问题的优秀实践。

- **第八部分　测试、性能剖析与调试**

Go 自带强大且为人所称道的工具链。本部分详细介绍 Go 在单元测试、性能基准测试与性能剖析以及代码调试方面的最佳实践。

- **第九部分　标准库、反射与 cgo**

Go 拥有功能强大且质量上乘的标准库，在多数情况下仅使用标准库即可实现应用的大部分功能，这大幅降低了学习成本以及代码依赖的管理成本。本部分详细说明高频使用的标准库包（如 net/http、strings、bytes、time 等）的正确使用方式，以及在使用 reflect 包、cgo 时的注意事项。

- **第十部分　工具链与工程实践**

本部分涵盖在使用 Go 语言进行大型软件项目开发的过程中，我们很有可能会遇到的一些工程问题的解决方法，包括使用 go module 进行 Go 包依赖管理、Go 程序容器镜像、Go 相关工具使用以及 Go 语言的避“坑”指南。

勘误和支持

由于作者水平有限，写作时间仓促，以及技术的不断更新和迭代，书中难免会存在一些错误或者不准确的地方，恳请读者批评指正。书中的源文件可以从 https://github.com/bigwhite/GoProgrammingFromBeginnerToMaster 下载。如果你有更多的宝贵意见，欢迎发送邮件至邮箱 bigwhite.cn@aliyun.com，期待你的真挚反馈。

致谢

感谢机械工业出版社的编辑杨福川与罗词亮，在这一年多的时间里，他们的支持与鼓励让我顺利完成全部书稿。

谨以此书献给 Go 语言社区的关注者和建设者！

白明

2021 年 12 月

Table of Contents 目　录

第四部分 函数与方法

第五部分 接口

第六部分 并发编程

第七部分 错误处理

（以上为本书内容，以下为第 2 册内容。）

第一部分 Part 1

熟知Go语言的一切

本部分为全书的开篇。在本部分中，笔者将和读者一起穿越时空，回顾历史，详细了解Go语言的诞生、演进以及今天的发展，归纳总结Go语言的设计哲学；和读者一起站在语言设计者的高度去理解Go语言与众不同的设计，深刻体会Go设计者在那些看似陈旧、实则经过深思熟虑的设计上的付出。希望经过本部分的学习，读者能在更高层次上与Go语言的设计者形成共鸣，产生认同感。这种认同会在你后续的Go语言学习和精进之路上持续激发你的热情，帮助你快速领悟Go语言原生编程思维，并更快、更好地达成编写出高质量Go代码的目标。

Suggestion 1 第 1 条

了解 Go 语言的诞生与演进

Go 语言诞生于何时？它的最初设计者是谁？它为什么被命名为 Go？它的设计目标是什么？它如今发展得怎么样？带着这些问题，我们一起穿越时空，回到 2007 年 9 月 Go 语言诞生的那一历史时刻吧。

1.1 Go 语言的诞生

2007 年 9 月 20 日的下午，在谷歌山景城总部的一间办公室里，谷歌的大佬级程序员 Rob Pike[一]启动了一个 C++ 工程的编译构建。按照以往的经验判断，这次构建大约需要一个小时。利用这段时间，Rob Pike 与谷歌的另两个大佬级程序员 Robert Griesemer[二]和 Ken Thompson[三]（见图 1-1）进行了一次有关设计一门新编程语言的讨论，而这次讨论成为 Go 语言诞生的“导火索”。

当时的谷歌内部主要使用 C++ 语言构建各种系统，但 C++ 复杂性高，编译构建速度慢，在编写服务端程序时不便支持并发。诸如此类的一些问题让三位大佬产生了设计一门新编程语言的想法。在他们的初步构想中，这门新语言应该是能够给程序员带来快乐、匹配未来硬件发展趋势并适合用来开发谷歌内部大规模程序的。

趁热打铁！在第一天的简短讨论后，第二天三人又在总部的一间名为 Yaounde 的会议室里开了一场有关这门新语言具体设计的会议。会后的第二天，Robert Griesemer 发出了一封题为“prog lang discussion”的电邮[四]。这封电邮将这些天来三人对这门新编程语言的功能特性的讨论

㊀ Rob Pike，贝尔实验室早期成员，参与了 Plan 9 操作系统、C 编译器以及多种语言编译器的设计和实现，UTF-8 编码的发明人之一。

㊁ Robert Griesemer，Java 的 HotSpot 虚拟机和 Chrome 浏览器的 JavaScript V8 引擎的设计者之一。

㊂ Ken Thompson，图灵奖得主，Unix 之父，C 语言的发明人之一。

㊃ https://talks.golang.org/2015/gophercon-goevolution.slide#8

结果做了归纳总结，其主要思路是：在 C 语言的基础上，修正一些明显的缺陷，删除一些被诟病较多的特性，增加一些缺失的功能。具体功能和特性如下。

图 1-1　Go 语言之父（从左到右分别是 Robert Griesemer、Rob Pike 和 Ken Thompson）

- 使用 import 替代 include。
- 去掉宏（macro）。
- 理想情况是用一个源文件替代 .h 和 .c 文件，模块的接口应该被自动提取出来（而无须手动在 .h 文件中声明）。
- 语句像 C 语言一样，但需要修正 switch 语句的缺陷。
- 表达式像 C 语言一样，但有一些注意事项（比如是否需要逗号表达式）。
- 基本上是强类型的，但可能需要支持运行时类型。
- 数组应该总是有边界检查。
- 具备垃圾回收的机制。
- 支持接口（interface）。
- 支持嵌套和匿名函数 / 闭包。
- 一个简单的编译器。
- 各种语言机制应该能产生可预测的代码。

这封电邮成为这门新语言的第一版设计稿，三位大佬在这门语言的一些基础语法特性上初步达成一致。

2007 年 9 月 25 日，Rob Pike 在一封回复电邮中把这门新编程语言命名为 go[1]。在 Rob Pike 的心目中，go 这个单词短小、容易输入并且在组合其他字母后便可以用来命名 Go 相关的工具，比如编译器（goc）、汇编器（goa）、链接器（gol）等。（go 的早期版本曾如此命名，但后续版本撤销了这种命名方式，仅保留 go 这一统一的工具链名称。）很多 Go 语言初学者经常称这门语言为 golang，其实这是不对的：golang 仅应用于命名 Go 语言官方网站，当时之所以使用 golang.org 作为 Go 语言官方域名，是因为 go.com 已经被迪士尼公司占用了。

---

[1] Rob Pike 将新语言命名为 Go：https://commandcenter.blogspot.com/2017/09/go-ten-years-and-climbing.html。

1.2 Go 语言的早期团队和演进历程

经过早期讨论，Go 语言的三位作者在语言设计上达成初步一致，之后便开启了 Go 语言迭代设计和实现的过程。

2008 年年初，Unix 之父 Ken Thompson 实现了第一版 Go 编译器，用于验证之前的设计。这个编译器先将 Go 代码转换为 C 代码，再由 C 编译器编译成二进制文件。

到 2008 年年中，Go 的第一版设计基本结束了。这时，同样在谷歌工作的 Ian Lance Taylor 为 Go 语言实现了一个 GCC 的前端，这也是 Go 语言的第二个编译器。

Ian Lance Taylor 的这一成果让三位作者十分喜悦，也很震惊。因为这对 Go 项目来说不仅仅是鼓励，更是一种对语言可行性的证明。Go 语言的这第二个实现对确定语言规范和标准库是至关重要的。随后，Ian Lance Taylor 以第四位成员的身份正式加入 Go 语言开发团队，并在后面的 Go 语言发展进程中成为 Go 语言及工具设计和实现的核心人物之一。

Russ Cox 也是在 2008 年加入刚成立不久的 Go 语言开发团队的，他是 Go 核心开发团队的第五位成员，他的一些天赋随即在 Go 语言设计和实现中展现出来。Russ Cox 利用函数类型也可以拥有自己的方法这个特性巧妙设计出了 http 包的 HandlerFunc 类型，这样通过显式转型即可让一个普通函数成为满足 http.Handler 接口的类型。Russ Cox 还在当时设计的基础上提出了一些更通用的想法，比如奠定了 Go 语言 I/O 结构模型的 io.Reader 和 io.Writer 接口。在 Ken Thompson 和 Rob Pike 先后淡出 Go 语言核心决策层后，Russ Cox 正式接过两位大佬的衣钵，成为 Go 核心技术团队的负责人。

1.3 Go 语言正式发布并开源

2009 年 10 月 30 日，Rob Pike 在 Google Techtalk 上做了一次有关 Go 语言的演讲“The Go Programming Language”[1]，首次将 Go 语言公之于众。

Go 语言项目在 2009 年 11 月 10 日正式开源，这一天也被 Go 官方确定为 Go 语言诞生日。Go 语言项目的主代码仓库位于 go.googlesource.com/go。最初 Go 语言项目在 code.google.com 上建立了镜像仓库，几年后镜像仓库迁移到了 GitHub 上[2]。

开源后的 Go 语言吸引了全世界开发者的目光。再加上 Go 的三位作者在业界的影响力以及谷歌的加持，越来越多有才华的程序员加入 Go 开发团队，越来越多贡献者开始为 Go 语言项目添砖加瓦。于是，Go 在发布的当年（2009 年）就成为著名编程语言排行榜 **TIOBE 的年度最佳编程语言**。

在 Go 开源后，一些技术公司，尤其是云计算领域的大厂以及初创公司，成为 Go 语言的早期接纳者。经过若干年的磨合，在这些公司中诞生了众多“杀手级”或示范性项目，如容器引擎 Docker、云原生事实标准平台 Kubernetes、服务网格 Istio、区块链公链以太坊（Ethereum）、

[1] https://github.com/golang/talks/blob/master/2009/go_talk-20091030.pdf

[2] https://github.com/golang/go

联盟链超级账本（Hyperledger Fabric）、分布式关系型数据库 TiDB 和 CockroachDB、云原生监控系统 Prometheus 等。这些项目也让 Go 被誉为“云计算基础设施编程语言”。Go 在近些年云原生领域的广泛应用也让其跻身云原生时代的头部编程语言。

在发布后，Go 语言拥有了自己的“吉祥物”（mascot）——一只由 Rob Pike 的夫人 Renee French 设计的地鼠（见图 1-2），从此地鼠成为世界各地 Go 程序员的象征。Go 程序员也被昵称为 Gopher（后文会直接使用 Gopher 指代 Go 语言开发者），Go 语言官方技术大会被称为 GopherCon。国内最负盛名的 Go 技术大会同样以 Gopher 命名，被称为 GopherChina。

图 1-2　Go 语言的吉祥物

小结

了解一门编程语言的诞生历史和早期演进史，有助于程序员在学习这门语言时产生或加深对语言的认同感，从而更热情地投入到这门语言的学习和使用当中。同时，这种认同感也能促进程序员在后续的实践中形成语言的原生思维（如 Go 语言思维），从而更加高效地利用这门语言进行编程，解决实际问题。

Suggestion 2 第2条

选择适当的Go语言版本

了解Go语言的版本发布历史以及不同版本的主要变动点，有助于程序员根据自身实际情况选择最合适的Go版本。

2.1 Go语言的先祖

和绝大多数编程语言相似，**Go语言也是“站在巨人的肩膀上的”**，正如图2-1所示，Go继承了诸多编程语言的特性。

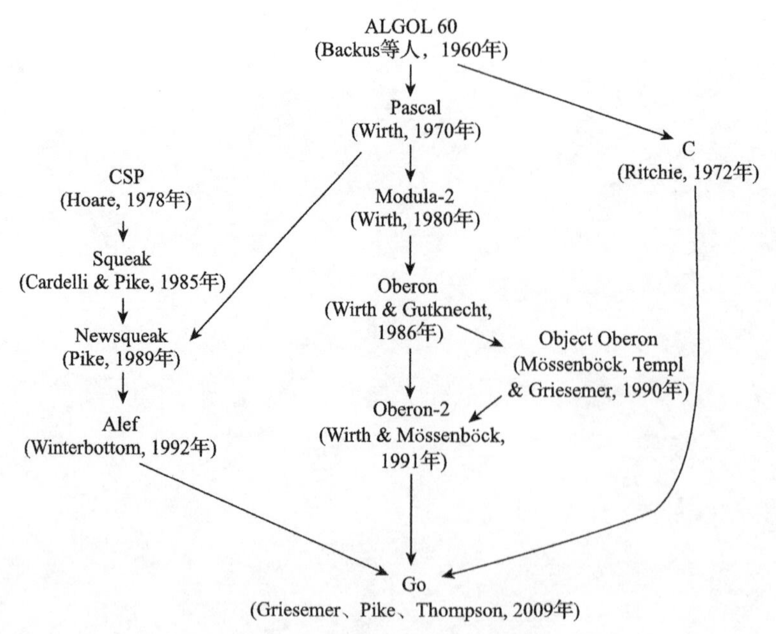

图2-1　Go语言的先祖（图片来自《Go程序设计语言》一书）

Go 的基本语法参考了 C 语言，Go 是“C 家族语言”的一个分支；而 Go 的声明语法、包概念则受到了 Pascal、Modula、Oberon 的启发；一些并发的思想则来自受到 Tony Hoare 教授 CSP 理论[⊖]影响的编程语言，比如 Newsqueak 和 Limbo。

2.2　Go 语言的版本发布历史

2009 年 11 月 10 日，Go 语言正式对外发布并开源。之后，Go 语言在一段时间内采用了 Weekly Release 的模式，即每周发布一个版本。目前我们在 Go 语言的 GitHub 官方仓库中仍能找到早期的 Weekly Release 版本，比如 weekly.2009-11-06。Go 语言的版本发布历史如下。

- 从 2011 年 3 月 7 日开始，除了 Weekly Release，Go 项目还会每月发布一次，即 Monthly Release，比如 release.r56，这种情况一直延续到 Go 1.0 版本发布之前。
- 2012 年 3 月 28 日，Go 1.0 正式发布。同时 Go 官方发布了“Go1 兼容性”承诺：只要符合 Go1 语言规范的源代码，Go 编译器将保证向后兼容（backwards compatible），即使用新版编译器可以正确编译使用老版本语法编写的代码。
- 2013 年 5 月 13 日，Go 1.1 版本发布，其主要的变动点如下。
  - 新增 method value 语法：允许将方法绑定到一个特定的方法接收者（receiver）实例上，从而形成一个函数（function）。
  - 引入“终止语句”（terminating statement）的概念。
  - 将 int 类型在 64 位平台上的内部表示的字节数升为 8 字节，即 64 比特。
  - 更为精确的堆垃圾回收器（Heap GC），尤其是针对 32 位平台。
- 2013 年 12 月 1 日，Go 1.2 版本发布。从 Go 1.2 开始，Go 开发组启动了以每 6 个月为一个发布周期的发布计划。Go 1.2 版本的主要变动点包括：
  - 增加全切片表达式（Full slice expression）：a[low: high: max]；
  - 实现了在部分场景下**支持抢占的 goroutine 调度器**（利用在函数入口插入的调度器代码）；
  - go test 新增 -cover 标志，用于计算测试覆盖率。
- 2014 年 6 月 18 日，Go 1.3 版本发布，其主要的变动点包括：
  - 支持更多平台，如 Solaris、Dragonfly、Plan 9 和 NaCl 等；
  - goroutine 的栈模型从分段栈（segmented stack）改为了连续栈（contiguous stack），**改善 Hot stack split 问题**；
  - 更为精确的栈垃圾回收器（Stack GC）。
- 2014 年 12 月 10 日，Go 1.4 版本发布。Go 1.4 也是最后一个编译器和运行时由 C 语言实现的版本。其主要的变动点包括：
  - 新增 for range x {...} 形式的 for-range 语法；

⊖ https://www.cs.cmu.edu/~crary/819-f09/Hoare78.pdf

- 使用Go语言替换运行时的部分C语言实现，这使GC变得全面精确；
- 由于连续栈的应用，goroutine的默认栈大小从8kB减小为2kB；
- 增加internal package机制；
- 增加canonical import path机制；
- 新增go generate子命令，用于辅助实现代码生成；
- 删除Go源码树中的src/pkg/xxx中的pkg这一级别，直接使用src/xxx。

❑ 2015年8月19日，Go 1.5版本发布。Go 1.5是Go语言历史上的一个**具有里程碑意义的重要版本**。因为从这个版本开始，**Go实现了自举**，即无须再依赖C编译器。然而Go编译器的性能比Go 1.4的C实现有了较大幅度的下降。其主要的变动点包括：
- Go编译器和运行时全部使用Go重写，原先的C代码实现被彻底移除；
- 跨平台编译Go程序更为简洁，只需设置两个环境变量——GOARCH和GOOS即可；
- 支持map类型字面量（literal）；
- GOMAXPROCS的初始默认值由1改为运行环境的CPU核数；
- 大幅度优化GC延迟，在多数情况下GC停止世界（Stop The World）的时间短于10ms；
- 增加vendor机制，改善Go包依赖管理；
- 增加go tool trace子命令；
- go build增加-buildmode命令选项，支持将Go代码编译为共享库（shared library）的形式。

❑ 2016年2月17日，Go 1.6版本发布，其主要的变动点包括：
- 进一步优化GC延迟，实现Go程序在占用大内存的情况下，其GC延迟时间仍短于10ms；
- 自动支持HTTP/2；
- 定义了在C代码中共享Go指针的规则。

❑ 2016年8月15日，Go 1.7版本发布，其主要的变动点包括：
- 针对x86-64实现了SSA后端，使得编译出的二进制文件大小减小20%～30%，而运行效率提升5%～35%；
- Go编译器的性能比Go 1.6版本提升近一倍；
- go test支持subtests和sub-benchmarks；
- 标准库新增context包。

❑ 2017年2月16日，Go 1.8版本发布，其主要的变动点包括：
- 支持在仅tags不同的两个struct之间进行显式类型转换；
- 标准库增加sort.Slice函数；
- 支持HTTP/2 Push机制；
- 支持HTTP Server优雅退出；
- 增加了对Mutex和RWMutex的profiling（剖析）支持；

    - 支持 Go plugins，增加 plugin 包；
    - 支持默认的 GOPATH 路径（$HOME/go），无须再显式设置；
    - 进一步优化 SSA 后端代码，程序平均性能提升 10% 左右；
    - Go 编译器性能进一步提升，平均编译链接的性能提升幅度在 15% 左右；
    - GC 的延迟进一步降低，GC 停止世界（Stop The World）的时间通常不超过 100μs，甚至不超过 10μs；
    - 优化 defer 的实现，使得其性能损耗降低了一半。
- 2017 年 8 月 25 日，Go 1.9 版本发布，其主要的变动点包括：
    - 新增了 type alias 语法；
    - 在原来支持包级别的并发编译的基础上实现了包函数级别的并发编译，使得 Go 编译性能有 10% 左右的提升；
    - 大内存对象分配性能得到显著提升；
    - 增加了对单调时钟（monotonic clock）的支持；
    - 提供了一个支持并发的 Map 类型——sync.Map；
    - 增加 math/bits 包，将高性能位操作实现收入标准库。
- 2018 年 2 月 17 日，Go 1.10 版本发布，其主要的变动点包括：
    - 支持默认 GOROOT，开发者无须显式设置 GOROOT 环境变量；
    - 增加 GOTMPDIR 环境变量；
    - 通过 cache 大幅提升构建和 go test 执行的性能，并基于源文件内容是否变化判定是否使用 cache 中的结果；
    - 支持 Unicode 10.0 版本。
- 2018 年 8 月 25 日，Go 1.11 版本发布。Go 1.11 是 Russ Cox 在 GopherCon 2017 大会上发表题为“Toward Go 2”的演讲之后的第一个 Go 版本，它与 Go 1.5 版本一样也是具有里程碑意义的版本，因为它引入了新的 Go 包管理机制：Go module。Go module 在 Go 1.11 中的落地为后续 Go 2 相关提议的渐进落地奠定了良好的基础。该版本主要的变动点包括：
    - 引入 Go module，为 Go 包依赖管理提供了创新性的解决方案；
    - 引入对 WebAssembly 的支持，让 Gopher 可以使用 Go 语言来开发 Web 应用；
    - 为调试器增加了一个新的实验功能——允许在调试过程中动态调用 Go 函数。
- 2019 年 2 月 25 日，Go 1.12 版本发布，其主要的变动点包括：
    - 对 Go 1.11 版本中增加的 Go module 机制做了进一步优化；
    - 增加对 TLS 1.3 的支持；
    - 优化了存在大量堆内存（heap）时 GC 清理环节（sweep）的性能，使得一次 GC 后的内存分配延迟得以改善；
    - 运行时更加积极地将释放的内存归还给操作系统，以应对大块内存分配无法重用已存在堆空间的问题；

- ■ 该版本中 Build cache 默认开启并成为必需功能。

- ❑ 2019 年 9 月 4 日，Go 1.13 版本发布，其主要的变动点包括：
  - ■ 增加以 0b 或 0B 开头的二进制数字字面量形式（如 0b111）。
  - ■ 增加以 0o 或 0O 开头的八进制数字字面量形式（如 0o700）。
  - ■ 增加以 0x 或 0X 开头的十六进制浮点数字面量形式（如 0x123.86p+2）。
  - ■ 支持在数字字面量中通过数字分隔符“_”提高可读性（如 a := 5_3_7）。
  - ■ 取消了移位操作（>> 和 <<）的右操作数只能是无符号数的限制。
  - ■ 继续对 Go module 机制进行优化，包括：当 GO111MODULE=auto 时，无论是在 $GOPATH/src 下还是 $GOPATH 之外的仓库中，只要目录下有 go.mod，Go 编译器就会使用 Go module 来管理依赖；GOPROXY 支持配置多个代理，默认值为 https://proxy.golang.org,direct；提供了 GOPRIVATE 变量，用于指示哪些仓库下的 module 是私有的，即既不需要通过 GOPROXY 下载，也不需要通过 GOSUMDB 去验证其校验和。
  - ■ Go 错误处理改善：在标准库中增加 errors.Is 和 errors.As 函数来解决错误值（error value）的比较判定问题，增加 errors.Unwrap 函数来解决 error 的展开（unwrap）问题。
  - ■ defer 性能提升 30%。
  - ■ 支持的 Unicode 标准从 10.0 版本升级到 Unicode 11.0 版本。
- ❑ 2020 年 2 月 26 日，Go 1.14 版本发布，其主要的变动点包括：
  - ■ 嵌入接口的方法集可重叠；
  - ■ 基于系统信号机制实现了异步抢占式的 goroutine 调度；
  - ■ defer 性能得以继续优化，理论上有 30% 的性能提升；
  - ■ Go module 已经生产就绪，并支持 subversion 源码仓库；
  - ■ 重新实现了运行时的 timer；
  - ■ testing 包的 T 和 B 类型都增加了自己的 Cleanup 方法。
- ❑ 2020 年 8 月 12 日，Go 1.15 版本发布，其主要的变动点包括：
  - ■ GOPROXY 环境变量支持以管道符为分隔符的代理值列表；
  - ■ module 的本地缓存路径可通过 GOMODCACHE 环境变量配置；
  - ■ 运行时优化，将小整数（[0, 255]）转换为 interface 类型值时将不会额外分配内存；
  - ■ 支持更为现代化的新版链接器，在 Go 1.15 版本中，新版链接器的性能相比老版本可提高 20%，内存占用减少 30%；
  - ■ 增加 tzdata 包，可以用于操作附加到二进制文件中的时区信息。
- ❑ 2021 年 2 月 18 日，Go 1.16 版本发布，其主要的变动点包括：
  - ■ 支持苹果的 M1 芯片（通过 darwin/arm64 组合）；
  - ■ Go module-aware 模式成为默认构建模式，即 GO111MODULE 值默认为 on；
  - ■ go build/run 命令不再自动更新 go.mod 和 go.sum 文件；
  - ■ go.mod 中增加 retract 指示符以支持指示作废 module 的某个特定版本；

- 引入 GOVCS 环境变量，控制获取 module 源码所使用的版本控制工具；
- GODEBUG 环境变量支持跟踪包 init 函数的消耗；
- Go 链接器得到进一步的现代化改造，相比于 Go 1.15 版本的链接器，新链接器的性能有 20%～25% 的提升，资源占用下降 5%～15%，更为直观的是，编译出的二进制文件大小下降 10% 以上；
- 新增 io/fs 包，建立 Go 原生文件系统抽象；
- **新增 embed 包**，作为在二进制文件中嵌入静态资源文件的官方方案。

2.3　Go 语言的版本选择建议

如今，Go 团队已经将版本发布节奏稳定在每年发布两次大版本上，一般是在 2 月和 8 月。Go 团队承诺对最新的两个 Go 稳定大版本提供支持，比如目前最新版本是 Go 1.16，那么 Go 团队会为 Go 1.16 和 Go 1.15 版本提供支持。如果 Go 1.17 版本发布，那么支持的版本将变成 Go 1.17 和 Go 1.16。支持的范围主要包括修复版本中存在的重大问题、文档变更及安全问题更新等。

Go 开发团队发布的 Go 语言稳定版本的平均质量一直是很高的，少有影响使用的重大 bug。Go 开发团队一直**建议大家使用最新的发布版**。Google 的自有产品，比如 Google App Engine（以下简称为 GAE），也向来是这方面的“急先锋”——一般在 Go 新版本发布不久后，GAE 便会宣布支持最新版本的 Go。

开源社区对 Go 版本的选择策略并不相同。有的开源项目采纳了 Go 团队的建议，在 Go 最新版本发布不久就将当前项目的 Go 编译器版本升级到最新版，比如 Kubernetes 项目；而有的开源项目（如 Docker 项目）则比较谨慎，在 Go 开发团队发布 Go 1.16 版本之后，这些项目可能还在使用两个发布周期之前的版本（如 Go 1.14）；而多数项目处于两者之间，即使用最新版本之前的那个版本。比如：当前最新版本为 Go 1.16，那么这些项目会使用 Go 1.15 版本的最新补丁版本（Go 1.15.x），直到发布 Go 1.17，这些项目才会切换到 Go 1.16 的最新补丁版本（Go 1.16.x）。如果你不是那么“激进”，可以采用最后这种版本选择策略。

小结

在这一条中，我们简单回顾了 Go 语言自诞生至今所有重大版本的功能特性和版本意义。了解 Go 版本的演进情况以及不同版本的功能特性变动点，有助于我们在学习中或在项目开发中选择最适合自己的 Go 版本。此外，我们还了解了 Go 社区在 Go 版本选择和升级方面的几种策略，大家可以根据实际情况选择最适合自己的策略。

Suggestion 3 第3条

理解Go语言的设计哲学

从Go语言诞生的那一刻起至今已经有十多年了，Go语言的魅力使得其在世界范围内拥有百万级的拥趸。那么究竟是什么让大量的开发人员开始学习Go语言或从其他语言转向Go语言呢？笔者认为，Go语言的魅力就来自Go语言的设计哲学。

关于Go语言的设计哲学，Go语言之父们以及Go开发团队并没有给出明确的官方说法。在这里笔者将根据自己对他们以及Go社区主流观点和代码行为的整理、分析和总结，列出4条Go语言的设计哲学。理解这些设计哲学将对读者形成Go原生编程思维、编写高质量Go代码起到积极的作用。

3.1 追求简单，少即是多

简单是一种伟大的美德，但我们需要更艰苦地努力才能实现它，并需要经过一个教育的过程才能去欣赏和领会它。但糟糕的是：复杂的东西似乎更有市场。

——Edsger Dijkstra，图灵奖得主

当我们问Gopher“你为什么喜欢Go语言”时，我们通常会得到很多答案，如图3-1所示。

但在我们得到的众多答案中，排名靠前而又占据多数的总是**“简单”**（Simplicity），这与官方Go语言用户调查的结果[⊖]是一致的，见图3-2。（由于2016年之后的官方Go用户调查中不再设置“你最喜欢Go的原因是什么”这一调查项，因此这里引用的是2016年Go用户调查的结果。）

⊖ Go语言2016年调查结果：https://blog.golang.org/survey2016-results。

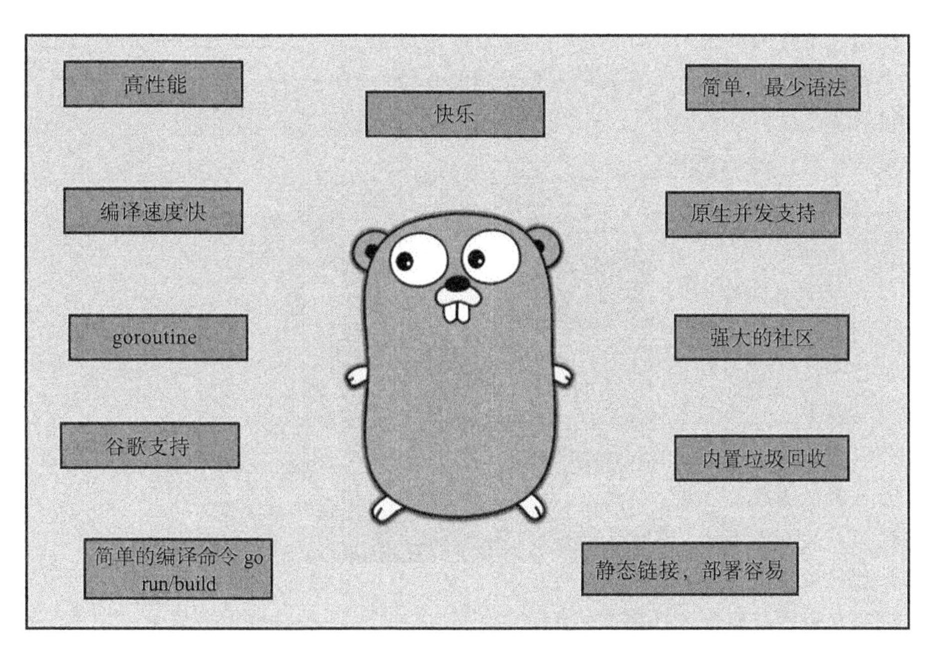

图 3-1 Gopher 喜欢 Go 的部分原因

What do you like most about Go?

Count	%	Answer	Count	%	Answer	Count	%	Answer
595	(17%)	simplicity	146	(4%)	compiled	55	(2%)	type system
543	(15%)	easy	137	(4%)	compile	54	(2%)	simple language
523	(15%)	concurrency	127	(4%)	type	51	(1%)	easy concurrency
495	(14%)	simple	124	(3%)	small	47	(1%)	static binaries
454	(13%)	fast	118	(3%)	c	46	(1%)	go fmt
293	(8%)	syntax	114	(3%)	gofmt	45	(1%)	fast compile
287	(8%)	standard library	114	(3%)	libraries	43	(1%)	small language
286	(8%)	tooling	88	(2%)	clean	41	(1%)	error handling
270	(8%)	static	87	(2%)	easy to learn	39	(1%)	concurrency model
266	(7%)	performance	82	(2%)	deployment	39	(1%)	go routines
235	(7%)	speed	78	(2%)	memory	38	(1%)	easy to use
202	(6%)	interfaces	78	(2%)	strong	38	(1%)	statically typed
184	(5%)	channels	76	(2%)	concise	36	(1%)	cross platform
183	(5%)	community	76	(2%)	single binary	35	(1%)	concurrency primitives
180	(5%)	good	73	(2%)	low	35	(1%)	goroutines channels
177	(5%)	compilation	73	(2%)	static typing	33	(1%)	easy to write
177	(5%)	goroutines	71	(2%)	build	27	(1%)	great standard library
167	(5%)	binary	68	(2%)	easy to read	23	(1%)	ease of use
156	(4%)	great	63	(2%)	fast compilation	940	(26%)	No response
148	(4%)	tools	56	(2%)	simple syntax			

图 3-2 2016 年 Go 语言用户调查结果节选

不同于那些通过相互借鉴而不断增加新特性的主流编程语言（如 C++、Java 等），Go 的设计者们在语言设计之初就**拒绝走语言特性融合的道路**，而选择了“做减法”，选择了“简单”，他们把复杂性留给了语言自身的设计和实现，留给了 Go 核心开发组自己，而将简单、易用和清晰留给了广大 Gopher。因此，今天呈现在我们眼前的是这样的 Go 语言：

- 简洁、常规的语法（不需要解析符号表），它仅有 25 个关键字；
- 内置垃圾收集，降低开发人员内存管理的心智负担；
- 没有头文件；
- 显式依赖（package）；
- 没有循环依赖（package）；
- 常量只是数字；
- 首字母大小写决定可见性；
- 任何类型都可以拥有方法（没有类）；
- 没有子类型继承（没有子类）；
- 没有算术转换；
- 接口是隐式的（无须 implements 声明）；
- 方法就是函数；
- 接口只是方法集合（没有数据）；
- 方法仅按名称匹配（不是按类型）；
- 没有构造函数或析构函数；
- n++ 和 n-- 是语句，而不是表达式；
- 没有 ++n 和 --n；
- 赋值不是表达式；
- 在赋值和函数调用中定义的求值顺序（无“序列点”概念）；
- 没有指针算术；
- 内存总是初始化为零值；
- 没有类型注解语法（如 C++ 中的 const、static 等）；
- 没有模板 / 泛型；
- 没有异常（exception）；
- 内置字符串、切片（slice）、map 类型；
- 内置数组边界检查；
- 内置并发支持；

……

任何设计都存在权衡与折中。Go 设计者选择的“简单”体现在，站在巨人肩膀上去除或优化在以往语言中已被证明体验不好或难于驾驭的语法元素和语言机制，并提出自己的一些创新性的设计，比如首字母大小写决定可见性，内存分配初始零值，内置以 go 关键字实现的并发支持等）。Go 设计者**推崇“最小方式”思维**，即一件事情仅有一种方式或数量尽可能少的方式去完成，这大大减少了开发人员在选择路径方式及理解他人所选路径方式上的心智负担。

正如 Go 语言之父 Rob Pike 所说：“Go 语言实际上是复杂的，但只是让大家感觉很简单。”这句话背后的深意就是“简单”选择的背后是 Go 语言自身实现层面的复杂性，而这种复杂性被 Go 语言的设计者“隐藏”起来了。比如并发是复杂的，但我们通过一个简单的关键字“go”就可以实现。这种简单其实是Go开发团队缜密设计和持续付出的结果。

此外，Go的简单哲学还体现在Go 1兼容性的提出。对于面对工程问题解决的开发人员来说，Go 1大大降低了工程层面语言版本升级所带来的消耗，让Go的工程实践变得格外简单。

Go 1兼容性说明摘录

Go 1定义了两件事：第一，语言的规范；第二，一组核心API的规范，即Go标准库的“标准包”。Go 1的发布包括两个编译器套件gc和gccgo，以及核心库本身。

符合Go 1规范的程序将在该规范的生命周期内得到正确编译和运行。也许在某个不确定的时间点会出现Go 2规范，但在那之前，在Go 1的未来版本（Go 1.1、Go 1.2等）下，今天能工作的Go程序仍应该继续正常工作。

兼容性体现在源码级别。版本之间无法保证已编译软件包的二进制兼容性。Go语言新版本发布后，源码需要使用新版本Go重新编译和链接。

API可能会增长，会增加新的包和功能，但不会破坏现有的Go 1代码。

从Go 1.0发布起至今，Go 1的兼容性得到很好的保障，当初使用Go 1.4编写的代码如今也可以顺利通过最新的Go 1.16版本的编译并正常运行起来。

正如前面引用的图灵奖得主Edsger Dijkstra的名言，这种创新性的简单设计并不是一开始就能得到程序员的理解的，但在真正使用Go之后，这种身处设计哲学层面的简单便延伸到Go语言编程应用的方方面面，持续影响着Go语言编程思维。

在Go演化进入关键阶段（走向Go 2）的今天，有人向Go开发团队提出过这样一个问题：Go后续演化的最大难点是什么？Go开发团队的一名核心成员回答道：**“最大的难点是如何继续保持Go语言的简单。”**

3.2　偏好组合，正交解耦

当我们有必要采用另一种方式处理数据时，我们应该有一些耦合程序的方式，就像花园里将浇水的软管通过预置的螺丝扣拧入另一段那样，这也是Unix IO采用的方式。

——Douglas McIlroy，Unix管道的发明者（1964）

C++、Java等主流面向对象（以下简称OO）语言通过庞大的自上而下的类型体系、继承、显式接口实现等机制将程序的各个部分耦合起来，但在Go语言中我们找不到经典OO的语法元素、类型体系和继承机制，或者说Go语言本质上就不属于经典OO语言范畴。针对这种情况，很多人会问：那Go语言是如何将程序的各个部分有机地耦合在一起的呢？就像上面引述的Douglas McIlroy那句话中的浇水软管那样，**Go语言遵从的设计哲学也是组合。**

在诠释组合之前，我们可以先来了解一下Go在语法元素设计时是如何为组合哲学的应用奠定基础的。

在语言设计层面，Go提供了正交的语法元素供后续组合使用，包括：

- Go语言无类型体系（type hierarchy），类型之间是独立的，没有子类型的概念；
- 每个类型都可以有自己的方法集合，类型定义与方法实现是正交独立的；
- 接口（interface）与其实现之间隐式关联；
- 包（package）之间是相对独立的，没有子包的概念。

我们看到无论是包、接口还是一个个具体的类型定义（包括类型的方法集合），Go语言为我们呈现了这样一幅图景：一座座没有关联的“孤岛”，但每个岛内又都很精彩。现在摆在面前的工作就是以最适当的方式在这些孤岛之间建立关联（耦合），形成一个整体。**Go采用了组合的方式，也是唯一的方式。**

Go语言提供的最为直观的组合的语法元素是类型嵌入（type embedding）。通过类型嵌入，我们可以将已经实现的功能嵌入新类型中，以快速满足新类型的功能需求。这种方式有些类似经典OO语言中的继承机制，但在原理上与其完全不同，这是一种Go设计者们精心设计的语法糖。被嵌入的类型和新类型之间没有任何关系，甚至相互完全不知道对方的存在，更没有经典OO语言中的那种父类、子类的关系以及向上、向下转型（type casting）。在通过新类型实例调用方法时，方法的匹配取决于方法名字，而不是类型。这种组合方式，笔者称之为**“垂直组合”**，即通过类型嵌入，快速让一个新类型复用其他类型已经实现的能力，实现功能的垂直扩展。

下面是一个类型嵌入的例子：

```
// $GOROOT/src/sync/pool.go
type poolLocal struct {
    private interface{}
    shared  []interface{}
    Mutex
    pad     [128]byte
}
```

我们在poolLocal这个结构体类型中嵌入了类型Mutex，被嵌入的Mutex类型的方法集合会被提升到外面的类型（poolLocal）中。比如，这里的poolLocal将拥有Mutex类型的Lock和Unlock方法。但在实际调用时，方法调用会被传给poolLocal中的Mutex实例。

我们在标准库中还经常看到如下的interface类型嵌入的代码：

```
// $GOROOT/src/io/io.go
type ReadWriter interface {
    Reader
    Writer
}
```

通过在interface的定义中嵌入interface类型来实现接口行为的聚合，组成大接口，这种方式在标准库中尤为常用，并且已经成为Go语言的一种惯用法。

interface是Go语言中真正的“魔法”，是Go语言的一个创新设计，它只是方法集合，且与实现者之间的关系是隐式的，它让程序各个部分之间的耦合降至最低，同时是连接程序各个部分的“纽带”。隐式的interface实现会不经意间满足依赖抽象、里氏替换、接口隔离等设计原则，这在其他语言中是需要很刻意的设计谋划才能实现的，但在Go interface看来，一切却是

自然而然的。

通过interface将程序各个部分组合在一起的方法，笔者称之为“**水平组合**”。水平组合的模式有很多，一种常见的方法是通过接受interface类型参数的普通函数进行组合，例如下面的代码。

```
// $GOROOT/src/io/ioutil/ioutil.go
func ReadAll(r io.Reader)([]byte, error)

// $GOROOT/src/io/io.go
func Copy(dst Writer, src Reader)(written int64, err error)
```

函数ReadAll通过io.Reader这个接口将io.Reader的实现与ReadAll所在的包以低耦合的方式水平组合在一起了。类似的水平组合模式还有wrapper、middleware等，这里就不展开了，在后面讲到interface时再详细叙述。

此外，Go语言内置的并发能力也可以通过组合的方式实现对计算能力的串联，比如通过goroutine+channel的组合实现类似Unix Pipe的能力。

综上，组合原则的应用塑造了Go程序的骨架结构。类型嵌入为类型提供垂直扩展能力，interface是水平组合的关键，它好比程序肌体上的“关节”，给予连接“关节”的两个部分各自“自由活动”的能力，而整体上又实现了某种功能。组合也让遵循简单原则的Go语言在表现力上丝毫不逊色于复杂的主流编程语言。

3.3 原生并发，轻量高效

并发是有关结构的，而并行是有关执行的。

——Rob Pike（2012）

将时钟回拨到2007年，那时Go语言的三位设计者Rob Pike、Robert Griesemer和Ken Thompson都在Google使用C++语言编写服务端代码。当时C++标准委员会正在讨论下一个C++标准（C++0x，也就是后来的C++11标准），委员会在标准草案中继续增加大量语言特性的行为让Go的三位设计者十分不满，尤其是带有原子类型的新C++内存模型，给本已负担过重的C++类型系统又增加了额外负担。三位设计者认为C++标准委员会在思路上是短视的，因为硬件很可能在未来十年内发生重大变化，将语言与当时的硬件紧密耦合起来是十分不明智的，是没法给开发人员在编写大规模并发程序时带去太多帮助的。

多年来，处理器生产厂商一直遵循着摩尔定律，在提高时钟频率这条跑道上竞争，各行业对计算能力的需求推动了处理器处理能力的提高。CPU的功耗和节能问题成为人们越来越关注的焦点。CPU仅靠提高主频来改进性能的做法遇到了瓶颈。主频提高导致CPU的功耗和发热量剧增，反过来制约了CPU性能的进一步提高。依靠主频的提高已无法实现性能提升，人们开始把研究重点转向把多个执行内核放进一个处理器，让每个内核在较低的频率下工作来降低功耗同时提高性能。2007年处理器领域已开始进入一个全新的多核时代，处理器厂商的竞争焦点从主频转向了多核，多核设计也为摩尔定律带来新的生命力。与传统的单核CPU相比，多核CPU带来了更强的并行处理能力、更高的计算密度和更低的时钟频率，并大大减少了散热和功耗。Go的设计者敏锐地把握了CPU向多核方向发展的这一趋势，在决定不再使用C++而去创建一门新语言的时候，果断将面向多核、**原生内置并发支持**作为新语言的设计原则之一。

Go语言原生支持并发的设计哲学体现在以下几点。

（1）Go语言采用轻量级协程并发模型，使得Go应用在面向多核硬件时更具可扩展性

提到并发执行与调度，我们首先想到的就是操作系统对进程、线程的调度。操作系统调度器会将系统中的多个线程按照一定算法调度到物理CPU上运行。传统编程语言（如C、C++等）的并发实现实际上就是基于操作系统调度的，即程序负责创建线程（一般通过pthread等函数库调用实现），操作系统负责调度。这种传统支持并发的方式主要有两大不足：复杂和难于扩展。

复杂主要体现在以下方面。

- 创建容易，退出难：使用C语言的开发人员都知道，创建一个线程时（比如利用pthread库）虽然参数也不少，但还可以接受。而一旦涉及线程的退出，就要考虑线程是不是分离的（detached）？是否需要父线程去通知并等待子线程退出（join）？是否需要在线程中设置取消点（cancel point）以保证进行join操作时能顺利退出？
- 并发单元间通信困难，易错：多个线程之间的通信虽然有多种机制可选，但用起来相当复杂；并且一旦涉及共享内存（shared memory），就会用到各种锁（lock），死锁便成为家常便饭。
- 线程栈大小（thread stack size）的设定：是直接使用默认的，还是设置得大一些或小一些呢？

难于扩展主要体现在以下方面。

- 虽然线程的代价比进程小了很多，但我们依然不能大量创建线程，因为不仅每个线程占用的资源不小，操作系统调度切换线程的代价也不小。
- 对于很多网络服务程序，由于不能大量创建线程，就要在少量线程里做网络的多路复用，即使用epoll/kqueue/IoCompletionPort这套机制。即便有了libevent、libev这样的第三方库的帮忙，写起这样的程序也是很不容易的，存在大量回调（callback），会给程序员带来不小的心智负担。

为了解决这些问题，Go果断放弃了传统的基于操作系统线程的并发模型，而采用了**用户层轻量级线程**或者说是**类协程（coroutine）**，Go将之称为**goroutine**。goroutine占用的资源非常少，Go运行时默认为每个goroutine分配的栈空间仅2KB。goroutine调度的切换也不用陷入（trap）操作系统内核层完成，代价很低。因此，在一个Go程序中可以创建成千上万个并发的goroutine。所有的Go代码都在goroutine中执行，哪怕是Go的运行时代码也不例外。

不过，一个Go程序对于操作系统来说只是一个**用户层程序**。操作系统的眼中只有线程，它甚至不知道goroutine的存在。goroutine的调度全靠Go自己完成，实现Go程序内goroutine之间公平地竞争CPU资源的任务就落到了Go运行时头上。而将这些goroutine按照一定算法放到CPU上执行的程序就称为**goroutine调度器（goroutine scheduler）**。关于goroutine调度的原

理，我们将在后面详细说明，这里就不赘述了。

（2）Go 语言为开发者提供的支持并发的语法元素和机制

我们先来看看那些设计并诞生于单核年代的编程语言（如 C、C++、Java）在语法元素和机制层面是如何支持并发的。

- 执行单元：线程。
- 创建和销毁的方式：调用库函数或调用对象方法。
- 并发线程间的通信：多基于操作系统提供的 IPC 机制，比如共享内存、Socket、Pipe 等，当然也会使用有并发保护的全局变量。

与上述传统语言相比，Go 提供了语言层面内置的并发语法元素和机制。

- 执行单元：goroutine。
- 创建和销毁方式：go+ 函数调用；函数退出即 goroutine 退出。
- 并发 goroutine 的通信：通过语言内置的 channel 传递消息或实现同步，并通过 select 实现多路 channel 的并发控制。

对比来看，Go 对并发的原生支持将大大降低开发人员在开发并发程序时的心智负担。

（3）并发原则对 Go 开发者在程序结构设计层面的影响

由于 goroutine 的开销很小（相对线程），Go 官方鼓励大家使用 goroutine 来充分利用多核资源。但并不是有了 goroutine 就一定能充分利用多核资源，或者说即便使用 Go 也不一定能写出好的并发程序。

为此 Rob Pike 曾做过一次关于“并发不是并行”[⊖]的主题分享，图文并茂地讲解了并发（Concurrency）和并行（Parallelism）的区别。Rob Pike 认为：

- 并发是有关结构的，它是一种将一个程序分解成多个小片段并且每个小片段都可以独立执行的程序设计方法；并发程序的小片段之间一般存在通信联系并且通过通信相互协作。
- 并行是有关执行的，它表示同时进行一些计算任务。

以上观点的重点是，并发是一种程序结构设计的方法，它使并行成为可能。不过这依然很抽象，这里借用 Rob Pike 分享中的那个“搬运书问题”来重新诠释并发的含义。搬运书问题要求设计一个方案，使 gopher 能更快地将一堆废弃的语言手册搬到垃圾回收场烧掉。

最简单的方案莫过于图 3-3 所示的初始方案（以下搬书问题涉及的图片均来自 https://talks.golang.org/2012/waza.slide）。

图 3-3 搬书问题初始方案

这个方案显然不是并发设计方案，它没有对问题进行任何分解，所有事情都是由一个

⊖ https://talks.golang.org/2012/waza.slide

gopher从头到尾按顺序完成的。但即便是这样一个并非并发的方案，我们也可以将其放到多核硬件上并行执行，只是需要多建立几个gopher例程（procedure）的实例，见图3-4。

图3-4 搬书问题初始方案的并行化

但和并发方案相比，这种方案是缺乏自动扩展为并行的能力的。Rob Pike在分享中给出了两种并发方案（分别见图3-5和图3-6），也就是该问题的两种分解方案，两种方案都是正确的，只是分解的粒度大小有所不同。

图3-5 搬书问题并发方案1

图3-6 搬书问题并发方案2

并发方案1将原来单一的gopher例程执行拆分为4个执行不同任务的gopher例程，每个例程仅承担一项单一的简单任务，这些任务分别是：

- 将书搬运到车上（loadBooksToCart）；
- 推车到垃圾焚化地点（moveCartToIncinerator）；
- 将书从车上搬下送入焚化炉（unloadBookIntoIncinerator）；
- 将空车送返（returnEmptyCart）。

理论上并发方案1的处理性能能达到初始方案的4倍，并且不同gopher例程可以在不同的处理器核上并行执行，而不是像最初方案那样需要通过建立新实例才能实现并行。

和并发方案1相比，并发方案2增加了“暂存区域”，分解的粒度更细，每个部分的gopher例程各司其职。

采用并发方案设计的程序在单核处理器上也是可以正常运行的（在单核上的处理性能可能不

如非并发方案)，并且随着处理器核数的增多，并发方案可以自然地提高处理性能，提升吞吐量。而非并发方案在处理器核数提升后，也仅能使用其中的一个核，无法自然扩展，这一切都是程序的结构所决定的。这告诉我们：**并发程序的结构设计不要局限于在单核情况下处理能力的高低，而要以在多核情况下充分提升多核利用率、获得性能的自然提升为最终目的。**

除此之外，并发与组合的哲学是一脉相承的，并发是一个更大的组合的概念，它在程序设计层面对程序进行拆解组合，再映射到程序执行层面：goroutine 各自执行特定的工作，通过 channel+select 将 goroutine 组合连接起来。并发的存在鼓励程序员在程序设计时进行独立计算的分解，而对并发的原生支持让 Go 语言更适应现代计算环境。

3.4 面向工程，“自带电池”

> 软件工程指引着 Go 语言的设计。
>
> ——Rob Pike（2012）

要想理解这条设计哲学，我们依然需要回到三位 Go 语言之父在设计 Go 语言时的初衷：**面向真实世界中 Google 内部大规模软件开发存在的各种问题，为这些问题提供答案。**主要的问题包括：

- 程序构建慢；
- 失控的依赖管理；
- 开发人员使用编程语言的不同子集（比如 C++ 支持多范式，这样有些人用 OO，有些人用泛型）；
- 代码可理解性差（代码可读性差、文档差等）；
- 功能重复实现；
- 升级更新消耗大；
- 实现自动化工具难度高；
- 版本问题；
- 跨语言构建问题。

很多编程语言的设计者或拥趸认为这些问题并不是编程语言应该解决的，但 Go 语言的设计者并不这么看，他们以更高、更广阔的视角审视软件开发领域尤其是大规模软件开发过程中遇到的各种问题，并在 Go 语言最初设计阶段就将解决工程问题作为 Go 的设计原则之一去考虑 Go 语法、工具链与标准库的设计，这也是 Go 与那些偏学院派、偏研究性编程语言在设计思路上的一个重大差异。

Go 语言取得阶段性成功后，这种思路开始影响后续新编程语言的设计，并且一些现有的主流编程语言也在借鉴 Go 的一些设计，比如越来越多的语言认可统一代码风格的优越之处，并开始提供官方统一的 fmt 工具（如 Rust 的 rustfmt），又如 Go 创新提出的最小版本选择（Minimal Version Selection，MVS）被其他语言的包依赖工具所支持（比如 Rust 的 cargo 支持 MVS）。

Go设计者将所有工程问题浓缩为一个词：scale（笔者总觉得将scale这个词翻译为任何中文词都无法传神地表达其含义，暂译为“规模”吧）。从Go1开始，Go的设计目标就是帮助开发者更容易、更高效地管理两类规模。

- 生产规模：用Go构建的软件系统的并发规模，比如这类系统并发关注点的数量、处理数据的量级、同时并发与之交互的服务的数量等。
- 开发规模：包括开发团队的代码库的大小，参与开发、相互协作的工程师的人数等。

Go设计者期望Go可以游刃有余地应对生产规模和开发规模变大带来的各种复杂问题。Go语言的演进方向是优化甚至消除Go语言自身面对规模化问题时应对不好的地方，比如：Go 1.9引入类型别名（type alias）以应对大型代码仓库代码重构，Go 1.11引入go module机制以解决不完善的包依赖问题等。这种设计哲学的落地让Go语言具有广泛的规模适应性：既可以被仅有5人的初创团队用于开发终端工具，也能够满足像Google这样的巨型公司大规模团队开发大规模网络服务程序的需要。

那么Go是如何解决工程领域规模化所带来的问题的呢？我们从语言、标准库和工具链三个方面来看一下。

（1）语言

语法是编程语言的用户接口，它直接影响开发人员对于一门语言的使用体验。Go语言是一门简单的语言，简单意味着可读性好，容易理解，容易上手，容易修复错误，节省开发者时间，提升开发者间的沟通效率。但作为面向工程的编程语言，光有简单的设计哲学还不够，每个语言设计细节还都要经过“工程规模化”的考验和打磨，需要在细节上进行充分的思考和讨论。

比如Rob Pike就曾谈到，Go当初之所以没有使用Python那样的代码缩进而是选择了与C语言相同的大括号来表示程序结构，是因为他们经过调查发现，虽然Python的缩进结构在构建小规模程序时的确很方便，但是当代码库变得更大的时候，缩进式的结构非常容易出错。从工程的安全性和可靠性角度考虑，Go团队最终选择了大括号代码块结构。

类似的面向工程的语言设计细节考量还有以下这些。

- 重新设计编译单元和目标文件格式，实现Go源码快速构建，将大工程的构建时间缩短到接近于动态语言的交互式解释的编译时间。
- 如果源文件导入了它不使用的包，则程序将无法编译。这既可以充分保证Go程序的依赖树是精确的，也可以保证在构建程序时不会编译额外的代码，从而最大限度地缩短编译时间。
- 去除包的循环依赖。循环依赖会在大规模的代码中引发问题，因为它们要求编译器同时处理更大的源文件集，这会减慢增量构建速度。
- 在处理依赖关系时，有时会通过允许一部分重复代码来避免引入较多依赖关系。比如：net包具有其自己的整数到十进制转换实现，以避免依赖于较大且依赖性较强的格式化io包。
- 包路径是唯一的，而包名不必是唯一的。导入路径必须唯一标识要导入的包，而名称只是包的使用者对如何引用其内容的约定。包名不必是唯一的约定大大降低了开发人员给包起唯一名字的心智负担。

- 故意不支持默认函数参数。因为在规模工程中，很多开发者利用默认函数参数机制向函数添加过多的参数以弥补函数 API 的设计缺陷，这会导致函数拥有太多的参数，降低清晰度和可读性。
- 首字母大小写定义标识符可见性，这是 Go 的一个创新。它让开发人员通过名称即可知晓其可见性，而无须回到标识符定义的位置查找并确定其可见性，这提升了开发人员阅读代码的效率。
- 在语义层面，相对于 C，Go 做了很多改动，提升了语言的健壮性，比如去除指针算术，去除隐式类型转换等。
- 内置垃圾收集。这对于大型工程项目来说，大大降低了程序员在内存管理方面的负担，程序员使用 GC 感受到的好处超过了付出的成本，并且这些成本主要由语言实现者来承担。
- 内置并发支持，为网络软件带来了简单性，而简单又带来了健壮，这是大型工程软件开发所需要的。
- 增加类型别名，支持大规模代码库的重构。

（2）标准库

Go 被称为"自带电池"(battery-included) 的编程语言。"自带电池"原指购买了电子设备后，在包装盒中包含了电池，电子设备可以开箱即用，无须再单独购买电池。如果说一门编程语言"自带电池"，则说明这门语言标准库功能丰富，多数功能无须依赖第三方包或库，Go 语言恰是这类编程语言。由于诞生年代较晚，且目标较为明确，Go 在标准库中提供了各类高质量且性能优良的功能包，其中的 net/http、crypto/xx、encoding/xx 等包充分迎合了云原生时代关于 API/RPC Web 服务的构建需求。Go 开发者可以直接基于这些包实现满足生产要求的 API 服务，从而减轻对第三方包或库的依赖，降低工程代码依赖管理的复杂性，也降低开发人员学习第三方库的心智负担。

仅使用标准库来构建系统，这对于开发人员是很有吸引力的。在很多关于选用何种 Go Web 开发框架的调查中，选择标准库的依然占大多数，这也是 Go 社区显著区别于其他编程语言社区的一点。Go 团队还在 golang.org/x 路径下提供了暂未放入标准库的扩展库 / 补充库供广大 Gopher 使用，包括 text、net、crypto 等。这些库的质量也是非常高的，标准库中部分包也将 golang.org/x 下的 text、net 和 crypto 包作为依赖包放在标准库的 vendor 目录中。

Go 语言目前在 GUI、机器学习（Machine Learning）等开发领域占有的份额较低，这很可能与 Go 标准库没有内置这类包有关。在 2017 年的 Go 语言用户调查[⊖]中，Gopher 最希望标准库增加的功能中，GUI、机器学习包就排名靠前，见图 3-7。（2017 年以后的 Go 用户调查中，该问题没有被列入调查项当中，因此这里使用了 2017 年的数据。）

⊖ https://blog.golang.org/survey2017-results

Which Go libraries do you need that aren't available today?

306 (4.9%) gui	41 (0.7%) cross-platform
221 (3.5%) library	39 (0.6%) client
185 (3.0%) libraries	39 (0.6%) platform
90 (1.4%) native	37 (0.6%) standard
83 (1.3%) good	35 (0.6%) audio
60 (1.0%) ui	34 (0.5%) image
59 (0.9%) machine learning	34 (0.5%) mobile
54 (0.9%) framework	33 (0.5%) sql
48 (0.8%) gui library	32 (0.5%) soap
48 (0.8%) orm	31 (0.5%) pdf
48 (0.8%) processing	30 (0.5%) api
47 (0.8%) desktop	30 (0.5%) package
44 (0.7%) web	4,578 (73.5%) No response

图 3-7　2017 年 Go 语言用户调查结果节选

这或多或少反向证明了“内置电池”对于解决工程领域问题的重要性。

（3）工具链

开发人员在做工程的过程中需要使用工具。而 Go 语言提供了十分全面、贴心的编程语言官方工具链，涵盖了编译、编辑、依赖获取、调试、测试、文档、性能剖析等的方方面面。

- 构建和运行：go build/go run
- 依赖包查看与获取：go list/go get/go mod xx
- 编辑辅助格式化：go fmt/gofmt
- 文档查看：go doc/godoc
- 单元测试 / 基准测试 / 测试覆盖率：go test
- 代码静态分析：go vet
- 性能剖析与跟踪结果查看：go tool pprof/go tool trace
- 升级到新 Go 版本 API 的辅助工具：go tool fix
- 报告 Go 语言 bug：go bug

值得重点提及的是 gofmt 统一了 Go 语言的编码风格，在其他语言开发者还在为代码风格争论不休的时候，Go 开发者可以更加专注于领域业务。同时，相同的代码风格让以往困扰开发者的代码阅读、理解和评审工作变得容易了很多，至少 Go 开发者再也不会有那种因代码风格的不同而产生的陌生感。

在提供丰富的工具链的同时，Go 语言的语法、包依赖系统以及命名惯例的设计也让针对 Go 的工具更容易编写，并且 Go 在标准库中提供了官方的词法分析器、语法解析器和类型检查器相关包，开发者可以基于这些包快速构建并扩展 Go 工具链。

可以说 Go 构建了一个开放的工具链生态系统，它鼓励社区和开发人员为 Go 添加更多、更实用的工具，而更多、更实用的工具反过来又帮助 Go 更好地解决工程上的“规模化”问题，这是一个良性的生态循环。

小结

简单是 Go 语言贯穿语言设计和应用的主旨设计哲学。德国建筑大师路德维希·密斯·凡德罗将“少即是多”这一哲学理念应用到建筑设计当中后取得了非凡的成功，而 Go 语言则是这一哲学在编程语言领域为数不多的践行者。“少”绝不是目的，“多”才是其内涵。Go 在语言层面的**简单**让 Go 收获了不逊于 C++/Java 等的表现力的同时，还获得了更好的可读性、更高的开发效率等在软件工程领域更为重要的元素。

“高内聚、低耦合”是软件开发领域亘古不变的管理复杂性的准则。Go 在语言设计层面也将这一准则发挥到极致。Go 崇尚通过**组合**的方式将正交的语法元素组织在一起来形成应用程序骨架，接口就是在这一哲学下诞生的语言精华。

不同于 C、C++、Java 等诞生于 20 世纪后段的面向单机的编程语言，Go 语言是面向未来的。Go 设计者对硬件发展趋势做出了敏锐且准确的判断——多核时代是未来主流趋势，于是将并发作为语言的“一等公民”，提供了内置于语言中的简单并发原语——go（goroutine）、channel 和 select，大幅降低了开发人员在云计算多核时代编写大规模并发网络服务程序时的心智负担。

Go 生来就肩负着解决面向软件工程领域问题的使命，我们看到的开箱即用的标准库、语言自带原生工具链以及开放的工具链生态的建立都是这一使命落地的结果，Go 在面向工程领域的探索也引领着编程语言未来发展的潮流。

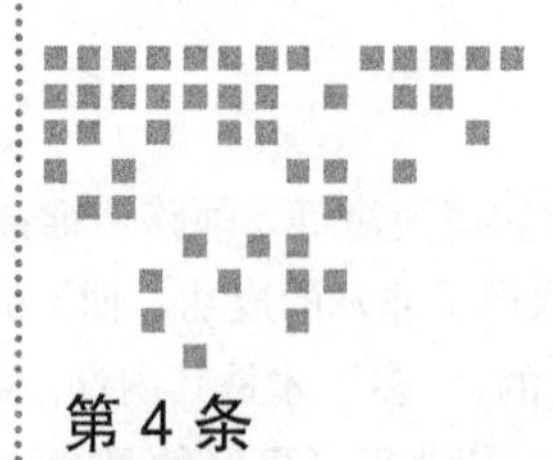

Suggestion 4 第4条

使用Go语言原生编程思维来写Go代码

经过十几年的演进和发展，Go语言在全世界范围内已经拥有了百万级别的拥趸，在这些开发者当中，有一部分新入行的编程语言初学者，而更多的是从其他编程语言阵营转过来的开发者。由于Go语言上手容易，在转Go的初期大家很快就掌握了Go的语法。但在编写一些Go代码之后，很多人感觉自己写的Go代码很别扭，并且总是尝试在Go语言中寻找自己熟悉的上一门语言中的语法元素。自己的Go代码风格似乎与Go标准库、主流Go开源项目的代码在思考角度和使用方式上存在不小差异，并且每每看到Go核心开发团队的代码时总有一种醍醐灌顶的感觉。出现这种情况的主要原因是大脑中上一门编程语言的思维方式在“作祟”。那么思维与语言之间究竟有什么联系呢？

4.1 语言与思维——来自大师的观点

在人类自然语言学界有一个很著名的假说——“萨丕尔－沃夫假说”，这个假说的内容是这样的：“语言影响或决定人类的思维方式。”

说到这个假说，我们不能不提及在2017年年初国内上映的一部口碑不错的美国科幻大片《降临》，这部片子改编自雨果奖获得者、华裔科幻小说家Ted姜的《你一生的故事》。片中主线剧情的理论基础就是“萨丕尔—沃夫假说”。更夸张的是，片中直接将该假说应用到外星人语言上，将其扩展到宇宙范畴。片中的女主作为人类代表与外星人沟通，并学会了外星语言，从此思维大变，拥有了预知未来的超能力，这也算是语言影响思维的极致表现了。

奇妙的是，在编程语言界，有位大师级人物也有着与“萨丕尔－沃夫假说”异曲同工的观点和认知，他就是首届图灵奖得主、著名计算机科学家艾伦·佩利（Alan J. Perlis），他从另外一个角度提出：“不能影响到你的编程思维方式的编程语言不值得学习和使用。”

4.2　现实中的“投影”

从上述大师们的理论和观点中我们看到了语言与思维之间存在着某种联系。那么两者间的这种联系在真实编程世界中的投影又是什么样子的呢？我们来看一个简单的编程问题——素数筛。

问题描述：素数是一个自然数，它仅有两个截然不同的自然数因数：1 和它本身。这里的问题是如何找到小于或等于给定整数 n 的素数。针对这个问题，我们可以采用埃拉托斯特尼素数筛算法。

算法描述：先用最小的素数 2 去筛，把 2 的倍数筛除；下一个未筛除的数就是素数（这里是 3）。再用这个素数 3 去筛，筛除 3 的倍数……这样不断重复下去，直到筛完为止（算法图示见图 4-1）。

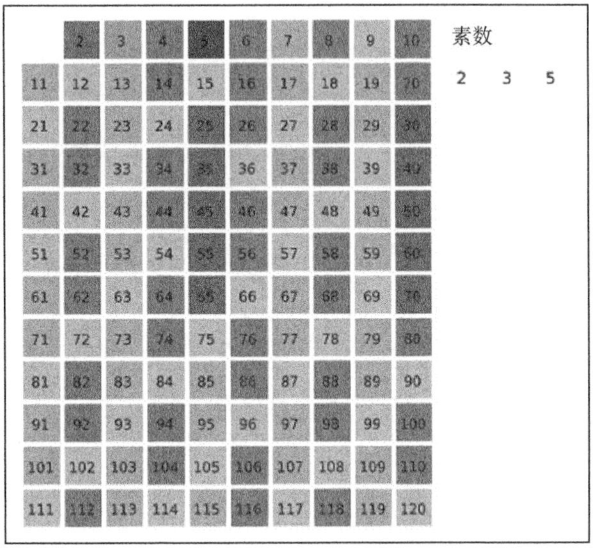

图 4-1　素数筛算法图示

下面是该素数筛算法的不同编程语言的实现版本。

（1）C 语言版本

```
// chapter1/sources/sieve.c

#include <stdio.h>

#define LIMIT  50
#define PRIMES 10

void sieve() {
    int c, i, j, numbers[LIMIT], primes[PRIMES];

    for (i=0;i<LIMIT;i++){
        numbers[i]=i+2; /*fill the array with natural numbers*/
    }

    for (i=0;i<LIMIT;i++){
        if (numbers[i]!=-1){
            for (j=2*numbers[i]-2;j<LIMIT;j+=numbers[i])
                numbers[j]=-1; /* 筛除非素数 */
        }
    }

    c = j = 0;
    for (i=0;i<LIMIT&&j<PRIMES;i++) {
        if (numbers[i]!=-1) {
            primes[j++] = numbers[i]; /*transfer the primes to their own array*/
            c++;
```

```
        }
    }

    for (i=0;i<c;i++) printf("%d\n",primes[i]);
}
```

（2）Haskell版本

```
// chapter1/sources/sieve.hs

sieve [] = []
sieve (x:xs) = x : sieve (filter (\a -> not $ a `mod` x == 0) xs)

n = 100
main = print $ sieve [2..n]
```

（3）Go语言版本

```
// chapter1/sources/sieve.go

func Generate(ch chan<- int) {
    for i := 2; ; i++ {
        ch <- i
    }
}

func Filter(in <-chan int, out chan<- int, prime int) {
    for {
        i := <-in
        if i%prime != 0 {
            out <- i
        }
    }
}

func main() {
    ch := make(chan int)
    go Generate(ch)
    for i := 0; i < 10; i++ {
        prime := <-ch
        print(prime, "\n")
        ch1 := make(chan int)
        go Filter(ch, ch1, prime)
        ch = ch1
    }
}
```

对比上述三个语言版本的素数筛算法的实现，我们看到：

- C版本的素数筛程序是一个常规实现。它定义了两个数组numbers和primes，“筛”的过程在numbers这个数组中进行（基于纯内存修改），非素数的数组元素被设置为-1，便于后续提取。
- Haskell版本采用了函数递归的思路，通过“filter操作集合”，用谓词（过滤条件）\a ->

not $ a `mod` x == 0 筛除素数的倍数，将未筛除的数的集合作为参数递归传递下去。

- Go 版本程序实现了一个并发素数筛，它采用的是 goroutine 的并发组合。程序从素数 2 开始，依次为每个素数建立一个 goroutine，用于作为筛除该素数的倍数。ch 指向当前最新输出素数所位于的筛子 goroutine 的源 channel。这段代码来自 Rob Pike 的一次关于并发的分享[⊖]。Go 版本程序的执行过程可以用图 4-2 立体地展现出来。

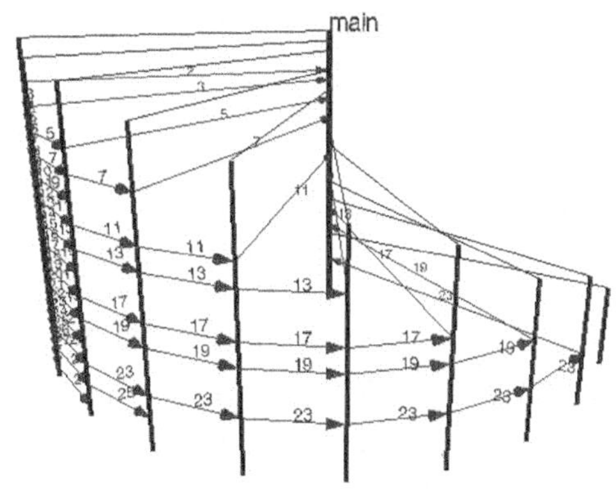

图 4-2　Go 版本素数筛运作的示意图

4.3 Go 语言原生编程思维

由上述现实中的问题可以看到，面对同一个问题，来自不同编程语言的程序员给出了思维方式截然不同的解决方法：C 的命令式思维、Haskell 的函数式思维和 Go 的并发思维。结合“萨丕尔—沃夫假说”，我们可以得到一个未经理论证实但又确实对现实有影响的推论：**编程语言影响编程思维，或者说每种编程语言都有属于自己的原生编程思维。**

Go 语言诞生较晚，大多数 Gopher（包括笔者在内）的第一语言并不是 Go，而是“半路出家”从其他语言（如 C、C++、Java、Python 等）转过来的。每种语言都有自己的原生编程思维。比如：C 语言相信程序员，提供了指针和指针运算，让 C 程序员天马行空地发挥，接近底层的直接内存操作让 C 程序拥有很高的性能；C++ 支持多范式（命令式、OO 和泛型），虽不强迫程序员使用某个特定的范式，但推荐使用最新代表现代语言发展特色的泛型等高级范式；Python 语言更是形成了 Pythonic 规则来指导 Python 程序员写出符合 Python 思维或惯用法的代码。经验告诉我们，但凡属于某个编程语言的高质量范畴的代码，其必定是在这种编程语言原生思维下编写的代码。如果用 A 语言的思维去编写 B 语言的代码（比如用 OO 思维写 C 代码，用命令式的思维写 Haskell 代码等），那么你写出的代码多半无法被 B 语言社区所认可，更难以成为高质量代码的典范。并且，如果沿着这样的方向去学习和实践 B 语言，那么结果只能是南辕北辙，与编写出高质量代码的目标渐行渐远。

那么 Go 原生编程思维究竟是什么呢？一门编程语言的编程思维是由语言设计者、语言实现团队、语言社区、语言使用者在长期的演进和实践中形成的一种统一的思维习惯、行为方式、代码惯用法和风格。Go 语言从诞生到现在已经有十年多了。经过 Go 设计哲学熏陶、Go 开发团队的引导和教育、Go 社区的实践，Go 语言渐渐形成属于自己的原生编程思维，或者说形成符合 Go 语言哲学的 Go 语言惯用法（idiomatic go）。它们是 Go 语言的精华，也是构建本书内容的骨架，并值得我们用一本书的篇幅去详细呈现。因此可以说，阅读本书的过程也是学习和建立 Go 语言原生编程思维的过程。

⊖ http://golang.org/s/prime-sieve

我们的目标是编写出高质量的Go代码，这就需要我们在学习语言的同时，不断学习Go语言原生的编程思维，时刻用Go编程思维考虑Go代码的设计和实现，这是通往高质量Go代码的必经之路。

小结

人类在通过自然语言交流和表达观点的漫长过程中，逐渐形成了固定的语言表述方法。除此之外，人类还利用肢体动作、眼神、表情、纸笔等辅助行为或工具来帮助语言的精确表达，并且在使用这些辅助行为和工具时形成了固定的使用方法，这些以这门语言为中心的固定的表述方法、辅助行为和工具用法总称为这门语言的惯用法，它们反映的就是该语言的思维方式。

编程语言也类似，以一门编程语言为中心的，以解决工程问题为目标的编程语言用法、辅助库、工具的固定使用方法称为该门编程语言的原生编程思维。图4-3是自然语言思维与编程语言思维的对比。

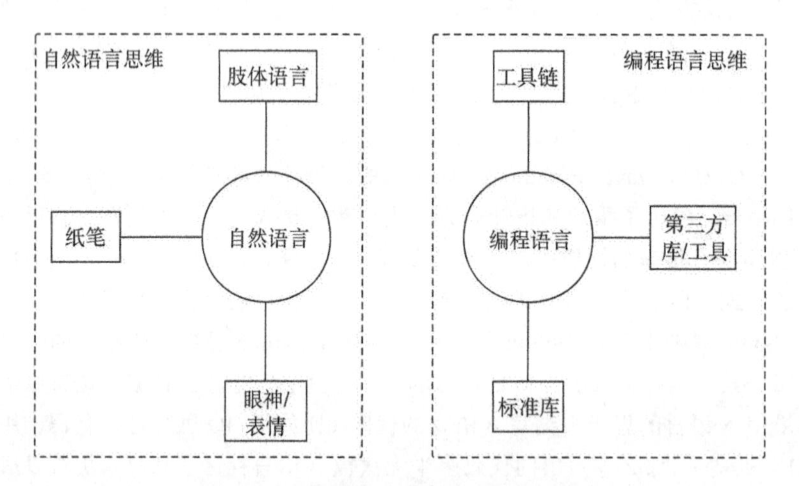

图4-3 自然语言思维与编程语言思维

我们学习和使用一门编程语言，目标是用这门语言的原生思维方式编写高质量代码。学习Go，就要用Go的原生编程思维而不是用其他语言的思维方式写Go代码。掌握Go原生编程思维就是我们通往高质量Go编程的学习方向和必经之路，因此本书后面将从语言、标准库、工具链、工程实践等方面来全面介绍Go语言的原生编程思维，帮助大家打好编写高质量Go代码的基础。

第二部分 *Part 2*

项目结构、代码风格与标识符命名

当我们编写一个非hello world的实用Go程序或库时，我们可能会在项目结构、代码风格及标识符命名这三道门槛前面踯躅徘徊许久，甚至始终得不到满意答案。当然这三道门槛不是Go语言专有的，任何一门编程语言在被用于实用项目时都会遇到它们。在这一部分，笔者将带着读者逐一迈过这些门槛，并得到专属于Go的实用答案。

Suggestion 5 第 5 条

使用得到公认且广泛使用的项目结构

除非是像 hello world 这样的简单程序，否则我们在编写实用程序或库时，都会遇到采用什么样的项目结构（project structure）的问题。（通常一个 Go 项目对应一个仓库。）在 Go 语言中，项目结构十分重要，因为它决定了项目内部包的布局及包依赖关系是否合理，同时还会影响到外部项目对该项目中包的依赖与引用。

5.1 Go 项目的项目结构

我们先来看看第一个 Go 项目——Go 语言自身——的项目结构是什么样的。

Go 项目的项目结构自 1.0 版本发布以来一直十分稳定，直到现在 Go 项目的顶层结构基本没有大的改变。截至 Go 项目 commit 1e3ffb0c（2019.5.14），Go 项目结构如下：

```
$ tree -LF 1 ~/go/src/github.com/golang/go
./go
├── api/
├── AUTHORS
├── CONTRIBUTING.md
├── CONTRIBUTORS
├── doc/
├── favicon.ico
├── lib/
├── LICENSE
├── misc/
├── PATENTS
├── README.md
├── robots.txt
├── src/
└── test/
```

作为Go语言的**创世项目**，Go的项目结构的布局对后续的Go语言项目具有重要的参考意义，尤其是早期Go项目中src目录下面的结构，更是在后续被Go社区作为Go应用项目结构的模板广泛使用。以早期的Go 1.3版本的src目录下的结构为例：

```
$ tree -LF 1 ./src
./src
├── all.bash*
├── all.bat
├── all.rc*
├── clean.bash*
├── clean.bat
├── clean.rc*
├── cmd/
├── lib9/
├── libbio/
├── liblink/
├── make.bash*
├── make.bat
├── Make.dist
├── make.rc*
├── nacltest.bash*
├── pkg/
├── race.bash*
├── race.bat
├── run.bash*
├── run.bat
├── run.rc*
└── sudo.bash*
```

关于上面src目录下的结构，笔者总结了以下三个特点。

1）代码构建的脚本源文件放在src下面的顶层目录下。

2）src下的二级目录cmd下面存放着Go工具链相关的可执行文件（比如go、gofmt等）的主目录以及它们的main包源文件。

```
$ tree -LF 1 ./cmd
./cmd
...
├── 6a/
├── 6c/
├── 6g/
...
├── cc/
├── cgo/
├── dist/
├── fix/
├── gc/
├── go/
├── gofmt/
├── ld/
├── nm/
├── objdump/
```

```
├── pack/
└── yacc/
```

3）src 下的二级目录 pkg 下面存放着上面 cmd 下各工具链程序依赖的包、Go 运行时以及 Go 标准库的源文件。

```
$ tree -LF 1 ./pkg
./pkg
...
├── flag/
├── fmt/
├── go/
├── io/
├── log/
├── math/
...
├── syscall/
├── testing/
├── text/
├── time/
├── unicode/
└── unsafe/
```

在 Go 1.3 版本以后至今，Go 项目下的 src 目录发生了几次结构上的变动。

- Go 1.4 版本删除了 Go 源码树中 src/pkg/xxx 中的 pkg 这一层级目录，改为直接使用 src/xxx。
- Go 1.4 版本在 src 下面增加 internal 目录，用于存放无法被外部导入、仅 Go 项目自用的包。
- Go 1.6 版本在 src 下面增加 vendor 目录，但 Go 项目自身真正启用 vendor 机制是在 Go 1.7 版本中。vendor 目录中存放了 Go 项目自身对外部项目的依赖，主要是 golang.org/x 下的各个包，包括 net、text、crypto 等。该目录下的包会在每次 Go 版本发布时更新。
- Go 1.13 版本在 src 下面增加了 go.mod 和 go.sum，实现了 Go 项目自身的 go module 迁移。Go 项目内所有包被放到名为 std 的 module 下面，其依赖的包依然是 golang.org/x 下的各个包。

```
// Go 1.13版本Go项目src下面的go.mod
module std

go 1.12

require (
    golang.org/x/crypto v0.0.0-20200124225646-8b5121be2f68
    golang.org/x/net v0.0.0-20190813141303-74dc4d7220e7
    golang.org/x/sys v0.0.0-20190529130038-5219a1e1c5f8 // indirect
    golang.org/x/text v0.3.2 // indirect
)
```

下面是 Go 1.16 版本 src 目录下的完整布局：

```
├── Make.dist
├── README.vendor
├── all.bash*
├── all.bat
├── all.rc*
├── bootstrap.bash*
├── buildall.bash*
├── clean.bash*
├── clean.bat
├── clean.rc*
├── cmd/
├── cmp.bash
├── go.mod
├── go.sum
├── internal/
├── make.bash*
├── make.bat
├── make.rc*
├── race.bash*
├── race.bat
├── run.bash*
├── run.bat
├── run.rc*
├── testdata/
...
└── vendor/
```

5.2 Go 语言典型项目结构

1. Go 项目结构的最小标准布局

关于 Go 应用项目结构的标准布局是什么样子的，Go 官方团队始终没有给出参考标准。不过作为 Go 语言项目的技术负责人，Russ Cox 在一个开源项目的 issue 中给出了他关于 Go 项目结构的最小标准布局[⊖]的想法。他认为 Go 项目的最小标准布局应该是这样的：

```
// 在Go项目仓库根路径下

- go.mod
- LICENSE
- xx.go
- yy.go
...

或

- go.mod
- LICENSE
```

⊖ https://github.com/golang-standards/project-layout/issues/117#issuecomment-828503689

```
- package1
        - package1.go
- package2
        - package2.go
...
```

pkg、cmd、docs 这些目录不应该成为 Go 项目标准结构的一部分，至少不是必需的。笔者认为 Russ Cox 给出的最小标准布局与 Go 一贯崇尚的“简单”哲学是一脉相承的，这个布局很灵活，可以满足各种 Go 项目的需求。

但是在 Russ Cox 阐述上述最小标准之前，Go 社区其实是处于“无标准”状态的，早期 Go 语言自身项目的结构布局对现存的大量 Go 开源项目的影响依然存在，对于一些规模稍大些的 Go 应用项目，我们势必会在上述“最小标准布局”的基础上进行扩展。而这种扩展显然不会是盲目的，还是会参考 Go 语言项目自身的结构布局，于是就有了下面的**非官方标准的建议结构布局**。

2. 以构建二进制可执行文件为目的的 Go 项目结构

基于 Go 语言项目自身的早期结构以及后续演进，Go 社区在多年的 Go 语言实践积累后逐渐形成了一种典型项目结构，这种结构与 Russ Cox 的最小标准布局是兼容的，如图 5-1 所示。

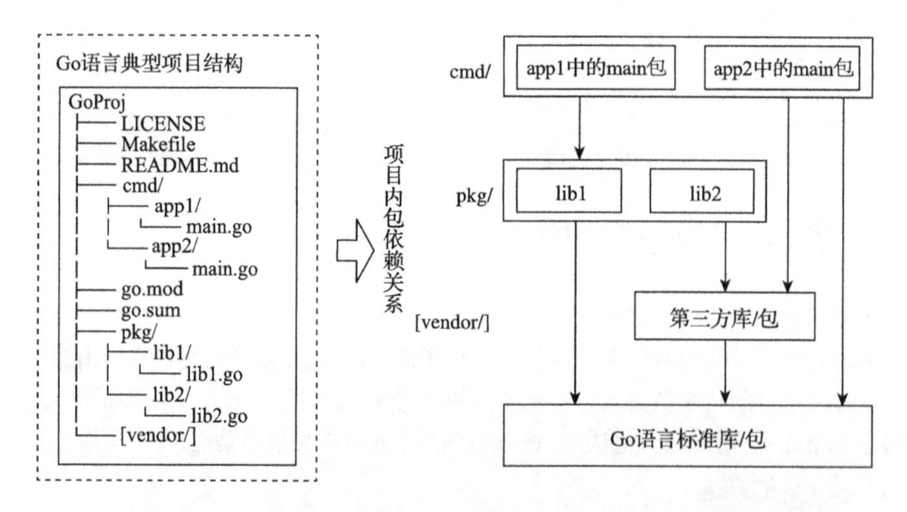

图 5-1 Go 语言典型项目结构（以构建二进制可执行文件为目的的 Go 项目）

图 5-1 所示就是一个支持（在 cmd 下）构建二进制可执行文件的典型 Go 项目的结构，我们分别来看一下各个重要目录的用途。

- cmd 目录：存放项目要构建的可执行文件对应的 main 包的源文件。如果有多个可执行文件需要构建，则将每个可执行文件的 main 包单独放在一个子目录中，比如图中的 app1、app2。cmd 目录下的各 app 的 main 包将整个项目的依赖连接在一起，并且通常来说，main 包应该很简洁。我们会在 main 包中做一些命令行参数解析、资源初始化、日志设施初始化、数据库连接初始化等工作，之后就会将程序的执行权限交给更高级的执行控制对象。有一些 Go 项目将 cmd 这个名字改为 app，但其功用并没有变。

- pkg 目录：存放项目自身要使用并且同样也是可执行文件对应 main 包要依赖的库文件。该目录下的包可以被外部项目引用，算是项目导出包的一个聚合。有些项目将 pkg 这个名字改为 lib，但该目录的用途不变。由于 Go 语言项目自身在 1.4 版本中去掉了 pkg 这一层目录，因此有一些项目直接将包平铺到项目根路径下，但笔者认为对于一些规模稍大的项目，过多的包会让项目顶层目录不再简洁，显得很拥挤，因此个人建议对于复杂的 Go 项目保留 pkg 目录。
- Makefile：这里的 Makefile 是项目构建工具所用脚本的“代表”，它可以代表任何第三方构建工具所用的脚本。Go 并没有内置如 make、bazel 等级别的项目构建工具，对于一些规模稍大的项目而言，项目构建工具似乎不可缺少。在 Go 典型项目中，项目构建工具的脚本一般放在项目顶层目录下，比如这里的 Makefile；对于构建脚本较多的项目，也可以建立 build 目录，并将构建脚本的规则属性文件、子构建脚本放入其中。
- go.mod 和 go.sum：Go 语言包依赖管理使用的配置文件。Go 1.11 版本引入 Go module 机制，Go 1.16 版本中，Go module 成为默认的依赖包管理和构建机制。因此对于新的 Go 项目，建议基于 Go module 进行包依赖管理。对于没有使用 Go module 进行包管理的项目（可能主要是一些使用 Go 1.11 以前版本的 Go 项目），这里可以换为 dep 的 Gopkg.toml 和 Gopkg.lock，或者 glide 的 glide.yaml 和 glide.lock 等。
- vendor 目录（可选）：vendor 是 Go 1.5 版本引入的用于在项目本地缓存特定版本依赖包的机制。在引入 Go module 机制之前，基于 vendor 可以实现可重现的构建（reproducible build），保证基于同一源码构建出的可执行程序是等价的。Go module 本身就可以实现可重现的构建而不需要 vendor，当然 Go module 机制也保留了 vendor 目录（通过 go mod vendor 可以生成 vendor 下的依赖包；通过 go build -mod=vendor 可以实现基于 vendor 的构建），因此这里将 vendor 目录视为一个可选目录。一般我们仅保留项目根目录下的 vendor 目录，否则会造成不必要的依赖选择的复杂性。

Go 1.11 引入的 module 是一组同属于一个版本管理单元的包的集合。Go 支持在一个项目 / 仓库中存在多个 module，但这种管理方式可能要比一定比例的代码重复引入更多的复杂性。因此，如果项目结构中存在版本管理的“分歧”，比如 app1 和 app2 的发布版本并不总是同步的，那么笔者建议将项目拆分为多个项目（仓库），每个项目单独作为一个 module 进行版本管理和演进。

3. 以只构建库为目的的 Go 项目结构

Go 1.4 发布时，Go 语言项目自身去掉了 src 下的 pkg 这一层目录，这个结构上的改变对那些以只构建库为目的的 Go 库类型项目结构有一定的影响。我们来看一个典型的 Go 语言库类型项目的结构布局，见图 5-2。

我们看到库类型项目结构与 Go 项目的最小标准布局也是兼容的，但比以构建二进制可执行文件为目的的 Go 项目要简单一些。

- 去除了 cmd 和 pkg 两个子目录：由于仅构建库，没必要保留存放二进制文件 main 包源文件的 cmd 目录；由于 Go 库项目的初衷一般都是对外部（开源或组织内部公开）暴露

API，因此也没有必要将其单独聚合到 pkg 目录下面了。

- vendor 不再是可选目录：对于库类型项目而言，不推荐在项目中放置 vendor 目录去缓存库自身的第三方依赖，库项目仅通过 go.mod（或其他包依赖管理工具的 manifest 文件）明确表述出该项目依赖的模块或包以及版本要求即可。

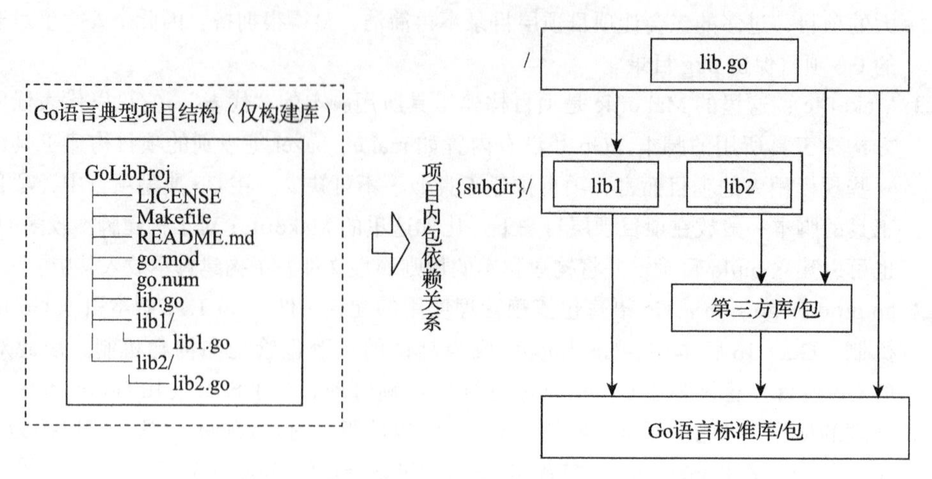

图 5-2 Go 语言库项目结构

4. 关于 internal 目录

无论是上面哪种类型的 Go 项目，对于不想暴露给外部引用，仅限项目内部使用的包，在项目结构上可以通过 Go 1.4 版本中引入的 internal 包机制来实现。以库项目为例，最简单的方式就是在顶层加入一个 internal 目录，将不想暴露到外部的包都放在该目录下，比如下面项目结构中的 ilib1、ilib2：

```
// 带internal的Go库项目结构

$tree -F ./chapter2/sources/GoLibProj
GoLibProj
├── LICENSE
├── Makefile
├── README.md
├── go.mod
├── internal/
│   ├── ilib1/
│   └── ilib2/
├── lib.go
├── lib1/
│   └── lib1.go
└── lib2/
    └── lib2.go
```

这样，根据 Go internal 机制的作用原理，internal 目录下的 ilib1、ilib2 可以被以 GoLibProj 目录为根目录的其他目录下的代码（比如 lib.go、lib1/lib1.go 等）所导入和使用，但是却不可以为 GoLibProj 目录以外的代码所使用，从而实现选择性地暴露 API 包。当然 internal 也可以放在项目结构中的任一目录层级中，关键是项目结构设计人员明确哪些要暴露到外层代码，哪些仅用于同级目录或子目录中。

对于以构建二进制可执行文件类型为目的的项目，我们同样可以将不想暴露给外面的包聚合到项目顶层路径下的 internal 下，与暴露给外部的包的聚合目录 pkg 遥相呼应。

小结

以上两个针对构建二进制可执行文件类型以及库类型的项目参考结构是 Go 社区在多年实践后得到公认且使用较为广泛的项目结构，并且它们与 Russ Cox 提出的 Go 项目最小标准布局是兼容的，对于稍大型的 Go 项目来说很有参考价值。但它们并不是必需的，在 Go 语言早期，很多项目将所有源文件都放在位于项目根目录下的根包中，这个方法也适合一些小规模项目。

对于以构建二进制可执行文件类型为目的的项目来说，受 Go 1.4 项目结构影响，将 pkg 这一层次目录去掉也是很多项目选择的结构布局方式。

上述参考项目结构与产品设计开发领域的最小可行产品（Minimum Viable Product，MVP）的思路异曲同工，开发者可以在这样一个最小的项目结构核心的基础上根据实际需要进行扩展。

Suggestion 6 第 6 条

提交前使用 gofmt 格式化源码

自从现代编程语言出现以来，针对每种编程语言的代码风格的争论就不曾停止过，直到 Go 语言的出现，人们才惊奇地发现 Go 社区似乎很少有针对 Go 语言代码风格的争论。

6.1 gofmt：Go 语言在解决规模化问题上的最佳实践

gofmt 的代码风格不是某个人的最爱，而是所有人的最爱。

——Rob Pike

Go 语言设计的目标之一是解决大型软件系统的大规模协作开发问题，也就是说 Go 语言不仅要让独立开发人员使用起来感觉良好，还要将这个良好的体验扩展到拥有一定规模的团队甚至是大型开发团队。Go 核心团队将这类问题归结为一个词——规模化（scale），这也是近几年比较火热的 Go2 演进方案将主要解决的问题[㊀]。

gofmt 是伴随着 Go 语言的诞生而在“规模化”这个目标上进行的第一批实践和尝试。它试图“消灭”软件开发过程中阻碍“规模化”的问题，即开发人员在编程语言代码风格上的无休止且始终无法达成一致的争论，以及不同代码风格给开发人员在阅读和维护他人代码时带来的低效。gofmt 先入为主地将一种统一的代码风格内置到 Go 语言之中，并将其与 Go 语言一起以一种“标准”的形式推广给所有 Go 开发者。

在 Go 语言诞生和推广的初期，也许会有开发人员因 gofmt 所格式化出来的统一代码风格与自己喜好的风格不一致而抱怨，但随着 Go 影响力的扩大以及采用 gofmt 标准代码风格的代码的累积，Go 开发者们渐渐注意到关于其他编程语言的那种针对代码风格的“争吵”变少了甚至

㊀ 见 https://blog.golang.org/toward-go2。

消失了。在一致的代码风格下，Go开发人员阅读和维护他人代码时不再感到陌生，效率也变得更高了，gofmt的代码风格成为了所有人的最爱，以至于在Go的世界里代码风格已经没有了存在感。

gofmt代码风格已经成为Go开发者的共识，融入Go语言的开发文化当中，以至于多数Go开发者可能说不出gofmt代码风格是什么样的，因为代码会被gofmt自动变成那种风格，大家已经不再关心风格。gofmt是Go语言在解决规模化问题上的一个最佳实践，并成为Go语言吸引其他语言开发者的一大亮点。很多主流语言在效仿Go语言而推出自己的格式化工具，比如Java formatter、Clang formatter、Dartfmt等。作为Go开发人员，**请在提交代码前使用gofmt进行格式化**。

6.2 使用gofmt

截至Go 1.16稳定版，gofmt工具一直是放置在Go安装包中与Go编译器工具一并发布的，这足以说明gofmt工具的重要程度。

gofmt保持了Go语言“简单”的设计哲学，这点通过其帮助手册即可看出：

```
$ gofmt -help
usage: gofmt [flags] [path ...]
  -cpuprofile string
        write cpu profile to this file
  -d    display diffs instead of rewriting files
  -e    report all errors (not just the first 10 on different lines)
  -l    list files whose formatting differs from gofmt's
  -r string
        rewrite rule (e.g., 'a[b:len(a)] -> a[b:]')
  -s    simplify code
  -w    write result to (source) file instead of stdout
```

gofmt最大的特点是**没有提供任何关于代码风格设置的命令行选项和参数**，这样Go开发人员就无法通过设置命令行特定选项来定制自己喜好的风格。不过gofmt却提供了足够在工程上对代码进行按格式查找、代码重构的命令行选项。我们来看一些gofmt的实用技巧。

1. 使用gofmt -s选项简化代码

虽然Go语言推崇一件事情仅有一种方式完成，但难免存在一些事情依然有多种表达方法，比如下面这个例子。

存在一个字符串切片v：

```
v := []string{...}
```

如果要迭代访问字符串切片v的各个元素，可以这么做：

```
for _ = range v {
    ...
}
```

在 Go 1.4 及后续版本中，还可以这么做：

```
for range v {
    ...
}
```

Go 开发者更推崇后面那种简化后的写法。这样的例子在 Go 语言的演进过程中还存在一些。为了避免将代码转换为简化语法给开发人员带来额外工作量，Go 官方在 gofmt 中提供了 -s 选项。通过 gofmt -s 可以将遗留代码中的非简化代码自动转换为简化写法，并且没有副作用，因此一般“-s”选项都会是 gofmt 执行的默认选项。

2. 使用 gofmt -r 执行代码“微重构”

代码重构是软件工程过程中的日常操作，Go 语言曾经为了支持大规模软件的全局重构加入了类型别名（type alias）语法。gofmt 除了具有格式化代码的功能外，对代码重构也具有一定的支撑能力。我们可以通过 -r 命令行选项对代码进行表达式级别的替换，以达到重构的目的。

下面是 -r 选项的用法：

```
gofmt -r 'pattern -> replacement' [other flags] [path ...]
```

gofmt -r 的原理就是在对源码进行重新格式化之前，搜索源码是否有可以匹配 pattern 的表达式，如果有，就将所有匹配到的结果替换为 replacement 表达式。gofmt 要求 pattern 和 replacement 都是合法的 Go 表达式。比如：

```
$gofmt -r 'a[3:len(a)] -> a[3:]' -w chapter2/sources/gofmt_demo.go
```

上面 gofmt -r 命令执行的意图就是先将源码文件 gofmt_demo.go 中能与 a[3:len(a)] 匹配的代码替换为 a[3:]，然后重新格式化。因此上面的命令对下面的源码片段都可以成功匹配：

```
-    fmt.Println(s[3:len(s)])
+    fmt.Println(s[3:])

-    n, err := s.r.Read(s.buf[3:len(s.buf)])
+    n, err := s.r.Read(s.buf[3:])

-    reverseLabels = append(reverseLabels, domain[3:len(domain)])
+    reverseLabels = append(reverseLabels, domain[3:])
```

注意，上述命令中的 a 并不是一个具体的字符，而是代表的一个**通配符**。出现在 'pattern -> replacement' 中的小写字母都会被视为**通配符**。我们将 pattern 中的 3 改为字母 b（通配符）：

```
$gofmt -r 'a[b:len(a)] -> a[b:]' -w chapter2/sources/gofmt_demo.go
```

这样 pattern 匹配的范围就更大了：

```
-    fmt.Println(s[3:len(s)])
+    fmt.Println(s[3:])

-    n, err := s.r.Read(s.buf[s.end:len(s.buf)])
+    n, err := s.r.Read(s.buf[s.end:])
```

```
-    reverseLabels = append(reverseLabels, domain[3:len(domain)])
+    reverseLabels = append(reverseLabels, domain[3:])

-    reverseLabels = append(reverseLabels, domain[i+1:len(domain)])
+    reverseLabels = append(reverseLabels, domain[i+1:])
```

3. 使用 gofmt -l 按格式要求输出满足条件的文件列表

gofmt 提供了 -l 选项，可以按格式要求输出满足条件的文件列表。比如，输出 $GOROOT/src 下所有不满足 gofmt 格式要求的文件列表（以 Go 1.12.6 版本为例）：

```
$ gofmt -l $GOROOT/src
$GOROOT/src/cmd/cgo/zdefaultcc.go
$GOROOT/src/cmd/go/internal/cfg/zdefaultcc.go
$GOROOT/src/cmd/go/internal/cfg/zosarch.go
...
$GOROOT/src/go/build/zcgo.go
```

我们看到，即便是 Go 项目自身源码也有“漏网之鱼”，不过这可能是 gofmt 的格式化标准有过微调，而很多源文件没有及时调整导致的。

我们也可以将 -r 和 -l 结合起来使用，输出匹配到 pattern 的文件列表。比如查找 $GOROOT/src 下能匹配到 'a[b:len(a)]' pattern 的文件列表：

```
$ gofmt -r 'a[b:len(a)] -> a[b:]' -l $GOROOT/src
$GOROOT/src/bufio/scan.go
$GOROOT/src/crypto/x509/verify.go
```

不过要注意的是，**如果某路径下有很多不符合 gofmt 格式的文件，这些文件也会被一并输出**。

6.3 使用 goimports

Go 编译器在编译源码时会对源码文件导入的包进行检查，对于源文件中没有使用但却导入了的包或使用了但没有导入的包，Go 编译器都会报错。遗憾的是，gofmt 工具无法自动增加或删除文件头部的包导入列表。为此，Go 核心团队的 Brad Fitzpatrick 实现了 goimports[⊖]，该工具后来被移到官方仓库 golang.org/x/tools/cmd/goimports 下维护了。

goimports 在 gofmt 功能的基础上增加了对包导入列表的维护功能，可根据源码的最新变动自动从导入包列表中增删包。

安装 goimports 的方法很简单：

```
$go get golang.org/x/tools/cmd/goimports
```

如果 Go 编译器发现 $GOPATH/bin 路径存在，就会将 goimports 可执行文件放到该路径下，这时只要保证该路径在 $PATH 中即可。可以认为 goimports 是在 gofmt 之上又封装了一层，而且 goimports 提供的命令行选项和参数与 gofmt 也十分类似：

⊖ https://github.com/bradfitz/goimports

```
$ ./goimports -help
usage: goimports [flags] [path ...]
    -cpuprofile string
          CPU profile output
    -d    display diffs instead of rewriting files
    -e    report all errors (not just the first 10 on different lines)
    -format-only
          if true, don't fix imports and only format. In this mode, goimports is
          effectively gofmt, with the addition that imports are grouped into sections.
    -l    list files whose formatting differs from goimport's
    ...
```

因此，这里就不再赘述 goimports 的用法了。

6.4 将 gofmt/goimports 与 IDE 或编辑器工具集成

日常开发工作中，Go 开发人员多使用各种主流编辑器进行代码的编写、测试和重构工作，他们一般会将 gofmt/goimports 与编辑器集成，由编辑器在保存源文件时自动调用 gofmt/goimports 完成代码的格式化，而几乎不会手动敲入 gofmt 命令进行代码格式化。下面是对 gofmt/goimport 与主流 Go 源码编辑器集成方法的简要说明。

（1）Visual Studio Code

Visual Studio Code（VS Code）是微软开源的 IDE 工具，它集成了 Git，支持智能提示，提供各种方便的快捷键等，最为强大的是其插件扩展。通过插件扩展，VS Code 迅速抢占了各大编程语言的 IDE 榜单头部位置，Go 语言也不例外。

微软为 Go 提供了官方插件支持——vscode-go，该插件项目已经正式成为 Go 官方子项目并被放入 Go 项目仓库中托管。vscode-go 借助第三方工具实现了代码智能感知、代码导航、编辑、诊断、调试和单元测试等功能。其“在文件保存时格式化”功能就是通过调用 gofmt 或 goimports 实现的。VS Code 与 gofmt/goimports 的集成很简单，只需在安装 vscode-go 插件时按照提示安装 vscode-go 所依赖的第三方工具或者保证 gofmt 在环境变量 PATH 的路径中即可（将 $GOROOT/bin 加入 PATH 环境变量）。如果要使用 goimports，可通过前面 goimports 的安装命令手动安装，并保证 goimports 所在目录在 PATH 环境变量的路径中。

（2）Vim

Vim 是在 *NIX 世界普遍存在的一款历史悠久的著名文本编辑器，也是很多做后端开发工作的开发者最喜欢的编辑工具。Vim 的强大之处与 VS Code 类似，它也有一个强大的插件扩展机制，基于 Vim 插件我们便可以实现想要的各种功能。

Go 和 Vim 通过 vim-go 插件连接在一起。vim-go 是由前 DigitalOcean 工程师 Fatih Arslan 开发的 Vim 插件（需要 Vim 7.4.2009 及以上版本），你可以通过 Pathogen、vim-plug 或 Vundle 中的任一款 Vim 插件管理器安装 vim-go 插件。以使用 vim-plug 为例：

先安装 vim-plug 和 vim-go 两个 Vim 插件：

```
$ curl -fLo ~/.vim/autoload/plug.vim --create-dirs https://raw.githubusercontent.
    com/junegunn/vim-plug/master/plug.vim
$ git clone https://github.com/fatih/vim-go.git ~/.vim/plugged/vim-go
```

编辑 ~/.vimrc 文件，添加下面内容：

```
call plug#begin()
Plug 'fatih/vim-go'
call plug#end()
```

保存退出后再启动 Vim，在命令模式下（在普通模式下输入“：”进入命令模式），执行 GoInstallBinaries，vim-go 会自动下载并安装其所依赖的第三方工具，其中就包含 goimports。这些第三方工具都会被默认放置在 $GOPATH/bin 下。如果没有显式设置 GOPATH，$HOME/go 将被作为默认 GOPATH。因此你要确保 $GOPATH/bin 在 PATH 环境变量中。

vim-go 默认使用 gofmt，在保存文件时对 Go 源文件进行重新格式化，不过你可以设置使用 goimports，只需在 .vimrc 中添加下面这行配置：

```
let g:go_fmt_command = "goimports"
```

这样只要 goimports 可执行文件在 PATH 路径下，vim-go 就可以使用它来格式化代码并管理文件头部的包列表了。

（3）GoLand

GoLand 是知名 IDE 厂商 JetBrains 开发的 Go 语言 IDE 产品。JetBrains 在 IDE 领域浸淫多年，积累了丰富的 IDE 产品经验，这让 GoLand 一经推出就大受 Gopher 欢迎。开源编辑器提供的功能在 GoLand 中均能找到，并且体验更佳。经过快速发展，目前 GoLand 已经成为市场占有率最高的商业 Go 语言 IDE 产品。

GoLand 同样也是通过第三方工具（如 gofmt/goimports）来实现对代码的格式化。在 GoLand 中，我们可以手动对文件或工程执行格式化，也可以创建 File Watcher 来实现在保存文件时对文件进行自动格式化。

手工格式化的调用方法（以 GoLand 2019.1.3 版本为例，后续版本设置方法可能有所不同）是，在 GoLand 主菜单中依次选择 Tools→Go Tools→Go fmt file/Go fmt project/Goimports file，如图 6-1 所示。

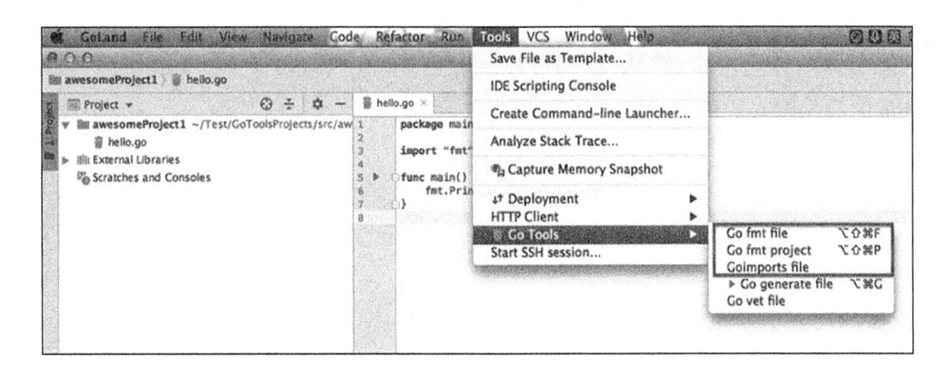

图 6-1　GoLand 手工执行 gofmt/goimports 对源文件进行格式化

在保存文件时自动执行 gofmt/goimports 对源文件进行格式化的设置方法如下：在“Pereferences...”对话框中，依次选择 Tools→File Watchers，然后添加一个 File Watcher，选择 go fmt 模板或 goimports 模板即可（见图 6-2）。

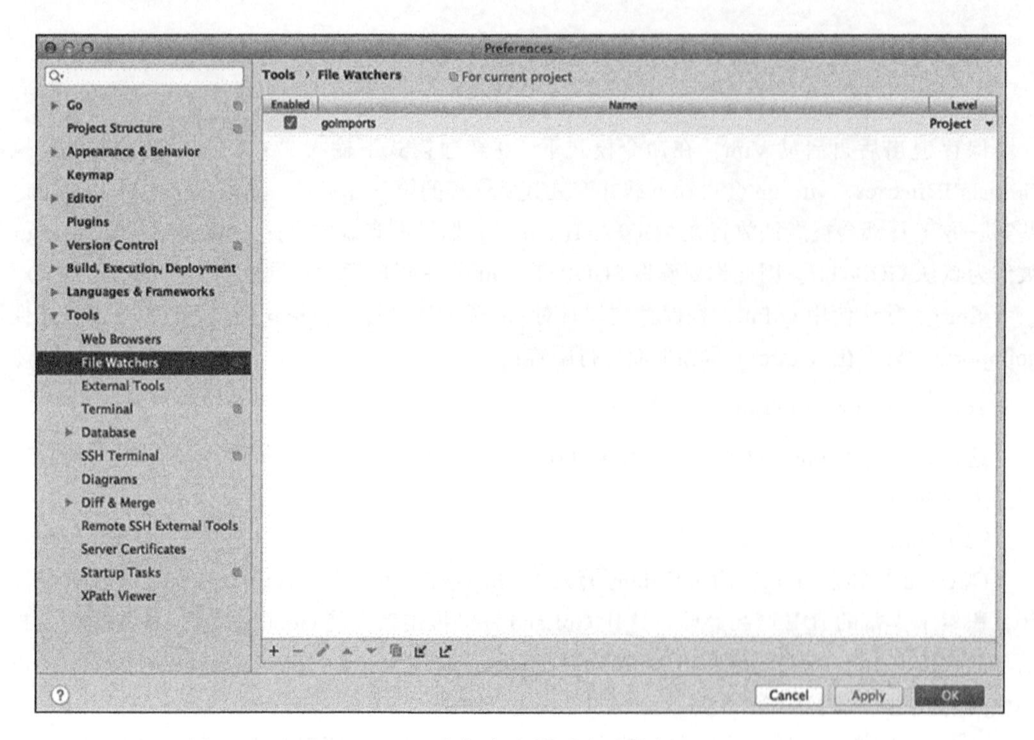

图 6-2 配置 GoLand 以在保存文件时自动执行 gofmt/goimports

小结

gofmt 以及其背后的设计哲学是 Go 语言的创新，也是对编程世界的一项重要贡献。作为 Go 开发人员，我们要牢记在提交源码前先用 gofmt 对源码进行格式化，并学会将 gofmt/goimports 工具集成到 IDE/ 编辑器工具中，让这一过程自动化，使代码格式化这件事在开发过程中变得透明，不会成为我们的心智负担。

第 7 条 *Suggestion 7*

使用 Go 命名惯例对标识符进行命名

计算机科学中只有两件难事：缓存失效和命名。

——Phil Karlton，Netscape 架构师

从编程语言诞生那天起，给标识符命名这件事就一直伴随着程序员。命名看似简单，但在如今大规模软件工程需要程序员个体间紧密协作的背景下，就像上面 Phil Karlton 所说的那样，**给出好的命名并非易事**。

命名是编程语言的要求，但是好的命名却是为了提高程序的可读性和可维护性。好的命名是什么样子的呢？ Go 语言的贡献者和布道师 Dave Cheney 给出了一个说法：“**一个好笑话，如果你必须解释它，那就不好笑了。好的命名也类似。**”无论哪门编程语言，良好的命名都应该遵循一些通用的原则，但就像之前提到的“语言影响思维”的假说那样，不同的编程语言会有一些个性化的命名惯例。

在 gofmt 的帮助下，Go 语言统一了代码风格标准，Gopher 再也无须为括号摆放位置、使用制表符还是空格、是否对齐赋值操作等而争论了。在这种情况下，命名成了广大 Gopher 为数不多可以“自由发挥”的空间。不过关于命名，Go 语言也有自己期望大家共同遵循的原则。

Go 的设计哲学之一就是追求简单，它在命名上一样秉承着简单的总体原则。但简单并不意味着一味地为标识符选择短小的名字，而是要选择那种可以在标识符所在上下文中保持其用途清晰明确的名字。Go 及其标准库的实现是 Go 命名惯例形成的源头，因此如果要寻找良好命名的示范，Go 标准库是一个不错的地方。本条中的示例主要来自 Go 标准库代码，一些结论来自对标准库代码的分析。

要想做好 Go 标识符的命名（包括对包的命名），至少要遵循两个原则：简单且一致；利用上下文辅助命名。

下面将详细阐述这两个原则以及在这两个原则下的一些命名惯例。

7.1 简单且一致

对于简单，我们最直观的理解就是“短小”，但这里的简单还包含着清晰明确这一前提。短小意味着能用一个单词命名的，就不要使用单词组合；能用单个字母（在特定上下文中）表达标识符用途的，就不用完整单词。甚至在某种情况下，Go 命名惯例选择了简洁命名 + 注释辅助解释的方式，而不是一个长长的名字。

下面是 Go 语言中一些常见类别标识符的命名惯例。

1. 包

对于 Go 中的包（package），一般建议**以小写形式的单个单词命名**。Go 标准库在这方面给我们做出了很好的示范，如图 7-1 所示。

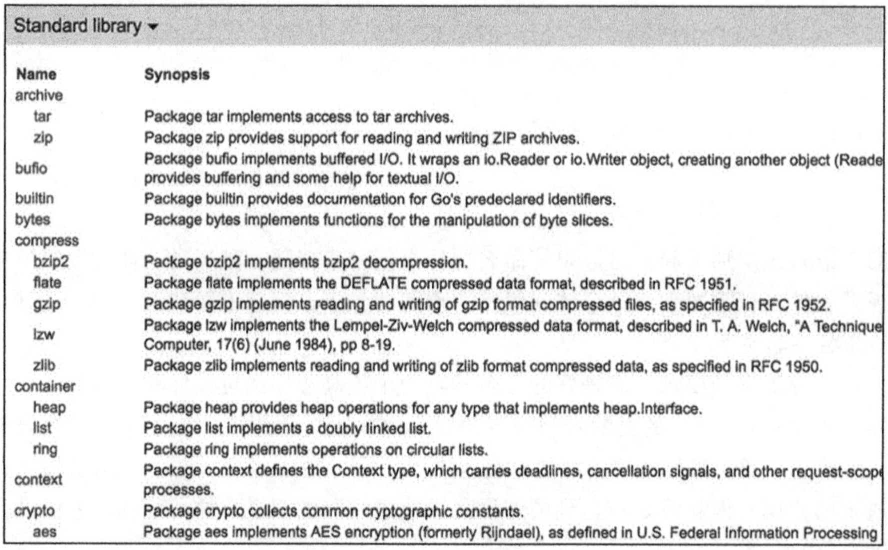

Standard library ▾

Name	Synopsis
archive	
tar	Package tar implements access to tar archives.
zip	Package zip provides support for reading and writing ZIP archives.
bufio	Package bufio implements buffered I/O. It wraps an io.Reader or io.Writer object, creating another object (Reade provides buffering and some help for textual I/O.
builtin	Package builtin provides documentation for Go's predeclared identifiers.
bytes	Package bytes implements functions for the manipulation of byte slices.
compress	
bzip2	Package bzip2 implements bzip2 decompression.
flate	Package flate implements the DEFLATE compressed data format, described in RFC 1951.
gzip	Package gzip implements reading and writing of gzip format compressed files, as specified in RFC 1952.
lzw	Package lzw implements the Lempel-Ziv-Welch compressed data format, described in T. A. Welch, "A Technique Computer, 17(6) (June 1984), pp 8-19.
zlib	Package zlib implements reading and writing of zlib format compressed data, as specified in RFC 1950.
container	
heap	Package heap provides heap operations for any type that implements heap.Interface.
list	Package list implements a doubly linked list.
ring	Package ring implements operations on circular lists.
context	Package context defines the Context type, which carries deadlines, cancellation signals, and other request-scop processes.
crypto	Package crypto collects common cryptographic constants.
aes	Package aes implements AES encryption (formerly Rijndael), as defined in U.S. Federal Information Processing

图 7-1 Go 标准库包列表（部分）

我们在给包命名时不要有是否与其他包重名的顾虑，因为**在 Go 中，包名可以不唯一**。比如：foo 项目有名为 log 的包，bar 项目也可以有自己的名为 log 的包。每个包的导入路径是唯一的，对于包名冲突的情况，可以在导入包时使用一个显式包名来指代导入的包，并且在这个源文件中使用这个显式包名来引用包中的元素，示例如下。

```
import "github.com/bigwhite/foo/log"        // log.XX中的log指代github.com/
                                             bigwhite/foo/log下的包
import barlog "github.com/bigwhite/bar/log" // barlog这个显式包名指代github.com/
                                             bigwhite/bar/log下的包
```

Go 语言建议，**包名应尽量与包导入路径（import path）的最后一个路径分段保持一致**。比如：包导入路径 golang.org/x/text/encoding 的最后路径分段是 encoding，该路径下包名就应该为

encoding。但在实际情况中，包名与导入路径最后分段不同的也有很多。比如：实时分布式消息队列 NSQ 的官方客户端包的导入路径为 github.com/nsqio/go-nsq，但是该路径下面的包名却是 nsq。笔者分析这主要是为了用仓库名称强调该实现是针对 Go 语言的，比如 go-nsq 的意义是这是一份 Go 语言实现的 NSQ 客户端 API 库，为的是与 nsq-java、pynsq、rust-nsq 等其他语言的客户端 API 进行显式区分。这种情况在笔者的 gocmpp 项目中也存在。gocmpp 项目的导入路径是 github.com/bigwhite/gocmpp，gocmpp 这个仓库名强调的是这是一份 CMPP 协议（中国移动通信互联短信网关接口协议）的 Go 实现，但该路径下包的名字却是 cmpp。

那如果将 NSQ 的 Go 客户端 API 放入 github.com/nsqio/go-nsq/nsq 下是否更理想呢？显然在导入路径中出现两次“nsq”字样的这种“口吃”现象也是不被 Go 官方推荐的。在今天看来，如果能将所有 Go 实现放入 GitHub 账号顶层路径下的 golang 或 go 路径下应该是更好的方案，比如：github.com/nsqio/go/nsq 或 github.com/nsqio/golang/nsq，github.com/bigwhite/go/cmpp 或 github.com/bigwhite/golang/cmpp。

此外，我们在给包命名的时候，**不仅要考虑包自身的名字，还要兼顾该包导出的标识符（如变量、常量、类型、函数等）的命名**。由于对这些包导出标识符的引用必须以包名为前缀，因此对包导出标识符命名时，在名字中不要再包含包名，比如：

```
strings.Reader              [good]
strings.StringReader        [bad]
strings.NewReader           [good]
strings.NewStringReader     [bad]

bytes.Buffer               [good]
bytes.ByteBuffer           [bad]
bytes.NewBuffer            [good]
bytes.NewByteBuffer        [bad]
```

2. 变量、类型、函数和方法

一个 Go 工程中包的数量是有限的，变量、类型、函数和方法的命名占据了命名工作的较大比重。

在 Go 中变量分为包级别的变量和局部变量（函数或方法内的变量）。函数或方法的参数、返回值都可以被视为局部变量。

Go 语言官方要求标识符命名采用驼峰命名法（CamelCase），以变量名为例，如果变量名由一个以上的词组合构成，那么这些词之间紧密相连，不使用任何连接符（如下划线）。驼峰命名法有两种形式：一种是第一个词的首字母小写，后面每个词的首字母大写，叫作“小驼峰拼写法”（lowerCamelCase），这也是在 Go 中最常见的标识符命名法；而第一个词的首字母以及后面每个词的首字母都大写，叫作“大驼峰拼写法”（UpperCamelCase），又称“帕斯卡拼写法”（PascalCase）。由于首字母大写的标识符在 Go 语言中被视作包导出标识符，因此只有在涉及包导出的情况下才会用到大驼峰拼写法。不过如果缩略词的首字母是大写的，那么其他字母也要保持全部大写，比如 HTTP（Hypertext Transfer Protocol）、CBC（Cipher Block Chaining）等。

为变量、类型、函数和方法命名时依然要以简单、短小为首要原则。我们对 Go 标准库（Go

1.12 版本）中标识符名称进行统计的结果如下（去除 Go 关键字和 builtin 函数）：

```
// 在$GOROOT/src下

$cat $(find . -name '*.go') | indents⊖ | sort | uniq -c | sort -nr | sed 30q
105896 v
71894 err
54512 Args
49472 t
44090 _
43881 x
43322 b
36019 i
34432 p
32011 s
28435 AddArg
26185 c
25518 n
25242 e1
23881 r
21681 AuxInt
20700 y
...
```

我们看到了大量单字母的标识符命名，这是 Go 在命名上的一个惯例。一般来说，Go 标识符仍以单个单词作为命名首选。从 Go 标准库代码的不完全统计结果来看，不同类别标识符的命名呈现出以下特征：

- ❑ 循环和条件变量多采用单个字母命名（具体见上面的统计数据）；
- ❑ 函数 / 方法的参数和返回值变量以单个单词或单个字母为主；
- ❑ 由于方法在调用时会绑定类型信息，因此方法的命名以单个单词为主；
- ❑ 函数多以多单词的复合词进行命名；
- ❑ 类型多以多单词的复合词进行命名。

除了上述特征，还有一些在命名时常用的惯例。

（1）变量名字中不要带有类型信息

比如以下命名：

```
userSlice []*User          [bad]
users     []*User          [good]
```

带有类型信息的命名只是让变量看起来更长，并没有给开发者阅读代码带来任何好处。

不过有些开发者会认为：userSlice 中的类型信息可以告诉我们变量所代表的底层存储是一个切片，这样便可以在 userSlice 上应用切片的各种操作了。提出这样质疑的开发者显然忘记了一条编程语言命名的惯例：**保持变量声明与使用之间的距离越近越好，或者在第一次使用变量之前声明该变量**。这个惯例与 Go 核心团队的 Andrew Gerrard 曾说的“一个名字的声明和使用之间的距离越大，这个名字的长度就越长”异曲同工。如果在一屏之内能看到 users 的声明，那么 -Slice 这个类型信息显然不必放在变量的名称中了。

⊖ 仓库地址：https://github.com/bigwhite/go/tree/master/cmd/indents。

（2）保持简短命名变量含义上的一致性

从上面的统计可以看到，Go 语言中有大量单字母、单个词或缩写命名的简短命名变量。有人可能会认为简短命名变量会降低代码的可读性。Go 语言建议通过保持一致性来维持可读性。一致意味着代码中相同或相似的命名所传达的含义是相同或相似的，这样便于代码阅读者或维护者猜测出变量的用途。

这里大致分析一下 Go 标准库中常见短变量名字所代表的含义，这些含义在整个标准库范畴内的一致性保持得很好。

变量 v、k、i 的常用含义：

```
// 循环语句中的变量
for i, v := range s { ... }            // i为下标变量; v为元素值
for k, v := range m { ... }            // k为key变量; v为元素值
for v := range r { // channel ... }    // v为元素值

// if、switch/case分支语句中的变量
if v := mimeTypes[ext]; v != "" { }    // v: 元素值
switch v := ptr.Elem(); v.Kind() {
    ...
}

case v := <-c:                         // v: 元素值

// 反射的结果值
v := reflect.ValueOf(x)
```

变量 t 的常用含义：

```
t := time.Now()                        // 时间
t := &Timer{}                          // 定时器
if t := md.typemap[off]; t != nil { } // 类型
```

变量 b 的常用含义：

```
b := make([]byte, n)                   // byte切片
b := new(bytes.Buffer)                // byte缓存
```

3. 常量

在 C 语言家族中，常量通常用全大写的单词命名，比如下面的 C 语言和 Java 定义的常量：

```
// C语言
#define MAX_VALUE 1000
#define DEFAULT_START_DATA  "2019-07-08"

// Java语言
public static final int MAX_VALUE = 1000;
public static final String DEFAULT_START_DATA = "2019-07-08";
```

但在 Go 语言中，常量在命名方式上与变量并无较大差别，并不要求全部大写。只是考虑其含义的准确传递，常量多使用多单词组合的方式命名。下面是标准库中的例子：

```
// $GOROOT/src/net/http/request.go

const (
    defaultMaxMemory = 32 << 20 // 32 MB
)

const (
    deleteHostHeader = true
    keepHostHeader   = false
)
```

当然，可以对名称本身就是全大写的特定常量使用全大写的名字，比如数学计算中的PI，或是为了与系统错误码、系统信号名称保持一致而用全大写方式命名：

```
// $GOROOT/src/math/sin.go
const (
    PI4A = 7.85398125648498535156E-1  // 0x3fe921fb40000000,
    PI4B = 3.77489470793079817668E-8  // 0x3e64442d00000000,
    PI4C = 2.69515142907905952645E-15 // 0x3ce8469898cc5170,
)

// $GOROOT/src/syscall/zerrors_linux_amd64.go

// 错误码
const (
    E2BIG           = Errno(0x7)
    EACCES          = Errno(0xd)
    EADDRINUSE      = Errno(0x62)
    EADDRNOTAVAIL   = Errno(0x63)
    EADV            = Errno(0x44)
    ...
)

// 信号
const (
    SIGABRT    = Signal(0x6)
    SIGALRM    = Signal(0xe)
    SIGBUS     = Signal(0x7)
    SIGCHLD    = Signal(0x11)
    ...
)
```

在Go中数值型常量无须显式赋予类型，常量会在使用时根据左值类型和其他运算操作数的类型进行自动转换，因此常量的名字也不要包含类型信息。

4. 接口

Go语言中的接口是Go在编程语言层面的一个创新，它为Go代码提供了强大的解耦合能力，因此良好的接口类型设计和接口组合是Go程序设计的静态骨架和基础。良好的接口设计自然离不开良好的接口命名。在Go语言中，对于接口类型优先以单个单词命名。对于拥有唯一方法（method）或通过多个拥有唯一方法的接口组合而成的接口，Go语言的惯例是用“方法名

+er”命名。比如：

```
// $GOROOT/src/io/io.go

type Writer interface {
    Write(p []byte) (n int, err error)
}

type Reader interface {
    Read(p []byte) (n int, err error)
}

type Closer interface {
    Close() error
}

type ReadWriteCloser interface {
    Reader
    Writer
    Closer
}
```

Go 语言推荐尽量定义小接口，并通过接口组合的方式构建程序，后文会详细讲述。

7.2　利用上下文环境，让最短的名字携带足够多的信息

Go 在给标识符命名时还有着考虑上下文环境的惯例，即在不影响可读性的前提下，兼顾一致性原则，尽可能地用短小的名字命名标识符。这与其他一些主流语言在命名上的建议有所不同，比如 Java 建议遵循“见名知义”的命名原则。我们可以对比一下 Java 和 Go 在循环变量命名上的差异，见表 7-1。

表 7-1　Java 与 Go 的变量命名对比

变量含义	Java 命名	Go 命名
下标	index	i
值	value	v

我们在 Go 代码中来分别运用这两个命名方案并做比对：

```
for index := 0; index < len(s); index++ {
    value := s[index]
    ...
}

// vs

for i := 0; i < len(s); i++ {
    v := s[i]
```

```
    ...
}
```

我们看到，至少在 for 循环这个上下文中，index、value 携带的信息并不比 i、v 多。

这里引用一下 2014 年 Andrew Gerrard 在一次关于 Go 命名演讲[⊖]中用的代码，我们再来感受一下 Go 命名惯例带来的效果：

```
// 不好的命名
func RuneCount(buffer []byte) int {
    runeCount := 0
    for index := 0; index < len(buffer); {
        if buffer[index] < RuneSelf {
            index++
        } else {
            _, size := DecodeRune(buffer[index:])
            index += size
        }
        runeCount++
    }
    return runeCount
}

// 好的命名
func RuneCount(b []byte) int {
    count := 0
    for i := 0; i < len(b); {
        if b[i] < RuneSelf {
            i++
        } else {
            _, n := DecodeRune(b[i:])
            i += n
        }
        count++
    }
    return count
}
```

小结

Go 语言命名惯例深受 C 语言的影响，这与 Go 语言之父有着深厚的 C 语言背景不无关系。Go 语言追求简单一致且利用上下文辅助名字信息传达的命名惯例，如果你刚从其他语言转向 Go，这可能会让你感到不适应，但这就是 Go 语言文化的一部分，也许等你编写的 Go 代码达到一定的量，你就能理解这种命名惯例的好处了。

⊖ https://talks.golang.org/2014/names.slide#1

第三部分 Part 3

声明、类型、语句与控制结构

Go语言为开发者提供了简单的基础语法，开发者在短期内即可完全掌握这些语法并编写可用于生成环境的代码。本部分将详述在Go基础语法层面有哪些高质量Go代码的惯用法和有效实践，内容涵盖变量声明、无类型常量的作用、枚举常量的定义、零值可用类型的意义、高频使用类型字符串/切片/map的实现原理及惯用法、Go包导入路径的真正含义以及对语句和控制结构的深入理解等。

Suggestion 8 第 8 条

使用一致的变量声明形式

和 Python、Ruby 等动态脚本语言不同，Go 语言沿袭了静态编译型语言的传统：**使用变量之前需要先进行变量的声明。**

这里大致列一下 Go 语言常见的变量声明形式：

```
var a int32
var s string = "hello"
var i = 13
n := 17
var (
    crlf       = []byte("\r\n")
    colonSpace = []byte(": ")
)
```

如果让 Go 语言的设计者重新设计一次变量声明语法，相信他们很大可能不会再给予 Gopher 这么大的变量声明灵活性，但目前这一切都无法改变。对于以面向工程著称且以解决规模化问题为目标的 Go 语言，Gopher **在变量声明形式的选择上应尽量保持项目范围内一致。**

Go 语言有两类变量。

- 包级变量（package variable）：在 package 级别可见的变量。如果是导出变量，则该包级变量也可以被视为全局变量。
- 局部变量（local variable）：函数或方法体内声明的变量，仅在函数或方法体内可见。

下面来分别说明实现这两类变量在声明形式选择上保持一致性的一些最佳实践。

8.1 包级变量的声明形式

包级变量只能使用带有 var 关键字的变量声明形式，但在形式细节上仍有一定的灵活度。我们从声明变量时是否延迟初始化这个角度对包级变量进行一次分类。

1. 声明并同时显式初始化

下面是摘自 Go 标准库中的代码（Go 1.12）：

```
// $GOROOT/src/io/pipe.go
var ErrClosedPipe = errors.New("io: read/write on closed pipe")

// $GOROOT/src/io/io.go
var EOF = errors.New("EOF")
var ErrShortWrite = errors.New("short write")
```

我们看到，对于在声明变量的同时进行显式初始化的这类包级变量，实践中多使用下面的格式：

```
var variableName = InitExpression
```

Go 编译器会自动根据等号右侧的 InitExpression 表达式求值的类型确定左侧所声明变量的类型。

如果 InitExpression 采用的是不带有类型信息的常量表达式，比如下面的语句：

```
var a = 17
var f = 3.14
```

则包级变量会被设置为常量表达式的默认类型：以整型值初始化的变量 a，Go 编译器会将之设置为默认类型 int；而以浮点值初始化的变量 f，Go 编译器会将之设置为默认类型 float64。

如果不接受默认类型，而是要显式为包级变量 a 和 f 指定类型，那么有以下两种声明方式：

```
// 第一种
var a int32 = 17
var f float32 = 3.14

// 第二种
var a = int32(17)
var f = float32(3.14)
```

从声明一致性的角度出发，Go 语言官方更推荐后者，这样就统一了接受默认类型和显式指定类型两种声明形式。尤其是在将这些变量放在一个 var 块中声明时，我们更青睐这样的形式：

```
var (
    a = 17
    f = float32(3.14)
)
```

而不是下面这种看起来不一致的声明形式：

```
var (
    a   = 17
    f float32 = 3.14
)
```

2. 声明但延迟初始化

对于声明时并不显式初始化的包级变量，我们使用最基本的声明形式：

```
var a int32
var f float64
```

虽然没有显式初始化，但Go语言会让这些变量拥有初始的“零值”。如果是自定义的类型，保证其零值可用是非常必要的，这一点将在后文中详细说明。

3. 声明聚类与就近原则

Go语言提供var块用于将多个变量声明语句放在一起，并且在语法上不会限制放置在var块中的声明类型。但是我们一般将同一类的变量声明放在一个var块中，将不同类的声明放在不同的var块中；或者将延迟初始化的变量声明放在一个var块，而将声明并显式初始化的变量放在另一个var块中。笔者称之为“声明聚类”。比如下面Go标准库中的代码：

```
// $GOROOT/src/net/http/server.go
var (
    bufioReaderPool   sync.Pool
    bufioWriter2kPool sync.Pool
    bufioWriter4kPool sync.Pool
)

var copyBufPool = sync.Pool {
    New: func() interface{} {
        b := make([]byte, 32*1024)
        return &b
    },
}
...

// $GOROOT/src/net/net.go
var (
    aLongTimeAgo = time.Unix(1, 0)

    noDeadline = time.Time{}
    noCancel   = (chan struct{})(nil)
)

var threadLimit chan struct{}
...
```

我们看到在server.go中，copyBufPool变量没有被放入var块中，因为它的声明带有显式初始化，而var块中的变量声明都是延迟初始化的；net.go中的threadLimit被单独放在var块外面，一方面是考虑它是延迟初始化的变量声明，另一方面是考虑threadLimit在含义上与var块中标识时间限制的变量有所不同。

大家可能有一个问题：是否应当将包级变量的声明全部集中放在源文件头部呢？使用静态编程语言的开发人员都知道，变量声明最佳实践中还有一条：**就近原则**，即尽可能在靠近第一次使用变量的位置声明该变量。就近原则实际上是变量的作用域最小化的一种实现手段。在Go标准库中我们很容易找到符合就近原则的变量声明例子，比如下面这个：

```
// $GOROOT/src/net/http/request.go
var ErrNoCookie = errors.New("http: named cookie not present")

func (r *Request) Cookie(name string) (*Cookie, error) {
    for _, c := range readCookies(r.Header, name) {
        return c, nil
    }
    return nil, ErrNoCookie
}
```

我们看到在 request.go 的 Cookie 方法中使用了 ErrNoCookie 这个变量，而这个包级变量被就近安排在临近该方法定义的位置进行声明。之所以这么做，可能考虑到的一点是在这个源文件中，仅 Cookie 方法用到了变量 ErrNoCookie。如果一个包级变量在包内部被多处使用，那么这个变量还是放在源文件头部声明比较适合。

8.2　局部变量的声明形式

有了包级变量的知识做铺垫，我们再来讲解局部变量就容易多了。与包级变量相比，局部变量多了一种短变量声明形式，这也是局部变量采用最多的一种声明形式。下面我们来详细看看。

1. 对于延迟初始化的局部变量声明，采用带有 var 关键字的声明形式

比如标准库 strings 包中 byteReplacer 的方法 Replace 中的变量 buf：

```
// $GOROOT/src/strings/replace.go
func (r *byteReplacer) Replace(s string) string {
    var buf []byte // 延迟分配
    for i := 0; i < len(s); i++ {
        b := s[i]
        if r[b] != b {
            if buf == nil {
                buf = []byte(s)
            }
            buf[i] = r[b]
        }
    }
    if buf == nil {
        return s
    }
    return string(buf)
}
```

另一种常见的采用带 var 关键字声明形式的变量是 error 类型的变量 err（将 error 类型变量实例命名为 err 也是 Go 的一个惯用法），尤其是当 defer 后接的闭包函数需要使用 err 判断函数 / 方法退出状态时。示例代码如下：

```
func Foo() {
    var err error
```

```
    defer func() {
        if err != nil {
            ...
        }
    }()

    err = Bar()
    ...
}
```

2. 对于声明且显式初始化的局部变量，建议使用短变量声明形式

短变量声明形式是局部变量最常用的声明形式，它遍布 Go 标准库代码。对于接受默认类型的变量，可以使用下面的形式：

```
a := 17
f := 3.14
s := "hello, gopher!"
```

对于不接受默认类型的变量，依然可以使用短变量声明形式，只是在“:=”右侧要进行显式转型：

```
a := int32(17)
f := float32(3.14)
s := []byte("hello, gopher!")
```

3. 尽量在分支控制时应用短变量声明形式

这应该是 Go 中短变量声明形式应用最广泛的场景了。在编写 Go 代码时，我们很少单独声明在分支控制语句中使用的变量，而是通过短变量声明形式将其与 if、for 等融合在一起，就像下面这样：

```
// $GOROOT/src/net/net.go
func (v *Buffers) WriteTo(w io.Writer) (n int64, err error) {
    // 笔者注：在if循环控制语句中使用短变量声明形式
    if wv, ok := w.(buffersWriter); ok {
        return wv.writeBuffers(v)
    }

    // 笔者注：在for条件控制语句中使用短变量声明形式
    for _, b := range *v {
        nb, err := w.Write(b)
        n += int64(nb)
        if err != nil {
            v.consume(n)
            return n, err
        }
    }
    v.consume(n)
    return n, nil
}
```

这样的应用方式体现出“就近原则”，让变量的作用域最小化了。

由于良好的函数 / 方法设计讲究的是“单一职责”，因此每个函数 / 方法规模都不大，很少需要应用 var 块来聚类声明局部变量。当然，如果你在声明局部变量时遇到适合聚类的应用场景，你也应该毫不犹豫地使用 var 块来声明多个局部变量。比如：

```
// $GOROOT/src/net/dial.go
func (r *Resolver) resolveAddrList(ctx context.Context, op, network,
                          addr string, hint Addr) (addrList, error) {
    ...
    var (
        tcp      *TCPAddr
        udp      *UDPAddr
        ip       *IPAddr
        wildcard bool
    )
    ...
}
```

或是：

```
// $GOROOT/src/reflect/type.go
// 笔者注：这是一个非常长的函数，因此将所有var声明都聚合在函数的开始处了
func StructOf(fields []StructField) Type {
    var (
        hash       = fnv1(0, []byte("struct {")...)
        size       uintptr
        typalign   uint8
        comparable = true
        hashable   = true
        methods    []method

        fs   = make([]structField, len(fields))
        repr = make([]byte, 0, 64)
        fset = map[string]struct{}{}

        hasPtr    = false
        hasGCProg = false
    )
    ...
}
```

小结

使用一致的变量声明是 Go 语言的一个最佳实践，我们用图 8-1 来对变量声明形式做个形象的小结。

从图 8-1 中我们看到，要想做好代码中变量声明的一致性，需要明确要声明的变量是包级变量还是局部变量、是否要延迟初始化、是否接受默认类型、是否为分支控制变量，并结合聚类和就近原则。

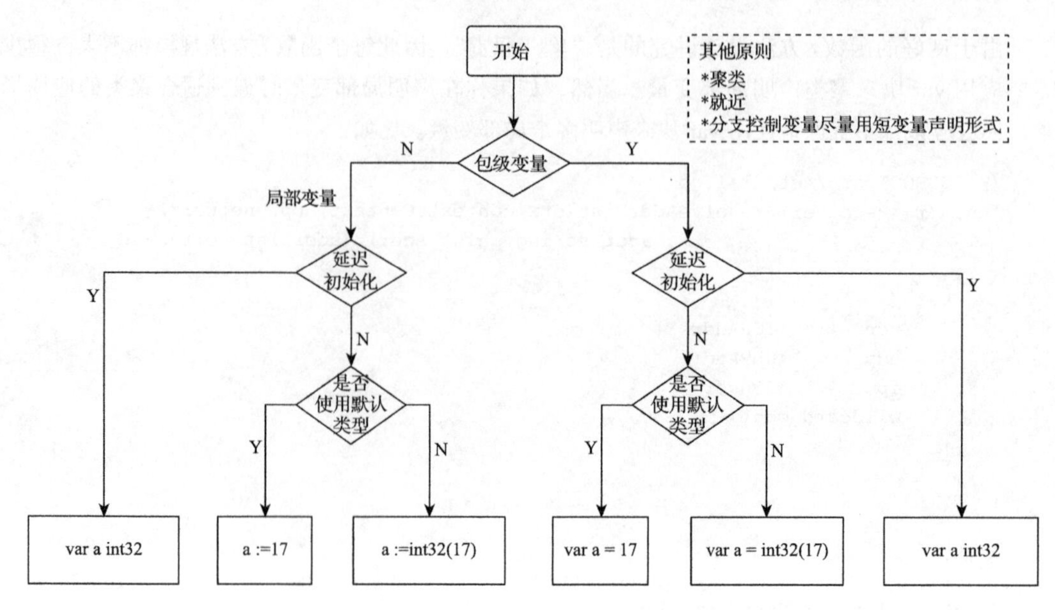

图 8-1 变量声明形式使用决策流程图

第 9 条 *Suggestion 9*

使用无类型常量简化代码

常量是现代编程语言中最常见的语法元素。在类型系统十分严格的 Go 语言中，常量还兼具特殊的作用，这一条将介绍 Go 常量究竟能给我们日常的 Go 编码提供哪些帮助。

9.1 Go 常量溯源

先来回顾一下 C 语言。在 C 语言中，字面值（literal）担负着常量的角色（针对整型值，还可以使用枚举常量）。可以使用整型、浮点型、字符串型、字符型字面值来满足不同场合下对常量的需求：

```
0x12345678
10086
3.1415926
"Hello, Gopher"
'a'
```

为了不让这些魔数（magic number）充斥于源码各处，早期 C 语言的常用实践是使用宏（macro）定义记号来指代这些字面值：

```
#define MAX_LEN 0x12345678
#define CMCC_SERVICE_PHONE_NUMBER 10086
#define PI 3.1415926
#define WELCOME_TO_GO "Hello, Gopher"
#define A_CHAR 'a'
```

这种定义“具名字面值”的实践也被称为宏定义常量。虽然后续的 C 标准中提供了 const 关键字来定义在程序运行过程中不可改变的变量（又称“只读变量”），但使用宏定义常量的习惯依然被沿袭下来，并且依旧是 C 编码中的主流风格。

宏定义的常量有着诸多不足，比如：

- 仅是预编译阶段进行替换的字面值，继承了宏替换的复杂性和易错性；
- 是类型不安全的；
- 无法在调试时通过宏名字输出常量的值。

而 C 语言中 const 修饰的标识符本质上还是变量，和其他变量一样，编译器不能像对待真正的常量那样对其进行代码优化，也无法将其作为数组声明时的初始长度。

Go 语言是站在 C 语言等编程语言的肩膀之上诞生的，它原生提供常量定义的关键字 const。**Go 语言中的 const 整合了 C 语言中宏定义常量、const 只读变量和枚举常量三种形式，并消除了每种形式的不足，使得 Go 常量成为类型安全且对编译器优化友好的语法元素。**Go 中所有与常量有关的声明都通过 const 来进行，例如：

```
// $GOROOT/src/os/file.go
const (
    O_RDONLY int = syscall.O_RDONLY
    O_WRONLY int = syscall.O_WRONLY
    O_RDWR   int = syscall.O_RDWR
    O_APPEND int = syscall.O_APPEND
    ...
)
```

上面这段标准库中的代码通过 const 声明了一组常量，如果非要进一步细分，可以将这组常量视为枚举的整型常量。然而你可能没想到，上面对常量的声明方式**仅仅是 Go 标准库中的少数个例**，绝大多数情况下，Go 常量在声明时并不显式指定类型，也就是说使用的是**无类型常量（untyped constant）**。比如：

```
// $GOROOT/src/io/io.go
const (
    SeekStart   = 0
    SeekCurrent = 1
    SeekEnd     = 2
)
```

无类型常量是 Go 语言在语法设计方面的一个“微创新”，也是“追求简单”设计哲学的又一体现，它可以让你的 Go 代码更加简洁。接下来我们就来看看无类型常量是如何简化 Go 代码编写的。

9.2 有类型常量带来的烦恼

Go 是对类型安全要求十分严格的编程语言。Go 要求，两个类型即便拥有相同的底层类型（underlying type），也仍然是不同的数据类型，不可以被相互比较或混在一个表达式中进行运算：

```
type myInt int

func main() {
```

```
    var a int = 5
    var b myInt = 6
    fmt.Println(a + b) // 编译器会给出错误提示: invalid operation: a + b (mismatched
                          types int and myInt)
}
```

我们看到，Go 在处理不同类型的变量间的运算时不支持隐式的类型转换。Go 的设计者认为，隐式转换带来的便利性不足以抵消其带来的诸多问题[⊖]。要解决上面的编译错误，必须进行显式类型转换：

```
type myInt int

func main() {
    var a int = 5
    var b myInt = 6
    fmt.Println(a + int(b)) // 输出: 11
}
```

而将有类型常量与变量混合在一起进行运算求值时也要遵循这一要求，即如果有类型常量与变量的类型不同，那么混合运算的求值操作会报错：

```
type myInt int
const n myInt = 13
const m int = n + 5         // 编译器错误提示: cannot use n + 5 (type myInt) as type
                               int in const initializer

func main() {
    var a int = 5
    fmt.Println(a + n)      // 编译器错误提示: invalid operation: a + n (mismatched
                               types int and myInt)
}
```

唯有进行显式类型转换才能让上面的代码正常工作：

```
type myInt int
const n myInt = 13
const m int = int(n) + 5

func main() {
    var a int = 5
    fmt.Println(a + int(n)) // 输出: 18
}
```

有类型常量给代码简化带来了麻烦，但这也是 Go 语言对类型安全严格要求的结果。

9.3　无类型常量消除烦恼，简化代码

现在有下面这些字面值：

⊖ https://tip.golang.org/doc/faq#conversions

```
5
3.1415926
"Hello, Gopher"
'a'
false
```

我们从中挑选三个字面值以魔数的形式直接参与变量赋值运算：

```
type myInt int
type myFloat float32
type myString string

func main() {
    var j myInt = 5
    var f myFloat = 3.1415926
    var str myString = "Hello, Gopher"

    fmt.Println(j)    // 输出: 5
    fmt.Println(f)    // 输出: 3.1415926
    fmt.Println(str)  // 输出: Hello, Gopher
}
```

可以看到这三个字面值无须显式类型转换就可以直接赋值给对应的三个自定义类型的变量，这等价于下面的代码：

```
var j myInt = myInt(5)
var f myFloat = myFloat(3.1415926)
var str myString = myString("Hello, Gopher")
```

但显然之前的无须显式类型转换的代码更为简洁。

Go 的无类型常量恰恰就拥有像字面值这样的特性，该特性使得无类型常量在参与变量赋值和计算过程时无须显式类型转换，从而达到简化代码的目的：

```
const (
    a  = 5
    pi = 3.1415926
    s  = "Hello, Gopher"
    c  = 'a'
    b  = false
)

type myInt int
type myFloat float32
type myString string

func main() {
    var j myInt = a
    var f myFloat = pi
    var str myString = s
    var e float64 = a + pi

    fmt.Println(j)    // 输出: 5
```

```
    fmt.Println(f)                // 输出: 3.1415926
    fmt.Println(str)              // 输出: Hello, Gopher
    fmt.Printf("%T, %v\n", e, e)  // float64, 8.1415926
}
```

无类型常量使得Go在处理表达式混合数据类型运算时具有较大的灵活性，代码编写也有所简化，我们无须再在求值表达式中做任何显式类型转换了。

除此之外，无类型常量也拥有自己的默认类型：无类型的布尔型常量、整数常量、字符常量、浮点数常量、复数常量、字符串常量对应的默认类型分别为bool、int、int32(rune)、float64、complex128和string。当常量被赋值给无类型变量、接口变量时，常量的默认类型对于确定无类型变量的类型及接口对应的动态类型是至关重要的。示例如下。

```
const (
    a = 5
    s = "Hello, Gopher"
)

func main() {
    n := a
    var i interface{} = a

    fmt.Printf("%T\n", n)         // 输出: int
    fmt.Printf("%T\n", i)         // 输出: int
    i = s
    fmt.Printf("%T\n", i)         // 输出: string
}
```

小结

所有常量表达式的求值计算都可以在编译期而不是在运行期完成，这样既可以减少运行时的工作，也能方便编译器进行编译优化。当操作数是常量时，在编译时也能发现一些运行时的错误，例如整数除零、字符串索引越界等。

无类型常量是Go语言推荐的实践，它拥有和字面值一样的灵活特性，可以直接用于更多的表达式而不需要进行显式类型转换，从而简化了代码编写。此外，按照Go官方语言规范[1]的描述，数值型无类型常量可以提供比基础类型更高精度的算术运算，至少有256 bit的运算精度。

[1] https://tip.golang.org/ref/spec#Constants

Suggestion 10 第 10 条

使用 iota 实现枚举常量

C 家族的主流编程语言（如 C++、Java 等）都提供定义枚举常量的语法。比如在 C 语言中，枚举是一个具名的整型常数的集合。下面是使用枚举定义的 Weekday 类型：

```
// C语法
enum Weekday {
    SUNDAY,
    MONDAY,
    TUESDAY,
    WEDNESDAY,
    THURSDAY,
    FRIDAY,
    SATURDAY
};

int main() {
    enum Weekday d = SATURDAY;
    printf("%d\n", d); // 6
}
```

C 语言针对枚举类型提供了很多语法上的便利，比如：如果没有显式给枚举常量赋初始值，那么枚举类型的第一个常量的值为 0，后续常量的值依次加 1。与使用 define 宏定义的常量相比，C 编译器可以对专用的枚举类型进行严格的类型检查，使得程序更为安全。

枚举的存在代表了一类现实需求：

- 有限数量标识符构成的集合，且多数情况下并不关心集合中标识符实际对应的值；
- 注重类型安全。

与其他 C 家族主流语言（如 C++、Java）不同，Go 语言没有提供定义枚举常量的语法。我们通常使用常量语法定义枚举常量，比如要在 Go 中定义上面的 Weekday 类型，可以这样写：

```
const (
    Sunday    = 0
    Monday    = 1
    Tuesday   = 2
    Wednesday = 3
    Thursday  = 4
    Friday    = 5
    Saturday  = 6
)
```

如果仅仅能支持到这种程度，那么 Go 就算不上是“站在巨人的肩膀上”了。Go 的 const 语法提供了“隐式重复前一个非空表达式”的机制，来看下面的代码：

```
const (
    Apple, Banana = 11, 22
    Strawberry, Grape
    Pear, Watermelon
)
```

常量定义的后两行没有显式给予初始赋值，Go 编译器将为其隐式使用第一行的表达式，这样上述定义等价于：

```
const (
    Apple, Banana = 11, 22
    Strawberry, Grape  = 11, 22
    Pear, Watermelon  = 11, 22
)
```

不过这显然仍无法满足枚举的要求，Go 在这个机制的基础上又提供了神器 iota。有了 iota，我们就可以定义满足各种场景的枚举常量了。

iota 是 Go 语言的一个预定义标识符，它表示的是 const 声明块（包括单行声明）中每个常量所处位置在块中的偏移值（从零开始）。同时，每一行中的 iota 自身也是一个无类型常量，可以像无类型常量那样自动参与不同类型的求值过程，而无须对其进行显式类型转换操作。

下面是 Go 标准库中 sync/mutex.go 中的一段枚举常量的定义：

```
// $GOROOT/src/sync/mutex.go (go 1.12.7)
const (
    mutexLocked = 1 << iota
    mutexWoken
    mutexStarving
    mutexWaiterShift = iota
    starvationThresholdNs = 1e6
)
```

这是一个很典型的诠释 iota 含义的例子，我们逐行来看。

- mutexLocked = 1 << iota：这里是 const 声明块的第一行，iota 的值是该行在 const 块中的偏移量，因此 iota 的值为 0，我们得到 mutexLocked 这个常量的值为 1 << 0，即 1。
- mutexWoken：这里是 const 声明块的第二行，由于没有显式的常量初始化表达式，根据 const 声明块的“隐式重复前一个非空表达式”机制，该行等价于 mutexWoken = 1 <<

iota。由于该行是 const 块中的第二行，因此偏移量 iota 的值为 1，我们得到 mutexWoken 这个常量的值为 1<< 1，即 2。
- mutexStarving：该常量同 mutexWoken，该行等价于 mutexStarving = 1 << iota，由于在该行的 iota 的值为 2，因此我们得到 mutexStarving 这个常量的值为 1 << 2，即 4。
- mutexWaiterShift = iota：这一行的常量初始化表达式与前三行不同，由于该行为第四行，iota 的偏移值为 3，因此 mutexWaiterShift 的值就为 3。

位于同一行的 iota 即便出现多次，其值也是一样的：

```
const (
    Apple, Banana = iota, iota + 10 // 0, 10 (iota = 0)
    Strawberry, Grape               // 1, 11 (iota = 1)
    Pear, Watermelon                // 2, 12 (iota = 2)
)
```

如果要略过 iota = 0，而从 iota = 1 开始正式定义枚举常量，可以效仿下面的代码：

```
// $GOROOT/src/syscall/net_js.go, go 1.12.7

const (
    _ = iota
    IPV6_V6ONLY                     // 1
    SOMAXCONN                       // 2
    SO_ERROR                        // 3
)
```

如果要定义非连续枚举值，也可以使用类似方式略过某一枚举值：

```
const (
    _ = iota                        // 0
    Pin1
    Pin2
    Pin3
    _                               // 相当于_ = iota，略过了4这个枚举值
    Pin5                            // 5
)
```

iota 的加入让 Go 在枚举常量定义上的表达力大增，主要体现在如下几方面。

（1）iota 预定义标识符能够以更为灵活的形式为枚举常量赋初值

Go 提供的 iota 预定义标识符可以参与常量初始化表达式的计算，这样我们能够以更为灵活的形式为枚举常量赋初值，而传统 C 语言的枚举仅能以已经定义了的常量参与到其他常量的初始值表达式中。比如：

```
// C代码

enum Season {
    spring,
    summer = spring + 2,
    fall = spring + 3,
    winter = fall + 1
};
```

在阅读上面这段 C 代码时，如果要对 winter 进行求值，我们还要向上查询 fall 的值和 spring 的值。

（2）Go 的枚举常量不限于整型值，也可以定义浮点型的枚举常量

C 语言无法定义浮点类型的枚举常量，但 Go 语言可以，这要归功于 Go 无类型常量。

```
const (
    PI   = 3.1415926              // π
    PI_2 = 3.1415926 / (2 * iota) // π/2
    PI_4                          // π/4
)
```

（3）iota 使得维护枚举常量列表更容易

我们使用传统的枚举常量声明方式声明一组颜色常量：

```
const (
    Black  = 1
    Red    = 2
    Yellow = 3
)
```

常量按照首字母顺序排序。假如我们要增加一个颜色 Blue，根据字母序，这个新常量应该放在 Red 的前面，但这样一来，我们就需要手动将从 Red 开始往后的常量的值都加 1，十分费力。

```
const (
    Blue   = 1
    Black  = 2
    Red    = 3
    Yellow = 4
)
```

我们使用 iota 重新定义这组颜色枚举常量：

```
const (
    _ = iota
    Blue
    Black
    Red
    Yellow
)
```

现在无论后期增加多少种颜色，我们只需将常量名插入对应位置即可，无须进行任何手工调整。

（4）使用有类型枚举常量保证类型安全

枚举常量多数是无类型常量，如果要严格考虑类型安全，也可以定义有类型枚举常量。下面是 Go 标准库中一段定义有类型枚举常量的例子：

```
// $GOROOT/src/time/time.go

type Weekday int

const (
```

```
    Sunday Weekday = iota
    Monday
    Tuesday
    Wednesday
    Thursday
    Friday
    Saturday
)
```

这样，后续要使用 Sunday、Saturday 这些有类型枚举常量时，必须匹配 Weekday 类型的变量。

最后，举一个“反例”：在一些枚举常量名称与其初始值有强烈对应关系的时候，枚举常量会直接使用显式数值作为常量的初始值。这样的情况极其少见，我在 Go 标准库中仅找到这一处：

```
// $GOROOT/bytes/buffer.go

const (
    opRead      readOp = -1
    opInvalid   readOp = 0
    opReadRune1 readOp = 1
    opReadRune2 readOp = 2
    opReadRune3 readOp = 3
    opReadRune4 readOp = 4
)
```

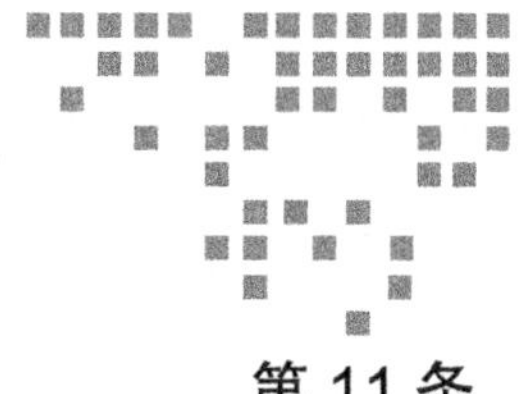

第 11 条 *Suggestion 11*

尽量定义零值可用的类型

保持零值可用。

——Go 谚语[1]

在 Go 语言中，零值不仅在变量初始化阶段避免了变量值不确定可能带来的潜在问题，而且定义零值可用的类型也是 Go 语言积极倡导的最佳实践之一，就像上面那句 Go 谚语所说的那样。

11.1 Go 类型的零值

作为一个 C 程序员出身的人，我总是喜欢将在使用 C 语言时“受过的苦”与使用 Go 语言中得到的“甜头”做比较，从而来证明 Go 语言设计者在当初设计 Go 语言时是经过了充分考量的。

在 C99 规范中，有一段是否对栈上局部变量进行自动清零初始化的描述：

未被显式初始化且具有自动存储持续时间的对象，其值是不确定的。

规范的用语总是晦涩难懂的，这句话大致的意思是：如果一个变量是在栈上分配的局部变量，且在声明时未对其进行显式初始化，那么它的值是不确定的。比如：

```
// chapter3/sources/varinit.c
#include <stdio.h>

static int cnt;
```

[1] https://go-proverbs.github.io/

```
void f() {
    int n;
    printf("local n = %d\n", n);

    if (cnt > 5) {
        return;
    }

    cnt++;
    f();
}

int main() {
    f();
    return 0;
}
```

编译上面的程序并执行：

```
// 环境: CentOS; GCC 4.1.2
// 注意: 在你的环境中执行上述代码，输出的结果很大可能与这里有所不同
$ gcc varinit.c
$ ./a.out

local n = 0
local n = 10973
local n = 0
local n = 52
local n = 0
local n = 52
local n = 52
```

我们看到分配在栈上的未初始化变量的值是不确定的。虽然一些编译器的较新版本提供了一些命令行参数选项用于对栈上变量进行零值初始化，比如 GCC 就提供如下命令行选项：

```
-finit-local-zero
-finit-derived
-finit-integer=n
-finit-real=<zero|inf|-inf|nan|snan>
-finit-logical=<true|false>
-finit-character=n
```

但这并不能改变 C 语言原生不支持对未显式初始化局部变量进行零值初始化的事实。资深 C 程序员深知这个陷阱带来的问题有多严重。因此出身于 C 语言的 Go 设计者们在 Go 中对这个问题进行了彻底修复和优化。下面是 Go 语言规范[㊀]中关于变量默认值的描述：

> 当通过声明或调用 new 为变量分配存储空间，或者通过复合文字字面量或调用 make 创建新值，且不提供显式初始化时，Go 会为变量或值提供默认值。

Go 语言中的每个原生类型都有其默认值，这个默认值就是这个类型的零值。下面是 Go 规

㊀ Go 语言规范关于变量默认值的描述：https://tip.golang.org/ref/spec#The_zero_value。

范定义的内置原生类型的默认值（零值）。

- 所有整型类型：0
- 浮点类型：0.0
- 布尔类型：false
- 字符串类型：""
- 指针、interface、切片（slice）、channel、map、function：nil

另外，Go 的零值初始是递归的，即数组、结构体等类型的零值初始化就是对其组成元素逐一进行零值初始化。

11.2　零值可用

我们知道了 Go 类型的零值，接下来了解可用。Go 从诞生以来就一直秉承着尽量保持“零值可用”的理念，来看两个例子。

第一个例子是关于切片的：

```
var zeroSlice []int
zeroSlice = append(zeroSlice, 1)
zeroSlice = append(zeroSlice, 2)
zeroSlice = append(zeroSlice, 3)
fmt.Println(zeroSlice) // 输出：[1 2 3]
```

我们声明了一个 []int 类型的切片 zeroSlice，但并没有对其进行显式初始化，这样 zeroSlice 这个变量就被 Go 编译器置为零值 nil。按传统的思维，对于值为 nil 的变量，我们要先为其赋上合理的值后才能使用。但由于 Go 中的切片类型具备零值可用的特性，我们可以直接对其进行 append 操作，而不会出现引用 nil 的错误。

第二个例子是通过 nil 指针调用方法：

```
// chapter3/sources/call_method_through_nil_pointer.go

func main() {
    var p *net.TCPAddr
    fmt.Println(p) //输出：<nil>
}
```

我们声明了一个 net.TCPAddr 的指针变量，但并未对其显式初始化，指针变量 p 会被 Go 编译器赋值为 nil。在标准输出上输出该变量，fmt.Println 会调用 p.String()。我们来看看 TCPAddr 这个类型的 String 方法实现：

```
// $GOROOT/src/net/tcpsock.go
func (a *TCPAddr) String() string {
    if a == nil {
        return "<nil>"
    }
    ip := ipEmptyString(a.IP)
```

```
    if a.Zone != "" {
        return JoinHostPort(ip+"%"+a.Zone, itoa(a.Port))
    }
    return JoinHostPort(ip, itoa(a.Port))
}
```

我们看到 Go 标准库在定义 TCPAddr 类型及其方法时充分考虑了“零值可用”的理念，使得通过值为 nil 的 TCPAddr 指针变量依然可以调用 String 方法。

在 Go 标准库和运行时代码中还有很多践行“零值可用”理念的好例子，最典型的莫过于 sync.Mutex 和 bytes.Buffer 了。

我们先来看看 sync.Mutex。在 C 语言中，要使用线程互斥锁，我们需要这么做：

```
pthread_mutex_t mutex; // 不能直接使用

// 必须先对mutex进行初始化
pthread_mutex_init(&mutex, NULL);

// 然后才能执行lock或unlock
pthread_mutex_lock(&mutex);
pthread_mutex_unlock(&mutex);
```

但是在 Go 语言中，我们只需这么做：

```
var mu sync.Mutex
mu.Lock()
mu.Unlock()
```

Go 标准库的设计者很贴心地将 sync.Mutex 结构体的零值设计为可用状态，让 Mutex 的调用者可以省略对 Mutex 的初始化而直接使用 Mutex。

Go 标准库中的 bytes.Buffer 亦是如此：

```
// chapter3/sources/bytes_buffer_write.go
func main() {
    var b bytes.Buffer
    b.Write([]byte("Effective Go"))
    fmt.Println(b.String()) // 输出：Effective Go
}
```

可以看到，我们无须对 bytes.Buffer 类型的变量 b 进行任何显式初始化，即可直接通过 b 调用 Buffer 类型的方法进行写入操作。这是因为 bytes.Buffer 结构体用于存储数据的字段 buf 支持零值可用策略的切片类型：

```
// $GOROOT/src/bytes/buffer.go
type Buffer struct {
    buf      []byte
    off      int
    lastRead readOp
}
```

小结

Go 语言零值可用的理念给内置类型、标准库的使用者带来很多便利。不过 Go 并非所有类型都是零值可用的，并且零值可用也有一定的限制，比如：在 append 场景下，零值可用的切片类型不能通过下标形式操作数据：

```
var s []int
s[0] = 12          // 报错!
s = append(s, 12) // 正确
```

另外，像 map 这样的原生类型也没有提供对零值可用的支持：

```
var m map[string]int
m["go"] = 1 // 报错!

m1 := make(map[string]int)
m1["go"] = 1 // 正确
```

另外零值可用的类型要注意尽量避免值复制：

```
var mu sync.Mutex
mu1 := mu // 错误: 避免值复制
foo(mu) // 错误: 避免值复制
```

我们可以通过指针方式传递类似 Mutex 这样的类型：

```
var mu sync.Mutex
foo(&mu) // 正确
```

保持与 Go 一致的理念，给自定义的类型一个合理的零值，并尽量保持自定义类型的零值可用，这样我们的 Go 代码会更加符合 Go 语言的惯用法。

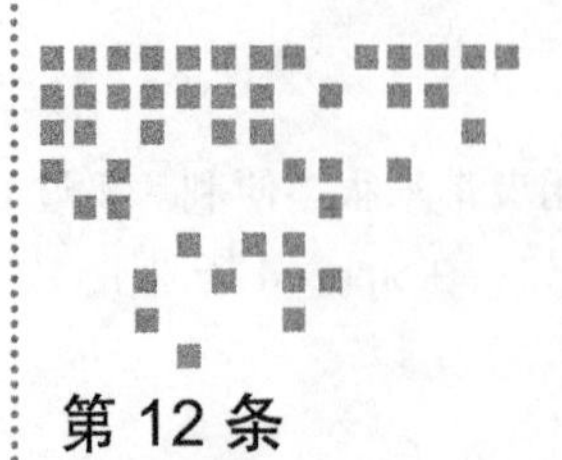

Suggestion 12 第 12 条

使用复合字面值作为初值构造器

在上一条中，我们了解到零值可用对于编写出符合 Go 惯用法的代码是大有裨益的。但有些时候，零值并非最好的选择，我们有必要为变量赋予适当的初值以保证其后续以正确的状态参与业务流程计算，尤其是 Go 语言中的一些复合类型的变量。

Go 语言中的复合类型包括结构体、数组、切片和 map。对于复合类型变量，最常见的值构造方式就是对其内部元素进行逐个赋值，比如：

```
var s myStruct
s.name = "tony"
s.age = 23

var a [5]int
a[0] = 13
a[1] = 14
...
a[4] = 17

sl := make([]int, 5, 5)
sl[0] = 23
sl[1] = 24
...
sl[4] = 27

m := make(map[int]string)
m[1] = "hello"
m[2] = "gopher"
m[3] = "!"
```

但这样的值构造方式让代码显得有些烦琐，尤其是在构造组成较为复杂的复合类型变量的初值时。Go 提供的复合字面值（composite literal）语法可以作为复合类型变量的初值构造器。

上述代码可以使用复合字面值改写成下面这样：

```
s := myStruct{"tony", 23}
a := [5]int{13, 14, 15, 16, 17}
sl := []int{23, 24, 25, 26, 27}
m := map[int]string {1:"hello", 2:"gopher", 3:"!"}
```

显然，最初的代码得到了大幅简化。

复合字面值由两部分组成：一部分是**类型**，比如上述示例代码中赋值操作符右侧的 myStruct、[5]int、[]int 和 map[int]string；另一部分是由大括号 {} 包裹的字面值。这里的字面值形式仅仅是 Go 复合字面值作为值构造器的基本用法。下面来分别看看复合字面值对于不同复合类型的高级用法。

12.1 结构体复合字面值

使用 go vet 工具对 Go 源码进行过静态代码分析的读者可能会知道，go vet 工具中内置了一条检查规则：composites。此规则用于检查源码中使用复合字面值对结构体类型变量赋值的行为。如果源码中使用了从另一个包中导入的 struct 类型，但却未使用 field:value 形式的初值构造器，则该规则认为这样的复合字面值是脆弱的。因为一旦该结构体类型增加了一个新的字段，即使是未导出的，这种值构造方式也将导致编译失败，也就是说，应该将

```
err = &net.DNSConfigError{err}
```

替换为

```
err = &net.DNSConfigError{Err: err}
```

显然，Go 推荐使用 field:value 的复合字面值形式对 struct 类型变量进行值构造，这种值构造方式可以降低结构体类型使用者与结构体类型设计者之间的耦合，这也是 Go 语言的惯用法。在 Go 标准库中，通过 field:value 格式的复合字面值进行结构体类型变量初值构造的例子比比皆是，比如：

```
// $GOROOT/src/net/http/transport.go
var DefaultTransport RoundTripper = &Transport{
    Proxy: ProxyFromEnvironment,
    DialContext: (&net.Dialer{
        Timeout:   30 * time.Second,
        KeepAlive: 30 * time.Second,
        DualStack: true,
    }).DialContext,
    MaxIdleConns:          100,
    IdleConnTimeout:       90 * time.Second,
    TLSHandshakeTimeout:   10 * time.Second,
    ExpectContinueTimeout: 1 * time.Second,
}

// $GOROOT/src/io/pipe.go
```

```
type pipe struct {
    wrMu sync.Mutex
    wrCh chan []byte
    rdCh chan int

    once sync.Once
    done chan struct{}
    rerr onceError
    werr onceError
}

func Pipe() (*PipeReader, *PipeWriter) {
    p := &pipe{
        wrCh: make(chan []byte),
        rdCh: make(chan int),
        done: make(chan struct{}),
    }
    return &PipeReader{p}, &PipeWriter{p}
}
```

这种 field:value 形式的复合字面值初值构造器颇为强大。与之前普通复合字面值形式不同，field:value 形式字面值中的字段可以以任意次序出现，未显式出现在字面值的结构体中的字段将采用其对应类型的零值。以上面的 pipe 类型为例，Pipe 函数在使用复合字面值对 pipe 类型变量进行初值构造时仅对 wrCh、rdCh 和 done 进行了 field:value 形式的显式赋值，这样 pipe 结构体中的其他变量的值将为其类型的初值，如 wrMu。

从上面例子中还可以看到，通过在复合字面值构造器的类型前面增加 &，可以得到对应类型的指针类型变量，如上面例子中的变量 p 的类型即为 Pipe 类型指针。

复合字面值作为结构体值构造器的大量使用，使得即便采用类型零值时我们也会使用字面值构造器形式：

```
s := myStruct{} // 常用
```

而较少使用 new 这一个 Go 预定义的函数来创建结构体变量实例：

```
s := new(myStruct) // 较少使用
```

值得注意的是，不允许将从其他包导入的结构体中的未导出字段作为复合字面值中的 field，这会导致编译错误。

12.2 数组 / 切片复合字面值

与结构体类型不同，数组 / 切片使用下标（index）作为 field:value 形式中的 field，从而实现数组 / 切片初始元素值的高级构造形式：

```
numbers := [256]int{'a': 8, 'b': 7, 'c': 4, 'd': 3, 'e': 2, 'y': 1, 'x': 5}

// [10]float64{-1, 0, 0, 0, -0.1, -0.1, 0, 0.1, 0, -1}
```

```
fnumbers := [...]float64{-1, 4: -0.1, -0.1, 7:0.1, 9: -1}

// $GOROOT/src/sort/search_test.go
var data = []int{0: -10, 1: -5, 2: 0, 3: 1, 4: 2, 5: 3, 6: 5, 7: 7,
      8: 11, 9: 100, 10: 100, 11: 100, 12: 1000, 13: 10000}
var sdata = []string{0: "f", 1: "foo", 2: "foobar", 3: "x"}
```

不同于结构体复合字面值较多采用 field:value 形式作为值构造器，数组 / 切片由于其固有的特性，采用 index:value 为其构造初值，主要应用在少数场合，比如为非连续（稀疏）元素构造初值（如上面示例中的 numbers、fnumbers）、让编译器根据最大元素下标值推导数组的大小（如上面示例中的 fnumbers）等。

另外在编写单元测试时，为了更显著地体现元素对应的下标值，可能会使用 index:value 形式来为数组 / 切片进行值构造，如上面标准库单元测试源码中的 data 和 sdata。

12.3　map 复合字面值

和结构体、数组 / 切片相比，map 类型变量使用复合字面值作为初值构造器就显得自然许多，因为 map 类型具有原生的 key:value 构造形式：

```
// $GOROOT/src/time/format.go
var unitMap = map[string]int64{
    "ns": int64(Nanosecond),
    "us": int64(Microsecond),
    "µs": int64(Microsecond), // U+00B5 = 微符号
    "μs": int64(Microsecond), // U+03BC = 希腊字母μ
    "ms": int64(Millisecond),
    ...
}


// $GOROOT/src/net/http/server.go
var stateName = map[ConnState]string{
    StateNew:      "new",
    StateActive:   "active",
    StateIdle:     "idle",
    StateHijacked: "hijacked",
    StateClosed:   "closed",
}
```

对于数组 / 切片类型而言，当元素为复合类型时，可以省去元素复合字面量中的类型，比如：

```
type Point struct {
    x float64
    y float64
}

sl := []Point{
    {1.2345, 6.2789}, // Point{1.2345, 6.2789}
    {2.2345, 19.2789}, // Point{2.2345, 19.2789}
}
```

但是对于 map 类型（这一语法糖在 Go 1.5 版本中才得以引入）而言，当 key 或 value 的类型为复合类型时，我们可以省去 key 或 value 中的复合字面量中的类型：

```
// Go 1.5之前版本

m := map[Point]string{
    Point{29.935523, 52.891566}:   "Persepolis",
    Point{-25.352594, 131.034361}: "Uluru",
    Point{37.422455, -122.084306}: "Googleplex",
}


// Go 1.5及之后版本
m := map[Point]string{
    {29.935523, 52.891566}:   "Persepolis",
    {-25.352594, 131.034361}: "Uluru",
    {37.422455, -122.084306}: "Googleplex",
}

m1 := map[string]Point{
    "Persepolis": {29.935523, 52.891566},
    "Uluru":      {-25.352594, 131.034361},
    "Googleplex": {37.422455, -122.084306},
}
```

对于 key 或 value 为指针类型的情况，也可以省略“&T”：

```
m2 := map[string]*Point{
    "Persepolis": {29.935523, 52.891566},   // 相当于value为&Point{29.935523, 52.891566}
    "Uluru":      {-25.352594, 131.034361}, // 相当于value为&Point{-25.352594, 131.034361}
    "Googleplex": {37.422455, -122.084306}, // 相当于value为&Point{37.422455, -122.084306}
}

fmt.Println(m2) // map[Googleplex:0xc0000ae050 Persepolis:0xc0000ae030 Uluru:0xc0000ae040]
```

小结

对于零值不适用的场景，我们要为变量赋予一定的初值。对于复合类型，我们应该首选 Go 提供的复合字面值作为初值构造器。对于不同复合类型，我们要记住下面几点：

- 使用 field:value 形式的复合字面值为结构体类型的变量赋初值；
- 在为稀疏元素赋值或让编译器推导数组大小的时候，多使用 index:value 的形式为数组 / 切片类型变量赋初值；
- 使用 key:value 形式的复合字面值为 map 类型的变量赋初值。（Go 1.5 版本后，复合字面值中的 key 和 value 类型均可以省略不写。）

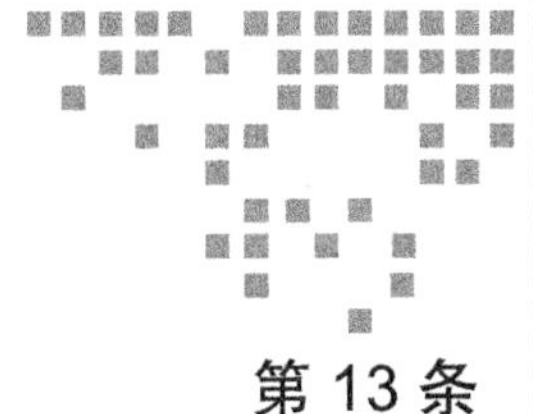

第13条 Suggestion 13

了解切片实现原理并高效使用

每当你花费大量时间使用某种特定工具时，深入了解它并了解如何高效地使用它是很值得的。

——佚名

slice，中文多译为**切片**，是Go语言在数组之上提供的一个重要的抽象数据类型。在Go语言中，对于绝大多数需要使用数组的场合，切片实现了完美替代。并且和数组相比，切片提供了更灵活、更高效的数据序列访问接口。

13.1 切片究竟是什么

在对切片一探究竟之前，我们先来简单了解一下Go语言中的数组。

Go语言数组是一个固定长度的、容纳同构类型元素的连续序列，因此Go数组类型具有两个属性：元素类型和数组长度。这两个属性都相同的数组类型是等价的。比如以下变量a、b、c对应的数组类型是三个不同的数组类型：

```
var a [8]int
var b [8]byte
var c [9]int
```

变量a、b对应的数组类型长度属性相同，但元素类型不同（一个是int，另一个是byte）；变量a、c对应的数组类型的元素类型相同，都是int，但数组类型的长度不同（一个是8，另一个是9）。

Go数组是值语义的，这意味着一个数组变量表示的是整个数组，这点与C语言完全不同。在C语言中，数组变量可视为指向数组第一个元素的指针。而在Go语言中传递数组是纯粹的值拷贝，对于元素类型长度较大或元素个数较多的数组，如果直接以数组类型参数传递到函数中会有不小的性能损耗。这时很多人会使用数组指针类型来定义函数参数，然后将数组地址传进函数，这样做的确可以避免性能损耗，但这是C语言的惯用法，**在Go语言中，更地道的方式是使用切片**。

切片之于数组就像是文件描述符之于文件。在Go语言中，数组更多是“退居幕后”，承担的是底层存储空间的角色；而切片则走向“前台”，为底层的存储（数组）打开了一个访问的“窗口”（见图13-1）。

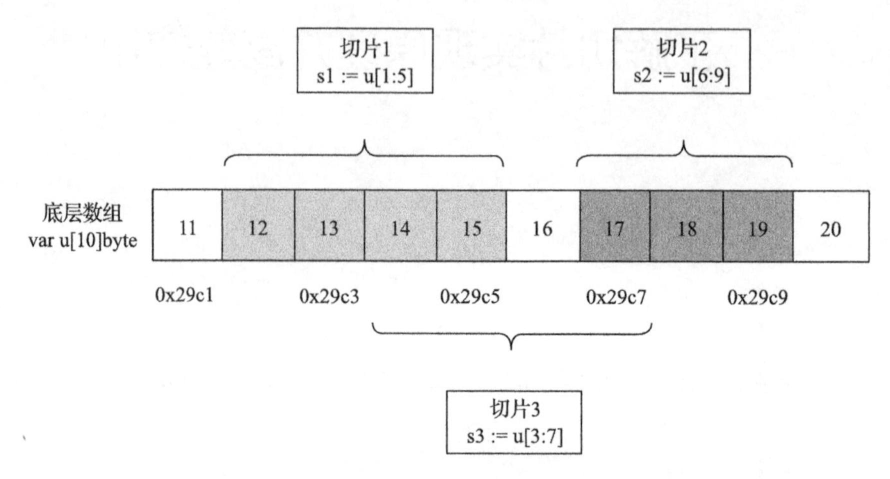

图13-1 切片打开了访问底层数组的“窗口”

因此，我们可以称**切片是数组的“描述符”**。切片之所以能在函数参数传递时避免较大性能损耗，是因为它是“描述符”的特性，切片这个描述符是固定大小的，无论底层的数组元素是什么类型，切片打开的窗口有多大。

下面是切片在Go运行时（runtime）层面的内部表示：

```
//$GOROOT/src/runtime/slice.go
type slice struct {
    array unsafe.Pointer
    len   int
    cap   int
}
```

我们看到每个切片包含以下三个字段。

- array：指向下层数组某元素的指针，该元素也是切片的起始元素。
- len：切片的长度，即切片中当前元素的个数。
- cap：切片的最大容量，cap >= len。

在运行时中，每个切片变量都是一个runtime.slice结构体类型的实例，我们可以用下面的语句创建一个切片实例s：

```
s := make([]byte, 5)
```

图13-2展示了切片s在运行时层面的内部表示。

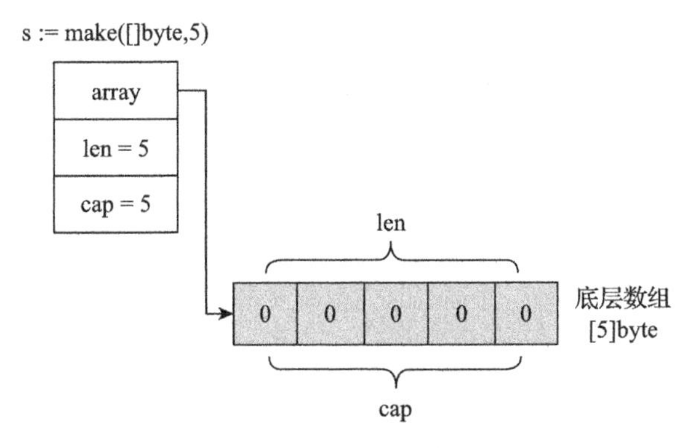

图 13-2　切片运行时表示（新切片）

我们看到通过上述语句创建的切片，编译器会自动为切片建立一个底层数组，如果没有在 make 中指定 cap 参数，那么 cap = len，即编译器建立的数组长度为 len。

我们可以通过语法 u[low: high] 创建对已存在数组进行操作的切片，这被称为数组的切片化（slicing）：

```
u := [10]byte{11, 12, 13, 14, 15, 16, 17, 18, 19, 20}
s := u[3:7]
```

图 13-3 展示了切片 s 的内部。

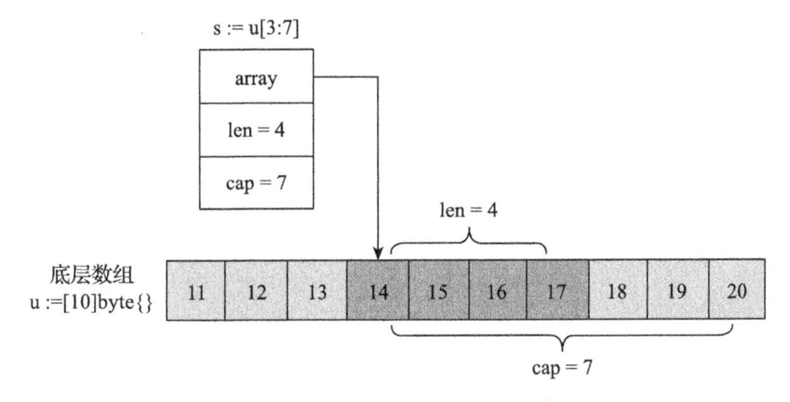

图 13-3　切片运行时表示（以已有数组为底层存储的切片）

我们看到切片 s 打开了一个操作数组 u 的窗口，我们通过 s 看到的第一个元素是 u[3]，通过 s 能看到并操作的数组元素个数为 4 个（high-low）。切片的容量值（cap）取决于底层数组的长度。从切片 s 的第一个元素 s[0]，即 u[3] 到数组末尾一共有 7 个存储元素的槽位，因此切片 s 的 cap 为 7。也可以为一个已存在数组建立多个操作数组的切片，如图 13-4 所示。

图 13-4 中的三个切片 s1、s2、s3 都是数组 u 的描述符，因此无论通过哪个切片对数组进行的修改操作都会反映到其他切片中。比如：将 s3[0] 置为 24，那么 s1[2] 也会变成 24，因为 s3[0] 直接操作的是底层数组 u 的第四个元素 u[3]。

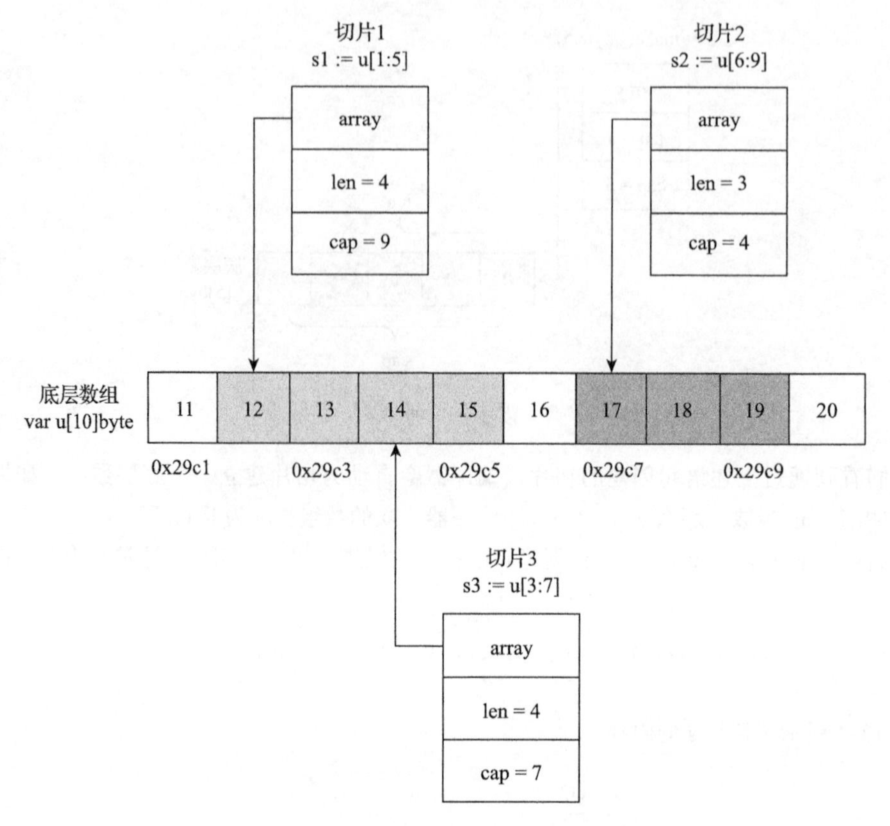

图 13-4 切片运行时表示（基于同一数组建立多个切片）

还可以通过语法 s[low: high] 基于已有切片创建新的切片，这被称为切片的 reslicing，如图 13-5 所示。新创建的切片与原切片同样是共享底层数组的，并且通过新切片对数组的修改也会反映到原切片中。

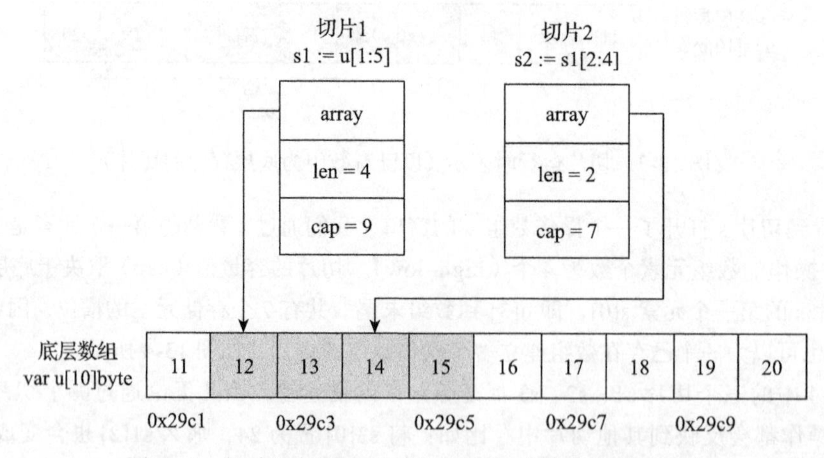

图 13-5 切片运行时表示（基于切片 s1 建立新切片 s2）

当切片作为函数参数传递给函数时，实际传递的是切片的内部表示，也就是上面的 runtime.slice 结构体实例，因此无论切片描述的底层数组有多大，切片作为参数传递带来的性能损耗都是很小且恒定的，甚至小到可以忽略不计，这就是函数在参数中多使用切片而不用数组指针的原因之一。而另一个原因就是切片可以提供比指针更为强大的功能，比如下标访问、边界溢出校验、动态扩容等。而 C 程序员最喜爱的指针本身在 Go 语言中的功能受到了限制，比如不支持指针算术运算等。

13.2　切片的高级特性：动态扩容

如果仅仅是提供通过下标值来操作元素的类数组操作接口，那么切片也不会在 Go 中占据重要的位置。Go 切片还支持一个重要的高级特性：**动态扩容**。在第 11 条中我们提到过切片类型是部分满足零值可用理念的，即零值切片也可以通过 append 预定义函数进行元素赋值操作：

```
var s []byte // s被赋予零值nil
s = append(s, 1)
```

由于初值为零值，s 这个描述符并没有绑定对应的底层数组。而经过 append 操作后，s 显然已经绑定了属于它的底层数组。为了方便查看切片是如何动态扩容的，我们打印出每次 append 操作后切片 s 的 len 和 cap 值：

```
// chapter3/sources/slice_append.go
var s []int  // s被赋予零值nil
s = append(s, 11)
fmt.Println(len(s), cap(s)) //1 1
s = append(s, 12)
fmt.Println(len(s), cap(s)) //2 2
s = append(s, 13)
fmt.Println(len(s), cap(s)) //3 4
s = append(s, 14)
fmt.Println(len(s), cap(s)) //4 4
s = append(s, 15)
fmt.Println(len(s), cap(s)) //5 8
```

我们看到切片 s 的 len 值是线性增长的，但 cap 值却呈现出不规则的变化。通过图 13-6 我们更容易看清楚多次 append 操作究竟是如何让切片进行动态扩容的。

我们看到 append 会根据切片对底层数组容量的需求对底层数组进行动态调整。

1）最初 s 初值为零值（nil），此时 s 没有绑定底层数组。

2）通过 append 操作向切片 s 添加一个元素 11，此时 append 会首先分配底层数组 u1（数组长度 1），然后将 s 内部表示中的 array 指向 u1，并设置 len = 1，cap = 1。

3）通过 append 操作向切片 s 再添加一个元素 12，此时 len(s) = 1，cap(s) = 1，append 判断底层数组剩余空间不满足添加新元素的要求，于是创建了一个新的底层数组 u2，长度为 2（u1 数组长度的 2 倍），并将 u1 中的元素复制到 u2 中，最后将 s 内部表示中的 array 指向 u2，并设置 len = 2，cap = 2。

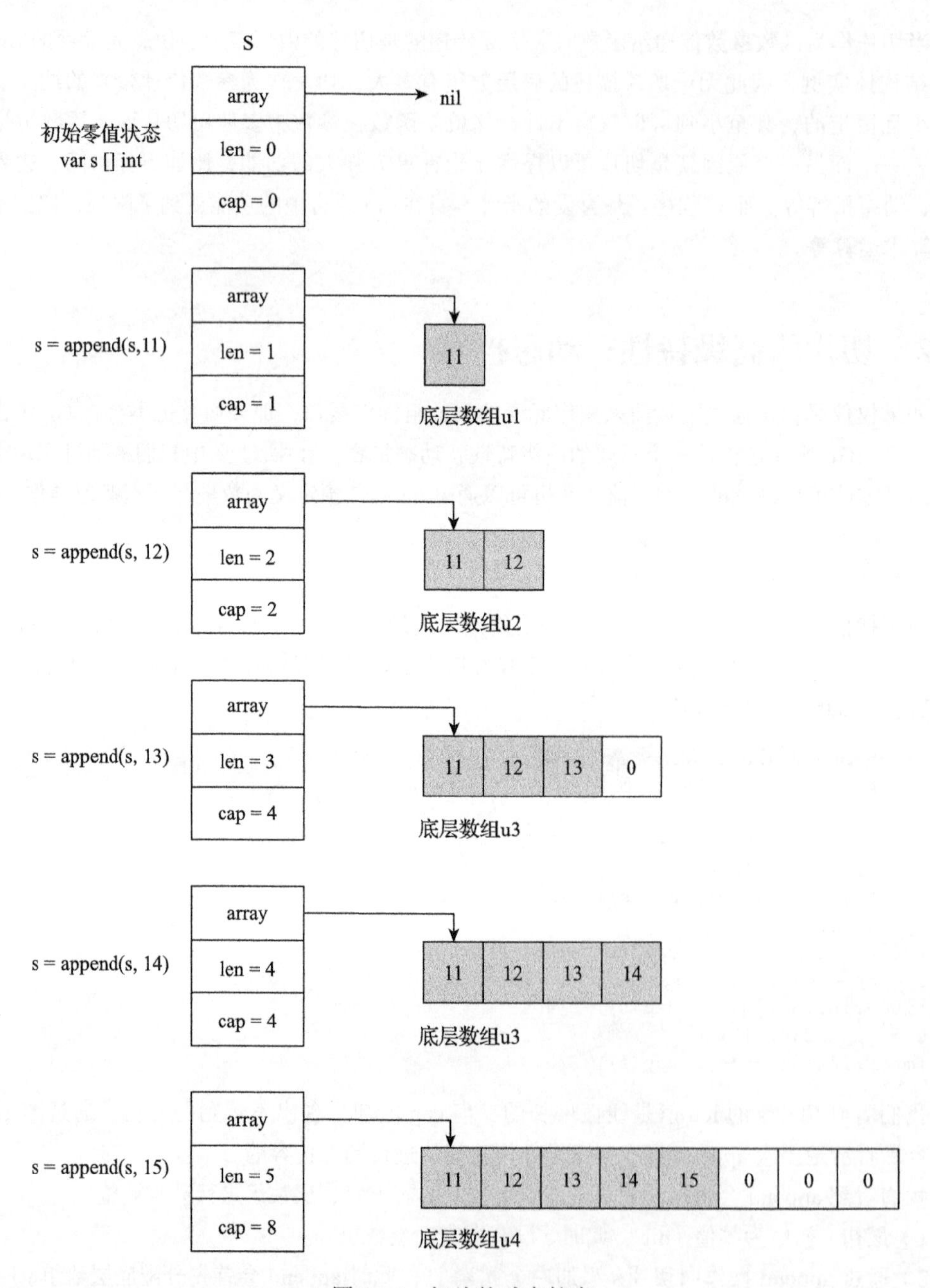

图 13-6 切片的动态扩容

4）通过 append 操作向切片 s 再添加一个元素 13，此时 len(s) = 2，cap(s) = 2，append 判断底层数组剩余空间不满足添加新元素的要求，于是创建了一个新的底层数组 u3，长度为 4（u2 数组长度的 2 倍），并将 u2 中的元素复制到 u3 中，最后将 s 内部表示中的 array 指向 u3，并设置 len = 3，cap 为 u3 数组长度，即 4。

5）通过 append 操作向切片 s 再添加一个元素 14，此时 len(s) = 3，cap(s) = 4，append 判断底层数组剩余空间满足添加新元素的要求，于是将 14 放在下一个元素的位置（数组 u3 末尾），并将 s 内部表示中的 len 加 1，变为 4。

6）通过 append 操作向切片 s 添加最后一个元素 15，此时 len(s) = 4，cap(s) = 4，append 判断底层数组剩余空间不满足添加新元素的要求，于是创建了一个新的底层数组 u4，长度为 8（u3 数组长度的 2 倍），并将 u3 中的元素复制到 u4 中，最后将 s 内部表示中的 array 指向 u4，并设置 len = 5，cap 为 u4 数组长度，即 8。

我们看到 append 会根据切片的需要，在当前底层数组容量无法满足的情况下，动态分配新的数组，新数组长度会按一定算法扩展（参见 $GOROOT/src/runtime/slice.go 中的 growslice 函数）。新数组建立后，append 会把旧数组中的数据复制到新数组中，之后新数组便成为切片的底层数组，旧数组后续会被垃圾回收掉。这样的 append 操作有时会给 Gopher 带来一些困惑，比如通过语法 u[low: high] 形式进行数组切片化而创建的切片，一旦切片 cap 触碰到数组的上界，再对切片进行 append 操作，切片就会和原数组解除绑定：

```
// chapter3/sources/slice_unbind_orig_array.go

func main() {
    u := [...]int{11, 12, 13, 14, 15}
    fmt.Println("array:", u) // [11, 12, 13, 14, 15]
    s := u[1:3]
    fmt.Printf("slice(len=%d, cap=%d): %v\n", len(s), cap(s), s) // [12, 13]
    s = append(s, 24)
    fmt.Println("after append 24, array:", u)
    fmt.Printf("after append 24, slice(len=%d, cap=%d): %v\n", len(s), cap(s), s)
    s = append(s, 25)
    fmt.Println("after append 25, array:", u)
    fmt.Printf("after append 25, slice(len=%d, cap=%d): %v\n", len(s), cap(s), s)
    s = append(s, 26)
    fmt.Println("after append 26, array:", u)
    fmt.Printf("after append 26, slice(len=%d, cap=%d): %v\n", len(s), cap(s), s)

    s[0] = 22
    fmt.Println("after reassign 1st elem of slice, array:", u)
    fmt.Printf("after reassign 1st elem of slice, slice(len=%d, cap=%d): %v\n",
        len(s), cap(s), s)
}
```

运行这段代码，得到如下结果：

```
$go run slice_unbind_orig_array.go
array: [11 12 13 14 15]
slice(len=2, cap=4): [12 13]
after append 24, array: [11 12 13 24 15]
after append 24, slice(len=3, cap=4): [12 13 24]
after append 25, array: [11 12 13 24 25]
after append 25, slice(len=4, cap=4): [12 13 24 25]
after append 26, array: [11 12 13 24 25]
```

```
after append 26, slice(len=5, cap=8): [12 13 24 25 26]
after reassign 1st elem of slice, array: [11 12 13 24 25]
after reassign 1st elem of slice, slice(len=5, cap=8): [22 13 24 25 26]
```

我们看到在添加元素 25 之后，切片的元素已经触碰到底层数组 u 的边界；此后再添加元素 26，append 发现底层数组已经无法满足添加新元素的要求，于是新创建了一个底层数组（数组长度为 cap(s) 的 2 倍，即 8），并将原切片的元素复制到新数组中。在这之后，即便再修改切片中的元素值，原数组 u 的元素也没有发生任何改变，因为此时切片 s 与数组 u 已经解除了绑定关系，s 已经不再是数组 u 的描述符了。

13.3 尽量使用 cap 参数创建切片

append 操作是一件利器，它让切片类型部分满足了“零值可用”的理念。但从 append 的原理中我们也能看到重新分配底层数组并复制元素的操作代价还是挺大的，尤其是当元素较多的情况下。那么如何减少或避免为过多内存分配和复制付出的代价呢？一种有效的方法是根据切片的使用场景对切片的容量规模进行预估，并在创建新切片时将预估出的切片容量数据以 cap 参数的形式传递给内置函数 make：

```
s := make([]T, len, cap)
```

下面是一个使用 cap 参数和不使用 cap 参数的切片的性能基准测试：

```
// chapter3/sources/slice_benchmark_test.go
const sliceSize = 10000
func BenchmarkSliceInitWithoutCap(b *testing.B) {
    for n := 0; n < b.N; n++ {
        sl := make([]int, 0)
        for i := 0; i < sliceSize; i++ {
            sl = append(sl, i)
        }
    }
}

func BenchmarkSliceInitWithCap(b *testing.B) {
    for n := 0; n < b.N; n++ {
        sl := make([]int, 0, sliceSize)
        for i := 0; i < sliceSize; i++ {
            sl = append(sl, i)
        }
    }
}
```

下面是性能基本测试运行的结果（Go 1.12.7；MacBook Pro：8 核 i5，16GB 内存）：

```
$go test -benchmem -bench=. slice_benchmark_test.go
goos: darwin
goarch: amd64
BenchmarkSliceInitWithoutCap-8    50000    36484 ns/op  386297 B/op    20 allocs/op
```

```
BenchmarkSliceInitWithCap-8      200000     9250 ns/op    81920 B/op     1 allocs/op
PASS
ok   command-line-arguments    4.163s
```

由结果可知，使用带 cap 参数创建的切片进行 append 操作的平均性能（9250ns）是不带 cap 参数的切片（36 484ns）的 4 倍左右，并且每操作平均仅需一次内存分配。

因此，如果可以预估出切片底层数组需要承载的元素数量，强烈建议在创建切片时带上 cap 参数。

小结

切片是 Go 语言提供的重要数据类型，也是 Gopher 日常编码中最常使用的类型之一。切片是数组的描述符，在大多数场合替代了数组，并减少了数组指针作为函数参数的使用。

append 在切片上的运用让切片类型部分支持了“零值可用”的理念，并且 append 对切片的动态扩容将 Gopher 从手工管理底层存储的工作中解放了出来。

在可以预估出元素容量的前提下，使用 cap 参数创建切片可以提升 append 的平均操作性能，减少或消除因动态扩容带来的性能损耗。

Suggestion 14 第 14 条

了解 map 实现原理并高效使用

对于 C 程序员出身的 Gopher 来说，map 类型是和切片、interface 一样能让他们感受到 Go 语言先进性的重要语法元素。map 类型也是 Go 语言中最常用的数据类型之一。

14.1 什么是 map

一些有关 Go 语言的中文教程或译本将 map 称为字典或哈希表，但在这里我选择不译，直接使用 map。map 是 Go 语言提供的一种抽象数据类型，它表示一组无序的键值对（key-value，后续我们会直接使用 key 和 value 分别表示键和值）。

map 对 value 的类型没有限制，但是对 key 的类型有严格要求：**key 的类型应该严格定义了作为“==”和“!=”两个操作符的操作数时的行为**，因此函数、map、切片不能作为 map 的 key 类型。

map 类型不支持“零值可用”，未显式赋初值的 map 类型变量的零值为 nil。对处于零值状态的 map 变量进行操作将会导致运行时 panic：

```
var m map[string]int // m = nil
m["key"] = 1         // panic: assignment to entry in nil map
```

我们必须对 map 类型变量进行显式初始化后才能使用它。和切片一样，创建 map 类型变量有两种方式：一种是使用复合字面值，另一种是使用 make 这个预声明的内置函数。

（1）使用复合字面值创建 map 类型变量

```
// $GOROOT/src/net/status.go
var statusText = map[int]string{
    StatusOK:                   "OK",
    StatusCreated:              "Created",
```

```
    StatusAccepted:             "Accepted",
    ...
}
```

（2）使用 make 创建 map 类型变量

```
// $GOROOT/src/net/client.go
icookies = make(map[string][]*Cookie)

// $GOROOT/src/net/h2_bundle.go
http2commonLowerHeader = make(map[string]string, len(common))
```

和切片一样，map 也是引用类型，将 map 类型变量作为函数参数传入不会有很大的性能损耗，并且在函数内部对 map 变量的修改在函数外部也是可见的，比如下面的例子：

```
// chapter3/sources/map_var_as_param.go

func foo(m map[string]int) {
    m["key1"] = 11
    m["key2"] = 12
}

func main() {
    m := map[string]int{
        "key1": 1,
        "key2": 2,
    }

    fmt.Println(m) // map[key1:1 key2:2]
    foo(m)
    fmt.Println(m) // map[key1:11 key2:12]
}
```

可以看到，函数 foo 中对 m 进行了修改，这些修改在 foo 函数外可见。

14.2 map 的基本操作

接下来，我们简要地了解一下 map 类型的基本操作及注意事项。

1. 插入数据

面对一个非 nil 的 map 类型变量，我们可以向其中插入符合 map 类型定义的任意键值对。Go 运行时会负责 map 内部的内存管理，因此除非是系统内存耗尽，我们不用担心向 map 中插入数据的数量。

```
m := make(map[K]V)
m[k1] = v1
m[k2] = v2
m[k3] = v3
```

如果 key 已经存在于 map 中，则该插入操作会用新值覆盖旧值：

```
m := map[string]int{} {
    "key1" : 1,
    "key2" : 2,
}

m["key1"] = 11 // 11会覆盖掉旧值1
m["key3"] = 3  // map[key1:11 key2:2 key3:3]
```

2. 获取数据个数

和切片一样，map 也可以通过内置函数 len 获取当前已经存储的数据个数：

```
m := map[string]int{} {
    "key1" : 1,
    "key2" : 2,
}

fmt.Println(len(m)) // 2
m["key3"] = 3
fmt.Println(len(m)) // 3
```

3. 查找和数据读取

map 类型更多用在查找和数据读取场合。所谓查找就是判断某个 key 是否存在于某个 map 中。我们可以使用“comma ok”惯用法来进行查找：

```
_, ok := m["key"]
if !ok {
    // "key"不在map中
}
```

这里我们并不关心某个 key 对应的 value，而仅仅关心某个 key 是否在 map 中，因此我们使用空标识符（blank identifier）忽略了可能返回的数据值，而仅关心 ok 的值是否为 true（表示在 map 中）。

如果要读取 key 对应的 value 的值，我们可能会写出下面这样的代码：

```
m := map[string]int
m["key1"] = 1
m["key2"] = 2

v := m["key1"]
fmt.Println(v) // 1

v = m["key3"]
fmt.Println(v) // 0
```

上面的代码在 key 存在于 map 中（如“key1”）的情况下是没有问题的。但是如果 key 不存在于 map 中（如“key3”），我们看到 v 仍然被赋予了一个“合法”值 0，这个值是 value 类型 int 的零值。在这样的情况下，我们无法判定这个 0 是“key3”对应的值还是因“key3”不存在而返回的零值。为此我们还需要借助“comma ok”惯用法：

```
m := map[string]int

v, ok := m["key"]
```

```
if !ok {
    // "key"不在map中
}
fmt.Println(v)
```

我们需要通过 ok 的值来判定 key 是否存在于 map 中。只有当 ok = true 时，所获得的 value 值才是我们所需要的。

综上，Go 语言的一个最佳实践是**总是使用“comma ok”惯用法读取 map 中的值**。

4. 删除数据

我们借助内置函数 delete 从 map 中删除数据：

```
m := map[string]int {
    "key1" : 1,
    "key2" : 2,
}

fmt.Println(m) // map[key1:1 key2:2]
delete(m, "key2")
fmt.Println(m) // map[key1:1]
```

注意，即便要删除的数据在 map 中不存在，delete 也不会导致 panic。

5. 遍历数据

我们可以像对待切片那样通过 for range 语句对 map 中的数据进行遍历：

```
// chapter3/sources/map_iterate.go
func main() {
    m := map[int]int{
        1: 11,
        2: 12,
        3: 13,
    }

    fmt.Printf("{ ")
    for k, v := range m {
        fmt.Printf("[%d, %d] ", k, v)
    }
    fmt.Printf("}\n")
}

$ go run map_iterate.go
{ [1, 11] [2, 12] [3, 13] }
```

上面的输出结果非常理想，给我们的表象是迭代器按照 map 中元素的插入次序逐一遍历。我们再来试试多遍历几次这个 map：

```
// chapter3/sources/map_multiple_iterate.go

import "fmt"

func doIteration(m map[int]int) {
```

```
    fmt.Printf("{ ")
    for k, v := range m {
        fmt.Printf("[%d, %d] ", k, v)
    }
    fmt.Printf("}\n")
}

func main() {
    m := map[int]int{
        1: 11,
        2: 12,
        3: 13,
    }

    for i := 0; i < 3; i++ {
        doIteration(m)
    }
}

$go run map_multiple_iterate.go
{ [3, 13] [1, 11] [2, 12] }
{ [1, 11] [2, 12] [3, 13] }
{ [3, 13] [1, 11] [2, 12] }
```

我们看到对同一 map 做多次遍历，遍历的元素次序并不相同。这是因为 Go 运行时在初始化 map 迭代器时对起始位置做了随机处理。因此**千万不要依赖遍历 map 所得到的元素次序**。

如果你需要一个稳定的遍历次序，那么一个比较通用的做法是使用另一种数据结构来按需要的次序保存 key，比如切片：

```
// chapter3/sources/map_stable_iterate.go

import "fmt"

func doIteration(sl []int, m map[int]int) {
    fmt.Printf("{ ")
    for _, k := range sl { // 按切片中的元素次序迭代
        v, ok := m[k]
        if !ok {
            continue
        }
        fmt.Printf("[%d, %d] ", k, v)
    }
    fmt.Printf("}\n")
}

func main() {
    var sl []int
    m := map[int]int{
        1: 11,
        2: 12,
        3: 13,
    }
```

```
    for k, _ := range m {
        sl = append(sl, k) // 将元素按初始次序保存在切片中
    }

    for i := 0; i < 3; i++ {
        doIteration(sl, m)
    }
}

$go run map_stable_iterate.go
{ [1, 11] [2, 12] [3, 13] }
{ [1, 11] [2, 12] [3, 13] }
{ [1, 11] [2, 12] [3, 13] }
```

14.3 map 的内部实现

和切片相比，map 类型的内部实现要复杂得多。Go 运行时使用一张哈希表来实现抽象的 map 类型。运行时实现了 map 操作的所有功能，包括查找、插入、删除、遍历等。在编译阶段，Go 编译器会将语法层面的 map 操作重写成运行时对应的函数调用。下面是大致的对应关系：

```
// $GOROOT/src/cmd/compile/internal/gc/walk.go
// $GOROOT/src/runtime/map.go

m := make(map[keyType]valType, capacityhint) → m := runtime.makemap(maptype,
    capacityhint, m)
v := m["key"]        → v := runtime.mapaccess1(maptype, m, "key")
v, ok := m["key"]    → v, ok := runtime.mapaccess2(maptype, m, "key")
m["key"] = "value" → v := runtime.mapassign(maptype, m, "key") // v是用于后续存储value
                                                                  的空间的地址
delete(m, "key")     → runtime.mapdelete(maptype, m, "key")
```

图 14-1 是 map 类型在运行时层实现的示意图。

和切片的运行时表示相比，map 在运行时的表示显然要复杂得多。接下来，我们结合图 14-1 来简要描述一下 map 在运行时层的实现原理（基于 Go 1.12 版本）。

1. 初始状态

从图 14-1 中我们可以看到，与语法层面 map 类型变量一一对应的是 runtime.hmap 类型的实例。hmap 是 map 类型的 header，可以理解为 map 类型的描述符，它存储了后续 map 类型操作所需的所有信息。

- count：当前 map 中的元素个数；对 map 类型变量运用 len 内置函数时，len 函数返回的就是 count 这个值。
- flags：当前 map 所处的状态标志，目前定义了 4 个状态值——iterator、oldIterator、hashWriting 和 sameSizeGrow。
- B：B 的值是 bucket 数量的以 2 为底的对数，即 2^B = bucket 数量。
- noverflow：overflow bucket 的大约数量。

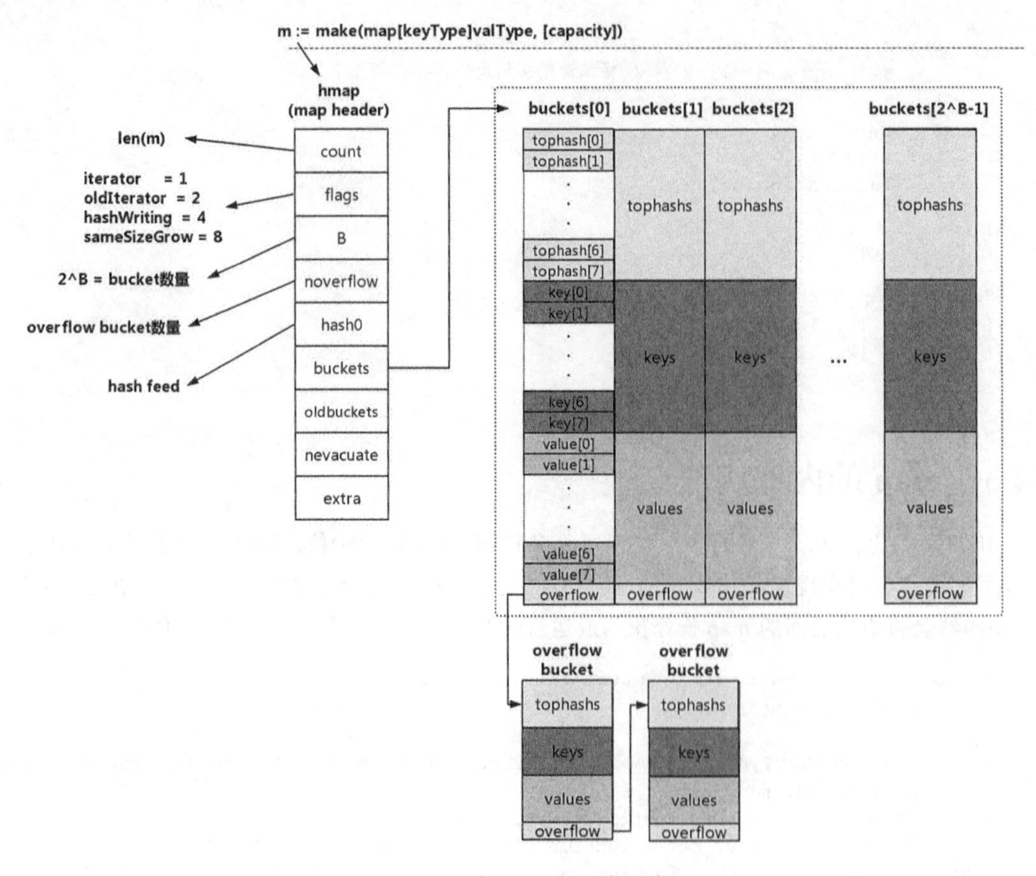

图 14-1　运行时的 map 类型实现

- hash0：哈希函数的种子值。
- buckets：指向 bucket 数组的指针。
- oldbuckets：在 map 扩容阶段指向前一个 bucket 数组的指针。
- nevacuate：在 map 扩容阶段充当扩容进度计数器。所有下标号小于 nevacuate 的 bucket 都已经完成了数据排空和迁移操作。
- extra：可选字段。如果有 overflow bucket 存在，且 key、value 都因不包含指针而被内联（inline）的情况下，该字段将存储所有指向 overflow bucket 的指针，保证 overflow bucket 是始终可用的（不被垃圾回收掉）。

真正用来存储键值对数据的是 bucket（桶），每个 bucket 中存储的是 Hash 值低 bit 位数值相同的元素，默认的元素个数为 BUCKETSIZE（值为 8，在 $GOROOT/src/cmd/compile/internal/gc/reflect.go 中定义，与 runtime/map.go 中常量 bucketCnt 保持一致）。当某个 bucket（比如 buckets[0]）的 8 个空槽（slot）都已填满且 map 尚未达到扩容条件时，运行时会建立 overflow bucket，并将该 overflow bucket 挂在上面 bucket（如 buckets[0]）末尾的 overflow 指针上，这样两个 bucket 形成了一个链表结构，该结构的存在将持续到下一次 map 扩容。

每个 bucket 由三部分组成：tophash 区域、key 存储区域和 value 存储区域。

（1）tophash 区域

当向 map 插入一条数据或从 map 按 key 查询数据的时候，运行时会使用哈希函数对 key 做哈希运算并获得一个哈希值 hashcode。这个 hashcode 非常关键，运行时将 hashcode“一分为二”地看待，其中低位区的值用于选定 bucket，高位区的值用于在某个 bucket 中确定 key 的位置。这个过程可参考图 14-2。

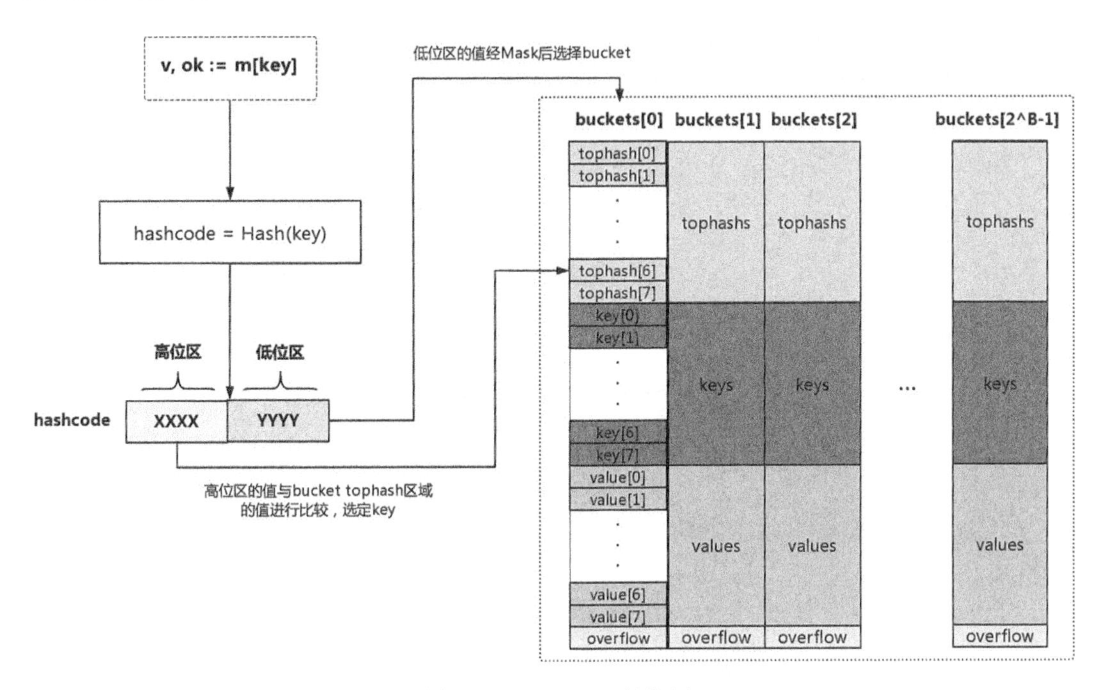

图 14-2　hashcode 的作用

因此，每个 bucket 的 tophash 区域是用于快速定位 key 位置的，这样避免了逐个 key 进行比较这种代价较大的操作，尤其是当 key 是 size 较大的字符串类型时，这是一种以空间换时间的思路。

（2）key 存储区域

tophash 区域下面是一块连续的内存区域，存储的是该 bucket 承载的所有 key 数据。运行时在分配 bucket 时需要知道 key 的大小。那么运行时是如何知道 key 的大小的呢？当我们声明一个 map 类型变量时，比如 var m map[string]int，Go 运行时就会为该变量对应的特定 map 类型生成一个 runtime.maptype 实例（如存在，则复用）：

```
// $GOROOT/src/runtime/type.go
type maptype struct {
    typ        _type
    key        *_type
    elem       *_type
    bucket     *_type // 表示hash bucket的内部类型
    keysize    uint8  // key的大小
```

```
    elemsize   uint8  // elem的大小
    bucketsize uint16 // bucket的大小
    flags      uint32
}
```

该实例包含了我们所需的map类型的所有元信息。前面提到过编译器会将语法层面的map操作重写成运行时对应的函数调用，这些运行时函数有一个共同的特点：第一个参数都是maptype指针类型的参数。Go运行时就是利用maptype参数中的信息确定key的类型和大小的，map所用的hash函数也存放在maptype.key.alg.hash(key, hmap.hash0)中。同时maptype的存在也让Go中所有map类型共享一套运行时map操作函数，而无须像C++那样为每种map类型创建一套map操作函数，从而减少了对最终二进制文件空间的占用。

（3）value存储区域

key存储区域下方是另一块连续的内存区域，该区域存储的是key对应的value。和key一样，该区域的创建也得到了maptype中信息的帮助。Go运行时采用了将key和value分开存储而不是采用一个kv接着一个kv的kv紧邻方式存储，这带来的是算法上的复杂性，但却减少了因内存对齐带来的内存浪费。以map[int8]int64为例，我们看看存储空间利用率对比，见图14-3。

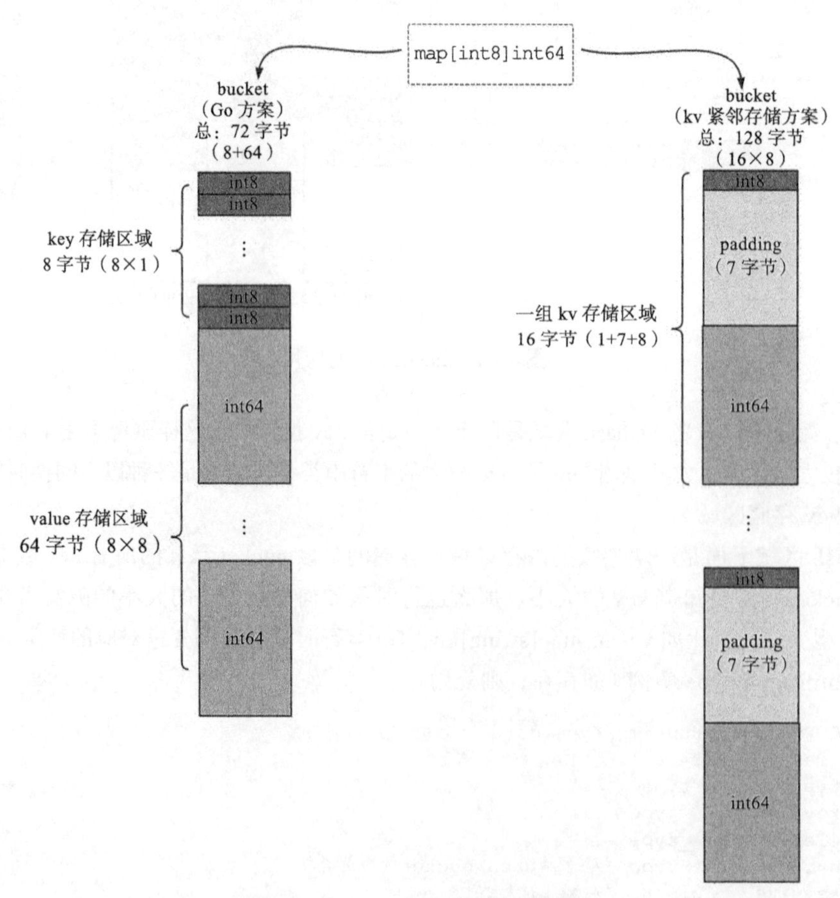

图14-3 key-value存储方案对比

我们看到当前 Go 运行时使用的方案内存利用效率很高。而 kv 紧邻存储的方案在 map[int8]int64 这样的例子中内存浪费十分严重，其内存利用率 =72/128=56.25%，有近一半的空间都浪费掉了。

另外还有一点要提及的是，如果 key 或 value 的数据长度大于一定数值，那么运行时不会在 bucket 中直接存储数据，而是会存储 key 或 value 数据的指针。目前 Go 运行时定义的最大 key 和 value 的长度分别如下：

```
// $GOROOT/src/runtime/map.go
const (
    maxKeySize  = 128
    maxElemSize = 128
)
```

2. map 扩容

前面提到过，map 会对底层使用的内存进行自动管理。因此，在使用过程中，在插入元素个数超出一定数值后，map 势必存在自动扩容的问题（扩充 bucket 的数量），并重新在 bucket 间均衡分配数据。

那么 map 在什么情况下会进行扩容呢？ Go 运行时的 map 实现中引入了一个 LoadFactor（负载因子），当 count > LoadFactor * 2^B 或 overflow bucket 过多时，运行时会对 map 进行扩容。目前 LoadFactor 设置为 6.5（loadFactorNum/loadFactorDen）：

```
// $GOROOT/src/runtime/map.go
const (
    ...

    loadFactorNum = 13
    loadFactorDen = 2
    ...
)

func mapassign(t *maptype, h *hmap, key unsafe.Pointer) unsafe.Pointer {
    ...
    if !h.growing() && (overLoadFactor(h.count+1, h.B) || tooManyOverflowBuckets
        (h.noverflow, h.B)) {
        hashGrow(t, h)
        goto again
    }
    ...
}
```

如果是因为 overflow bucket 过多导致的“扩容”，实际上运行时会新建一个和现有规模一样的 bucket 数组，然后在进行 assign 和 delete 操作时进行排空和迁移；如果是因为当前数据数量超出 LoadFactor 指定的水位的情况，那么运行时会建立一个**两倍于现有规模的 bucket 数组**，但真正的排空和迁移工作也是在进行 assign 和 delete 操作时逐步进行的。原 bucket 数组会挂在 hmap 的 oldbuckets 指针下面，直到原 buckets 数组中所有数据都迁移到新数组，原 buckets 数组才会被释放。结合图 14-4 来理解这个过程会更加深刻。

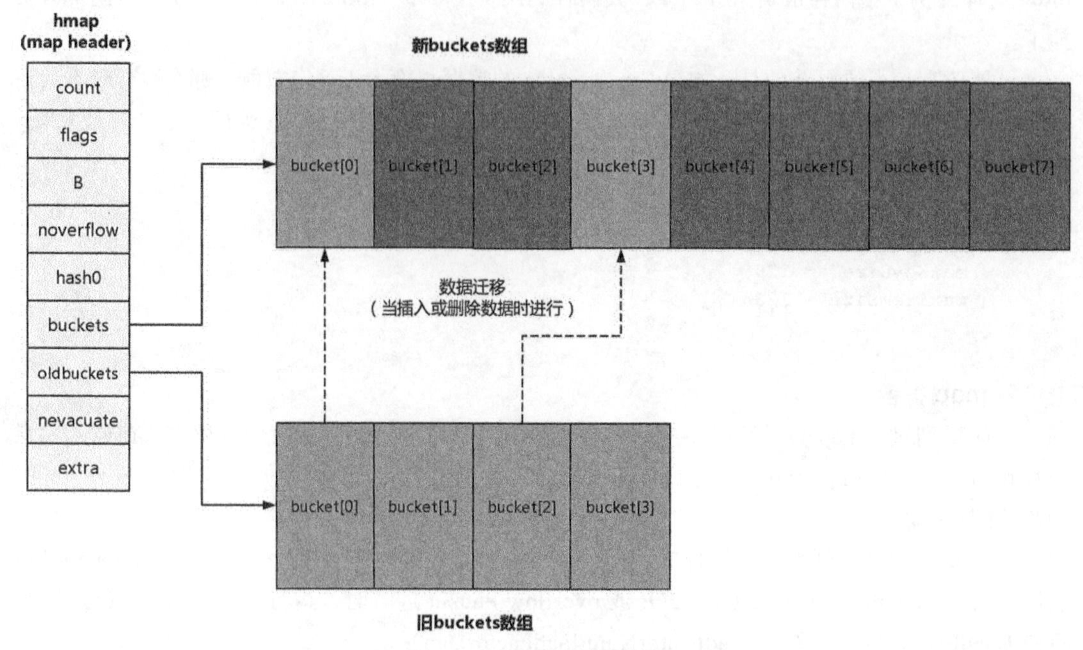

图 14-4　map 扩容示意图

3. map 与并发

从上面的实现原理来看，充当 map 描述符角色的 hmap 实例自身是有状态的（hmap.flags）且对状态的读写是没有并发保护的，因此 map 实例不是并发写安全的，不支持并发读写。如果对 map 实例进行并发读写，程序运行时会发生 panic。比如下面并发读写 map 的例子：

```
// chapter3/sources/map_concurrent_read_and_write.go

func doIteration(m map[int]int) {
    for k, v := range m {
        _ = fmt.Sprintf("[%d, %d] ", k, v)
    }
}
func doWrite(m map[int]int) {
    for k, v := range m {
        m[k] = v + 1
    }
}

func main() {
    m := map[int]int{
        1: 11,
        2: 12,
        3: 13,
    }
```

```
    go func() {
        for i := 0; i < 1000; i++ {
            doIteration(m)
        }
    }()

    go func() {
        for i := 0; i < 1000; i++ {
            doWrite(m)
        }
    }()

    time.Sleep(5 * time.Second)
}
```

运行该程序：

```
$go run map_concurrent_read_and_write.go
fatal error: concurrent map iteration and map write
```

我们会得到上述 panic 信息。如果仅仅是并发读，则 map 是没有问题的。

Go 1.9 版本中引入了支持并发写安全的 sync.Map 类型，可以用来在并发读写的场景下替换掉 map。另外考虑到 map 可以自动扩容，map 中数据元素的 value 位置可能在这一过程中发生变化，因此 Go 不允许获取 map 中 value 的地址，这个约束是在编译期间就生效的。示例代码如下：

```
p := &m[key]  // 无法获取m[key]的地址
fmt.Println(p)
```

14.4 尽量使用 cap 参数创建 map

从上面的自动扩容原理我们了解到，如果初始创建 map 时没有创建足够多可以应付 map 使用场景的 bucket，那么随着插入 map 元素数量的增多，map 会频繁扩容，而这一过程将降低 map 的访问性能。因此，**如果可能的话，我们最好对 map 使用规模做出粗略的估算，并使用 cap 参数对 map 实例进行初始化**。下面是使用 cap 参数与不使用 map 参数的 map 写性能基准测试及测试结果：

```
// chapter3/sources/map_test.go

const mapSize = 10000

func BenchmarkMapInitWithoutCap(b *testing.B) {
    for n := 0; n < b.N; n++ {
        m := make(map[int]int)
        for i := 0; i < mapSize; i++ {
            m[i] = i
        }
```

```
    }
}

func BenchmarkMapInitWithCap(b *testing.B) {
    for n := 0; n < b.N; n++ {
        m := make(map[int]int, mapSize)
        for i := 0; i < mapSize; i++ {
            m[i] = i
        }
    }
}

$go test -benchmem -bench=. map_test.go
goos: darwin
goarch: amd64
BenchmarkMapInitWithoutCap-8   2000   645946 ns/op   687188 B/op   276 allocs/op
BenchmarkMapInitWithCap-8      5000   317212 ns/op   322243 B/op   11 allocs/op
PASS
ok      command-line-arguments  2.987s
```

可以看出，使用 cap 参数的 map 实例的平均写性能是不使用 cap 参数的 2 倍。

小结

和切片一样，map 是 Go 语言提供的重要数据类型，也是 Gopher 日常编码中最常使用的类型之一。通过本条的学习我们掌握了 map 的基本操作和运行时实现原理，并且我们在日常使用 map 的场合要把握住下面几个要点：

- 不要依赖 map 的元素遍历顺序；
- map 不是线程安全的，不支持并发写；
- 不要尝试获取 map 中元素（value）的地址；
- 尽量使用 cap 参数创建 map，以提升 map 平均访问性能，减少频繁扩容带来的不必要损耗。

第 15 条 Suggestion 15

了解 string 实现原理并高效使用

字符串类型是现代编程语言中最常使用的数据类型之一。在 Go 语言的先祖之一 C 语言当中，字符串类型并没有被显式定义，而是以字符串字面值常量或以 '\0' 结尾的字符类型（char）数组来呈现的：

```
#define GOAUTHERS "Robert Griesemer, Rob Pike, and Ken Thompson"
const char * s = "hello world"
char s[] = "hello gopher"
```

这给 C 程序员在使用字符串时带来一些问题，诸如：

- 类型安全性差；
- 字符串操作要时时刻刻考虑结尾的 '\0'；
- 字符串数据可变（主要指以字符数组形式定义的字符串类型）；
- 获取字符串长度代价大（O(n) 的时间复杂度）；
- 未内置对非 ASCII 字符（如中文字符）的处理。

Go 语言修复了 C 语言的这一“缺陷”，内置了 string 类型，统一了对字符串的抽象。

15.1 Go 语言的字符串类型

在 Go 语言中，无论是字符串常量、字符串变量还是代码中出现的字符串字面量，它们的类型都被统一设置为 string：

```
// chapter3/sources/string_type.go
const (
    s = "string constant"
)
```

```
func main() {
    var s1 string = "string variable"

    fmt.Printf("%T\n", s) // string
    fmt.Printf("%T\n", s1) // string
    fmt.Printf("%T\n", "temporary string literal") // string
}
```

Go 的 string 类型设计充分吸取了 C 语言字符串设计的经验教训，并结合了其他主流语言在字符串类型设计上的最佳实践，最终呈现的 string 类型具有如下功能特点。

（1）string 类型的数据是不可变的

一旦声明了一个 string 类型的标识符，无论是常量还是变量，该标识符所指代的数据在整个程序的生命周期内便无法更改。下面尝试修改一下 string 数据，看看能得到怎样的结果。我们先来看第一种方法：

```
// chapter3/sources/string_immutable1.go
func main() {
    // 原始字符串
    var s string = "hello"
    fmt.Println("original string:", s)

    // 切片化后试图改变原字符串
    sl := []byte(s)
    sl[0] = 't'
    fmt.Println("slice:", string(sl))
    fmt.Println("after reslice, the original string is:", string(s))
}
```

该程序的运行结果如下：

```
$go run string_immutable1.go
original string: hello
slice: tello
after reslice, the original string is: hello
```

在上面的例子中，我们试图将 string 转换为一个切片并通过该切片对其内容进行修改，但结果事与愿违。对 string 进行切片化后，Go 编译器会为切片变量重新分配底层存储而不是共用 string 的底层存储，因此对切片的修改并未对原 string 的数据产生任何影响。

我们再来试试通过更为“暴力”一些的手段对 string 的数据发起“攻击”：

```
// chapter3/sources/string_immutable2.go

func main() {
    // 原始string
    var s string = "hello"
    fmt.Println("original string:", s)

    // 试图通过unsafe指针改变原始string
    modifyString(&s)
    fmt.Println(s)
```

```
}

func modifyString(s *string) {
    // 取出第一个8字节的值
    p := (*uintptr)(unsafe.Pointer(s))

    // 获取底层数组的地址
    var array *[5]byte = (*[5]byte)(unsafe.Pointer(*p))

    var len *int = (*int)(unsafe.Pointer(uintptr(unsafe.Pointer(s)) +
        unsafe.Sizeof((*uintptr)(nil))))

    for i := 0; i < (*len); i++ {
        fmt.Printf("%p => %c\n", &((*array)[i]), (*array)[i])
        p1 := &((*array)[i])
        v := (*p1)
        (*p1) = v + 1 //try to change the character
    }
}
```

我们试图通过 unsafe 指针指向 string 在运行时内部表示结构（具体参考本条后面的讲解）中的数据存储块的地址，然后通过指针修改那块内存中存储的数据。运行这段程序得到下面的结果：

```
$go run string_immutable2.go
original string: hello
0x10d1b9d => h
unexpected fault address 0x10d1b9d
fatal error: fault
[signal SIGBUS: bus error code=0x2 addr=0x10d1b9d pc=0x109b079]
```

我们看到，对 string 的底层的数据存储区仅能进行只读操作，一旦试图修改那块区域的数据，便会得到 SIGBUS 的运行时错误，对 string 数据的“篡改攻击”再次以失败告终。

（2）零值可用

Go string 类型支持“零值可用”的理念。Go 字符串无须像 C 语言中那样考虑结尾 '\0' 字符，因此其零值为 ""，长度为 0。

```
var s string
fmt.Println(s) // s = ""
fmt.Println(len(s)) // 0
```

（3）获取长度的时间复杂度是 O(1) 级别

Go string 类型数据是不可变的，因此一旦有了初值，那块数据就不会改变，其长度也不会改变。Go 将这个长度作为一个字段存储在运行时的 string 类型的内部表示结构中（后文有说明）。这样获取 string 长度的操作，即 len(s) 实际上就是读取存储在运行时中的那个长度值，这是一个代价极低的 O(1) 操作。

（4）支持通过 +/+= 操作符进行字符串连接

对开发者而言，通过 +/+= 操作符进行的字符串连接是体验最好的字符串连接操作，Go 语言支持这种操作：

```
s := "Rob Pike, "
s = s + "Robert Griesemer, "
s += " Ken Thompson"

fmt.Println(s) // Rob Pike, Robert Griesemer, Ken Thompson
```

（5）支持各种比较关系操作符：==、!= 、>=、<=、> 和 <

Go 支持各种比较关系操作符：

```
// chapter3/sources/string_compare.go

func main() {
    // ==
    s1 := "世界和平"
    s2 := "世界" + "和平"
    fmt.Println(s1 == s2) // true

    // !=
    s1 = "Go"
    s2 = "C"
    fmt.Println(s1 != s2) // true

    // < 和 <=
    s1 = "12345"
    s2 = "23456"
    fmt.Println(s1 < s2)  // true
    fmt.Println(s1 <= s2) // true

    // > 和 >=
    s1 = "12345"
    s2 = "123"
    fmt.Println(s1 > s2)  // true
    fmt.Println(s1 >= s2) // true
}
```

由于 Go string 是不可变的，因此如果两个字符串的长度不相同，那么无须比较具体字符串数据即可断定两个字符串是不同的。如果长度相同，则要进一步判断数据指针是否指向同一块底层存储数据。如果相同，则两个字符串是等价的；如果不同，则还需进一步比对实际的数据内容。

（6）对非 ASCII 字符提供原生支持

Go 语言源文件默认采用的 Unicode 字符集。Unicode 字符集是目前市面上最流行的字符集，几乎囊括了所有主流非 ASCII 字符（包括中文字符）。Go 字符串的每个字符都是一个 Unicode 字符，并且这些 Unicode 字符是以 UTF-8 编码格式存储在内存当中的。我们来看一个例子：

```
// chapter3/sources/string_nonascii.go

func main() {
    // 中文字符  Unicode码点                    UTF8编码
```

```
    // 中          U+4E2D                    E4B8AD
    // 国          U+56FD                    E59BBD
    // 欢          U+6B22                    E6ACA2
    // 迎          U+8FCE                    E8BF8E
    // 您          U+60A8                    E682A8
    s := "中国欢迎您"
    rs := []rune(s)
    sl := []byte(s)
    for i, v := range rs {
        var utf8Bytes []byte
        for j := i * 3; j < (i+1)*3; j++ {
            utf8Bytes = append(utf8Bytes, sl[j])
        }
        fmt.Printf("%s => %X => %X\n", string(v), v, utf8Bytes)
    }
}

$go run string_nonascii.go
中 => 4E2D => E4B8AD
国 => 56FD => E59BBD
欢 => 6B22 => E6ACA2
迎 => 8FCE => E8BF8E
您 => 60A8 => E682A8
```

我们看到字符串变量 s 中存储的文本是“中国欢迎您”五个汉字字符（非 ASCII 字符范畴），这里输出了每个中文字符对应的 Unicode 码点（Code Point，见输出结果的第二列），一个 rune 对应一个码点。UTF-8 编码是 Unicode 码点的一种字符编码形式，是最常用的一种编码格式，也是 Go 默认的字符编码格式。我们还可以使用其他字符编码格式来映射 Unicode 码点，比如 UTF-16 等。

在 UTF-8 中，大多数中文字符都使用三字节表示。[]byte(s) 的转型让我们获得了 s 底层存储的“复制品”，从而得到每个汉字字符对应的 UTF-8 编码字节（见输出结果的第三列）。

（7）原生支持多行字符串

C 语言中要构造多行字符串，要么使用多个字符串的自然拼接，要么结合续行符“\”，很难控制好格式：

```
#include <stdio.h>

char *s = "好雨知时节，当春乃发生。\n"
"随风潜入夜，润物细无声。\n"
"野径云俱黑，江船火独明。\n"
"晓看红湿处，花重锦官城。";

char *s1 = "好雨知时节，当春乃发生。\n\
随风潜入夜，润物细无声。\n\
野径云俱黑，江船火独明。\n\
晓看红湿处，花重锦官城。";

int main() {
    printf("%s\n", s);
```

```
    printf("%s\n", s1);
}
```

Go语言直接提供了通过反引号构造“所见即所得”的多行字符串的方法：

```
// chapter3/sources/string_multilines.go

const s = `好雨知时节，当春乃发生。
随风潜入夜，润物细无声。
野径云俱黑，江船火独明。
晓看红湿处，花重锦官城。`

func main() {
    fmt.Println(s)
}

$go run string_multilines.go
好雨知时节，当春乃发生。
随风潜入夜，润物细无声。
野径云俱黑，江船火独明。
晓看红湿处，花重锦官城。
```

15.2 字符串的内部表示

Go string类型上述特性的实现与Go运行时对string类型的内部表示是分不开的。Go string在运行时表示为下面的结构：

```
// $GOROOT/src/runtime/string.go
type stringStruct struct {
    str unsafe.Pointer
    len int
}
```

我们看到string类型也是一个描述符，它本身并不真正存储数据，而仅是由一个指向底层存储的指针和字符串的长度字段组成。我们结合一个string的实例化过程来看。下面是runtime包中实例化一个字符串对应的函数：

```
// $GOROOT/src/runtime/string.go

func rawstring(size int) (s string, b []byte) {
    p := mallocgc(uintptr(size), nil, false)

    stringStructOf(&s).str = p
    stringStructOf(&s).len = size

    *(*slice)(unsafe.Pointer(&b)) = slice{p, size, size}

    return
}
```

我们用图15-1来表示函数rawstring调用后的一个string实例的状态。

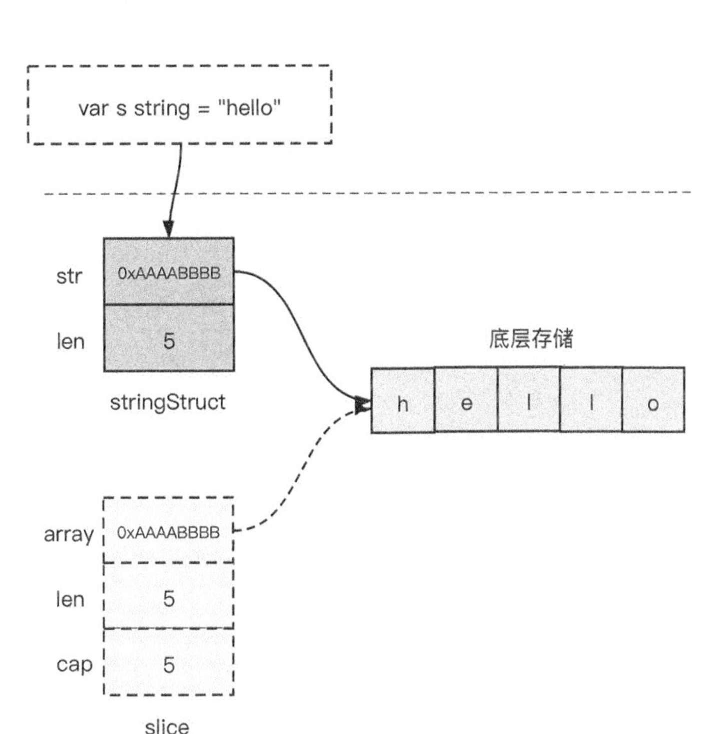

图 15-1　string 类型在运行时的表示

我们看到每个字符串类型变量 / 常量对应一个 stringStruct 实例，经过 rawstring 实例化后，stringStruct 中的 str 指针指向真正存储字符串数据的底层内存区域，len 字段存储的是字符串的长度（这里是 5）；rawstring 同时还创建了一个临时 slice，该 slice 的 array 指针也指向存储字符串数据的底层内存区域。注意，rawstring 调用后，新申请的内存区域还未被写入数据，该 slice 就是供后续运行时层向其中写入数据（"hello"）用的。写完数据后，该 slice 就可以被回收掉了，这也是图 15-1 中将 slice 结构以虚线框表示的原因。

根据 string 在运行时的表示可以得到这样一个结论：直接将 string 类型通过函数 / 方法参数传入也不会有太多的损耗，因为传入的仅仅是一个“描述符”，而不是真正的字符串数据。我们通过一个简单的基准测试来验证一下：

```
// chapter3/sources/string_as_param_benchmark_test.go

var s string = `Go, also known as Golang, is a statically typed, compiled
    programming language designed at Google by Robert Griesemer, Rob Pike, and
    Ken Thompson. Go is syntactically similar to C, but with memory safety,
    garbage collection, structural typing, and communicating sequential
    processes (CSP)-style concurrency.`

func handleString(s string) {
    _ = s + "hello"
}

func handlePtrToString(s *string) {
```

```
    _ = *s + "hello"
}

func BenchmarkHandleString(b *testing.B) {
    for n := 0; n < b.N; n++ {
        handleString(s)
    }
}

func BenchmarkHandlePtrToString(b *testing.B) {
    for n := 0; n < b.N; n++ {
        handlePtrToString(&s)
    }
}
```

运行该基准测试：

```
$go test -bench . -benchmem string_as_param_benchmark_test.go
goos: darwin
goarch: amd64
BenchmarkHandleString-8         15668872    70.7 ns/op    320 B/op    1 allocs/op
BenchmarkHandlePtrToString-8    15809401    71.8 ns/op    320 B/op    1 allocs/op
PASS
ok      command-line-arguments    2.407s
```

我们看到直接传入 string 与传入 string 指针两者的基准测试结果几乎一模一样，因此 Gopher 大可放心地直接使用 string 作为函数 / 方法参数类型。

15.3 字符串的高效构造

前面提到过，Go 原生支持通过 +/+= 操作符来连接多个字符串以构造一个更长的字符串，并且通过 +/+= 操作符的字符串连接构造是最自然、开发体验最好的一种。但 Go 还提供了其他一些构造字符串的方法，比如：

- 使用 fmt.Sprintf；
- 使用 strings.Join；
- 使用 strings.Builder；
- 使用 bytes.Buffer。

在这些方法中哪种方法最为高效呢？我们使用基准测试的数据作为参考：

```
// chapter3/sources/string_concat_benchmark_test.go

var sl []string = []string{
    "Rob Pike ",
    "Robert Griesemer ",
    "Ken Thompson ",
}

func concatStringByOperator(sl []string) string {
```

```
    var s string
    for _, v := range sl {
        s += v
    }
    return s
}

func concatStringBySprintf(sl []string) string {
    var s string
    for _, v := range sl {
        s = fmt.Sprintf("%s%s", s, v)
    }
    return s
}

func concatStringByJoin(sl []string) string {
    return strings.Join(sl, "")
}

func concatStringByStringsBuilder(sl []string) string {
    var b strings.Builder
    for _, v := range sl {
        b.WriteString(v)
    }
    return b.String()
}

func concatStringByStringsBuilderWithInitSize(sl []string) string {
    var b strings.Builder
    b.Grow(64)
    for _, v := range sl {
        b.WriteString(v)
    }
    return b.String()
}

func concatStringByBytesBuffer(sl []string) string {
    var b bytes.Buffer
    for _, v := range sl {
        b.WriteString(v)
    }
    return b.String()
}

func concatStringByBytesBufferWithInitSize(sl []string) string {
    buf := make([]byte, 0, 64)
    b := bytes.NewBuffer(buf)
    for _, v := range sl {
        b.WriteString(v)
    }
    return b.String()
}

func BenchmarkConcatStringByOperator(b *testing.B) {
```

```
    for n := 0; n < b.N; n++ {
        concatStringByOperator(sl)
    }
}

func BenchmarkConcatStringBySprintf(b *testing.B) {
    for n := 0; n < b.N; n++ {
        concatStringBySprintf(sl)
    }
}

func BenchmarkConcatStringByJoin(b *testing.B) {
    for n := 0; n < b.N; n++ {
        concatStringByJoin(sl)
    }
}

func BenchmarkConcatStringByStringsBuilder(b *testing.B) {
    for n := 0; n < b.N; n++ {
        concatStringByStringsBuilder(sl)
    }
}

func BenchmarkConcatStringByStringsBuilderWithInitSize(b *testing.B) {
    for n := 0; n < b.N; n++ {
        concatStringByStringsBuilderWithInitSize(sl)
    }
}

func BenchmarkConcatStringByBytesBuffer(b *testing.B) {
    for n := 0; n < b.N; n++ {
        concatStringByBytesBuffer(sl)
    }
}

func BenchmarkConcatStringByBytesBufferWithInitSize(b *testing.B) {
    for n := 0; n < b.N; n++ {
        concatStringByBytesBufferWithInitSize(sl)
    }
}
```

运行该基准测试：

```
$go test -bench=. -benchmem ./string_concat_benchmark_test.go
goos: darwin
goarch: amd64
BenchmarkConcatStringByOperator-8                      11744653   89.1 ns/op    80 B/op   2 allocs/op
BenchmarkConcatStringBySprintf-8                        2792876    420 ns/op   176 B/op   8 allocs/op
BenchmarkConcatStringByJoin-8                          22923051   49.1 ns/op    48 B/op   1 allocs/op
BenchmarkConcatStringByStringsBuilder-8                11347185   96.6 ns/op   112 B/op   3 allocs/op
BenchmarkConcatStringByStringsBuilderWithInitSize-8    26315769   42.3 ns/op    64 B/op   1 allocs/op
BenchmarkConcatStringByBytesBuffer-8                   14265033   82.6 ns/op   112 B/op   2 allocs/op
BenchmarkConcatStringByBytesBufferWithInitSize-8       24777525   48.1 ns/op    48 B/op   1 allocs/op
```

```
PASS
ok      command-line-arguments    8.816s
```

从基准测试的输出结果的第三列，即每操作耗时的数值来看：

- 做了预初始化的 strings.Builder 连接构建字符串效率最高；
- 带有预初始化的 bytes.Buffer 和 strings.Join 这两种方法效率十分接近，分列二三位；
- 未做预初始化的 strings.Builder、bytes.Buffer 和操作符连接在第三档次；
- fmt.Sprintf 性能最差，排在末尾。

由此可以得出一些结论：

- 在能预估出最终字符串长度的情况下，使用预初始化的 strings.Builder 连接构建字符串效率最高；
- strings.Join 连接构建字符串的平均性能最稳定，如果输入的多个字符串是以 []string 承载的，那么 strings.Join 也是不错的选择；
- 使用操作符连接的方式最直观、最自然，在编译器知晓欲连接的字符串个数的情况下，使用此种方式可以得到编译器的优化处理；
- fmt.Sprintf 虽然效率不高，但也不是一无是处，如果是由多种不同类型变量来构建特定格式的字符串，那么这种方式还是最适合的。

15.4　字符串相关的高效转换

在前面的例子中，我们看到了 string 到 []rune 以及 string 到 []byte 的转换，这两个转换也是可逆的，也就是说 string 和 []rune、[]byte 可以双向转换。下面就是从 []rune 或 []byte 反向转换为 string 的例子：

```go
// chapter3/sources/string_slice_to_string.go
func main() {
    rs := []rune{
        0x4E2D,
        0x56FD,
        0x6B22,
        0x8FCE,
        0x60A8,
    }

    s := string(rs)
    fmt.Println(s)

    sl := []byte{
        0xE4, 0xB8, 0xAD,
        0xE5, 0x9B, 0xBD,
        0xE6, 0xAC, 0xA2,
        0xE8, 0xBF, 0x8E,
        0xE6, 0x82, 0xA8,
    }
```

```
    s = string(sl)
    fmt.Println(s)
}

$go run string_slice_to_string.go
中国欢迎您
中国欢迎您
```

无论是 string 转 slice 还是 slice 转 string，转换都是要付出代价的，这些代价的根源在于 string 是不可变的，运行时要为转换后的类型分配新内存。我们以 byte slice 与 string 相互转换为例，看看转换过程的内存分配情况：

```
// chapter3/sources/string_mallocs_in_convert.go
func byteSliceToString() {
    sl := []byte{
        0xE4, 0xB8, 0xAD,
        0xE5, 0x9B, 0xBD,
        0xE6, 0xAC, 0xA2,
        0xE8, 0xBF, 0x8E,
        0xE6, 0x82, 0xA8,
        0xEF, 0xBC, 0x8C,
        0xE5, 0x8C, 0x97,
        0xE4, 0xBA, 0xAC,
        0xE6, 0xAC, 0xA2,
        0xE8, 0xBF, 0x8E,
        0xE6, 0x82, 0xA8,
    }

    _ = string(sl)
}

func stringToByteSlice() {
    s := "中国欢迎您，北京欢迎您"
    _ = []byte(s)
}

func main() {
    fmt.Println(testing.AllocsPerRun(1, byteSliceToString))
    fmt.Println(testing.AllocsPerRun(1, stringToByteSlice))
}
```

运行这个例子：

```
$go run string_mallocs_in_convert.go
1
1
```

我们看到，针对“中国欢迎您，北京欢迎您”这个长度的字符串，在 string 与 byte slice 互转的过程中都要有一次内存分配操作。

在 Go 运行时层面，字符串与 rune slice、byte slice 相互转换对应的函数如下：

```
// $GOROOT/src/runtime/string.go
slicebytetostring: []byte -> string
```

```
slicerunetostring: []rune -> string
stringtoslicebyte: string -> []byte
stringtoslicerune: string -> []rune
```

以 byte slice 为例，看看 slicebytetostring 和 stringtoslicebyte 的实现：

```
// $GOROOT/src/runtime/string.go

const tmpStringBufSize = 32
type tmpBuf [tmpStringBufSize]byte

func stringtoslicebyte(buf *tmpBuf, s string) []byte {
    var b []byte
    if buf != nil && len(s) <= len(buf) {
        *buf = tmpBuf{}
        b = buf[:len(s)]
    } else {
        b = rawbyteslice(len(s))
    }
    copy(b, s)
    return b
}

func slicebytetostring(buf *tmpBuf, b []byte) (str string) {
    l := len(b)
    if l == 0 {
        return ""
    }

    // 此处省略一些代码

    if l == 1 {
        stringStructOf(&str).str = unsafe.Pointer(&staticbytes[b[0]])
        stringStructOf(&str).len = 1
        return
    }

    var p unsafe.Pointer
    if buf != nil && len(b) <= len(buf) {
        p = unsafe.Pointer(buf)
    } else {
        p = mallocgc(uintptr(len(b)), nil, false)
    }
    stringStructOf(&str).str = p
    stringStructOf(&str).len = len(b)
    memmove(p, (*(*slice)(unsafe.Pointer(&b))).array, uintptr(len(b)))
    return
}
```

想要更高效地进行转换，唯一的方法就是减少甚至避免额外的内存分配操作。我们看到运行时实现转换的函数中已经加入了一些避免每种情况都要分配新内存操作的优化（如 tmpBuf 的复用）。

slice类型是不可比较的，而string类型是可比较的，因此在日常Go编码中，我们会经常遇到将slice临时转换为string的情况。Go编译器为这样的场景提供了优化。在运行时中有一个名为slicebytetostringtmp的函数就是协助实现这一优化的：

```
// $GOROOT/src/runtime/string.go
func slicebytetostringtmp(b []byte) string {
    if raceenabled && len(b) > 0 {
        racereadrangepc(unsafe.Pointer(&b[0]),
            uintptr(len(b)),
            getcallerpc(),
            funcPC(slicebytetostringtmp))
    }
    if msanenabled && len(b) > 0 {
        msanread(unsafe.Pointer(&b[0]), uintptr(len(b)))
    }
    return *(*string)(unsafe.Pointer(&b))
}
```

该函数的“秘诀”就在于不为string新开辟一块内存，而是直接使用slice的底层存储。当然使用这个函数的前提是：**在原slice被修改后，这个string不能再被使用了**。因此这样的优化是针对以下几个特定场景的。

（1）string(b)用在map类型的key中

```
b := []byte{'k', 'e', 'y'}
m := make(map[string]string)
m[string(b)] = "value"
```

（2）string(b)用在字符串连接语句中

```
b := []byte{'t', 'o', 'n', 'y'}
s := "hello " + string(b) + "!"
```

（3）string(b)用在字符串比较中

```
s := "tom"
b := []byte{'t', 'o', 'n', 'y'}

if s < string(b) {
    ...
}
```

Go编译器对用在for-range循环中的string到[]byte的转换也有优化处理，它不会为[]byte进行额外的内存分配，而是直接使用string的底层数据。看下面的例子：

```
// chapter3/sources/string_for_range_covert_optimize.go

func convert() {
    s := "中国欢迎您，北京欢迎您"
    sl := []byte(s)
    for _, v := range sl {
```

```
        _ = v
    }
}
func convertWithOptimize() {
    s := "中国欢迎您，北京欢迎您"
    for _, v := range []byte(s) {
        _ = v
    }
}

func main() {
    fmt.Println(testing.AllocsPerRun(1, convert))
    fmt.Println(testing.AllocsPerRun(1, convertWithOptimize))
}
```

运行这个例子程序：

```
$go run string_for_range_covert_optimize.go
1
0
```

从结果我们看到，convertWithOptimize 函数将 string 到 []byte 的转换放在 for-range 循环中，Go 编译器对其进行了优化，节省了一次内存分配操作。

在如今强大的硬件算力面前，少数几次 string 和 slice 的转换代价可能微不足道。但能充分理解 Go 编译器对 string 和 slice 互转在特定场景下的优化依然是大有裨益的。在性能敏感的领域，这些优化也许能起到大作用。

小结

在本条中，我们了解到 Go 语言内置了 string 类型，统一了对字符串的抽象，并且为 string 类型提供了强大的内置操作支持，包括基于 +/+= 的字符串连接操作，基于 ==、!=、>、< 等的比较操作，O(1) 复杂度的长度获取操作，对非 ASCII 字符提供原生支持，对 string 类型与 slice 类型的相互转换提供优化等。

此外，Go 语言还在标准库中提供了 strings 和 strconv 包，可以辅助 Gopher 对 string 类型数据进行更多高级操作。鉴于篇幅有限，这里就不赘述了，大家可以自行查阅以上两个包的使用说明文档（关于 strings 包中的操作，在后文中有详细说明）。

Suggestion 16 第 16 条

理解 Go 语言的包导入

Go 语言是使用包（package）作为基本单元来组织源码的，可以说一个 Go 程序就是由一些包链接在一起构建而成的。虽然与 Java、Python 等语言相比这算不上什么创新，但与祖辈 C 语言的头文件包含机制相比则是“先进”了许多。

编译速度快是这种“先进性”的一个突出表现，即便每次编译都是从零开始。Go 语言的这种以包为基本构建单元的构建模型使依赖分析变得十分简单，避免了 C 语言那种通过头文件分析依赖的巨大开销。Go 编译速度快的原因具体体现在以下三方面。

- Go 要求每个源文件在开头处显式地列出所有依赖的包导入，这样 Go 编译器不必读取和处理整个文件就可以确定其依赖的包列表。
- Go 要求包之间不能存在循环依赖，这样一个包的依赖关系便形成了一张有向无环图。由于无环，包可以被单独编译，也可以并行编译。
- 已编译的 Go 包对应的目标文件（file_name.o 或 package_name.a）中不仅记录了该包本身的导出符号信息，还记录了其所依赖包的导出符号信息。这样，Go 编译器在编译某包 P 时，针对 P 依赖的每个包导入（比如导入包 Q），只需读取一个目标文件即可（比如：Q 包编译成的目标文件中已经包含 Q 包的依赖包的导出信息），而无须再读取其他文件中的信息。

Go 语言中包的定义和使用十分简单。通过 package 关键字声明 Go 源文件所属的包：

```
// xx.go
package a
...
```

上述源码表示文件 xx.go 是包 a 的一部分。

使用 import 关键字导入依赖的标准库包或第三方包：

```
package main

import (
    "fmt"    // 标准库包导入
    "a/b/c"  // 第三方包导入
)

func main() {
    c.Func1()
    fmt.Println("Hello, Go!")
}
```

很多 Gopher 看到上面的代码会想当然地将 import 后面的“c”“fmt”与 c.Func1() 和 fmt.Println() 中的 c 和 fmt 认作同一个语法元素：包名。但在深入学习 Go 语言后，大家会发现事实并非如此。比如在使用实时分布式消息框架 nsq 提供的官方 client 包时，我们的包导入是写成这样的：

```
import "github.com/nsqio/go-nsq"
```

但在使用该包提供的导出函数时，我们使用的不是 go-nsq.xx 而是 nsq.xxx：

```
q, _ := nsq.NewConsumer("write_test", "ch", config)
```

很多 Gopher 在学习 Go 包导入时或多或少有些疑惑：import 后面路径中的最后一个分段到底代表的是什么？是包名还是一个路径？在本条中我就和大家一起来深入探究和理解一下 Go 语言的包导入。

16.1　Go 程序构建过程

我们先来简单了解一下 Go 程序的构建过程，作为后续理解 Go 包导入的前导知识。和主流静态编译型语言一样，Go 程序的构建简单来讲也是由编译（compile）和链接（link）两个阶段组成的。

一个非 main 包在编译后会对应生成一个 .a 文件，该文件可以理解为 Go 包的目标文件，该目标文件实际上是通过 pack 工具（$GOROOT/pkg/tool/darwin_amd64/pack）对 .o 文件打包后形成的。默认情况下，在编译过程中 .a 文件生成在临时目录下，除非使用 go install 安装到 $GOPATH/pkg 下（Go 1.11 版本之前），否则你看不到 .a 文件。如果是构建可执行程序，那么 .a 文件会在构建可执行程序的链接阶段起使用。

标准库包的源码文件在 $GOROOT/src 下面，而对应的 .a 文件存放在 $GOROOT/pkg/darwin_amd64 下（以 macOS 为例；如果是 Linux 系统，则是 linux_amd64）：

```
// Go 1.16
$tree -FL 1 $GOROOT/pkg/darwin_amd64
├── archive/
├── bufio.a
├── bytes.a
```

```
├── compress/
├── container/
├── context.a
├── crypto/
├── crypto.a
...
```

“求甚解”的读者可能会提出这样一个问题：构建 Go 程序时，编译器会重新编译依赖包的源文件还是直接链接包的 .a 文件呢？下面通过一个实验来给大家答案。Go 1.10 版本引入了 build cache，为了避免 build cache 给实验过程和分析带来的复杂性，我们使用 Go 1.9.7 版本来进行这个实验。

我们建立实验环境的目录结构如下：

```
$tree -F chapter3/sources/item16-demo/chapter3-demo1
chapter3-demo1
├── cmd/
│   └── app1/
│       └── main.go
└── pkg/
    └── pkg1/
        └── pkg1.go
```

由于仅是为了演示，pkg1.go 和 main.go 的源码都很简单：

```
// cmd/app1/main.go
package main

import (
    "github.com/bigwhite/effective-go-book/chapter3-demo1/pkg/pkg1"
)

func main() {
    pkg1.Func1()
}

// pkg/pkg1/pkg1.go
package pkg1

import "fmt"

func Func1() {
    fmt.Println("pkg1.Func1 invoked")
}
```

进入 chapter3-demo1，执行下面的命令：

```
$go install github.com/bigwhite/effective-go-book/chapter3-demo1/pkg/pkg1
```

之后，我们就可以在 $GOPATH/pkg/darwin_amd64/github.com/bigwhite/effective-go-book/chapter3-demo1/pkg 下看到 pkg1 包对应的目标文件 pkg1.a：

```
$ls $GOPATH/pkg/darwin_amd64/github.com/bigwhite/effective-go-book/chapter3-demo1/pkg
pkg1.a
```

我们继续在 chapter3-demo1 路径下编译可执行程序 app1：

```
$go build github.com/bigwhite/effective-go-book/chapter3-demo1/cmd/app1
```

执行完上述命令后，我们会在 chapter3-demo1 下看到一个可执行文件 app1，执行该文件：

```
$ls
app1*   cmd/   pkg/

$./app1
pkg1.Func1 invoked
```

这符合我们的预期，但现在我们仍无法知道编译 app1 使用的到底是 pkg1 包的源码还是目标文件 pkg1.a，因为目前它们的输出都是一致的。修改一下 pkg1.go 的代码：

```
// pkg/pkg1/pkg1.go
package pkg1

import "fmt"

func Func1() {
    fmt.Println("pkg1.Func1 invoked - Again")
}
```

重新编译执行 app1，得到如下结果：

```
$go build github.com/bigwhite/effective-go-book/chapter3-demo1/cmd/app1
$./app1
pkg1.Func1 invoked - Again
```

这样的实验结果告诉我们：**在使用第三方包的时候，在第三方包源码存在且对应的 .a 已安装的情况下，编译器链接的仍是根据第三方包最新源码编译出的 .a 文件，而不是之前已经安装到 $GOPATH/pkg/darwin_amd64 下的目标文件。**

那么是否可以只链接依赖包的已安装的 .a 文件，而不用第三方包源码呢？我们临时删除 pkg1 源码目录，但保留之前已经安装到 $GOPATH/pkg/darwin_amd64 下的 pkg1.a 文件。再来编译一下 app1：

```
$go build github.com/bigwhite/effective-go-book/chapter3-demo1/cmd/app1
cmd/app1/main.go:4:2: cannot find package "github.com/bigwhite/effective-go-book/
chapter3-demo1/pkg/pkg1" in any of:
    /Users/tonybai/.bin/go1.9.7/src/github.com/bigwhite/effective-go-book/
        chapter3-demo1/pkg/pkg1 (from $GOROOT)
    /Users/tonybai/Go/src/github.com/bigwhite/effective-go-book/chapter3-demo1/
        pkg/pkg1 (from $GOPATH)
```

我们看到 Go 编译器报错！Go 编译器还是尝试去找 pkg1 包的源码，而不是直接链接已经安装的 pkg1.a。

下面让 Go 编译器输出详细信息，看看为什么 Go 编译器会选择链接根据第三方包最新源码编译出的 .a 文件，而不是之前已经安装到 $GOPATH/pkg/darwin_amd64 下的目标文件。我们在编译 app1 时给 go build 命令传入 -x -v 命令行选项来输出详细的构建日志信息，如图 16-1 所示。

```
$go build -x -v github.com/bigwhite/effective-go-book/chapter3-demo1/cmd/app1
WORK=/var/folders/cz/sbj5kg2d3m3c6j650z0qfm800000gn/T/go-build878870664
github.com/bigwhite/effective-go-book/chapter3-demo1/pkg/pkg1
mkdir -p $WORK/github.com/bigwhite/effective-go-book/chapter3-demo1/pkg/pkg1/_obj/
mkdir -p $WORK/github.com/bigwhite/effective-go-book/chapter3-demo1/pkg/
cd ~/Go/src/github.com/bigwhite/effective-go-book/chapter3-demo1/pkg/pkg1
$GOROOT/pkg/tool/darwin_amd64/compile -o $WORK/github.com/bigwhite/effective-go-book/chapter3-
demo1/pkg/pkg1.a -trimpath $WORK -goversion go1.9.7 -p github.com/bigwhite/effective-go-book/chapter3-
demo1/pkg/pkg1 -complete -buildid 5508f4ff15d0000af68a19c84d5200be6b52aac0 -D
_/Users/tonybai/Go/src/github.com/bigwhite/effective-go-book/chapter3-demo1/pkg/pkg1 -I $WORK -pack
./pkg1.go
github.com/bigwhite/effective-go-book/chapter3-demo1/cmd/app1
mkdir -p $WORK/github.com/bigwhite/effective-go-book/chapter3-demo1/cmd/app1/_obj/
mkdir -p $WORK/github.com/bigwhite/effective-go-book/chapter3-demo1/cmd/app1/_obj/exe/
cd ~/Go/src/github.com/bigwhite/effective-go-book/chapter3-demo1/cmd/app1
$GOROOT/pkg/tool/darwin_amd64/compile -o $WORK/github.com/bigwhite/effective-go-book/chapter3-
demo1/cmd/app1.a -trimpath $WORK -goversion go1.9.7 -p main -complete -buildid
d116bd4b4731d2f7eac18df2368f87eee7bc7977 -D _/Users/tonybai/Go/src/github.com/bigwhite/effective-go-
book/chapter3-demo1/cmd/app1 -I $WORK -I /Users/tonybai/Go/pkg/darwin_amd64 -pack ./main.go
cd .
$GOROOT/pkg/tool/darwin_amd64/link -o $WORK/github.com/bigwhite/effective-go-book/chapter3-
demo1/cmd/app1/_obj/exe/a.out -L $WORK -L /Users/tonybai/Go/pkg/darwin_amd64 -extld=clang -buildmode=exe -
buildid=d116bd4b4731d2f7eac18df2368f87eee7bc7977 $WORK/github.com/bigwhite/effective-go-book/chapter3-
demo1/cmd/app1.a
mv $WORK/github.com/bigwhite/effective-go-book/chapter3-demo1/cmd/app1/_obj/exe/a.out app1
```

图 16-1 使用 -x -v 输出 go build 时的详细信息

可以看到 app1 的构建过程大致分为如下几步：

1）建立临时工作路径，命名为 WORK，以后的编译、链接均以 $WORK 为当前工作目录；

2）编译 app1 的依赖包 pkg1，将目标文件打包后放入 $WORK/github.com/bigwhite/effective-go-book/chapter3-demo1/pkg/pkg1.a；

3）编译 app1 的 main 包，将目标文件打包后放入 $WORK/github.com/bigwhite/effective-go-book/chapter3-demo1/cmd/app1.a；

4）链接器将 app1.a、pkg1.a 链接成 $WORK/github.com/bigwhite/effective-go-book/chapter3-demo1/cmd/app1/_obj/exe/a.out；

5）将 a.out 改名为 app1（这个 app1 在执行 go build 命令的目录中）。

我们细致看看链接器进行目标文件链接所执行的命令：

```
$GOROOT/pkg/tool/darwin_amd64/link -o $WORK/github.com/bigwhite/effective-go-
    book/chapter3-demo1/cmd/app1/_obj/exe/a.out -L $WORK -L /Users/tonybai/Go/
    pkg/darwin_amd64 -extld=clang -buildmode=exe -buildid=d116bd4b4731d2f7eac1
    8df2368f87eee7bc7977 $WORK/github.com/bigwhite/effective-go-book/chapter3-
    demo1/cmd/app1.a
```

为了方便查看，将这行命令中的一些不必要的信息去掉，简化后的命令是这样的：

```
link -o a.out -L $WORK -L $GOPATH/pkg/darwin_amd64 -buildmode=exe app1.a
```

我们在链接器的执行语句中并未看到 app1 链接的是 $WORK/github.com/bigwhite/effective-go-book/chapter3-demo1/pkg 下的 pkg1.a。这是因为从传给链接器的 -L 参数来看，$WORK 这个路径排在了 $GOPATH/pkg/darwin_amd64 的前面，这样链接器会优先使用 $WORK 下面的 github.

com/bigwhite/effective-go-book/chapter3-demo1/pkg/pkg1.a，而不是 $GOPATH/pkg/darwin_amd64/github.com/bigwhite/effective-go-book/chapter3-demo1/pkg/pkg1.a。

为了验证这个推论，我们可参考编译器的输出，按顺序手工执行一遍上述命令序列，但在最后执行链接命令时，去掉 -L $WORK 或将 -L $WORK 放到 -L $GOPATH/pkg/darwin_amd64 的后面。考虑到篇幅原因，下面省略了中间的执行过程：

```
$export WORK=/Users/tonybai/temp
...
$GOROOT/pkg/tool/darwin_amd64/link -o $WORK/github.com/bigwhite/effective-go-
    book/chapter3-demo1/cmd/app1/_obj/exe/a.out  -L /Users/tonybai/Go/pkg/
    darwin_amd64 -extld=clang -buildmode=exe -buildid=d116bd4b4731d2f7eac18df23
    68f87eee7bc7977 $WORK/github.com/bigwhite/effective-go-book/chapter3-demo1/
    cmd/app1.a
...
```

执行这次手动构建命令序列所编译出的二进制文件 app1：

```
$./app1
pkg1.Func1 invoked
```

我们看到这回链接器链接的是 /Users/tonybai/Go/pkg/darwin_amd64 下面的 pkg1.a，输出的是 pkg1 包修改之前的打印信息。到这里我们明白了**所谓的使用第三方包源码，实际上是链接了以该最新包源码编译的、存放在临时目录下的包的 .a 文件而已。**

到这里肯定又会有读者提出问题：Go 标准库中的包也是这样吗？编译时 Go 编译器到底使用的是根据 $GOROOT/src 下源码编译出的 .a 目标文件，还是 $GOROOT/pkg 下已经随 Go 安装包编译好的标准库的 .a 文件呢？我们再来做个实验，编写一个简单的 Go 文件：

```
// main.go
package main

import "fmt"

func main() {
    b := true
    s := fmt.Sprintf("%t", b)
    fmt.Println(s)
}
```

有了前面的经验，我们这次直接将 $GOROOT/src 下的 fmt 目录改名为 fmtbak，然后编译上面的 main.go 文件：

```
$go build -x -v main.go
WORK=/var/folders/cz/sbj5kg2d3m3c6j650z0qfm800000gn/T/go-build682636466
main.go:3:8: cannot find package "fmt" in any of:
    /Users/tonybai/.bin/go1.9.7/src/fmt (from $GOROOT)
    /Users/tonybai/Go/src/fmt (from $GOPATH)
```

我们看到 Go 编译器找不到标准库的 fmt 包了！显然和依赖第三方包一样，依赖标准库包在编译时也是需要所依赖的标准库包的源码的。那如果我们修改了标准库的源码，是否会像上面实验中那样，源码更新直接体现在最终的可执行文件的输出中呢？这里我们修改一下 fmt 包的部分源码（修改前，先把 fmtbak 改回 fmt）。对 fmt 目录下面的 format.go 文件做些微调：

```
// $GOROOT/src/fmt/format.go

// fmt_boolean formats a boolean.
func (f *fmt) fmt_boolean(v bool) {
    if v {
            f.padString("true1") // 修改这一行，原代码为f.padString("true")
    } else {
            f.padString("false")
    }
}
```

重新构建一下 main.go：

```
$go build -x -v main.go
WORK=/var/folders/cz/sbj5kg2d3m3c6j650z0qfm800000gn/T/go-build972107899
command-line-arguments
mkdir -p $WORK/command-line-arguments/_obj/
mkdir -p $WORK/command-line-arguments/_obj/exe/
cd /Users/tonybai/temp
$GOROOT/pkg/tool/darwin_amd64/compile -o $WORK/command-line-arguments.a
    -trimpath $WORK -goversion go1.9.7 -p main -complete -buildid 374bfe52ceb5be
    b2748735a34836d6348e6c1e21 -D _/Users/tonybai/temp -I $WORK -pack ./main.go
cd .
$GOROOT/pkg/tool/darwin_amd64/link -o $WORK/command-line-arguments/_obj/exe/
    a.out -L $WORK -extld=clang -buildmode=exe -buildid=374bfe52ceb5beb2748735a3
    4836d6348e6c1e21 $WORK/command-line-arguments.a
mv $WORK/command-line-arguments/_obj/exe/a.out main
```

从输出的详细构建日志来看，go 编译器并没有去重新编译 format.go，因此编译出来的可执行文件的输出为

```
$./main
true
```

而不是我们期望的“true1”。这说明默认情况下对于标准库中的包，编译器直接链接的是 $GOROOT/pkg/darwin_amd64 下的 .a 文件。

那么如何让编译器能够“感知”到标准库中的最新更新呢？以 fmt.a 为例，有两种方法。

1）删除 $GOROOT/pkg/darwin_amd64 下的 fmt.a，然后重新执行 go install fmt。

```
$go install -x -v fmt
WORK=/var/folders/cz/sbj5kg2d3m3c6j650z0qfm800000gn/T/go-build519257256
fmt
mkdir -p $WORK/fmt/_obj/
mkdir -p $WORK/
cd $GOROOT/src/fmt
$GOROOT/pkg/tool/darwin_amd64/compile -o $WORK/fmt.a -trimpath $WORK -goversion
    go1.9.7 -p fmt -std -complete -buildid 784aa2fc38b910a35f11bcd11372fa344f46eb
    ed -D _/Users/tonybai/.bin/go1.9.7/src/fmt -I $WORK -pack ./doc.go ./format.
    go ./print.go ./scan.go
```

```
mkdir -p $GOROOT/pkg/darwin_amd64/
mv $WORK/fmt.a $GOROOT/pkg/darwin_amd64/fmt.a
```

2）使用 go build 的 -a 命令行选项。

go build -a 可以让编译器将 Go 源文件（比如例子中的 main.go）的所有直接和间接的依赖包（包括标准库）都重新编译一遍，并将最新的 .a 作为链接器的输入。因此，采用 -a 选项进行构建的时间较长，这里仅摘录与 fmt 包相关的日志供参考：

```
$go build -x -v -a main.go
WORK=/var/folders/cz/sbj5kg2d3m3c6j650z0qfm800000gn/T/go-build094236425
...
mkdir -p $WORK/fmt/_obj/
cd $GOROOT/src/fmt
$GOROOT/pkg/tool/darwin_amd64/compile -o $WORK/fmt.a -trimpath $WORK -goversion
    go1.9.7 -p fmt -std -complete -buildid 784aa2fc38b910a35f11bcd11372fa344f46eb
    ed -D _/Users/tonybai/.bin/go1.9.7/src/fmt -I $WORK -pack ./doc.go ./format.
    go ./print.go ./scan.go
...
$GOROOT/pkg/tool/darwin_amd64/link -o $WORK/command-line-arguments/_obj/exe/
    a.out -L $WORK -extld=clang -buildmode=exe -buildid=374bfe52ceb5beb2748735a3
    4836d6348e6c1e21 $WORK/command-line-arguments.a
mv $WORK/command-line-arguments/_obj/exe/a.out main
```

16.2 究竟是路径名还是包名

通过前面的实验，我们了解到**编译器在编译过程中必然要使用的是编译单元（一个包）所依赖的包的源码**。而编译器要找到依赖包的源码文件，就需要知道依赖包的源码路径。这个路径由两部分组成：**基础搜索路径**和**包导入路径**。

基础搜索路径是一个全局的设置，下面是其规则描述。

1）所有包（无论是标准库包还是第三方包）的源码基础搜索路径都包括 $GOROOT/src。

2）在上述基础搜索路径的基础上，不同版本的 Go 包含的其他基础搜索路径有不同。

- Go 1.11 版本之前，包的源码基础搜索路径还包括 $GOPATH/src。
- Go 1.11～Go 1.12 版本，包的源码基础搜索路径有三种模式：
  - 经典 gopath 模式下（GO111MODULE=off）：$GOPATH/src。
  - module-aware 模式下（GO111MODULE=on）：$GOPATH/pkg/mod。
  - auto 模式下（GO111MODULE=auto）：在 $GOPATH/src 路径下，与 gopath 模式相同；在 $GOPATH/src 路径外且包含 go.mod，与 module-aware 模式相同。
- Go 1.13 版本，包的源码基础搜索路径有两种模式：
  - 经典 gopath 模式下（GO111MODULE=off）：$GOPATH/src。
  - module-aware 模式下（GO111MODULE=on/auto）：$GOPATH/pkg/mod。
- 未来的 Go 版本将只有 module-aware 模式，即只在 module 缓存的目录下搜索包的源码。

而搜索路径的第二部分就是位于每个包源码文件头部的**包导入路径**。基础搜索路径与包导入路径结合在一起，Go 编译器便可确定一个包的所有依赖包的源码路径的集合，这个集合构成了 Go 编译器的**源码搜索路径空间**。看下面这个例子：

```
// p1.go
package p1

import (
    "fmt"
    "time"
    "github.com/bigwhite/effective-go-book"
    "golang.org/x/text"
    "a/b/c"
    "./e/f/g"
)
...
```

以 Go 1.11 版本之前的 GOPATH 模式为例，编译器在编译上述 p1 包时，会构建自己的源码搜索路径空间，该空间对应的搜索路径集合包括：

```
- $GOROOT/src/fmt/
- $GOROOT/src/time/
- $GOROOT/src/github.com/bigwhite/effective-go-book/
- $GOROOT/src/golang.org/x/text/
- $GOROOT/src/a/b/c/
- $GOPATH/src/github.com/bigwhite/effective-go-book/
- $GOPATH/src/golang.org/x/text/
- $GOPATH/src/a/b/c/
- $CWD/e/f/g
```

最后一个包导入路径“./e/f/g”是一个本地相对路径，它的基础搜索路径是 $CWD，即执行编译命令时的当前工作目录。Go 编译器在编译源码时会使用 -D 选项设置当前工作目录，该工作目录与“./e/f/g”的本地相对路径结合，便构成了一个源码搜索路径。

到这里，我们已经给出了前面问题的答案：**源文件头部的包导入语句 import 后面的部分就是一个路径，路径的最后一个分段也不是包名**。我们再通过一个例子来证明这点。在 $GOPATH/src/github.com/bigwhite/effective-go-book/chapter3-demo1 下面再建立 cmd/app2 和 pkg/pkg2 这两个目录：

```
$tree -LF 3 chapter3-demo1
chapter3-demo1
├── cmd/
│   └── app2/
│       └── main.go
└── pkg/
    └── pkg2/
        └── pkg2.go
```

app2/main.go 和 pkg2/pkg2.go 的源码如下：

```
// pkg2/pkg2.go
```

```
package mypkg2

import "fmt"

func Func1() {
    fmt.Println("mypkg2.Func1 invoked")
}

// app2/main.go

package main
import (
    "github.com/bigwhite/effective-go-book/chapter3-demo1/pkg/pkg2"
)

func main() {
    mypkg2.Func1()
}
```

编译运行 app2：

```
$go build github.com/bigwhite/effective-go-book/chapter3-demo1/cmd/app2
$./app2
mypkg2.Func1 invoked
```

我们看到这个例子与 app1 的不同之处在于 app2 的包导入语句中的路径末尾是 pkg2，而在 main 函数中使用的包名却是 mypkg2，这再次印证了包导入语句中的只是一个路径。

不过 Go 语言有一个惯用法，那就是**包导入路径的最后一段目录名最好与包名一致**，就像 pkg1 那样：

```
// app1/main.go
package main

import (
    "github.com/bigwhite/effective-go-book/chapter3-demo1/pkg/pkg1"
)

func main() {
    pkg1.Func1()
}
```

pkg1 包导入路径的最后一段目录名为 pkg1，而包名也是 pkg1。也就是说上面代码中出现的两个 pkg1 虽然书写上是一模一样的，但代表的含义完全不同：**包导入路径上的 pkg1 表示的是一个目录名，而 main 函数体中的 pkg1 则是包名。**

关于包导入，Go 语言还有一个惯用法：**当包名与包导入路径中的最后一个目录名不同时，最好用下面的语法将包名显式放入包导入语句**。以上面的 app2 为例：

```
// app2/main.go

package main
```

```
import (
    mypkg2 "github.com/bigwhite/effective-go-book/chapter3-demo1/pkg/pkg2"
)

func main() {
    mypkg2.Func1()
}
```

显然，这种惯用法让代码可读性更好。

16.3 包名冲突问题

同一个包名在不同的项目、不同的仓库下可能都会存在。同一个源码文件在其包导入路径构成源码搜索路径空间下很可能存在同名包。比如：我们有另一个 chapter3-demo2，其下也有名为 pkg1 的包，导入路径为 github.com/bigwhite/effective-go-book/chapter3-demo2/pkg/pkg1。如果 cmd/app3 同时导入了 chapter3-demo1 和 chapter3-demo2 的 pkg1 包，会发生什么呢？

```
// cmd/app3
package main

import (
    "github.com/bigwhite/effective-go-book/chapter3-demo1/pkg/pkg1"
    "github.com/bigwhite/effective-go-book/chapter3-demo2/pkg/pkg1"
)

func main() {
    pkg1.Func1()
}
```

编译一下 cmd/app3：

```
$go build github.com/bigwhite/effective-go-book/chapter3-demo1/cmd/app3
# github.com/bigwhite/effective-go-book/chapter3-demo1/cmd/app3
./main.go:5:2: pkg1 redeclared as imported package name
    previous declaration at ./main.go:4:2
```

我们看到的确出现了包名冲突的问题。怎么解决这个问题呢？还是用为包导入路径下的包显式指定包名的方法：

```
package main

import (
        pkg1 "github.com/bigwhite/effective-go-book/chapter3-demo1/pkg/pkg1"
        mypkg1 "github.com/bigwhite/effective-go-book/chapter3-demo2/pkg/pkg1"
)

func main() {
        pkg1.Func1()
        mypkg1.Func1()
}
```

上面的 pkg1 指代的就是 chapter3-demo1/pkg/pkg1 下面的包，mypkg1 则指代的是 chapter3-demo2/pkg/pkg1 下面的包。就此，包名冲突问题就轻松解决掉了。

小结

在本条中，我们通过实验进一步理解了 Go 语言的包导入，Gopher 应牢记以下几个结论：

- Go 编译器在编译过程中必然要使用的是编译单元（一个包）所依赖的包的源码；
- Go 源码文件头部的包导入语句中 import 后面的部分是一个路径，路径的最后一个分段是目录名，而不是包名；
- Go 编译器的包源码搜索路径由基本搜索路径和包导入路径组成，两者结合在一起后，编译器便可确定一个包的所有依赖包的源码路径的集合，这个集合构成了 Go 编译器的源码搜索路径空间；
- 同一源码文件的依赖包在同一源码搜索路径空间下的包名冲突问题可以由显式指定包名的方式解决。

Suggestion 17 第17条

理解Go语言表达式的求值顺序

Go 语言在变量声明、初始化以及赋值语句上相比其先祖 C 语言做了一些改进，诸如：

- 支持在同一行声明和初始化多个变量（不同类型也可以）

```
var a, b, c = 5, "hello", 3.45
a, b, c := 5, "hello", 3.45 // 短变量声明形式
```

- 支持在同一行对多个变量进行赋值

```
a, b, c = 5, "hello", 3.45
```

这种**语法糖**在给我们带来便利的同时，也可能带来一些令人困惑的问题。

Go 语言之父 Rob Pike 在 Go 语言早期（r60 版本，2011 年）曾经讲过一门名为“The Go Programming Language”[1]的课程，虽然距今年代有些久远，但该课程仍然是笔者心中的经典，强烈推荐 Gopher 学习一下。

在该门课程第二天[2]的内容中，Rob Pike 出了这样一道练习题：下面语句执行完毕后，n0 和 n1 的值分别是多少？

```
n0, n1 = n0+n1, n0
```

或者

```
n0, n1 = op(n0, n1), n0
```

对于这个问题，很多 Go 语言初学者无法给出答案；一些 Go 语言老手虽然能给出正确答案，但也说不出个所以然。显然这个问题涉及 Go 语言的**表达式求值顺序（evaluation order）**。

上面问题中赋值语句中的表达式求值仅仅是表达式求值的众多应用场景中的一个。表达式

---

[1] https://www.cs.cmu.edu/afs/cs.cmu.edu/academic/class/15440-f11/go/doc/go_tutorial.html

[2] https://www.cs.cmu.edu/afs/cs.cmu.edu/academic/class/15440-f11/go/doc/GoCourseDay2.pdf

的求值顺序在任何一门编程语言中都是比较**“难缠的”**。很多情形下，语言规范给出的答案可能是“undefined”（未定义）、“not specified”（未明确说明）或“implementation-dependent”（实现相关）。

Go 语言规范[1]中有专门的章节[2]对求值顺序进行说明，但篇幅不长，并且规范用语相对抽象难懂，很多 Gopher 并不能很好掌握。理解表达式求值顺序的机制，对于编写出正确、逻辑清晰的 Go 代码很有必要，因此在这一条中，我们一起结合直观的实例来深入理解 Go 语言的表达式求值顺序。

17.1 包级别变量声明语句中的表达式求值顺序

在一个 Go 包内部，包级别变量声明语句的表达式求值顺序是由初始化依赖（initialization dependencies）规则决定的。那初始化依赖规则是什么呢？根据 Go 语言规范中的说明，这里将该规则总结为如下几点。

- 在 Go 包中，包级别变量的初始化按照变量声明的先后顺序进行。
- 如果某个变量（如变量 a）的初始化表达式中直接或间接依赖其他变量（如变量 b），那么变量 a 的初始化顺序排在变量 b 后面。
- 未初始化的且不含有对应初始化表达式或初始化表达式不依赖任何未初始化变量的变量，我们称之为“ready for initialization”变量。
- 包级别变量的初始化是逐步进行的，每一步就是按照变量声明顺序找到下一个“ready for initialization”变量并对其进行初始化的过程。反复重复这一步骤，直到没有“ready for initialization”变量为止。
- 位于同一包内但不同文件中的变量的声明顺序依赖编译器处理文件的顺序：先处理的文件中的变量的声明顺序先于后处理的文件中的所有变量。

规则往往抽象难懂，例子则更直观易理解。我们看一个 Go 语言规范中的例子，并使用上述规则进行分析（Go 编译器版本 1.13）：

```
// chapter3/sources/evaluation_order_1.go
var (
    a = c + b
    b = f()
    c = f()
    d = 3
)

func f() int {
    d++
    return d
}
```

---

[1] https://golang.org/doc/ref/spec

[2] https://tip.golang.org/ref/spec#Order_of_evaluation

```
func main() {
    fmt.Println(a, b, c, d)
}
```

对于上面的代码，不同的包变量初始化顺序会导致变量值不同，因此明确四个变量的初始化顺序至关重要。我们结合上面的初始化依赖规则来分析一下该程序执行后的 a、b、c、d 四个变量的结果值。

1）根据规则，包级变量初始化按照变量声明先后顺序进行，因此每一轮寻找“ready for initialization”变量的过程都会按照 a -> b -> c -> d 的顺序依次进行。

2）我们先来进行第一轮选择“ready for initialization”变量的过程。我们从变量 a 开始。变量 a 的初始化表达式为 c + b，这使得 a 的初始化依赖 b 和 c，而 b、c 通过函数 f 间接依赖未初始化变量 d，因此 a 并不是“ready for initialization”变量。

3）按照声明顺序，接下来是 b。b 的初始化表达式依赖函数 f，而函数 f 依赖未初始化变量 d，因此 b 也不是“ready for initialization”变量。

4）按照声明顺序，接下来是 c。c 的初始化表达式依赖函数 f，而函数 f 依赖未初始化变量 d，因此 c 也不是“ready for initialization”变量。

5）按照声明顺序，接下来是 d。d 没有需要求值的初始化表达式，而是直接被赋予了初值，因此 d 是我们第一轮找到的“ready for initialization”变量，我们对其进行初始化：d = 3。当前已初始化变量集合为 [d=3]。

6）接下来进行第二轮“ready for initialization”变量的寻找。我们依然从 a 开始，和第一轮一样，b、c 依旧是未初始化变量，a 不符合条件；我们继续看 b。b 依赖函数 f，函数 f 依赖 d，但 d 已经是已初始化变量集合中的元素了，因此 b 具备了成为“ready for initialization”的条件，于是第二轮我们选出了 b，并对 b 进行初始化：b = d + 1 = 4。此时已初始化变量集合为 [d=4, b=4]。

7）接下来进行第三轮“ready for initialization”变量的寻找。我们依然从 a 开始，和前两轮一样，c 依旧是未初始化变量，a 不符合条件；我们继续看 c。c 依赖函数 f，函数 f 依赖 d，但 d 已经是已初始化变量集合中的元素了，因此 c 具备了成为“ready for initialization”的条件，于是第三轮我们选出了 c，并对 c 进行初始化：c = d + 1 = 5。此时已初始化变量集合为 [d=5, b=4, c=5]。

8）接下来进行最后一轮“ready for initialization”变量的寻找。此时只剩下变量 a 了，并且 a 依赖的 b、c 都是已初始变量集合中的元素了，因此 a 符合“ready for initialization”的条件，于是最后一轮我们选出 a，并对 a 进行初始化：a = 4 + 5 = 9。此时已初始化变量集合为 [d = 5, b = 4, c = 5, a = 9]。

9）初始化结束，根据上述分析，程序应该输出 9 4 5 5。

执行一下这个程序，验证一下我们的分析结果是否正确：

```
$go run evaluation_order_1.go
9 4 5 5
```

输出的结果与我们分析的一模一样。

如果在包级变量声明中使用了空变量 _，空变量也会得到 Go 编译器一视同仁的对待。我们看下面的例子：

```
// chapter3/sources/evaluation_order_2.go

var (
    a = c + b
    b = f()
    _ = f()
    c = f()
    d = 3
)

func f() int {
    d++
    return d
}

func main() {
    fmt.Println(a, b, c, d)
}
```

有了第一个例子中详细的分析，这里我们的分析从简。

1）初始化过程按照 a -> b -> _ -> c -> d 的顺序进行“ready for initialization”变量的查找。

2）第一轮：变量 a、b、_、c 都不符合条件，d 被选出并初始化，已初始化变量集合为 [d=3]。

3）第二轮：变量 b 符合条件被选出并初始化，已初始化变量集合为 [d=4, b=4]。

4）第三轮：空变量符合条件被选出并初始化，但空变量忽略了初始值，这一过程的副作用是使得变量 d 增加 1，已初始化变量集合为 [d=5, b=4]。

5）第四轮：变量 c 符合条件被选出并初始化，已初始化变量集合为 [d=6, b=4, c=6]。

6）第五轮：变量 a 符合条件被选出并初始化，已初始化变量集合为 [d=6, b=4, c=6, a=10]。

7）包变量初始化结束，分析输出结果应为 10 4 6 6。

运行上述代码：

```
$go run evaluation_order_2.go
10 4 6 6
```

我们看到例子 2 的输出结果也与我们分析的一致。

还有一种比较特殊的情况值得我们在这里一并分析，那就是当多个变量在声明语句左侧且右侧为单一表达式时的表达式求值情况。在这种情况下，无论左侧哪个变量被初始化，同一行的其他变量也会被一并初始化。我们来看下面这个例子：

```
// chapter3/sources/evaluation_order_3.go

var (
    a    = c
    b, c = f()
    d    = 3
)
```

```
func f() (int, int) {
    d++
    return d, d + 1
}

func main() {
    fmt.Println(a, b, c, d)
}
```

1）根据包级变量初始化规则，初始化过程将按照 a -> b&c -> d 顺序进行“ready for initialization”变量的查找。

2）第一轮：变量 a、b、c 都不符合条件，d 被选出并初始化，已初始化变量集合为 [d=3]。

3）第二轮：变量 b 和 c 一起符合条件，以 b 被选出为例，b 被初始化的同时，c 也得到了初始化，因此已初始化变量集合为 [d=4, b=4, c=5]。

4）第三轮：变量 a 符合条件被选出并初始化，已初始化变量集合为 [d=4, b=4, c=5, a=5]。

5）包变量初始化结束，分析输出结果应为 5 4 5 4。

运行上述代码：

```
$go run evaluation_order_3.go
5 4 5 4
```

我们看到例子 3 的输出结果也与我们分析的一致。

17.2 普通求值顺序

除了包级变量由初始化依赖决定的求值顺序，Go 还定义了**普通求值顺序**（usual order），用于规定表达式操作数中的函数、方法及 channel 操作的求值顺序。Go 规定表达式操作数中的所有函数、方法以及 channel 操作按照从左到右的次序进行求值。

同样来看一个改编自 Go 语言规范中的例子：

```
// chapter3/sources/evaluation_order_4.go
func f() int {
    fmt.Println("calling f")
    return 1
}

func g(a, b, c int) int {
    fmt.Println("calling g")
    return 2
}

func h() int {
    fmt.Println("calling h")
    return 3
}

func i() int {
```

```go
    fmt.Println("calling i")
    return 1
}

func j() int {
    fmt.Println("calling j")
    return 1
}

func k() bool {
    fmt.Println("calling k")
    return true
}

func main() {
    var y = []int{11, 12, 13}
    var x = []int{21, 22, 23}

    var c chan int = make(chan int)
    go func() {
        c <- 1
    }()

    y[f()], _ = g(h(), i()+x[j()], <-c), k()
}
```

y[f()], _ = g(h(), i()+x[j()], <-c), k() 这行语句是赋值语句，但赋值语句的表达式操作数中包含函数调用、channel 操作。按照普通求值规则，这些函数调用、channel 操作按从左到右的顺序进行求值。

- 按照从左到右的顺序，先对等号左侧表达式操作数中的函数进行调用求值，因此第一个是 y[f()] 中的 f()。
- 接下来是等号右侧的表达式。第一个函数是 g()，但 g() 依赖其参数的求值，其参数列表依然可以看成是一个多值赋值操作，其涉及的函数调用顺序从左到右依次为 h()、i()、j()、<-c，这样该表达式操作数函数的求值顺序即为 h() -> i() -> j() -> c 取值操作 -> g()。
- 最后还剩下末尾的 k()，因此该语句中函数以及 channel 操作的完整求值顺序是：f() -> h() -> i() -> j() -> c 取值操作 -> g() -> k()。

例子的实际运行结果如下：

```
$go run evaluation_order_4.go
calling f
calling h
calling i
calling j
calling g
calling k
```

输出结果与我们分析的一致。

当普通求值顺序与包级变量的初始化依赖顺序一并使用时，后者优先级更高，但每个单独表达式中的操作数求值依旧按照普通求值顺序的规则。我们看下面的例子：

```
// chapter3/sources/evaluation_order_5.go

var a, b, c = f() + v(), g(), sqr(u()) + v()

func f() int {
    fmt.Println("calling f")
    return c
}

func g() int {
    fmt.Println("calling g")
    return 1
}

func sqr(x int) int {
    fmt.Println("calling sqr")
    return x * x
}

func v() int {
    fmt.Println("calling v")
    return 1
}

func u() int {
    fmt.Println("calling u")
    return 2
}

func main() {
    fmt.Println(a, b, c)
}
```

我们根据包变量初始化依赖规则以及普通求值顺序规则对这个例子进行简要分析，把单行的声明语句等价转换为下面的代码，这样看起来更直观。(注意：与前面的多个变量在声明语句左侧且右侧为单一表达式时的表达式求值情况不同，这里右侧并非单一表达式。)

```
var (
    a = f() + v()
    b = g()
    c = sqr(u()) + v()
)
```

1）根据包级变量初始化规则，初始化过程将按照 "a -> b -> c" 顺序进行 “ready for initialization” 变量的查找。

2）第一轮：变量 a 依赖 c，b 符合条件，b 被选出并初始化。依据普通求值顺序规则，g 被调用。

3）第二轮：变量 c 符合条件，c 被选出并初始化。依据普通求值顺序规则，u、sqr、v 先后被调用。

4）第三轮：变量 a 符合条件，a 被选出并初始化。依据普通求值顺序规则，f、v 先后被调用。

5）综合以上分析，得出调用顺序：g ->u -> sqr -> v -> f -> v。

执行一下这个程序，验证我们的分析结果是否正确：

```
$go run evaluation_order_5.go
calling g
calling u
calling sqr
calling v
calling f
calling v
6 1 5
```

我们看到输出结果与预期一致。

17.3 赋值语句的求值

我们再回到前面 Rob Pike 留的那个作业中的问题：

```
n0, n1 = n0 + n1, n0

// 或者

n0, n1 = op(n0, n1), n0
```

这是一个赋值语句。Go 语言规定，赋值语句求值分为两个阶段：

1）第一阶段，对于等号左边的下标表达式、指针解引用表达式和等号右边表达式中的操作数，按照普通求值规则从左到右进行求值；

2）第二阶段，按从左到右的顺序对变量进行赋值。

根据上述规则，我们对这个问题等号两端的表达式的操作数采用从左到右的求值顺序。

假定 n0 和 n1 的初值如下：

```
n0, n1 = 1, 2
```

第一阶段：等号两端表达式求值。上述问题中，等号左边没有需要求值的下标表达式、指针解引用表达式等，只有右端有 n0+n1 和 n0 两个表达式，但表达式的操作数 (n0，n1) 都是已初始化了的，因此直接将值代入，得到求值结果。求值后，语句可以看成 n0, n1 = 3, 1。

第二阶段：从左到右赋值，即 n0 =3，n1 = 1。

下面是赋值语句求值的样例代码：

```
// chapter3/sources/evaluation_order_6.go

func example() {
    n0, n1 := 1, 2
    n0, n1 = n0+n1, n0
```

```
    fmt.Println(n0, n1)
}

func main() {
    example()
}
```

运行该样例代码：

```
$go run evaluation_order_6.go
3 1
```

我们看到输出结果与预期一致。

17.4 switch/select 语句中的表达式求值

上面的三类求值顺序原则已经可以覆盖大部分 Go 代码中的场景了，如果说在表达式求值方面还有值得重点关注的，那肯定非 switch/select 语句中的表达式求值莫属了。

我们先来看 switch-case 语句中的表达式求值，这类求值属于“惰性求值”范畴。惰性求值指的就是需要进行求值时才会对表达值进行求值，这样做的目的是让计算机少做事，从而降低程序的消耗，对性能提升有一定帮助。

我们看一个例子：

```
// chapter3/sources/evaluation_order_7.go

func Expr(n int) int {
    fmt.Println(n)
    return n
}

func main() {
    switch Expr(2) {
        case Expr(1), Expr(2), Expr(3):
            fmt.Println("enter into case1")
            fallthrough
        case Expr(4):
            fmt.Println("enter into case2")
    }
}
```

运行该例子：

```
$go run evaluation_order_7.go
2
1
2
enter into case1
enter into case2
```

从例子的输出结果我们看到：

1）对于 switch-case 语句而言，首先进行求值的是 switch 后面的表达式 Expr(2)，这个表达式在求值时输出 2。

2）接下来将按照从上到下、从左到右的顺序对 case 语句中的表达式进行求值。如果某个表达式的结果与 switch 表达式结果一致，那么求值停止，后面未求值的 case 表达式将被忽略。结合上述例子，这里对第一个 case 中的 Expr(1) 和 Expr(2) 进行了求值，由于 Expr(2) 求值结果与 switch 表达式的一致，所以后续 Expr(3) 并未进行求值。

3）fallthrough 将执行权直接转移到下一个 case 执行语句中了，略过了 case 表达式 Expr(4) 的求值。

我们再来看看 select-case 语句的求值。Go 语言中的 select 为我们提供了一种在多个 channel 间实现“多路复用”的机制，是编写 Go 并发程序最常用的并发原语之一。我们通过一个例子直观看一下 select-case 语句中表达式的求值规则：

```
// chapter3/sources/evaluation_order_8.go

func getAReadOnlyChannel() <-chan int {
    fmt.Println("invoke getAReadOnlyChannel")
    c := make(chan int)

    go func() {
        time.Sleep(3 * time.Second)
        c <- 1
    }()

    return c
}

func getASlice() *[5]int {
    fmt.Println("invoke getASlice")
    var a [5]int
    return &a
}

func getAWriteOnlyChannel() chan<- int {
    fmt.Println("invoke getAWriteOnlyChannel")
    return make(chan int)
}

func getANumToChannel() int {
    fmt.Println("invoke getANumToChannel")
    return 2
}

func main() {
    select {
    // 从channel接收数据
    case (getASlice())[0] = <-getAReadOnlyChannel():
       fmt.Println("recv something from a readonly channel")

    // 将数据发送到channel
```

```
    case getAWriteOnlyChannel() <- getANumToChannel():
        fmt.Println("send something to a writeonly channel")
    }
}
```

该程序的运行结果如下：

```
$go run evaluation_order_8.go
invoke getAReadOnlyChannel
invoke getAWriteOnlyChannel
invoke getANumToChannel

invoke getASlice
recv something from a readonly channel
```

从上述例子可以看出以下两点。

1）select 执行开始时，首先所有 case 表达式都会被按出现的先后顺序求值一遍。

```
invoke getAReadOnlyChannel
invoke getAWriteOnlyChannel
invoke getANumToChannel
```

有一个例外，位于 case 等号左边的从 channel 接收数据的表达式（RecvStmt）不会被求值，这里对应的是 getASlice()。

2）如果选择要执行的是一个从 channel 接收数据的 case，那么该 case 等号左边的表达式在接收前才会被求值。比如在上面的例子中，在 getAReadOnlyChannel 创建的 goroutine 在 3s 后向 channel 中写入一个 int 值后，select 选择了第一个 case 执行，此时对等号左侧的表达式 (getASlice())[0] 进行求值，输出“invoke getASlice”，这也算是一种惰性求值。

小结

表达式本质上就是一个值，表达式求值顺序影响着程序的计算结果。在本条中，我们通过生动的例子讲解了各种情景下 Go 语言表达式的求值顺序规则。Gopher 应牢记以下几点规则。

- 包级别变量声明语句中的表达式求值顺序由变量的声明顺序和初始化依赖关系决定，并且包级变量表达式求值顺序优先级最高。
- 表达式操作数中的函数、方法及 channel 操作按普通求值顺序，即从左到右的次序进行求值。
- 赋值语句求值分为两个阶段：先按照普通求值规则对等号左边的下标表达式、指针解引用表达式和等号右边的表达式中的操作数进行求值，然后按从左到右的顺序对变量进行赋值。
- 重点关注 switch-case 和 select-case 语句中的表达式“惰性求值”规则。

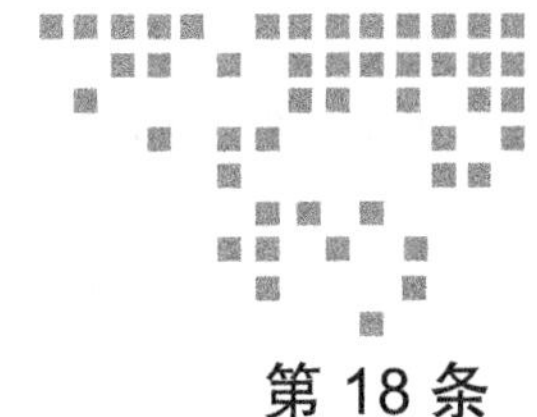

第 18 条 Suggestion 18

理解 Go 语言代码块与作用域

很多 Gopher 喜欢玩 Go quiz（小测验）游戏，这种小测验考察的是大家对语言的理解深度，回答者不仅要给出程序输出结果，还要说明为什么会输出这样的结果。在本条中，我们也先来玩一个 Go quiz，下面是这个 quiz 的代码：

```
func main() {
    if a := 1; false {
    } else if b := 2; false {
    } else if c := 3; false {
    } else {
        println(a, b, c)
    }
}
```

有两个答案选项：

A：1 2 3

B：无法通过编译

当我第一次看到这段代码时，第一印象倾向于选择 B：这段代码能编译运行吗？对最后的 else 分支语句中的 println(a, b, c) 语句，编译器是否会报出“undefined b”之类的错误呢？但真正执行一遍后，发现 A 选项才是正确的。于是我带着疑问对这段代码进行了分析，得出一个结论：只有深入了解了 Go 代码块与作用域规则，才能理解这段代码输出“1 2 3”的真正原因。

本条我们就围绕上述例子来理解一下 Go 代码块（code block）和作用域（scope）规则，理解这些规则将有助于我们编写出正确且可读性高的代码。

18.1 Go 代码块与作用域简介

Go 语言中的代码块是包裹在一对大括号内部的声明和语句，且代码块支持嵌套。如果一对大括号之间没有任何语句，那么称这个代码块为空代码块。**代码块是代码执行流流转的基本单元，代码执行流总是从一个代码块跳到另一个代码块。**

Go 语言中有两类代码块，一类是我们在代码中直观可见的由一堆大括号包裹的**显式代码块**，比如函数的函数体、for 循环的循环体、if 语句的某个分支等：

```
func Foo() {
    // 这里是显式代码块，包裹在函数的函数体内
    // ...

    for {
        // 这里是显式代码块，包裹在for循环体内
        // 该代码块也是嵌套在函数体显式代码块内部的代码块
        // ...
    }

    if true {
        // 这里是显式代码块，包裹在if语句的true分支内
        // 该代码块也是嵌套在函数体显式代码块内部的代码块
        // ...
    }
}
```

另一类则是没有大括号包裹的隐式代码块。Go 规范定义了如下几种隐式代码块。

- **宇宙（Universe）代码块**：所有 Go 源码都在该隐式代码块中，就相当于所有 Go 代码的最外层都存在一对大括号。
- **包代码块**：每个包都有一个包代码块，其中放置着该包的所有 Go 源码。
- **文件代码块**：每个文件都有一个文件代码块，其中包含着该文件中的所有 Go 源码。
- 每个 if、for 和 switch 语句均被视为位于其自己的隐式代码块中。
- switch 或 select 语句中的每个子句都被视为一个隐式代码块。

Go 标识符的作用域是基于代码块定义的，作用域规则描述了标识符在哪些代码块中是有效的。下面是标识符作用域规则。

- 预定义标识符，make、new、cap、len 等的作用域范围是宇宙块。
- 顶层（任何函数之外）声明的常量、类型、变量或函数（但不是方法）对应的标识符的作用域范围是包代码块。比如：包级变量、包级常量的标识符的作用域都是包代码块。
- Go 源文件中导入的包名称的作用域范围是文件代码块。
- 方法接收器（receiver）、函数参数或返回值变量对应的标识符的作用域范围是函数体（显式代码块），虽然它们并没有被函数体的大括号所显式包裹。
- 在函数内部声明的常量或变量对应的标识符的作用域范围始于常量或变量声明语句的末尾，止于其最里面的那个包含块的末尾。
- 在函数内部声明的类型标识符的作用域范围始于类型定义中的标识符，止于其最里面的那个包含块的末尾，见下面的代码示例。

```
func Foo() {
    { // 代码块1

        // 代码块1是包含类型bar标识符的最里面的那个包含代码块
        type bar struct {} // 类型标识符bar的作用域始于此
        { // 代码块2

            // 代码块2是包含变量a标识符的最里面的那个包含代码块
            a := 5 // a的作用域始于此
            {
                //...
            }
            // a的作用域止于此
        }
        // 类型标识符bar的作用域止于此
    }
}
```

代码块和作用域规则为我们分析代码奠定了基础。

18.2　if 条件控制语句的代码块

要想对本条开始的 Go quiz 进行分析，我们就需要整体了解一下 if 条件控制语句的代码块分布规则。接下来就来看看三种类型 if 条件语句的代码块情况。

1. 单 if 型

最常见的 if 语句类型就是**单 if 型**，即

```
if SimpleStmt; Expression {
    ...
}
```

根据代码块规则，if 语句自身在一个隐式代码块中，因此**单 if 类型**的控制语句中有两个代码块：一个隐式代码块和一个显式代码块。为了方便理解，我们对上面的代码进行一个等价变换，并加上代码块起始点和结束点的标注。

```
{ // 隐式代码块开始
    SimpleStmt

    if Expression { // 显式代码块开始
        ...
    } // 显式代码块结束

} // 隐式代码块结束
```

我们看到 if 后面的**大括号对**所包裹的显式代码块嵌套在 if SimpleStmt 所在的隐式代码块内部，这也是为何 SimpleStmt 中使用短变量声明形式定义的变量可以在 if 语句的显式代码块中使用。我们再用例子来说明一下：

```
func Foo() {
    if a := 1; true {
        fmt.Println(a)
    }
}
```

等价变换为：

```
func Foo() {
    {
        a := 1
        if true {
            fmt.Println(a)
        }
    }
}
```

在等价变换后的代码中，根据上面 Go 标识符作用域规则中关于函数体内变量标识符作用域的描述，变量 a 的作用域范围可延伸到 if 内的显式代码块中，因此在 if 的显式代码块中使用 a 是合法的。

2. if { } else { } 型

我们再来看看 if {} else {} 型控制语句的代码块的分布：

```
if Simplestmt; Expression {
    ...
} else {
    ...
}
```

分析逻辑同上面的 if 型：对上面的伪代码进行一个等价变换并给出代码块起始点和结束点的标注。

```
{ // 隐式代码块开始
    SimpleStmt

    if Expression { // 显式代码块1开始
        ...
        // 显式代码块1结束
    }  else  { // 显式代码块2开始
        ...
    }   // 显式代码块2结束

} // 隐式代码块结束
```

我们看到 if {} else {} 型控制语句有三个代码块，除了单 if 型的两个代码块外，还有一个由 else 引入的显式代码块（显式代码块 2）。同样，用一个例子来说明一下：

```
func Foo() {
    if a,b := 1, 2; false{
        fmt.Println(a)
    } else {
```

```
        fmt.Println(b)
    }
}
```

等价变换为：

```
func Foo() {
    {
        a, b := 1, 2
        if false {
            fmt.Println(a)
        } else {
            fmt.Println(b)
        }
    }
}
```

我们看到，在 SimpleStmt 中声明的变量，其作用域范围可以延伸到 else 后面的显式代码块中。

3. if {} else if {} else {} 型

最后来看看最为复杂的 if {} else if {} else {} 型，这也是本条开头的 Go quiz 代码所使用的 if 控制语句类型：

```
if SimpleStmt1; Expression1 {
    ...
} else if SimpleStmt2; Expression2 {
    ...
} else {
    ...
}
```

我们对上面的伪代码进行等价变换，并作出代码块起始点和结束点的标注，结果如下：

```
{ // 隐式代码块1开始
    SimpleStmt1

    if Expression1 { // 显式代码块1开始
        ...
    } else { // 显式代码块1结束；显式代码块2开始
        { // 隐式代码块2开始
            SimpleStmt2

            if Expression2 { // 显式代码块3开始
                ...
            } else { // 显式代码块3结束；显式代码块4开始
                ...
            } // 显式代码块4结束
        } // 隐式代码块2结束
    } // 显式代码块2结束
} // 隐式代码块1结束
```

在该类型下，我们一共识别出 2 个隐式代码块和 4 个显式代码块。

有了上述的规则和分析铺垫，我们再来看看本条开头处的那个 Go quiz：

```
package main

func main() {
    if a := 1; false {
    } else if b := 2; false {
    } else if c := 3; false {
    } else {
        println(a, b, c)
    }
}
```

这是一个 if {} else if {} else {} 型控制语句的应用。依照我们的分析思路，可以对这段代码进行等价变换：

```
func main() {
    {
        a := 1
        if false {

        } else {
            {
                b := 2
                if false {

                } else {
                    {
                        c := 3
                        if false {

                        } else {
                            println(a, b, c)
                        }
                    }
                }
            }
        }
    }
}
```

展开后的代码让一切都一目了然了。我们看到 a、b、c 三个变量都位于不同层次的隐式代码块中，根据这三个变量的作用域范围，在最深层的 else 显式代码块中使用变量 a、b、c 都是合法的，a、b、c 三个变量的值此时就是它们的初值，于是这个 Go quiz 的输出结果为 1 2 3。

18.3 其他控制语句的代码块规则简介

在 Go 代码块规则中，多数隐式代码块规则都比较容易理解，除了最后两条：

- 每个 if、for 和 switch 语句均被视为位于其自己的隐式代码块中；
- switch 或 select 语句中的每个子句都被视为一个隐式代码块。

if 控制语句的隐式代码块规则已经分析完了，下面将对 for、switch 及 select 语句的代码块规则进行简要分析，思路依然是**等价转换**。

1. for 语句的代码块

Go 语言的 for 控制语句有两种主要的使用形式，第一种是通用 for 控制语句：

```
for InitStmt; Condition; PostStmt {
    ...
}
```

第二种是 for range 型语句：

```
for IndentifierList := range Expression {
    ...
}

// 或

for ExpressionList = range Expression {
   ...
}
```

通用 for 控制语句可以等价转换为下面的形式：

```
{ // 隐式代码块开始
    InitStmt
    for Condition; PostStmt {
        // for显式代码块
        ...
    }
} // 隐式代码块结束
```

我们看到，InitStmt 中声明的变量的作用域涵盖了 Condition、PostStmt 和 for 的显式代码块。下面是一个例子：

```
for a, b := 1, 10; a < b; a++ {
    ...
}
```

上述代码可等价转换为：

```
{
    a, b := 1, 10
    for ; a < b; a++ {
        ...
    }
}
```

for-range 形式相对简单些：

```
for IndentifierList := range Expression {
    ...
}
```

上述形式可等价转换为：

```
{ // 隐式代码块开始
    IndentifierList := InitialValueList
    for IndentifierList = range Expression {
        // for的显式代码块
        ...
    }
} // 隐式代码块结束
```

来看一个例子：

```
var sl = []int{1, 2, 3}
for i, n := range sl {
    ...
}
```

上述代码可等价转换为：

```
var sl = []int{1, 2, 3}
{
    i, n := 0, 0
    for i, n = range sl {
        ...
    }
}
```

2. switch-case 语句的代码块

下面是 switch-case 语句的通用形式：

```
switch SimpleStmt; Expression {
    case ExpressionList1:
        ...
    case ExpressionList2:
        ...
    default:
        ...
}
```

根据 switch-case 隐式代码块的规则，我们可以将上述形式等价转换为下面的形式：

```
{ // 隐式代码块1开始
    SimpleStmt
    switch Expression { // 显式代码块1开始
        case ExpressionList1:
        { // 隐式代码块2开始
            ...
        } // 隐式代码块2结束
        case ExpressionList2:
        { // 隐式代码块3开始
            ...
        } // 隐式代码块3结束
        default:
```

```
        { // 隐式代码块4开始
            ...
        } // 隐式代码块4结束
    } // 显式代码块1结束
} // 隐式代码块1结束
```

我们看到每个 case 语句都对应一个隐式代码块。来看一个例子：

```
switch x, y := 1, 2; x + y {
case 3:
    a := 1
    fmt.Println("case1: a = ", a)
    fallthrough
case 10:
    a := 5
    fmt.Println("case2: a =", a)
    fallthrough
default:
    a := 7
    fmt.Println("default case: a =", a)
}
```

根据之前的规则，上面的代码可等价转换为：

```
{
    x, y := 1, 2
    switch x + y {
    case 3:
        {
            a := 1
            fmt.Println("case1: a = ", a)
    }
        fallthrough
    case 10:
        {
            a := 5
            fmt.Println("case2: a =", a)
        }
        fallthrough
    default:
        {
            a := 7
            fmt.Println("default case: a =", a)
        }
    }
}
```

如果把这段代码放到一个函数中执行，我们将得到如下结果：

```
case1: a =  1
case2: a = 5
default case: a = 7
```

我们看到位于不同 case 语句隐式代码块中的变量 a 都是独立的，互不影响。

3. select-case 语句的代码块

和 switch-case 无法在 case 子句中声明变量不同的是，select-case 可以在 case 字句中通过短变量声明定义新变量，但该变量依然被纳入 case 的隐式代码块中。

select-case 语句的通用形式如下：

```
select {
    case SendStmt:
        ...
    case RecvStmt:
        ...
    default:
        ...
}
```

根据隐式代码块的规则，我们可以将上述形式等价转换为下面的形式：

```
select { // 显式代码块开始
    case SendStmt:
    { // 隐式代码块1开始
        ...
    } // 隐式代码块1结束
    case RecvStmt:
    { // 隐式代码块2开始，如果RecvStmt声明了新变量，那么该变量也应包含在隐式代码块2中
        ...
    } // 隐式代码块2结束
    default:
    { // 隐式代码块3开始
        ...
    } // 隐式代码块3结束
} // 显式代码块结束
```

来看一个例子：

```
c1 := make(chan int)
c2 := make(chan int, 1)
c2 <- 11

select {
case c1 <- 1:
    fmt.Println("SendStmt case has been chosen")
case i := <-c2:
    _ = i
    fmt.Println("RecvStmt case has been chosen")
default:
    fmt.Println("default case has been chosen")
}
```

和之前的所有例子不同，由于 case 的触发条件特殊，我们只能结合文字来给出等价转换后的伪代码：

```
c1 := make(chan int)
c2 := make(chan int, 1)
```

```
c2 <- 11

select {
case c1 <- 1:
    {
        fmt.Println("SendStmt case has been chosen")
    }
case "如果该case被选择":
    {
        i := <-c2:
        _ = i
        fmt.Println("RecvStmt case has been chosen")
    }
default:
    {
        fmt.Println("default case has been chosen")
    }
}
```

上述代码如若执行，则 RecvStmt 的 case 将被选择。由于 RecvStmt 中有新变量 i 被声明，因此该变量将归属于该 case 对应的隐式代码块，就像上面的伪代码展示的那样。

小结

各类隐式代码块的规则才是理解 Go 代码块和作用域的规则的“金钥匙”，尤其是那些对于程序执行流有重大影响的控制语句的隐式代码块规则。

理解 Go 代码块和作用域的规则将有助于我们快速解决类似“变量未定义”的错误和上一层变量被内层同名变量遮蔽（shadow）的问题，同时对于正确理解 Go 程序的执行流也大有裨益。

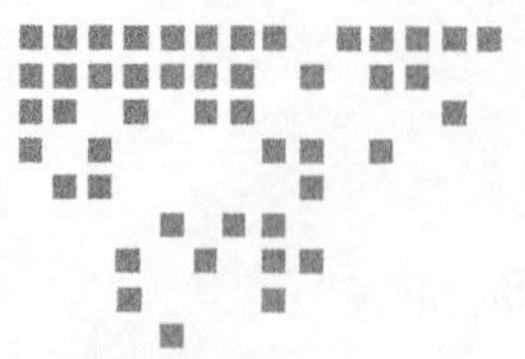

Suggestion 19 第 19 条

了解 Go 语言控制语句惯用法及使用注意事项

Go 语言的控制结构全面继承了 C 语言的语法，并进行了一些创新：

- 总体上继承了 C 语言的控制语句关键字和使用方式；
- 坚持“一件事情仅有一种做法”的设计理念，仅保留 for 这一种循环控制语句，去掉 while、do-while 语法；
- 为 break 和 continue 增加后接 label 的可选能力；
- switch 的 case 语句执行完毕后，默认不会像 C 语言那样继续执行下一个 case 中的语句，除非显式使用 fallthrough 关键字，这“填补”了 C 语言中每个 case 语句都要以 break 收尾的“坑”；
- switch 的 case 语句支持表达式列表；
- 增加 type switch，让类型信息也可以作为分支选择的条件；
- 增加针对 channel 通信的 switch-case 语句——select-case。

要掌握一门编程语言，不光要掌握其各种语句的基本用法，还要掌握符合其语言思维的惯用法。在这一条中我们就来了解一下 Go 语言控制语句的惯用法及使用注意事项。

19.1 使用 if 控制语句时应遵循“快乐路径”原则

对比下面两段逻辑相同但形式不同的伪代码段：

```
// 伪代码段1
func doSomething() error {
    if errorCondition1 {
        // 错误逻辑
        ...
        return err1
```

```
    }

    // 成功逻辑
    ...

    if errorCondition2 {
        // 错误逻辑
        ...
        return err2
    }

    // 成功逻辑
    ...
    return nil
}
// 伪代码段2
func doSomething() error {
    if successCondition1 {
        // 成功逻辑
        ...

        if successCondition2 {
            // 成功逻辑
            ...

            return nil
        } else {
            // 错误逻辑
            ...
            return err2
        }
    } else {
        // 错误逻辑
        ...
        return err1
    }
}
```

即便你是刚入门的 Go 新手，你大概也能看出上面代码的“优劣”。

伪代码段 1：

- 没有使用 else，失败就立即返回；
- 成功逻辑始终居左并延续到函数结尾，没有被嵌入 if 语句中；
- 整个代码段布局扁平，没有深度的缩进；
- 代码逻辑一目了然，可读性好。

反观实现了同样逻辑的伪代码段 2：

- 整个代码段呈现为锯齿状，有深度缩进；
- 成功逻辑被嵌入 if-else 代码块中；
- 代码逻辑“曲折宛转”，可读性较差。

这里，伪代码段 1 的 if 控制语句的使用方法符合 Go 语言惯用的“快乐路径”原则。所谓“快乐路径”即成功逻辑的代码执行路径，这个原则要求：

- 当出现错误时，快速返回；
- 成功逻辑不要嵌入 if-else 语句中；
- “快乐路径”的执行逻辑在代码布局上始终靠左，这样读者可以一眼看到该函数的正常逻辑流程；
- “快乐路径”的返回值一般在函数最后一行，就像上面伪代码段 1 中的那样。

如果你的函数实现代码不符合“快乐路径”原则，可以按下面的步骤进行重构：

- 尝试将“正常逻辑”提取出来，放到“快乐路径”中；
- 如果无法做到上一点，很可能是函数内的逻辑过于复杂，可以将深度缩进到 if-else 语句中的代码析出到一个函数中，再对原函数实施“快乐路径”原则的重构。

19.2 for range 的避“坑”指南

for range 的引入提升了 Go 语言的表达能力，但 for range 也不是“免费的午餐”，在享用这道“美味”前，我们需要搞清楚使用 for range 的一些注意事项。

1. 小心迭代变量的重用

for range 的惯用法是使用短变量声明方式（:=）在 for 的 initStmt 中声明迭代变量（iteration variable）。但需要注意的是，这些迭代变量在 for range 的每次循环中都会被重用，而不是重新声明。这是因为根据上一条 Go 语言代码块和作用域规则中的说明，我们可以将 for range 进行等价转换：

```
var m = [...]int{1, 2, 3, 4, 5}
for i, v := range m {
    ...
}
```

上述代码可等价转换为：

```
var m = [...]int{1, 2, 3, 4, 5}
{
    i, v := 0
    for i, v = range m {
        ...
    }
}
```

这样，我们就可以清晰地看到迭代变量的重用。来看一个与迭代变量重用相关的“坑”的例子：

```
// chapter3/sources/control_structure_idiom_1.go

...
```

```
func demo1() {
    var m = [...]int{1, 2, 3, 4, 5}

    for i, v := range m {
        go func() {
            time.Sleep(time.Second * 3)
            fmt.Println(i, v)
        }()
    }

    time.Sleep(time.Second * 10)
}
...
```

很显然，这个 demo 意图在每个循环启动的 goroutine 中输出 i、v，但实际输出结果是什么呢？我们实际运行一下：

```
$go run control_structure_idiom_1.go
4 5
4 5
4 5
4 5
4 5
```

我们看到，goroutine 中输出的 i、v 值都是 for range 循环结束后的 i、v 最终值，而不是各个 goroutine 启动时的 i、v 值。这是因为 goroutine 执行的闭包函数引用了它的外层包裹函数中的变量 i、v，这样变量 i、v 在主 goroutine 和新启动的 goroutine 之间实现了共享。而 i、v 值在整个循环过程中是重用的，仅有一份。在 for range 循环结束后，i = 4，v = 5，因此各个 goroutine 在等待 3 秒后进行输出的时候，输出的是 i、v 的最终值。

如果要修正这个问题，可以为闭包函数增加参数并在创建 goroutine 时将参数与 i、v 的当时值进行绑定：

```
// chapter3/sources/control_structure_idiom_1.go
...
func demo2() {
    var m = [...]int{1, 2, 3, 4, 5}

    for i, v := range m {
        go func(i, v int) {
            time.Sleep(time.Second * 3)
            fmt.Println(i, v)
        }(i, v)
    }

    time.Sleep(time.Second * 10)
}
```

运行该例子：

```
$go run control_structure_idiom_1.go
0 1
```

```
1 2
2 3
3 4
4 5
```

输出结果与我们的预期一致。（注意：每次输出结果的行序可能不同，这是由 goroutine 的调度顺序决定的。）

2. 注意参与迭代的是 range 表达式的副本

for range 语句中，range 后面接受的表达式的类型可以是数组、指向数组的指针、切片、字符串、map 和 channel（至少需具有读权限）。我们以数组为例来看一个简单的例子：

```
// chapter3/sources/control_structure_idiom_2.go
...
func arrayRangeExpression() {
    var a = [5]int{1, 2, 3, 4, 5}
    var r [5]int

    fmt.Println("arrayRangeExpression result:")
    fmt.Println("a = ", a)

    for i, v := range a {
        if i == 0 {
            a[1] = 12
            a[2] = 13
        }

        r[i] = v
    }

    fmt.Println("r = ", r)
    fmt.Println("a = ", a)
}
```

我们期待的输出结果是：

```
a =  [1 2 3 4 5]
r =  [1 12 13 4 5]
a =  [1 12 13 4 5]
```

但实际运行该程序的输出结果却是：

```
a =  [1 2 3 4 5]
r =  [1 2 3 4 5]
a =  [1 12 13 4 5]
```

我们原以为在第一次循环过程，也就是 i = 0 时，我们对 a 的修改（a[1] = 12，a[2] = 13）会在第二次、第三次循环中被 v 取出，但结果却是 v 取出的依旧是 a 被修改前的值：2 和 3。出现这个结果的原因是：参与循环的是 range 表达式的副本。也就是说在上面这个例子中，真正参与循环的是 a 的副本，而不是真正的 a。例子中 for-range 循环的等价伪代码如下：

```
for i, v := range a' { //a'是a的一个值副本
    if i == 0 {
        a[1] = 12
        a[2] = 13
    }
    r[i] = v
}
```

Go 中的数组在内部表示为连续的字节序列，虽然长度是 Go 数组类型的一部分，但长度并不包含在数组类型在 Go 运行时的内部表示中，数组长度是由编译器在编译期计算出来。这个例子中，对 range 表达式的复制即对一个数组的复制，a' 则是 Go 临时分配的连续字节序列，与 a 完全不是一块内存区域。因此无论 a 被如何修改，其参与循环的副本 a' 依旧保持原值，因此 v 从 a' 中取出的仍旧是 a 的原值，而非修改后的值。

我们再来试试用数组指针作为 range 表达式：

```
// chapter3/sources/control_structure_idiom_2.go
...
func pointerToArrayRangeExpression() {
    var a = [5]int{1, 2, 3, 4, 5}
    var r [5]int

    fmt.Println("pointerToArrayRangeExpression result:")
    fmt.Println("a = ", a)

    for i, v := range &a {
        if i == 0 {
            a[1] = 12
            a[2] = 13
        }

        r[i] = v
    }

    fmt.Println("r = ", r)
    fmt.Println("a = ", a)
}
```

这回的输出结果如下：

```
pointerToArrayRangeExpression result:
a =  [1 2 3 4 5]
r =  [1 12 13 4 5]
a =  [1 12 13 4 5]
```

我们看到这次 r 数组的值与最终 a 被修改后的值一致了。这个例子使用了 *[5]int 作为 range 表达式，其副本依旧是一个指向原数组 a 的指针，因此后续所有循环中均是 &a 指向的原数组亲自参与的，因此 v 能从 &a 指向的原数组中取出 a 修改后的值。

在 Go 中，大多数应用数组的场景都可以用切片替代，这里也用切片来试试：

```
// chapter3/sources/control_structure_idiom_2.go
...
```

```
func sliceRangeExpression() {
    var a = [5]int{1, 2, 3, 4, 5}
    var r [5]int

    fmt.Println("sliceRangeExpression result:")
    fmt.Println("a = ", a)

    for i, v := range a[:] {
        if i == 0 {
            a[1] = 12
            a[2] = 13
        }

        r[i] = v
    }

    fmt.Println("r = ", r)
    fmt.Println("a = ", a)
}
```

这个例子的运行结果如下：

```
pointerToArrayRangeExpression result:
a =  [1 2 3 4 5]
r =  [1 12 13 4 5]
a =  [1 12 13 4 5]
```

显然用切片也能满足预期要求，我们来分析一下切片是如何做到的。在前文中我们了解到，切片在 Go 内部表示为一个结构体，由 (*T, len, cap) 三元组组成。其中 *T 指向切片对应的底层数组的指针，len 是切片当前长度，cap 为切片的容量。在进行 range 表达式复制时，它实际上复制的是一个切片，也就是表示切片的那个结构体。表示切片副本的结构体中的 *T 依旧指向原切片对应的底层数组，因此对切片副本的修改也都会反映到底层数组 a 上。而 v 从切片副本结构体中 *T 指向的底层数组中获取数组元素，也就得到了被修改后的元素值。

切片与数组还有一个不同点，就是其 len 在运行时可以被改变，而数组的长度可认为是一个常量，不可改变。那么 len 变化的切片对 for range 有何影响呢？我们继续看一个例子：

```
// chapter3/sources/control_structure_idiom_2.go
...
func sliceLenChangeRangeExpression() {
    var a = []int{1, 2, 3, 4, 5}
    var r = make([]int, 0)

    fmt.Println("sliceLenChangeRangeExpression result:")
    fmt.Println("a = ", a)

    for i, v := range a {
        if i == 0 {
            a = append(a, 6, 7)
        }

        r = append(r, v)
```

```
    }

    fmt.Println("r = ", r)
    fmt.Println("a = ", a)
}
```

运行上面例子的输出结果如下：

```
a =  [1 2 3 4 5]
r =  [1 2 3 4 5]
a =  [1 2 3 4 5 6 7]
```

在这个例子中，原切片 a 在 for range 的循环过程中被附加了两个元素 6 和 7，其 len 由 5 增加到 7，但这对于 r 却没有产生影响。其原因就在于 a 的副本 a' 的内部表示中的 len 字段并没有改变，依旧是 5，因此 for range 只会循环 5 次，也就只获取到 a 所对应的底层数组的前 5 个元素。

range 表达式的复制行为还会带来一些性能上的消耗，尤其是当 range 表达式的类型为数组时，range 需要复制整个数组；而当 range 表达式类型为数组指针或切片时，这个消耗将小得多，因为仅仅需要复制一个指针或一个切片的内部表示（一个结构体）即可。

下面是我们通过性能基准测试得到的三种情况的消耗对比情况。对于元素个数为 100 的 int 数组或切片，测试结果如下：

```
// chapter3/sources/for_range_bench_test.go
$go test -bench . for_range_bench_test.go
goos: darwin
goarch: amd64
BenchmarkArrayRangeLoop-8             50000000        33.6 ns/op
BenchmarkPointerToArrayRangeLoop-8    50000000        34.7 ns/op
BenchmarkSliceRangeLoop-8             20000000        59.6 ns/op
PASS
ok   command-line-arguments      4.749s
```

可以看到，range 表达式的类型为切片或数组指针的性能相近，消耗都接近数组类型的 1/2。

3. 其他 range 表达式类型的使用注意事项

对于 range 后面的其他表达式类型，比如 string、map 和 channel，for range 依旧会制作副本。

（1）string

当 string 作为 range 表达式的类型时，由于 string 在 Go 运行时内部表示为 struct {*byte, len}，并且 string 本身是不可改变的（immutable），因此其行为和消耗与切片作为 range 表达式时类似。不过 for range 对于 string 来说，每次循环的单位是一个 rune，而不是一个 byte，返回的第一个值为迭代字符码点的第一字节的位置：

```
// chapter3/sources/control_structure_idiom_3.go
var s = "中国人"

for i, v := range s {
    fmt.Printf("%d %s 0x%x\n", i, string(v), v)
}
```

这个例子的输出结果如下：

```
0 中 0x4e2d
3 国 0x56fd
6 人 0x4eba
```

如果作为 range 表达式的字符串 s 中存在非法 UTF8 字节序列，那么 v 将返回 0xfffd 这个特殊值，并且在下一轮循环中，v 将仅前进一字节：

```
// chapter3/sources/control_structure_idiom_3.go

// byte sequence of s: 0xe4 0xb8 0xad 0xe5 0x9b 0xbd 0xe4 0xba 0xba
var sl = []byte{0xe4, 0xb8, 0xad, 0xe5, 0x9b, 0xbd, 0xe4, 0xba, 0xba}
for _, v := range sl {
    fmt.Printf("0x%x ", v)
}
fmt.Println("\n")

// 故意构造非法UTF8字节序列
sl[3] = 0xd0
sl[4] = 0xd6
sl[5] = 0xb9

for i, v := range string(sl) {
    fmt.Printf("%d %x\n", i, v)
}
```

上面示例的输出结果如下：

```
0xe4 0xb8 0xad 0xe5 0x9b 0xbd 0xe4 0xba 0xba

0 4e2d
3 fffd
4 5b9
6 4eba
```

我们看到在第二次循环时，由于以 sl[3] 开始的字节序列并非一个合法的 UTF8 字符，因此 v 的值为 0xfffd，并且下一轮（第三轮）循环从 i = 4 开始。第三轮循环找到了一个合法的 UTF8 字节序列 0xd6,0xb9，即码点为 0b59 的 UTF8 字符，这是一个希伯来语的字符。接下来的第四轮循环，程序又回归正常节奏，正确找出了码点为 4eba 的 UTF8 字符。

（2）map

当 map 类型作为 range 表达式时，我们会得到一个 map 的内部表示的副本。在前文中我们学习过 map 的内部表示，map 在 Go 运行时内部表示为一个 hmap 的描述符结构指针，因此该指针的副本也指向同一个 hmap 描述符，这样 for range 对 map 副本的操作即对源 map 的操作。

关于 map 的元素迭代，在前文中也提及过，**for range 无法保证每次迭代的元素次序是一致的**。同时，如果在循环的过程中对 map 进行修改，那么这样修改的结果是否会影响后续迭代过程也是不确定的，比如下面的例子：

```
// chapter3/sources/control_structure_idiom_4.go
var m = map[string]int{
    "tony": 21,
    "tom":  22,
    "jim":  23,
}

counter := 0
for k, v := range m {
    if counter == 0 {
        delete(m, "tony")
    }
    counter++
    fmt.Println(k, v)
}
fmt.Println("counter is ", counter)
```

反复运行这个例子多次，得到两个不同的结果：

```
tony 21
tom 22
jim 23
counter is  3

// 或

tom 22
jim 23
counter is  2
```

如果在循环体中新创建一个 map 元素项，那么该项元素可能出现在后续循环中，也可能不出现：

```
// chapter3/sources/control_structure_idiom_4.go
m["tony"] = 21
counter = 0

for k, v := range m {
    if counter == 0 {
        m["lucy"] = 24
    }
    counter++
    fmt.Println(k, v)
}
fmt.Println("counter is ", counter)
```

上述例子的执行结果如下：

```
tony 21
tom 22
jim 23
lucy 24
counter is  4
```

```
// 或

tony 21
tom 22
jim 23
counter is  3
```

（3）channel

对于channel来说，channel在Go运行时内部表示为一个channel描述符的指针（关于channel的内部表示将在后文中详细说明），因此channel的指针副本也指向原channel。

当channel作为range表达式类型时，for range最终以阻塞读的方式阻塞在channel表达式上，即便是带缓冲的channel亦是如此：当channel中无数据时，for range也会阻塞在channel上，直到channel关闭。我们来看一个例子：

```
// chapter3/sources/control_structure_idiom_5.go
func recvFromUnbufferedChannel() {
    var c = make(chan int)

    go func() {
        time.Sleep(time.Second * 3)
        c <- 1
        c <- 2
        c <- 3
        close(c)
    }()

    for v := range c {
        fmt.Println(v)
    }
}
```

该例子的运行结果如下：

```
1
2
3
```

如果使用一个nil channel作为range表达式，像下面这样：

```
// chapter3/sources/control_structure_idiom_5.go
func recvFromNilChannel() {
    var c chan int

    // 程序将一直阻塞在这里
    for v := range c {
        fmt.Println(v)
    }
}
```

程序的编译不会有问题，但for range将永远阻塞在这个nil channel上，直到Go运行时发现程序陷入deadlock状态，并抛出panic：

```
$go run control_structure_idiom_5.go
fatal error: all goroutines are asleep - deadlock!

goroutine 1 [chan receive (nil chan)]:
main.recvFromNilChannel()
```

19.3 break 跳到哪里去了

我们再来看一个例子：

```
// chapter3/sources/control_structure_idiom_6.go
func main() {
    exit := make(chan interface{})

    go func() {
        for {
            select {
            case <-time.After(time.Second):
                fmt.Println("tick")
            case <-exit:
                fmt.Println("exiting...")
                break
            }
        }
        fmt.Println("exit!")
    }()

    time.Sleep(3 * time.Second)
    exit <- struct{}{}

    // wait child goroutine exit
    time.Sleep(3 * time.Second)
}
```

上面这个例子的原意是：3 秒后，主 goroutine 给子 goroutine 发一个退出信号（通过 channel），子 goroutine 收到信号后通过 break 退出循环。主 goroutine 在发出信号后等待 goroutine 退出，等待时间为 3 秒。

我们来执行一下这个例子：

```
$go run control_structure_idiom_6.go
tick
tick
exiting...
tick
tick
tick
```

程序的执行并未如我们的预期：子 goroutine 在收到 channel 信号后执行的 break 并未退出外层的 for 循环（没有输出“exit”），而是再次进入循环中打印“tick”。

这是Go break语法的一个“小坑”。和大家习惯的C家族语言中的break不同，Go语言规范中明确规定break语句（不接label的情况下）结束执行并跳出的是同一函数内break语句所在的最内层的for、switch或select的执行。上面例子中的break实际上跳出了select语句，但并没有跳出外层的for循环，这是程序未按我们预期执行的原因。

要修正这一问题，可以利用Go语言为for提供的一项高级能力：break [label]。我们来看一下修正问题后的代码：

```
// chapter3/sources/control_structure_idiom_7.go
func main() {
    exit := make(chan interface{})

    go func() {
    loop:
        for {
            select {
            case <-time.After(time.Second):
                fmt.Println("tick")
            case <-exit:
                fmt.Println("exiting...")
                break loop
            }
        }
        fmt.Println("exit!")
    }()

    time.Sleep(3 * time.Second)
    exit <- struct{}{}

    // 等待子goroutine退出
    time.Sleep(3 * time.Second)
}
```

在改进后的例子中，我们定义了一个label——loop，该label附在for循环的外面，指代for循环的执行。代码执行到“break loop”时，程序将停止label loop所指代的for循环的执行，我们来看一下执行结果：

```
$go run control_structure_idiom_7.go
tick
tick
exiting...
exit!
```

这个结果与我们的预期是一致的。

带label的continue和break提升了Go语言的表达能力，可以让程序轻松拥有从深层循环中终止外层循环或跳转到外层循环继续执行的能力，使得Gopher无须为类似的逻辑设计复杂的程序结构或使用goto语句。

```
outerLoop:
    for i := 0; i < n; i++ {
```

```
    // ...
    for j := 0; j < m; j++ {
        // 当不满足某些条件时，直接终止最外层循环的执行
        break outerLoop

        // 当满足某些条件时，直接跳出内层循环，回到外层循环继续执行
        continue outerLoop
    }
}
```

19.4　尽量用 case 表达式列表替代 fallthrough

在 C 语言中，case 语句默认都是“fall through”的，于是就出现了每个 case 必然有 break 附在结尾的场景。从这一现象来看，多数情况下，case 语句是不需要“fall through”的，于是 Go 语言在设计之初就“纠正”了这一问题，选择 switch-case 语句默认是不“fall through”的，需要 fall through 的时候，可以使用关键字 fallthrough 显式实现。

不过在实际编码过程中，fallthrough 的应用依然不多，而且 Go 的 switch-case 语句还提供了 case 表达式列表来支持多个分支表达式处理逻辑相同的情况：

```
switch n {
case 1: fallthrough
case 3: fallthrough
case 5: fallthrough
case 7:
    odd()
case 2: fallthrough
case 4: fallthrough
case 6: fallthrough
case 8:
    even()
default:
    unknown()
}

vs.

switch n {
case 1, 3, 5, 7:
    odd()
case 2, 4, 6, 8:
    even()
default:
    unknown()
}
```

我们看到，通过 case 接表达式列表的方式要比使用 fallthrough 更加简洁和易读。因此，在程序中使用 fallthrough 关键字前，先想想能否使用更为简洁、清晰的 case 表达式列表替代。

小结

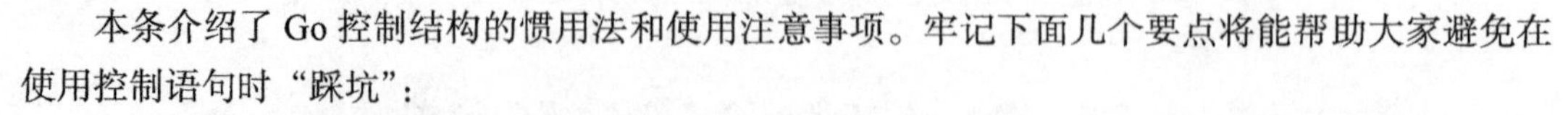

本条介绍了 Go 控制结构的惯用法和使用注意事项。牢记下面几个要点将能帮助大家避免在使用控制语句时“踩坑”：

- ❑ 使用 if 语句时遵循“快乐路径”原则；
- ❑ 小心 for range 的循环变量重用，明确真实参与循环的是 range 表达式的副本；
- ❑ 明确 break 和 continue 执行后的真实“目的地”；
- ❑ 使用 fallthrough 关键字前，考虑能否用更简洁、清晰的 case 表达式列表替代。

第四部分 *Part 4*

函数与方法

函数和方法是Go程序逻辑的基本承载单元。本部分聚焦于函数与方法的设计与实现，涵盖init函数的使用、跻身“一等公民”行列的函数有何不同、Go方法的本质等，希望这些内容可以帮助读者掌握函数与方法的精髓。

Suggestion 20 第 20 条

在 init 函数中检查包级变量的初始状态

从程序逻辑结构角度来看，包（package）是 Go 程序逻辑封装的基本单元，每个包都可以理解为一个“自治”的、封装良好的、对外部暴露有限接口的基本单元。一个 Go 程序就是由一组包组成的。

在 Go 包这一基本单元中分布着常量、包级变量、函数、类型和类型方法、接口等，我们要保证包内部的这些元素在被使用之前处于合理有效的初始状态，尤其是包级变量。在 Go 语言中，我们一般通过包的 init 函数来完成这一工作。

20.1 认识 init 函数

Go 语言中有两个特殊的函数：一个是 main 包中的 main 函数，它是所有 Go 可执行程序的入口函数；另一个就是包的 init 函数。

init 函数是一个无参数、无返回值的函数：

```
func init() {
    ...
}
```

如果一个包定义了 init 函数，Go 运行时会负责在该包初始化时调用它的 init 函数。在 Go 程序中我们不能显式调用 init，否则会在编译期间报错：

```
// chapter4/sources/call_init_in_main.go
package main

import "fmt"

func init() {
    fmt.Println("init invoked")
```

```
}

func main() {
    init()
}

$go run call_init_in_main.go
./call_init_in_main.go:10:2: undefined: init
```

一个 Go 包可以拥有多个 init 函数，每个组成 Go 包的 Go 源文件中可以定义多个 init 函数。在初始化 Go 包时，Go 运行时会按照一定的次序逐一调用该包的 init 函数。Go 运行时不会并发调用 init 函数，它会等待一个 init 函数执行完毕并返回后再执行下一个 init 函数，且每个 init 函数在整个 Go 程序生命周期内仅会被执行一次。因此，init 函数极其适合做一些包级数据的初始化及初始状态的检查工作。

一个包内的、分布在多个文件中的多个 init 函数的执行次序是什么样的呢？一般来说，先被传递给 Go 编译器的源文件中的 init 函数先被执行，同一个源文件中的多个 init 函数按声明顺序依次执行。但 Go 语言的惯例告诉我们：**不要依赖 init 函数的执行次序。**

20.2 程序初始化顺序

init 函数为何适合做包级数据的初始化及初始状态检查工作呢？除了 init 函数是顺序执行并仅被执行一次之外，Go 程序初始化顺序也给 init 函数提供了胜任该工作的前提条件。

Go 程序由一组包组合而成，程序的初始化就是这些包的初始化。每个 Go 包都会有自己的依赖包，每个包还包含有常量、变量、init 函数等（其中 main 包有 main 函数），这些元素在程序初始化过程中的初始化顺序是什么样的呢？我们用图 20-1 来说明一下。

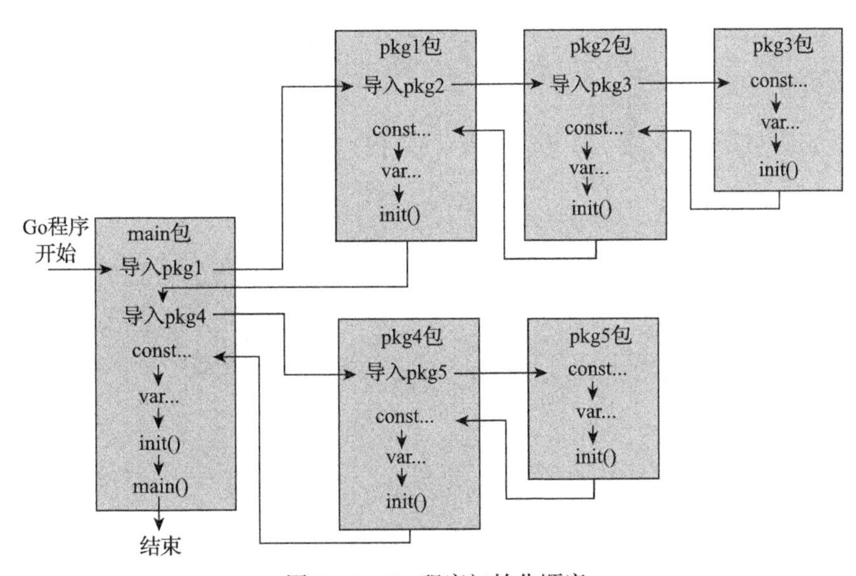

图 20-1 Go 程序初始化顺序

在图 20-1 中：

- main 包直接依赖 pkg1、pkg4 两个包；
- Go 运行时会根据包导入的顺序，先去初始化 main 包的第一个依赖包 pkg1；
- Go 运行时遵循“深度优先”原则查看到 pkg1 依赖 pkg2，于是 Go 运行时去初始化 pkg2；
- pkg2 依赖 pkg3，Go 运行时去初始化 pkg3；
- pkg3 没有依赖包，于是 Go 运行时在 pkg3 包中按照常量→变量→ init 函数的顺序进行初始化；
- pkg3 初始化完毕后，Go 运行时会回到 pkg2 并对 pkg2 进行初始化，之后再回到 pkg1 并对 pkg1 进行初始化；
- 在调用完 pkg1 的 init 函数后，Go 运行时完成 main 包的第一个依赖包 pkg1 的初始化；
- Go 运行时接下来会初始化 main 包的第二个依赖包 pkg4；
- pkg4 的初始化过程与 pkg1 类似，也是先初始化其依赖包 pkg5，然后再初始化自身；
- 在 Go 运行时初始化完 pkg4 后，也就完成了对 main 包所有依赖包的初始化，接下来初始化 main 包自身；
- 在 main 包中，Go 运行时会按照常量→变量→ init 函数的顺序进行初始化，执行完这些初始化工作后才正式进入程序的入口函数 main 函数。

到这里，我们知道了 init 函数适合做包级数据的初始化及初始状态检查工作的前提条件是，**init 函数的执行顺位排在其所在包的包级变量之后。**

我们再通过代码示例来验证一下上述的程序启动初始化顺序。

示例程序的结构如下：

```
// chapter4/sources/package-init-order
```

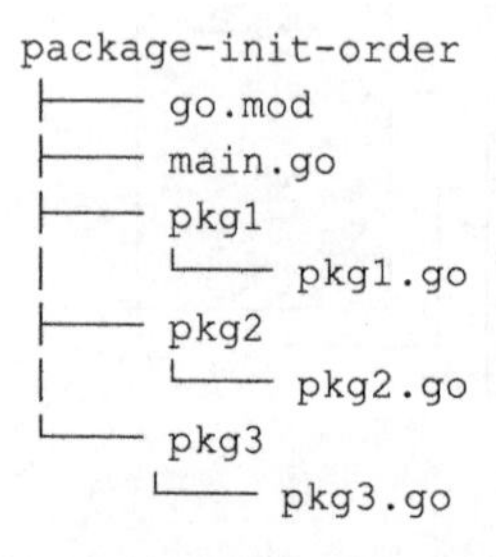

```
package-init-order
├── go.mod
├── main.go
├── pkg1
│   └── pkg1.go
├── pkg2
│   └── pkg2.go
└── pkg3
    └── pkg3.go
```

包的依赖关系是，main 包依赖 pkg1 和 pkg3，pkg1 依赖 pkg2。

由于篇幅所限，这里仅列出 main 包的代码（pkg1、pkg2 和 pkg3 包的代码与 main 包类似）：

```
// chapter4/sources/package-init-order/main.go

package main

import (
    "fmt"
```

```
    _ "github.com/bigwhite/package-init-order/pkg1"
    _ "github.com/bigwhite/package-init-order/pkg3"
)

var (
    _  = constInitCheck()
    v1 = variableInit("v1")
    v2 = variableInit("v2")
)

const (
    c1 = "c1"
    c2 = "c2"
)

func constInitCheck() string {
    if c1 != "" {
        fmt.Println("main: const c1 init")
    }
    if c1 != "" {
        fmt.Println("main: const c2 init")
    }
    return ""
}

func variableInit(name string) string {
    fmt.Printf("main: var %s init\n", name)
    return name
}

func init() {
    fmt.Println("main: init")
}

func main() {
    // ...
}
```

我们看到 main 包并未使用 pkg1 和 pkg3 中的函数或方法，而是直接通过包的空别名方式触发包 pkg1 和 pkg3 的初始化。下面是这个程序的运行结果：

```
$go run main.go
pkg2: const c init
pkg2: var v init
pkg2: init
pkg1: const c init
pkg1: var v init
pkg1: init
pkg3: const c init
pkg3: var v init
pkg3: init
main: const c1 init
main: const c2 init
```

```
main: var v1 init
main: var v2 init
main: init
```

正如我们预期的那样，Go 运行时按照 pkg2→pkg1→pkg3→main 的包顺序以及在包内常量→变量→init 函数的顺序进行初始化。

20.3 使用 init 函数检查包级变量的初始状态

init 函数就好比 Go 包真正投入使用之前的唯一“质检员”，负责对包内部以及暴露到外部的包级数据（主要是包级变量）的初始状态进行检查。在 Go 运行时和标准库中，我们能发现很多 init 检查包级变量的初始状态的例子。

1. 重置包级变量值

我们先看看标准库 flag 包的 init 函数：

```
// $GOROOT/src/flag/flag.go

func init() {
    CommandLine.Usage = commandLineUsage
}
```

CommandLine 是 flag 包的一个导出包级变量，它也是默认情况下（如果你没有新创建一个 FlagSet）代表命令行的变量，我们从其初始化表达式即可看出：

```
var CommandLine = NewFlagSet(os.Args[0], ExitOnError)
```

CommandLine 的 Usage 字段在 NewFlagSet 函数中被初始化为 FlagSet 实例（也就是 CommandLine）的方法值 defaultUsage。如果一直保持这样，那么使用 Flag 默认 CommandLine 的外部用户就无法自定义 usage 输出了。于是 flag 包在 init 函数中，将 ComandLine 的 Usage 字段设置为一个包内未导出函数 commandLineUsage，后者则直接使用了 flag 包的另一个导出包变量 Usage。这样就通过 init 函数将 CommandLine 与包变量 Usage 关联在一起了。在用户将自定义 usage 赋值给 Usage 后，就相当于改变了 CommandLine 变量的 Usage。

下面这个例子来自标准库的 context 包：

```
// $GOROOT/src/context/context.go

// closedchan是一个可重用的处于关闭状态的channel
var closedchan = make(chan struct{})

func init() {
    close(closedchan)
}
```

context 包在 cancelCtx 的 cancel 方法中需要一个可复用的、处于关闭状态的 channel，于是 context 包定义了一个未导出包级变量 closedchan 并对其进行了初始化。但初始化后的 closedchan

并不满足 context 包的要求，唯一能检查和更正其状态的地方就是 context 包的 init 函数，于是上面的代码在 init 函数中将 closedchan 关闭了。

2. 对包级变量进行初始化，保证其后续可用

有些包级变量的初始化过程较为复杂，简单的初始化表达式不能满足要求，而 init 函数则非常适合完成此项工作。标准库 regexp 包的 init 函数就负责完成对内部特殊字节数组的初始化，这个特殊字节数组被包内的 special 函数使用，用于判断某个字符是否需要转义：

```
//  $GOROOT/src/regexp/regexp.go

var specialBytes [16]byte

func special(b byte) bool {
    return b < utf8.RuneSelf && specialBytes[b%16]&(1<<(b/16)) != 0
}

func init() {
    for _, b := range []byte(`\.+*?()|[]{}^$`) {
        specialBytes[b%16] |= 1 << (b / 16)
    }
}
```

标准库 net 包在 init 函数中对 rfc6724policyTable 这个未导出包级变量进行反转排序：

```
// $GOROOT/src/net/addrselect.go
func init() {
    sort.Sort(sort.Reverse(byMaskLength(rfc6724policyTable)))
}
```

标准库 http 包则在 init 函数中根据环境变量 GODEBUG 的值对一些包级开关变量进行赋值：

```
// $GOROOT/src/net/http/h2_bundle.go
var (
    http2VerboseLogs    bool
    http2logFrameWrites bool
    http2logFrameReads  bool
    http2inTests        bool
)

func init() {
    e := os.Getenv("GODEBUG")
    if strings.Contains(e, "http2debug=1") {
        http2VerboseLogs = true
    }
    if strings.Contains(e, "http2debug=2") {
        http2VerboseLogs = true
        http2logFrameWrites = true
        http2logFrameReads = true
    }
}
```

3. init 函数中的注册模式

下面是使用 lib/pq 包[⊖]访问 PostgreSQL 数据库的一段代码示例：

```
import (
    "database/sql"
    _ "github.com/lib/pq"
)

func main() {
    db, err := sql.Open("postgres", "user=pqgotest dbname=pqgotest sslmode=verify-full")
    if err != nil {
        log.Fatal(err)
    }

    age := 21
    rows, err := db.Query("SELECT name FROM users WHERE age = $1", age)
    ...
}
```

对于初学 Go 的 Gopher 来说，这是一段神奇的代码，因为在以空别名方式导入 lib/pq 包后，main 函数中似乎并没有使用 pq 的任何变量、函数或方法。这段代码的奥秘全在 pq 包的 init 函数中：

```
// github.com/lib/pq/conn.go
...

func init() {
    sql.Register("postgres", &Driver{})
}
...
```

空别名方式导入 lib/pq 的副作用就是 Go 运行时会将 lib/pq 作为 main 包的依赖包并会初始化 pq 包，于是 pq 包的 init 函数得以执行。我们看到在 pq 包的 init 函数中，pq 包将自己实现的 SQL 驱动（driver）注册到 sql 包中。这样，只要应用层代码在打开数据库的时候传入驱动的名字（这里是 postgres)，通过 sql.Open 函数返回的数据库实例句柄对应的就是 pq 这个驱动的相应实现。

这种在 init 函数中注册自己的实现的模式降低了 Go 包对外的直接暴露，尤其是包级变量的暴露，避免了外部通过包级变量对包状态的改动。从 database/sql 的角度来看，这种注册模式实质是一种工厂设计模式的实现，sql.Open 函数就是该模式中的工厂方法，它根据外部传入的驱动名称生产出不同类别的数据库实例句柄。

这种注册模式在标准库的其他包中亦有广泛应用，比如，使用标准库 image 包获取各种格式的图片的宽和高：

```
// chapter4/sources/get_image_size.go
package main
```

⊖ PostgreSQL 数据库的 Go 驱动包 lib/pq：https://github.com/lib/pg。

```
import (
    "fmt"
    "image"
    _ "image/gif"
    _ "image/jpeg"
    _ "image/png"
    "os"
)

func main() {
    // 支持PNG、JPEG、GIF
    width, height, err := imageSize(os.Args[1])
    if err != nil {
        fmt.Println("get image size error:", err)
        return
    }
    fmt.Printf("image size: [%d, %d]\n", width, height)
}

func imageSize(imageFile string) (int, int, error) {
    f, _ := os.Open(imageFile)
    defer f.Close()

    img, _, err := image.Decode(f)
    if err != nil {
        return 0, 0, err
    }

    b := img.Bounds()
    return b.Max.X, b.Max.Y, nil
}
```

这个程序支持 PNG、JPEG 和 GIF 三种格式的图片，而达成这一目标正是因为 image/png、image/jpeg 和 image/gif 包在各自的 init 函数中将自己注册到 image 的支持格式列表中了：

```
// $GOROOT/src/image/png/reader.go
func init() {
    image.RegisterFormat("png", pngHeader, Decode, DecodeConfig)
}

// $GOROOT/src/image/jpeg/reader.go
func init() {
    image.RegisterFormat("jpeg", "\xff\xd8", Decode, DecodeConfig)
}

// $GOROOT/src/image/gif/reader.go
func init() {
    image.RegisterFormat("gif", "GIF8?a", Decode, DecodeConfig)
}
```

4. init 函数中检查失败的处理方法

init 函数是一个无参数、无返回值的函数，它的主要目的是保证其所在包在被正式使用之前的初始状态是有效的。一旦 init 函数在检查包数据初始状态时遇到失败或错误的情况（尽管极少出现），则说明对包的“质检”亮了红灯，如果让包“出厂”，那么只会导致更为严重的影响。因此，在这种情况下，快速失败是最佳选择。我们一般建议直接调用 panic 或者通过 log.Fatal 等函数记录异常日志，然后让程序快速退出。

小结

要深入理解 init 函数，记住本条介绍的几个要点即可。

- ❑ init 函数的几个特点：运行时调用、顺序、仅执行一次。
- ❑ Go 程序的初始化顺序。
- ❑ init 函数是包出厂前的唯一“质检员”。

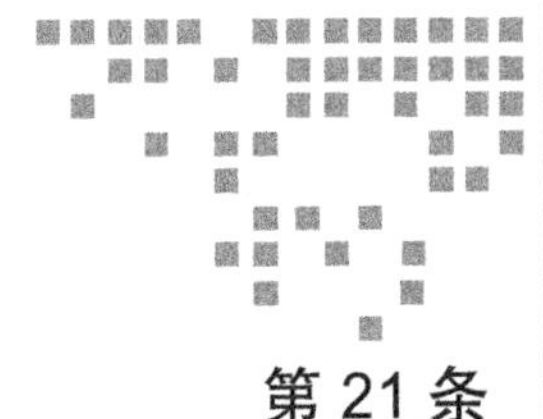

第21条 Suggestion 21

让自己习惯于函数是“一等公民”

作为现代编程语言的基本语法元素，函数存在于支持各种范式的主流编程语言当中。无论是命令式语言C、多范式通用编程语言C++，还是面向对象编程语言Java、Ruby，抑或函数式语言Haskell及动态脚本语言Python、PHP、JavaScript，函数这一语法元素都是当仁不让的核心。

Go语言以“成为新一代系统级语言”而生，但在演进过程中，逐渐演变成了面向并发、契合现代硬件发展趋势的通用编程语言。Go语言中没有那些典型的面向对象语言的语法，比如类、继承、对象等。Go语言中的方法（method）本质上是函数的一个变种。因此，在Go语言中，函数是唯一一种基于特定输入、实现特定任务并可反馈任务执行结果的代码块。**本质上，我们可以说Go程序就是一组函数的集合。**

Go语言的函数具有如下特点：

- 以func关键字开头；
- 支持多返回值；
- 支持具名返回值；
- 支持递归调用；
- 支持同类型的可变参数；
- 支持defer，实现函数优雅返回。

更为关键的是，函数在Go语言中属于**“一等公民”**。众所周知，并不是在所有编程语言中函数都是“一等公民”。在本条中，我们一起来看看“一等公民”函数有哪些特质可以帮助我们写出优雅、简洁的Go代码。

21.1 什么是“一等公民”

关于什么是编程语言的“一等公民”，业界并没有精准的定义。这里引用一下wiki发明人、

C2 站点作者 Ward Cunningham 对“一等公民”的诠释：

> 如果一门编程语言对某种语言元素的创建和使用没有限制，我们可以像对待值（value）一样对待这种语法元素，那么我们就称这种语法元素是这门编程语言的“一等公民”。拥有“一等公民”待遇的语法元素可以存储在变量中，可以作为参数传递给函数，可以在函数内部创建并可以作为返回值从函数返回。在动态类型语言中，语言运行时还支持对“一等公民”类型的检查。

基于上面关于“一等公民”的诠释，我们来看看 Go 语言的函数是如何满足上述条件而成为“一等公民”的。

（1）正常创建

我们可以在源码顶层正常创建一个函数，如下面的函数 newPrinter：

```
// $GOROOT/src/fmt/print.go
func newPrinter() *pp {
    p := ppFree.Get().(*pp)
    p.panicking = false
    p.erroring = false
    p.wrapErrs = false
    p.fmt.init(&p.buf)
    return p
}
```

（2）在函数内创建

在 Go 语言中，我们可以在函数内定义一个新函数，如下面代码中在 hexdumpWords 函数内部定义的匿名函数（被赋值给变量 p1）。在 C/C++ 中无法实现这一点，这也是 C/C++ 语言中函数不是“一等公民”的例证。

```
// $GOROOT/src/runtime/print.go
func hexdumpWords(p, end uintptr, mark func(uintptr) byte) {
    p1 := func(x uintptr) {
        var buf [2 * sys.PtrSize]byte
        for i := len(buf) - 1; i >= 0; i-- {
            if x&0xF < 10 {
                buf[i] = byte(x&0xF) + '0'
            } else {
                buf[i] = byte(x&0xF) - 10 + 'a'
            }
            x >>= 4
        }
        gwrite(buf[:])
    }
    ...
}
```

（3）作为类型

可以使用函数来自定义类型，如下面代码中的 HandlerFunc、visitFunc 和 action：

```
// $GOROOT/src/net/http/server.go
type HandlerFunc func(ResponseWriter, *Request)

// $GOROOT/src/sort/genzfunc.go
type visitFunc func(ast.Node) ast.Visitor

// codewalk: https://tip.golang.org/doc/codewalk/functions/
type action func(current score) (result score, turnIsOver bool)
```

（4）存储到变量中

可以将定义好的函数存储到一个变量中，如下面代码中的 apply：

```
// $GOROOT/src/runtime/vdso_linux.go
func vdsoParseSymbols(info *vdsoInfo, version int32) {
    ....
    apply := func(symIndex uint32, k vdsoSymbolKey) bool {
        sym := &info.symtab[symIndex]
        typ := _ELF_ST_TYPE(sym.st_info)
        bind := _ELF_ST_BIND(sym.st_info)

       ...

        *k.ptr = info.loadOffset + uintptr(sym.st_value)
        return true
    }
    ...
}
```

（5）作为参数传入函数

可以将函数作为参数传入函数，比如下面代码中函数 AfterFunc 的参数 f：

```
// $GOROOT/src/time/sleep.go

func AfterFunc(d Duration, f func()) *Timer {
    t := &Timer{
        r: runtimeTimer{
            when: when(d),
            f:    goFunc,
            arg:  f,
        },
    }
    startTimer(&t.r)
    return t
}
```

（6）作为返回值从函数返回

函数还可以被作为返回值从函数返回，如下面代码中函数 makeCutsetFunc 的返回值就是一个函数：

```
// $GOROOT/src/strings/strings.go
func makeCutsetFunc(cutset string) func(rune) bool {
    if len(cutset) == 1 && cutset[0] < utf8.RuneSelf {
```

```
        return func(r rune) bool {
            return r == rune(cutset[0])
        }
    }
    if as, isASCII := makeASCIISet(cutset); isASCII {
        return func(r rune) bool {
            return r < utf8.RuneSelf && as.contains(byte(r))
        }
    }
    return func(r rune) bool { return IndexRune(cutset, r) >= 0 }
}
```

我们看到，正如Ward Cunningham对“一等公民”的诠释，**Go中的函数可以像普通整型值那样被创建和使用。**

除了上面那些例子，函数还可以被放入数组、切片或map等结构中，可以像其他类型变量一样被赋值给interface{}，甚至我们可以建立元素为函数的channel，如下面的例子：

```
// chapter4/sources/function_as_first_class_citizen_1.go

type binaryCalcFunc func(int, int) int

func main() {
    var i interface{} = binaryCalcFunc(func(x, y int) int { return x + y })
    c := make(chan func(int, int) int, 10)
    fns := []binaryCalcFunc{
        func(x, y int) int { return x + y },
        func(x, y int) int { return x - y },
        func(x, y int) int { return x * y },
        func(x, y int) int { return x / y },
        func(x, y int) int { return x % y },
    }

    c <- func(x, y int) int {
        return x * y
    }

    fmt.Println(fns[0](5, 6))
    f := <-c
    fmt.Println(f(7, 10))
    v, ok := i.(binaryCalcFunc)
    if !ok {
        fmt.Println("type assertion error")
        return
    }

    fmt.Println(v(17, 7))
}
```

和C/C++这类语言的函数相比，作为“一等公民”的Go函数拥有难得的灵活性。接下来我们需要考虑如何使用Go函数才能发挥出它作为“一等公民”的最大效用。

21.2 函数作为“一等公民”的特殊运用

1. 像对整型变量那样对函数进行显式类型转换

Go 是类型安全的语言，不允许隐式类型转换，因此下面的代码是无法通过编译的：

```
var a int = 5
var b int32 = 6
fmt.Println(a + b) // 违法操作: a + b (不匹配的类型int和int32)
```

我们必须通过对上面的代码进行显式的类型转换才能通过编译器的检查：

```
var a int = 5
var b int32 = 6
fmt.Println(a + int(b)) // 正确: 输出11
```

函数是“一等公民”，对整型变量进行的操作也可以用在函数上，即函数也可以被显式类型转换，并且这样的类型转换在特定的领域具有奇妙的作用。最为典型的示例就是 http.HandlerFunc 这个类型，我们来看一下例子：

```
// chapter4/sources/function_as_first_class_citizen_2.go

func greeting(w http.ResponseWriter, r *http.Request) {
    fmt.Fprintf(w, "Welcome, Gopher!\n")
}

func main() {
    http.ListenAndServe(":8080", http.HandlerFunc(greeting))
}
```

上述代码是最为常见的一个用 Go 构建的 Web Server 的例子。其工作机制很简单，当用户通过浏览器或类似 curl 这样的命令行工具访问 Web Server 的 8080 端口时，会收到“Welcome, Gopher!”这行文字版应答。很多 Gopher 可能并未真正深入分析过这段代码，这里用到的正是函数作为“一等公民”的特性，我们来看一下。

先来看 ListenAndServe 的源码：

```
// $GOROOT/src/net/http/server.go
func ListenAndServe(addr string, handler Handler) error {
    server := &Server{Addr: addr, Handler: handler}
    return server.ListenAndServe()
}
```

ListenAndServe 会将来自客户端的 HTTP 请求交给其第二个参数 handler 处理，而这里 handler 参数的类型 http.Handler 接口如下：

```
// $GOROOT/src/net/http/server.go
type Handler interface {
    ServeHTTP(ResponseWriter, *Request)
}
```

该接口仅有一个方法 ServeHTTP，其原型为 func(http.ResponseWriter, *http.Request)。这与

我们自己定义的 HTTP 请求处理函数 greeting 的原型是一致的。但我们不能直接将 greeting 作为参数值传入，否则会报下面的错误：

```
func(http.ResponseWriter, *http.Request) does not implement http.Handler (missing
    ServeHTTP method)
```

即函数 greeting 并未实现接口 Handler 的方法，无法将其赋值给 Handler 类型的参数。

在代码中我们也并未直接将 greeting 传入 ListenAndServe，而是将 http.HandlerFunc(greeting) 作为参数传给了 ListenAndServe。我们来看看 http.HandlerFunc 是什么。

```
// $GOROOT/src/net/http/server.go

type HandlerFunc func(ResponseWriter, *Request)

// ServeHTTP调用f(w, r)
func (f HandlerFunc) ServeHTTP(w ResponseWriter, r *Request) {
    f(w, r)
}
```

HandlerFunc 其实就是一个基于函数定义的新类型，它的底层类型为 func(ResponseWriter, *Request)。该类型有一个方法 ServeHTTP，因而实现了 Handler 接口。也就是说，http.HandlerFunc(greeting) 这句代码的真正含义是将函数 greeting 显式转换为 HandlerFunc 类型，而后者实现了 Handler 接口，这样转型后的 greeting 就满足了 ListenAndServe 函数第二个参数的要求。

另外，之所以 http.HandlerFunc(greeting) 这条语句可以通过编译器检查，是因为 HandlerFunc 的底层类型是 func(ResponseWriter, *Request)，与 greeting 的原型是一致的。这和下面整型变量的转型原理并无二致：

```
type MyInt int
var x int = 5
y := MyInt(x) // MyInt的底层类型为int，类比 HandlerFunc的底层类型为func(ResponseWriter,
                 *Request)
```

为了充分理解这种显式类型转换的技巧，我们再来看一个简化后的例子：

```
// chapter4/sources/function_as_first_class_citizen_3.go

type BinaryAdder interface {
    Add(int, int) int
}

type MyAdderFunc func(int, int) int

func (f MyAdderFunc) Add(x, y int) int {
    return f(x, y)
}

func MyAdd(x, y int) int {
    return x + y
```

```
}

func main() {
    var i BinaryAdder = MyAdderFunc(MyAdd)
    fmt.Println(i.Add(5, 6))
}
```

和 Web Server 那个例子类似，我们想将 MyAdd 函数赋值给 BinaryAdder 接口。直接赋值是不行的，我们需要一个底层函数类型与 MyAdd 一致的自定义类型的显式转换，这个自定义类型就是 MyAdderFunc，该类型实现了 BinaryAdder 接口，这样在经过 MyAdderFunc 的显式类型转换后，MyAdd 被赋值给了 BinaryAdder 的变量 i。这样，通过 i 调用的 Add 方法实质上就是 MyAdd 函数。

2. 函数式编程

Go 语言演进至今，对多种编程范式或多或少都有支持，比如对函数式编程的支持，而这就得益于函数是“一等公民”的特质。虽然 Go 不推崇函数式编程，但有些时候局部应用函数式编程风格可以写出更优雅、更简洁、更易维护的代码。

（1）柯里化函数

我们先来看一种函数式编程的典型应用：函数柯里化（currying）。在计算机科学中，柯里化是把接受多个参数的函数变换成接受一个单一参数（原函数的第一个参数）的函数，并返回接受余下的参数和返回结果的新函数的技术。这个技术以逻辑学家 Haskell Curry 命名。

这个定义有些拗口难懂，我们来看一个用 Go 编写的柯里化函数的例子：

```
// chapter4/sources/function_as_first_class_citizen_4.go
package main

import "fmt"

func times(x, y int) int {
    return x * y
}

func partialTimes(x int) func(int) int {
    return func(y int) int {
        return times(x, y)
    }
}

func main() {
    timesTwo := partialTimes(2)
    timesThree := partialTimes(3)
    timesFour := partialTimes(4)
    fmt.Println(timesTwo(5))
    fmt.Println(timesThree(5))
    fmt.Println(timesFour(5))
}
```

运行这个例子：

```
$ go run function_as_first_class_citizen_4.go
10
15
20
```

这里的柯里化是指将原来接受两个参数的函数 times 转换为接受一个参数的函数 partialTimes 的过程。通过 partialTimes 函数构造的 timesTwo 将输入参数扩大为原先的 2 倍、timesThree 将输入参数扩大为原先的 3 倍，以此类堆。

这个例子利用了函数的两点性质：在函数中定义，通过返回值返回；闭包。

闭包前面没有提到，它是 Go 函数支持的另一个特性。**闭包是在函数内部定义的匿名函数，并且允许该匿名函数访问定义它的外部函数的作用域**。本质上，闭包是将函数内部和函数外部连接起来的桥梁。

以上述示例来说，partialTimes 内部定义的匿名函数就是一个闭包，该匿名函数访问了其外部函数 partialTimes 的变量 x。这样当调用 partialTimes(2) 时，partialTimes 实际上返回一个调用 times(2, y) 的函数：

```
timesTwo = func(y int) int {
    return times(2, y)
}
```

（2）函子

函数式编程范式最让人望而却步的就是需要了解一些抽象概念，比如上面的柯里化、这里的函子（functor）。什么是函子呢？具体来说，函子需要满足两个条件：

- 函子本身是一个容器类型，以 Go 语言为例，这个容器可以是切片、map 甚至 channel；
- 该容器类型需要实现一个方法，该方法接受一个函数类型参数，并在容器的每个元素上应用那个函数，得到一个新函子，原函子容器内部的元素值不受影响。

我们还是用一个具体的示例来直观看一下：

```
// chapter4/sources/function_as_first_class_citizen_5.go

type IntSliceFunctor interface {
    Fmap(fn func(int) int) IntSliceFunctor
}

type intSliceFunctorImpl struct {
    ints []int
}

func (isf intSliceFunctorImpl) Fmap(fn func(int) int) IntSliceFunctor {
    newInts := make([]int, len(isf.ints))
    for i, elt := range isf.ints {
        retInt := fn(elt)
        newInts[i] = retInt
    }
    return intSliceFunctorImpl{ints: newInts}
}
```

```
func NewIntSliceFunctor(slice []int) IntSliceFunctor {
    return intSliceFunctorImpl{ints: slice}
}

func main() {
    // 原切片
    intSlice := []int{1, 2, 3, 4}
    fmt.Printf("init a functor from int slice: %#v\n", intSlice)
    f := NewIntSliceFunctor(intSlice)
    fmt.Printf("original functor: %+v\n", f)

    mapperFunc1 := func(i int) int {
        return i + 10
    }

    mapped1 := f.Fmap(mapperFunc1)
    fmt.Printf("mapped functor1: %+v\n", mapped1)

    mapperFunc2 := func(i int) int {
        return i * 3
    }
    mapped2 := mapped1.Fmap(mapperFunc2)
    fmt.Printf("mapped functor2: %+v\n", mapped2)
    fmt.Printf("original functor: %+v\n", f) // 原函子没有改变
    fmt.Printf("composite functor: %+v\n", f.Fmap(mapperFunc1).Fmap(mapperFunc2))
}
```

运行这段代码：

```
$ go run function_as_first_class_citizen_5.go
init a functor from int slice: []int{1, 2, 3, 4}
original functor: {ints:[1 2 3 4]}
mapped functor1: {ints:[11 12 13 14]}
mapped functor2: {ints:[33 36 39 42]}
original functor: {ints:[1 2 3 4]}
composite functor: {ints:[33 36 39 42]}
```

这段代码的具体逻辑如下。

- 定义了一个 intSliceFunctorImpl 类型，用来作为函子的载体。
- 我们把函子要实现的方法命名为 Fmap，intSliceFunctorImpl 类型实现了该方法。该方法也是 IntSliceFunctor 接口的唯一方法。可以看到在这个代码中，真正的函子其实是 IntSliceFunctor，这符合 Go 的惯用法。
- 我们定义了创建 IntSliceFunctor 的函数 NewIntSliceFunctor。通过该函数以及一个初始切片，我们可以实例化一个函子。
- 我们在 main 中定义了两个转换函数，并将这两个函数应用到上述函子实例。得到的新函子的内部容器元素值是原容器的元素值经由转换函数转换后得到的。
- 最后，我们还可以对最初的函子实例连续（组合）应用转换函数，这让我们想到了数学课程中的函数组合。

❑ 无论如何应用转换函数，原函子中容器内的元素值不受影响。

函子非常适合用来对容器集合元素进行批量同构处理，而且代码也比每次都对容器中的元素进行循环处理要优雅、简洁许多。但要想在 Go 中发挥函子的最大效能，还需要 Go 对泛型提供支持，否则我们就需要为每一种容器类型都实现一套对应的 Functor 机制。比如上面的示例仅支持元素类型为 int 的切片，如果元素类型换为 string，或者元素类型依然为 int 但容器类型换为 map，我们还需要分别为之编写新的配套代码。

（3）延续传递式

函数式编程离不开递归，以求阶乘函数为例，我们可以轻易用递归方法写出一个实现：

```
// chapter4/sources/function_as_first_class_citizen_6.go
func factorial(n int) int {
    if n == 1 {
        return 1
    } else {
        return n * factorial(n-1)
    }
}

func main() {
    fmt.Printf("%d\n", factorial(5))
}
```

这是一个非常常规的求阶乘的实现思路，但并未应用到函数作为“一等公民”的任何特质。函数式编程有一种被称为延续传递式（Continuation-passing Style，CPS）的编程风格可以充分运用函数作为“一等公民”的特质。

在 CPS 风格中，函数是不允许有返回值的。一个函数 A 应该将其想返回的值显式传给一个 continuation 函数（一般接受一个参数），而这个 continuation 函数自身是函数 A 的一个参数。概念太过抽象，我们用一个简单的例子来说明。下面的 Max 函数的功能是返回两个参数值中较大的那个：

```
// chapter4/sources/function_as_first_class_citizen_7.go

func Max(n int, m int) int {
    if n > m {
        return n
    } else {
        return m
    }
}

func main() {
    fmt.Printf("%d\n", Max(5, 6))
}
```

我们把 Max 函数看作上面定义中的 A 函数在 CPS 化之前的状态。根据 CPS 的定义将其转换为 CPS 风格。

1）去掉 Max 函数的返回值，并为其添加一个函数类型的参数 f（这个 f 就是定义中的

continuation 函数）：

```
func Max(n int, m int, f func(int))
```

2）将返回结果传给 continuation 函数，即把 return 语句替换为对 f 函数的调用：

```
func Max(n int, m int, f func(int)) {
    if n > m {
        f(n)
    } else {
        f(m)
    }
}
```

转换后的完整代码如下：

```
// chapter4/sources/function_as_first_class_citizen_8.go

func Max(n int, m int, f func(y int)) {
    if n > m {
        f(n)
    } else {
        f(m)
    }
}

func main() {
    Max(5, 6, func(y int) { fmt.Printf("%d\n", y) })
}
```

接下来，使用同样的方法将上面的阶乘实现转换为 CPS 风格。

1）去掉 factorial 函数的返回值，并为其添加一个函数类型的参数 f（这个 f 也就是 CPS 定义中的 continuation 函数）：

```
func factorial(n int, f func(y int))
```

2）将 factorial 实现中的返回结果传给 continuation 函数，即把 return 语句替换为对 f 函数的调用：

```
func factorial(n int, f func(int)) {
    if n == 1 {
        f(n)
    } else {
        factorial(n-1, func(y int) { f(n * y) })
    }
}
```

由于原 else 分支有递归，因此我们需要把未完成的计算过程封装为一个新函数 f'，作为 factorial 递归调用的第二个参数。f' 的参数 y 即为原 factorial(n-1) 的计算结果，而 n * y 是要传递给 f 的，于是 f' 这个函数的定义就为：func(y int) { f(n * y) }。

转换为 CPS 风格后的阶乘函数的完整代码如下：

```
// chapter4/sources/function_as_first_class_citizen_9.go

func factorial(n int, f func(int)) {
    if n == 1 {
        f(1) // 基本情况
    } else {
        factorial(n-1, func(y int) { f(n * y) })
    }
}

func main() {
    factorial(5, func(y int) { fmt.Printf("%d\n", y) })
}
```

下面简单解析一下上述实例代码的执行过程（用伪代码阐释）：

```
f1 = func(y int) { fmt.Printf("%v\n", y)
factorial(5, f1)

f2 = func(y int) {f1(5 * y)}
factorial(4, f2)

f3 = func(y int) {f2(4 * y)}
factorial(3, f3)

f4 = func(y int) {f3(3 * y)}
factorial(2, f4)

f5 = func(y int) {f4(2 * y)}
factorial(1, f5)

f5(1)

=>

f5(1)
= f4(2 * 1)
= f3(3 * 2 * 1)
= f2(4 * 3 * 2 * 1)
= f1(5 * 4 * 3 * 2 * 1)
= 120
```

读到这里，很多朋友可能会提出心中的疑问：这种 CPS 风格虽然利用了函数作为“一等公民”的特质，但是其代码理解起来颇为困难，这种风格真的好吗？朋友们的担心是有道理的。这里对 CPS 风格的讲解其实是一个反例，目的就是告诉大家，尽管作为“一等公民”的函数给 Go 带来了强大的表达能力，但是如果选择了不适合的风格或者为了函数式而进行函数式编程，那么就会出现代码难于理解且代码执行效率不高的情况（CPS 需要语言支持尾递归优化，但 Go 目前并不支持）。

小结

成为“一等公民”的函数极大增强了 Go 语言的表现力，我们可以像对待值变量那样对待函数，上述函数编程思想的运用就得益于此。

让自己习惯于函数是“一等公民”，请牢记本条要点：

- Go 函数可以像变量值那样被赋值给变量、作为参数传递、作为返回值返回和在函数内部创建等；
- 函数可以像变量那样被显式类型转换；
- 基于函数特质，了解 Go 中的几种有用的函数式编程风格，如柯里化、函子等；
- 不要为了符合特定风格而滥用函数特质。

Suggestion 22 第22条

使用defer让函数更简洁、更健壮

日常开发中，我们经常会编写类似这样的代码：

```
// chapter4/sources/deferred_func_1.go

func writeToFile(fname string, data []byte, mu *sync.Mutex) error {
    mu.Lock()
    f, err := os.OpenFile(fname, os.O_RDWR, 0666)
    if err != nil {
        mu.Unlock()
        return err
    }

    _, err = f.Seek(0, 2)
    if err != nil {
        f.Close()
        mu.Unlock()
        return err
    }

    _, err = f.Write(data)
    if err != nil {
        f.Close()
        mu.Unlock()
        return err
    }

    err = f.Sync()
    if err != nil {
        f.Close()
        mu.Unlock()
        return err
    }
```

```
    err = f.Close()
    if err != nil {
        mu.Unlock()
        return err
    }

    mu.Unlock()
    return nil
}
```

这类代码的特点是，在函数中会申请一些资源并在函数退出前释放或关闭这些资源，比如这里的文件描述符 f 和互斥锁 mu。函数的实现需要确保这些资源在函数退出时被及时正确地释放，无论函数的执行流是按预期顺利进行还是出现错误提前退出。为此，开发人员需对函数中的错误处理尤为关注，在错误处理时不能遗漏对资源的释放，尤其是有多个资源需要释放的时候（就像上面示例那样），这**大大增加了开发人员的心智负担**。此外，当待释放的资源个数较多时，代码逻辑将变得十分复杂，程序可读性、健壮性也随之下降。但即便如此，如果函数实现中的某段代码逻辑抛出 panic，传统的错误处理机制依然没有办法捕获它并尝试从 panic 中恢复。

解决上面提到的这些问题正是 Go 语言引入 defer 的初衷。

22.1　defer 的运作机制

defer 的运作离不开函数，这至少有两层含义：

- 在 Go 中，只有在函数和方法内部才能使用 defer；
- defer 关键字后面只能接函数或方法，这些函数被称为 deferred 函数。defer 将它们注册到其所在 goroutine 用于存放 deferred 函数的栈数据结构中，这些 deferred 函数将在执行 defer 的函数退出前被按后进先出（LIFO）的顺序调度执行（见图 22-1）。

无论是执行到函数体尾部返回，还是在某个错误处理分支显式调用 return 返回，抑或出现 panic，已经存储到 deferred 函数栈中的函数都会被调度执行。因此，deferred 函数是一个在任何情况下都可以为函数进行**收尾工作**的好场合。

我们回到本条开头的例子，把收尾工作挪到 deferred 函数中，变更后的代码如下：

```
// chapter4/sources/deferred_func_2.go(这里仅列出writeToFile变更后的代码)
func writeToFile(fname string, data []byte, mu *sync.Mutex) error {
    mu.Lock()
    defer mu.Unlock()
    f, err := os.OpenFile(fname, os.O_RDWR, 0666)
    if err != nil {
        return err
    }
    defer f.Close()

    _, err = f.Seek(0, 2)
    if err != nil {
        return err
```

```
    }

    _, err = f.Write(data)
    if err != nil {
        return err
    }

    return f.Sync()
}
```

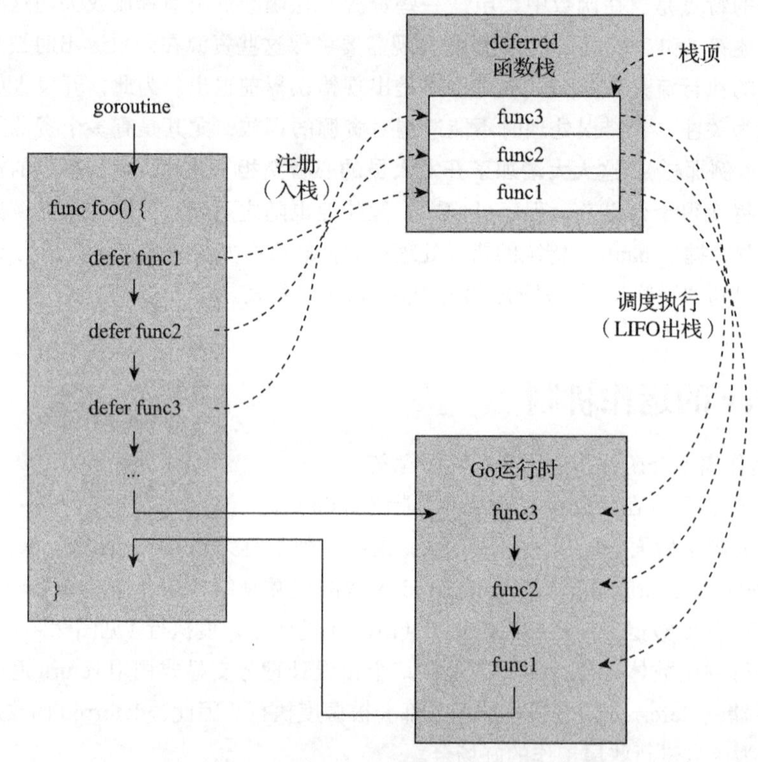

图 22-1 deferred 函数的存储与调度执行

我们看到，defer 的使用对函数 writeToFile 的实现逻辑的简化是显而易见的，资源释放函数的 defer 注册动作紧邻着资源申请成功的动作。这样成对出现的惯例极大降低了遗漏资源释放的可能性，开发人员再也不用小心翼翼地在每个错误处理分支中检查是否遗漏了某个资源的释放动作。同时，代码的简化又意味代码可读性的提高以及健壮性的增强。

22.2 defer 的常见用法

除了释放资源这个最基本、最常见的用法之外，defer 的运作机制决定了它还可以在其他一些场合发挥作用，这些用法在 Go 标准库中均有体现。

1. 拦截 panic

在 22.1 节中我们提到过，defer 的运行机制决定了无论函数是执行到函数体末尾正常返回，还是在函数体中的某个错误处理分支显式调用 return 返回，抑或函数体内部出现 panic，已经注册了的 deferred 函数都会被调度执行。因此，defer 的第二个重要用途就是拦截 panic，并按需要对 panic 进行处理，可以尝试从 panic 中恢复（这也是 Go 语言中唯一的从 panic 中恢复的手段），也可以如下面标准库代码中这样触发一个新 panic，但为新 panic 传一个新的 error 值：

```
// $GOROOT/src/bytes/buffer.go
func makeSlice(n int) []byte {
    // If the make fails, give a known error.
    defer func() {
        if recover() != nil {
            panic(ErrTooLarge) // 触发一个新panic
        }
    }()
    return make([]byte, n)
}
```

下面的代码则通过 deferred 函数拦截 panic 并恢复了程序的运行：

```
// chapter4/sources/deferred_func_3.go

func bar() {
    fmt.Println("raise a panic")
    panic(-1)
}

func foo() {
    defer func() {
        if e := recover(); e != nil {
            fmt.Println("recovered from a panic")
        }
    }()
    bar()
}

func main() {
    foo()
    fmt.Println("main exit normally")
}

$ go run deferred_func_3.go
raise a panic
recovered from a panic
main exit normally
```

deferred 函数在出现 panic 的情况下依旧能够被调度执行，这一特性让下面两个看似行为等价的函数在程序触发 panic 的时候得到不同的执行结果：

```
var mu sync.Mutex

func f() {
```

```
    mu.Lock()
    defer mu.Unlock()
    bizOperation()
}

func g() {
    mu.Lock()
    bizOperation()
    mu.Unlock()
}
```

当函数 bizOperation 抛出 panic 时，函数 g 无法释放 mutex，而函数 f 则可以通过 deferred 函数释放 mutex，让后续函数依旧可以申请 mutex 资源。

deferred 函数虽然可以拦截绝大部分的 panic，但无法拦截并恢复一些运行时之外的致命问题。比如下面代码中通过 C 代码“制造”的崩溃，deferred 函数便无能为力：

```
// chapter4/sources/deferred_func_4.go
package main

//#include <stdio.h>
//void crash() {
//    int *q = NULL;
//    (*q) = 15000;
//    printf("%d\n", *q);
//}
import "C"

import (
    "fmt"
)

func bar() {
    C.crash()
}

func foo() {
    defer func() {
        if e := recover(); e != nil {
            fmt.Println("recovered from a panic:", e)
        }
    }()
    bar()
}

func main() {
    foo()
    fmt.Println("main exit normally")
}
```

执行这段代码我们就会看到，虽然有 deferred 函数拦截，但程序仍然崩溃了：

```
$ go run deferred_func_4.go
SIGILL: illegal instruction
```

```
PC=0x409a7f4 m=0 sigcode=1

goroutine 0 [idle]:
runtime: unknown pc 0x409a7f4
...
```

2. 修改函数的具名返回值

下面是 Go 标准库中通过 deferred 函数访问函数具名返回值变量的两个例子：

```
// $GOROOT/src/fmt/scan.go
func (s *ss) Token(skipSpace bool, f func(rune) bool) (tok []byte, err error) {
    defer func() {
        if e := recover(); e != nil {
            if se, ok := e.(scanError); ok {
                err = se.err
            } else {
                panic(e)
            }
        }
    }()
...
}

// $GOROOT/SRC/net/ipsock_plan9.go
func dialPlan9(ctx context.Context, net string, laddr, raddr Addr) (fd *netFD, err
    error) {
    defer func() { fixErr(err) }()
    ...
}
```

我们也来写一个更直观的示例：

```
// chapter4/sources/deferred_func_5.go

func foo(a, b int) (x, y int) {
    defer func() {
        x = x * 5
        y = y * 10
    }()

    x = a + 5
    y = b + 6
    return
}

func main() {
    x, y := foo(1, 2)
    fmt.Println("x=", x, "y=", y)
}
```

运行这个程序：

```
$ go run deferred_func_5.go
x= 30 y= 80
```

我们看到deferred函数在foo真正将执行权返回给main函数之前，将foo的两个返回值x和y分别放大了5倍和10倍。

3. 输出调试信息

deferred函数被注册及调度执行的时间点使得它十分适合用来输出一些调试信息。比如，Go标准库中net包中的hostLookupOrder方法就使用deferred函数在特定日志级别下输出一些日志以便于程序调试和跟踪。

```
// $GOROOT/src/net/conf.go

func (c *conf) hostLookupOrder(r *Resolver, hostname string) (ret hostLookupOrder) {
    if c.dnsDebugLevel > 1 {
        defer func() {
            print("go package net: hostLookupOrder(", hostname, ") = ", ret.
                String(), "\n")
        }()
    }
    ...
}
```

更为典型的莫过于在出入函数时打印留痕日志（一般在调试日志级别下），这里摘录Go官方参考文档中的一个实现：

```
func trace(s string) string {
    fmt.Println("entering:", s)
    return s
}

func un(s string) {
    fmt.Println("leaving:", s)
}

func a() {
    defer un(trace("a"))
    fmt.Println("in a")
}

func b() {
    defer un(trace("b"))
    fmt.Println("in b")
    a()
}

func main() {
    b()
}
```

运行该示例，我们将得到如下结果：

```
entering: b
in b
entering: a
```

```
in a
leaving: a
leaving: b
```

4. 还原变量旧值

defer 还有一种比较小众的用法，这个用法依旧来自 Go 标准库源码。在 syscall 包下有这样一段代码：

```
// $GOROOT/src/syscall/fs_nacl.go
func init() {
    oldFsinit := fsinit
    defer func() { fsinit = oldFsinit }()
    fsinit = func() {}
    Mkdir("/dev", 0555)
    Mkdir("/tmp", 0777)
    mkdev("/dev/null", 0666, openNull)
    mkdev("/dev/random", 0444, openRandom)
    mkdev("/dev/urandom", 0444, openRandom)
    mkdev("/dev/zero", 0666, openZero)
    chdirEnv()
}
```

这段代码的作者利用了 deferred 函数对变量的旧值进行还原：先将 fsinit 存储在局部变量 oldFsinit 中，然后在 deferred 函数中将 fsinit 的值重新置为存储在 oldFsinit 中的旧值。

22.3　关于 defer 的几个关键问题

绝大多数 Gopher 喜欢使用 defer，因为它让函数变得简洁且健壮。但“工欲善其事，必先利其器”，要想用 defer，就需要提前了解几个关于 defer 的关键问题，以避免掉进一些不必要的“坑”。

1. 明确哪些函数可以作为 deferred 函数

对于自定义的函数或方法，defer 可以给予无条件的支持，但是对于有返回值的自定义函数或方法，返回值会在 deferred 函数被调度执行的时候被自动丢弃。

Go 语言中除了有自定义的函数或方法，还有内置函数。下面是 Go 语言内置函数的完整列表：

```
append cap close complex copy delete imag len
make new panic print println real recover
```

内置函数是否都能作为 deferred 函数呢？我们看看下面的示例：

```
// chapter4/sources/deferred_func_6.go

func bar() (int, int) {
    return 1, 2
}
```

```
func foo() {
    var c chan int
    var sl []int
    var m = make(map[string]int, 10)
    m["item1"] = 1
    m["item2"] = 2
    var a = complex(1.0, -1.4)

    var sl1 []int

    defer bar()
    defer append(sl, 11)
    defer cap(sl)
    defer close(c)
    defer complex(2, -2)
    defer copy(sl1, sl)
    defer delete(m, "item2")
    defer imag(a)
    defer len(sl)
    defer make([]int, 10)
    defer new(*int)
    defer panic(1)
    defer print("hello, defer\n")
    defer println("hello, defer")
    defer real(a)
    defer recover()
}

func main() {
    foo()
}
```

运行该示例：

```
$go run deferred_func_6.go
./deferred_func_6.go:22:2: defer discards result of append(sl, 11)
./deferred_func_6.go:23:2: defer discards result of cap(sl)
./deferred_func_6.go:25:2: defer discards result of complex(2, -2)
./deferred_func_6.go:28:2: defer discards result of imag(a)
./deferred_func_6.go:29:2: defer discards result of len(sl)
./deferred_func_6.go:30:2: defer discards result of make([]int, 10)
./deferred_func_6.go:31:2: defer discards result of new(*int)
./deferred_func_6.go:35:2: defer discards result of real(a)
```

Go 编译器给出了一组错误提示！从中我们看到，append、cap、len、make、new 等内置函数是不可以直接作为 deferred 函数的，而 close、copy、delete、print、recover 等可以。

对于那些不能直接作为 deferred 函数的内置函数，我们可以使用一个包裹它的匿名函数来间接满足要求。以 append 为例：

```
defer func() {
    _ = append(sl, 11)
}()
```

但这么做有什么实际意义需要开发者自己把握。

2. 把握好 defer 关键字后表达式的求值时机

牢记一点，**defer 关键字后面的表达式是在将 deferred 函数注册到 deferred 函数栈的时候进行求值的。**

下面用一个典型的例子来说明 defer 关键字后表达式的求值时机：

```
// chapter4/sources/deferred_func_7.go

func foo1() {
    for i := 0; i <= 3; i++ {
        defer fmt.Println(i)
    }
}

func foo2() {
    for i := 0; i <= 3; i++ {
        defer func(n int) {
                fmt.Println(n)
        }(i)
    }
}

func foo3() {
    for i := 0; i <= 3; i++ {
        defer func() {
            fmt.Println(i)
        }()
    }
}

func main() {
    fmt.Println("foo1 result:")
    foo1()
    fmt.Println("\nfoo2 result:")
    foo2()
    fmt.Println("\nfoo3 result:")
    foo3()
}
```

我们逐一分析 foo1、foo2 和 foo3 中 defer 关键字后的表达式的求值时机：

在 foo1 中，defer 后面直接接的是 fmt.Println 函数，每当 defer 将 fmt.Println 注册到 deferred 函数栈的时候，都会对 Println 后面的参数进行求值。根据上述代码逻辑，依次压入 deferred 函数栈的函数是：

```
fmt.Println(0)
fmt.Println(1)
fmt.Println(2)
fmt.Println(3)
```

因此，在 foo1 返回后，deferred 函数被调度执行时，上述压入栈的 deferred 函数将以 LIFO

次序出栈执行，因此输出的结果为：

```
3
2
1
0
```

在 foo2 中，defer 后面接的是一个带有一个参数的匿名函数。每当 defer 将匿名函数注册到 deferred 函数栈的时候，都会对该匿名函数的参数进行求值。根据上述代码逻辑，依次压入 deferred 函数栈的函数是：

```
func(0)
func(1)
func(2)
func(3)
```

因此，在 foo2 返回后，deferred 函数被调度执行时，上述压入栈的 deferred 函数将以 LIFO 次序出栈执行，因此输出的结果为：

```
3
2
1
0
```

在 foo3 中，defer 后面接的是一个不带参数的匿名函数。根据上述代码逻辑，依次压入 deferred 函数栈的函数是：

```
func()
func()
func()
func()
```

因此，在 foo3 返回后，deferred 函数被调度执行时，上述压入栈的 deferred 函数将以 LIFO 次序出栈执行。匿名函数以闭包的方式访问外围函数的变量 i，并通过 Println 输出 i 的值，此时 i 的值为 4，因此 foo3 的输出结果为：

```
4
4
4
4
```

鉴于 defer 表达式求值时机十分重要，我们再来看一个例子：

```
// chapter4/sources/deferred_func_8.go

func foo1() {
    sl := []int{1, 2, 3}
    defer func(a []int) {
        fmt.Println(a)
    }(sl)

    sl = []int{3, 2, 1}
```

```
        _ = sl
    }

    func foo2() {
        sl := []int{1, 2, 3}
        defer func(p *[]int) {
            fmt.Println(*p)
        }(&sl)

        sl = []int{3, 2, 1}
        _ = sl
    }

    func main() {
        foo1()
        foo2()
    }
```

我们分别分析一下这个示例中的foo1、foo2函数。

在foo1中，defer后面的匿名函数接收一个切片类型参数，当defer将该匿名函数注册到deferred函数栈的时候，会对它的参数进行求值，此时传入的变量sl的值为[]int{1, 2, 3}，因此压入deferred函数栈的函数是：

```
func([]int{1,2,3})
```

之后虽然sl被重新赋值，但是在foo1返回后，deferred函数被调度执行时，deferred函数的参数值依然为[]int{1, 2, 3}，因此foo1输出的结果为[1 2 3]。

在foo2中，defer后面的匿名函数接收一个切片指针类型参数，当defer将该匿名函数注册到deferred函数栈的时候，会对它的参数进行求值，此时传入的参数为变量sl的地址，因此压入deferred函数栈的函数是：

```
func(&sl)
```

之后虽然sl被重新赋值，但是在foo2返回后，deferred函数被调度执行时，deferred函数的参数值依然为sl的地址，而此时sl的值已经变为[]int{3, 2, 1}，因此foo2输出的结果为[3 2 1]。

3. 知晓defer带来的性能损耗

defer让进行资源释放（如文件描述符、锁）的过程变得优雅很多，也不易出错。但在性能敏感的程序中，defer带来的性能负担也是Gopher必须知晓和权衡的。

我们用一个性能基准测试（benchmark）来直观地看看defer究竟会带来多少性能损耗：

```
// chapter4/sources/defer_perf_benchmark_1_test.go
package defer_test

import "testing"

func sum(max int) int {
    total := 0
    for i := 0; i < max; i++ {
```

```
        total += i
    }

    return total
}

func fooWithDefer() {
    defer func() {
        sum(10)
    }()
}

func fooWithoutDefer() {
    sum(10)
}

func BenchmarkFooWithDefer(b *testing.B) {
    for i := 0; i < b.N; i++ {
        fooWithDefer()
    }
}
func BenchmarkFooWithoutDefer(b *testing.B) {
    for i := 0; i < b.N; i++ {
        fooWithoutDefer()
    }
}
```

运行该性能基准测试，得到如下结果：

```
// Go 1.12
$ go test -bench . defer_perf_benchmark_1_test.go
goos: darwin
goarch: amd64
BenchmarkFooWithDefer-8          34581608           31.6 ns/op
BenchmarkFooWithoutDefer-8       248793603          4.83 ns/op
PASS
ok    command-line-arguments     2.830s
```

从基准测试结果中我们可以清晰地看到，使用 defer 的函数的执行时间是没有使用 defer 的函数的 7 倍左右。

在 Go 1.13 中，Go 核心团队对 defer 性能做了大幅优化，官方声称在大多数情况下，defer 性能提升了 30%。但笔者的实测结果是 defer 性能的确有提升，但远没有达到 30%。而在 Go 1.14 版本中，defer 性能提升巨大，已经和不用 defer 的性能相差很小了：

```
// Go 1.14
$go test -bench . defer_perf_benchmark_1_test.go
goos: darwin
goarch: amd64
BenchmarkFooWithDefer-8          161184176          7.47 ns/op
BenchmarkFooWithoutDefer-8       228358987          5.27 ns/op
PASS
ok    command-line-arguments     3.697s
```

小结

在多数情况下，我们的程序对性能并不太敏感，笔者建议尽量使用 defer。defer 让资源释放变得优雅且不易出错，简化了函数实现逻辑，提高了代码可读性，让函数实现变得更加健壮。

本条要点：

- 理解 defer 的运作机制，即 deferred 函数注册与调度执行；
- 了解 defer 的常见用法；
- 了解关于 defer 使用的几个关键问题，避免入“坑”。

Suggestion 23 第 23 条

理解方法的本质以选择正确的 receiver 类型

Go 语言虽然不支持经典的面向对象语法元素，比如类、对象、继承等，但 Go 语言也有方法。和函数相比，Go 语言中的方法在声明形式上仅仅多了一个参数，Go 称之为 **receiver 参数**。receiver 参数是方法与类型之间的纽带。

Go 方法的一般声明形式如下：

```
func (receiver T/*T) MethodName(参数列表) (返回值列表) {
    // 方法体
}
```

上面方法声明中的 T 称为 receiver 的基类型。通过 receiver，上述方法被绑定到类型 T 上。换句话说，上述方法是类型 T 的一个方法，我们可以通过类型 T 或 *T 的实例调用该方法，如下面的伪代码所示：

```
var t T
t.MethodName(参数列表)

var pt *T = &t
pt.MethodName(参数列表)
```

Go 方法具有如下特点。

1）方法名的首字母是否大写决定了该方法是不是导出方法。

2）方法定义要与类型定义放在同一个包内。由此我们可以推出：**不能为原生类型（如 int、float64、map 等）添加方法，只能为自定义类型定义方法**（示例代码如下）。

```
// 错误的做法
func (i int) String() string { // 编译器错误：cannot define new methods on non-
                                  local type int
    return fmt.Sprintf("%d", i)
```

```
}

// 正确的做法
type MyInt int

func (i MyInt) String() string {
    return fmt.Sprintf("%d", int(i))
}
```

同理，可以推出：**不能横跨 Go 包为其他包内的自定义类型定义方法。**

3）每个方法只能有一个 receiver 参数，不支持多 receiver 参数列表或变长 receiver 参数。一个方法只能绑定一个基类型，Go 语言不支持同时绑定多个类型的方法。

4）receiver 参数的基类型本身不能是指针类型或接口类型，下面的示例展示了这点：

```
type MyInt *int
func (r MyInt) String() string { // 编译器错误：invalid receiver type MyInt (MyInt
                                    is a pointer type)
    return fmt.Sprintf("%d", *(*int)(r))
}

type MyReader io.Reader
func (r MyReader) Read(p []byte) (int, error) { // 编译器错误：invalid receiver
                                                   type MyReader (MyReader is an
                                                   interface type)
    return r.Read(p)
}
```

和其他主流编程语言相比，Go 语言从函数到方法仅多了一个 receiver，这大大降低了 Gopher 学习方法的门槛。即便如此，Gopher 在把握方法本质及选择 receiver 的类型时仍存有困惑，本条就针对这些困惑进行重点说明。

23.1　方法的本质

前面提到过，Go 语言没有类，方法与类型通过 receiver 联系在一起。我们可以为任何非内置原生类型定义方法，比如下面的类型 T：

```
type T struct {
    a int
}

func (t T) Get() int {
    return t.a
}

func (t *T) Set(a int) int {
    t.a = a
    return t.a
}
```

C++的对象在调用方法时，编译器会自动传入指向对象自身的this指针作为方法的第一个参数。而对于Go来说，receiver其实也是同样道理，我们将receiver作为第一个参数传入方法的参数列表。上面示例中类型T的方法可以等价转换为下面的普通函数：

```
func Get(t T) int {
    return t.a
}

func Set(t *T, a int) int {
    t.a = a
    return t.a
}
```

这种转换后的函数就是**方法的原型**。只不过在Go语言中，这种等价转换是由Go编译器在编译和生成代码时自动完成的。Go语言规范中提供了一个新概念，可以让我们更充分地理解上面的等价转换。

Go方法的一般使用方式如下：

```
var t T
t.Get()
t.Set(1)
```

我们可以用如下方式等价替换上面的方法调用：

```
var t T
T.Get(t)
(*T).Set(&t, 1)
```

这种直接以类型名T调用方法的表达方式被称为**方法表达式**（Method Expression）。类型T只能调用T的方法集合（Method Set）中的方法，同理，*T只能调用*T的方法集合中的方法（关于方法集合，我们会在第24条中进行详细讲解）。我们看到，**方法表达式**有些类似于C++中类的静态方法，静态方法在使用时以该C++类的某个对象实例作为第一个参数。而Go语言的方法表达式在使用时，同样以receiver参数所代表的实例作为第一个参数。

这种通过方法表达式对方法进行调用的方式与我们之前所做的方法到函数的等价转换如出一辙。这就是**Go方法的本质：一个以方法所绑定类型实例为第一个参数的普通函数**。Go方法自身的类型就是一个普通函数，我们甚至可以将其作为右值赋值给函数类型的变量：

```
var t T
f1 := (*T).Set // f1的类型，也是T类型Set方法的原型：func (t *T, int)int
f2 := T.Get    // f2的类型，也是T类型Get方法的原型：func (t T)int
f1(&t, 3)
fmt.Println(f2(t))
```

23.2 选择正确的receiver类型

有了上面对Go方法本质的分析，再来理解receiver并在定义方法时选择正确的receiver类型就简单多了。我们看一下方法和函数的等价变换公式：

```
func (t T) M1() <=> M1(t T)
func (t *T) M2() <=> M2(t *T)
```

我们看到，M1 方法的 receiver 参数类型为 T，而 M2 方法的 receiver 参数类型为 *T。

（1）当 receiver 参数的类型为 T 时，选择值类型的 receiver

选择以 T 作为 receiver 参数类型时，T 的 M1 方法等价为 M1(t T)。Go 函数的参数采用的是值复制传递，也就是说 M1 函数体中的 t 是 T 类型实例的一个副本，这样在 M1 函数的实现中对参数 t 做任何修改都只会影响副本，而不会影响到原 T 类型实例。

（2）当 receiver 参数的类型为 *T 时，选择指针类型的 receiver

选择以 *T 作为 receiver 参数类型时，T 的 M2 方法等价为 M2(t *T)。我们传递给 M2 函数的 t 是 T 类型实例的地址，这样 M2 函数体中对参数 t 做的任何修改都会反映到原 T 类型实例上。

以下面的例子演示一下选择不同的 receiver 类型对原类型实例的影响：

```
// chapter4/sources/method_nature_1.go

type T struct {
    a int
}

func (t T) M1() {
    t.a = 10
}

func (t *T) M2() {
    t.a = 11
}

func main() {
    var t T // t.a = 0
    println(t.a)

    t.M1()
    println(t.a)

    t.M2()
    println(t.a)
}
```

运行该程序：

```
$ go run method_nature_1.go
0
0
11
```

在该示例中，M1 和 M2 方法体内都对字段 a 做了修改，但 M1（采用值类型 receiver）修改的只是实例的副本，对原实例并没有影响，因此 M1 调用后，输出 t.a 的值仍为 0。而 M2（采用指针类型 receiver）修改的是实例本身，因此 M2 调用后，t.a 的值变为了 11。

很多 Go 初学者还有这样的疑惑：是不是 T 类型实例只能调用 receiver 为 T 类型的方法，不能调用 receiver 为 *T 类型的方法呢？答案是否定的。无论是 T 类型实例还是 *T 类型实例，都既可以调用 receiver 为 T 类型的方法，也可以调用 receiver 为 *T 类型的方法。下面的例子证明了这一点：

```
// chapter4/sources/method_nature_2.go
package main

type T struct {
    a int
}

func (t T) M1() {
}

func (t *T) M2() {
    t.a = 11
}

func main() {
    var t T
    t.M1() // ok
    t.M2() // <=> (&t).M2()

    var pt = &T{}
    pt.M1() // <=> (*pt).M1()
    pt.M2() // ok
}
```

我们看到，T 类型实例 t 调用 receiver 类型为 *T 的 M2 方法是没问题的，同样 *T 类型实例 pt 调用 receiver 类型为 T 的 M1 方法也是可以的。实际上这都是 **Go 语法糖**，Go 编译器在编译和生成代码时为我们自动做了转换。

到这里，我们可以得出 receiver 类型选用的初步结论。

- 如果要对类型实例进行修改，那么为 receiver 选择 *T 类型。
- 如果没有对类型实例修改的需求，那么为 receiver 选择 T 类型或 *T 类型均可；但考虑到 Go 方法调用时，receiver 是以值复制的形式传入方法中的，如果类型的 size 较大，以值形式传入会导致较大损耗，这时选择 *T 作为 receiver 类型会更好些。

关于 receiver 类型的选择其实还有一个重要因素，那就是类型是否要实现某个接口，这个考量因素将在下一条中详细说明。

23.3 基于对 Go 方法本质的理解巧解难题

下面的这个例子来自笔者博客上的一条读者咨询。该读者咨询的问题代码如下：

```
// chapter4/sources/method_nature_3.go

type field struct {
    name string
}

func (p *field) print() {
    fmt.Println(p.name)
}

func main() {
    data1 := []*field{{"one"}, {"two"}, {"three"}}
    for _, v := range data1 {
        go v.print()
    }

    data2 := []field{{"four"}, {"five"}, {"six"}}
    for _, v := range data2 {
        go v.print()
    }

    time.Sleep(3 * time.Second)
}
```

该示例在我的多核 MacBook Pro 上运行结果如下（由于 goroutine 调度顺序不同，结果可能有差异）：

```
$ go run method_nature_3.go
one
two
three
six
six
six
```

这位读者的问题是：**为什么对 data2 迭代输出的结果是 3 个"six"，而不是"four""five""six"？**

好了，我们来分析一下。首先，根据 **Go 方法的本质——一个以方法所绑定类型实例为第一个参数的普通函数**，对这个程序做个**等价变换**（这里我们利用方法表达式），变换后的源码如下：

```
// chapter4/sources/method_nature_4.go

type field struct {
    name string
}

func (p *field) print() {
    fmt.Println(p.name)
}

func main() {
    data1 := []*field{{"one"}, {"two"}, {"three"}}
```

```
    for _, v := range data1 {
        go (*field).print(v)
    }

    data2 := []field{{"four"}, {"five"}, {"six"}}
    for _, v := range data2 {
        go (*field).print(&v)
    }

    time.Sleep(3 * time.Second)
}
```

这里我们把对类型 field 的方法 print 的调用替换为方法表达式的形式，替换前后的程序输出结果是一致的。变换后，是不是感觉豁然开朗了？我们可以很清楚地看到使用 go 关键字启动一个新 goroutine 时是如何绑定参数的：

- 迭代 data1 时，由于 data1 中的元素类型是 field 指针（*field），因此赋值后 v 就是元素地址，每次调用 print 时传入的参数（v）实际上也是各个 field 元素的地址；
- 迭代 data2 时，由于 data2 中的元素类型是 field（非指针），需要将其取地址后再传入。这样每次传入的 &v 实际上是变量 v 的地址，而不是切片 data2 中各元素的地址。

在第 19 条中，我们了解过 for range 使用时应注意的几个关键问题，其中就包括循环变量复用。这里的 v 在整个 for range 过程中只有一个，因此 data2 迭代完成之后，**v 是元素“six”的副本。**

这样，一旦启动的各个子 goroutine 在 main goroutine 执行到 Sleep 时才被调度执行，那么最后的三个 goroutine 在打印 &v 时，打印的也就都是 v 中存放的值“six”了。而前三个子 goroutine 各自传入的是元素“one”“two”“three”的地址，打印的就是“one”“two”“three”了。

那么如何修改原程序才能让其按期望输出（“one”“two”“three”“four”“five”“six”）呢？其实只需将 field 类型 print 方法的 receiver 类型由 *field 改为 field 即可。

```
// chapter4/sources/method_nature_5.go

...

type field struct {
    name string
}

func (p field) print() {
    fmt.Println(p.name)
}

...
```

修改后程序的输出结果为（因 goroutine 调度顺序不同，输出顺序可能会有不同）：

```
one
two
```

```
three
four
five
six
```

至于其中的原因，大家可以参考笔者的分析思路自行分析一下（可参考本条的配套源码：chapter4/sources/method_nature_6.go）。

小结

Go 语言未提供对经典面向对象机制的语法支持，但实现了类型的方法，方法与类型间通过方法名左侧的 receiver 建立关联。为类型的方法选择合适的 receiver 类型是 Gopher 为类型定义方法的重要环节。

本条要点如下。

- Go 方法的本质：一个以方法所绑定类型实例为第一个参数的普通函数。
- Go 语法糖使得我们在通过类型实例调用类型方法时无须考虑实例类型与 receiver 参数类型是否一致，编译器会为我们做自动转换。
- 在选择 receiver 参数类型时要看是否要对类型实例进行修改。如有修改需求，则选择 *T；如无修改需求，T 类型 receiver 传值的性能损耗也是考量因素之一。

Suggestion 24 第 24 条

方法集合决定接口实现

自定义类型的方法和接口都是 Go 语言中的重要概念，并且它们之间存在千丝万缕的联系。我们来看一个例子：

```
// chapter4/sources/method_set_1.go

type Interface interface {
    M1()
    M2()
}

type T struct{}

func (t T) M1()  {}
func (t *T) M2() {}

func main() {
    var t T
    var pt *T
    var i Interface

    i = t
    i = pt
}
```

运行一下该示例程序：

```
$ go run method_set_1.go
./method_set_1.go:18:4: cannot use t (type T) as type Interface in assignment:
    T does not implement Interface (M2 method has pointer receiver)
```

示例程序没有通过编译器的检查，编译器给出的错误信息是：不能使用变量 t 给接口类型变量 i 赋值，因为 t 没有实现 Interface 接口方法集合中的 M2 方法。

遇到这样的编译器错误提示信息，Go 语言初学者可能会很疑惑：我们明明为自定义类型 T 定义了 M1 和 M2 方法，为何说尚未实现 M2 方法？为何 *T 类型的 pt 就可以被正常赋值给 Interface 类型变量 i，而 T 类型的 t 就不行呢？

带着这些问题，我们开启本条的内容。

24.1　方法集合

在上一条中我们曾提到过，选择 receiver 类型除了考量是否需要对类型实例进行修改、类型实例值复制导致的性能损耗之外，还有一个重要考量因素，那就是类型是否要实现某个接口类型。

Go 语言的一个创新是，自定义类型与接口之间的实现关系是松耦合的：如果某个自定义类型 T 的方法集合是某个接口类型的方法集合的超集，那么就说类型 T 实现了该接口，并且类型 T 的变量可以被赋值给该接口类型的变量，即我们说的**方法集合决定接口实现**。

方法集合是 Go 语言中一个重要的概念，在为接口类型变量赋值、使用结构体嵌入 / 接口嵌入、类型别名和方法表达式等时都会用到方法集合，它像**胶水**一样将自定义类型与接口**隐式地**黏结在一起。

要判断一个自定义类型是否实现了某接口类型，我们首先要识别出自定义类型的方法集合和接口类型的方法集合。但有些时候它们并不明显，尤其是当存在结构体嵌入、接口嵌入和类型别名时。这里我们实现了一个工具函数，它可以方便地输出一个自定义类型或接口类型的方法集合。

```go
// chapter4/sources/method_set_utils.go

func DumpMethodSet(i interface{}) {
    v := reflect.TypeOf(i)
    elemTyp := v.Elem()

    n := elemTyp.NumMethod()
    if n == 0 {
        fmt.Printf("%s's method set is empty!\n", elemTyp)
        return
    }

    fmt.Printf("%s's method set:\n", elemTyp)
    for j := 0; j < n; j++ {
        fmt.Println("-", elemTyp.Method(j).Name)
    }
    fmt.Printf("\n")
}
```

接下来，我们就用该工具函数输出本条开头那个示例中的接口类型和自定义类型的方法集合：

```
// chapter4/sources/method_set_2.go

type Interface interface {
    M1()
    M2()
}

type T struct{}

func (t T) M1()   {}
func (t *T) M2() {}

func main() {
    var t T
    var pt *T
    DumpMethodSet(&t)
    DumpMethodSet(&pt)
    DumpMethodSet((*Interface)(nil))
}
```

运行上述代码：

```
$ go run method_set_2.go method_set_utils.go
main.T's method set:
- M1

*main.T's method set:
- M1
- M2

main.Interface's method set:
- M1
- M2
```

在上述输出结果中，T、*T 和 Interface 各自的方法集合一目了然。我们看到 T 类型的方法集合中只包含 M1，无法成为 Interface 类型的方法集合的超集，因此这就是本条开头例子中编译器认为变量 t 不能赋值给 Interface 类型变量的原因。在输出的结果中，我们还看到 *T 类型的方法集合为 [M1, M2]。*T 类型没有直接实现 M1，但 M1 仍出现在了 *T 类型的方法集合中。这符合 Go 语言规范：对于非接口类型的自定义类型 T，其方法集合由所有 receiver 为 T 类型的方法组成；而类型 *T 的方法集合则包含所有 receiver 为 T 和 *T 类型的方法。也正因为如此，pt 才能成功赋值给 Interface 类型变量。

到这里，我们完全明确了为 receiver 选择类型时需要考虑的第三点因素：是否支持将 T 类型实例赋值给某个接口类型变量。如果需要支持，我们就要实现 receiver 为 T 类型的接口类型方法集合中的所有方法。

24.2 类型嵌入与方法集合

Go 的设计哲学之一是**偏好组合**，Go 支持用组合的思想来实现一些面向对象领域经典的机制，比如继承。而具体的方式就是利用类型嵌入（type embedding）。

与接口类型和结构体类型相关的类型嵌入有三种组合：在接口类型中嵌入接口类型、在结构体类型中嵌入接口类型及在结构体类型中嵌入结构体类型。下面我们分别看一下经过类型嵌入后类型的方法集合是什么样子的。

1. 在接口类型中嵌入接口类型

按 Go 语言惯例，接口类型中仅包含少量方法，并且常常仅有一个方法。通过在接口类型中嵌入其他接口类型可以实现接口的组合，这也是 Go 语言中基于已有接口类型构建新接口类型的惯用法。比如，io 包中的 ReadWriter、ReadWriteCloser 等接口类型就是通过嵌入 Reader、Writer 或 Closer 三个基本接口类型形成的：

```
// $GOROOT/src/io/io.go

type Reader interface {
    Read(p []byte) (n int, err error)
}

type Writer interface {
    Write(p []byte) (n int, err error)
}

type Closer interface {
    Close() error
}

// 以上为三个基本接口类型
// 下面的接口类型是通过嵌入上面的基本接口类型形成的

type ReadWriter interface {
    Reader
    Writer
}

type ReadCloser interface {
    Reader
    Closer
}

type WriteCloser interface {
    Writer
    Closer
}

type ReadWriteCloser interface {
    Reader
    Writer
    Closer
}
```

我们再来看看通过嵌入接口类型后新接口类型的方法集合是什么样的。以 Go 标准库中 io 包中的几个接口类型为例：

```
// chapter4/sources/method_set_3.go

func main() {
    DumpMethodSet((*io.Writer)(nil))
    DumpMethodSet((*io.Reader)(nil))
    DumpMethodSet((*io.Closer)(nil))
    DumpMethodSet((*io.ReadWriter)(nil))
    DumpMethodSet((*io.ReadWriteCloser)(nil))
}
```

运行该示例得到以下结果：

```
$ go run method_set_3.go method_set_utils.go
io.Writer's method set:
- Write

io.Reader's method set:
- Read

io.Closer's method set:
- Close

io.ReadWriter's method set:
- Read
- Write

io.ReadWriteCloser's method set:
- Close
- Read
- Write
```

由输出结果可知，通过嵌入其他接口类型而创建的新接口类型（如 io.ReadWriteCloser）的方法集合包含了被嵌入接口类型（如 io.Reader）的方法集合。

不过在 Go 1.14 之前的版本中这种方式有一个**约束**，那就是被嵌入的接口类型的方法集合不能有交集（如下面例子中的 Interface1 和 Interface2 的方法集合有交集，交集是方法 M1），同时被嵌入的接口类型的方法集合中的方法不能与新接口中其他方法同名（如下面例子中的 Interface2 的 M2 与 Interface4 的 M2 重名）：

```
// chapter4/sources/method_set_4.go

type Interface1 interface {
    M1()
}

type Interface2 interface {
    M1()
    M2()
```

```
}

type Interface3 interface {
    Interface1
    Interface2 // Go 1.14之前版本报错: duplicate method M1
}

type Interface4 interface {
    Interface2
    M2() // Go 1.14之前版本报错: duplicate method M2
}

func main() {
    DumpMethodSet((*Interface3)(nil))
}
```

自 Go 1.14 版本开始，Go 语言去除了这个约束。我们使用 Go 1.14 版本运行上述示例，将得到如下正确结果：

```
// Go 1.14
$go run method_set_4.go method_set_utils.go
main.Interface3's method set:
- M1
- M2
```

2. 在结构体类型中嵌入接口类型

在结构体类型中嵌入接口类型后，该结构体类型的方法集合中将包含被嵌入接口类型的方法集合。比如下面这个例子：

```
// chapter4/sources/method_set_5.go

type Interface interface {
    M1()
    M2()
}

type T struct {
    Interface
}

func (T) M3() {}

func main() {
    DumpMethodSet((*Interface)(nil))
    var t T
    var pt *T
    DumpMethodSet(&t)
    DumpMethodSet(&pt)
}
```

运行该示例得到以下结果：

```
$ go run method_set_5.go method_set_utils.go
main.Interface's method set:
- M1
- M2

main.T's method set:
- M1
- M2
- M3

*main.T's method set:
- M1
- M2
- M3
```

输出的结果与预期一致。

但有些时候结果并非这样，比如当结构体类型中嵌入多个接口类型且这些接口类型的方法集合存在交集时。为了方便后续说明，这里不得不提一下嵌入了其他接口类型的结构体类型的实例在调用方法时，Go 选择方法的次序。

1）优先选择结构体自身实现的方法。

2）如果结构体自身并未实现，那么将查找结构体中的嵌入接口类型的方法集合中是否有该方法，如果有，则提升（promoted）为结构体的方法。

比如下面的例子：

```
// chapter4/sources/method_set_6.go

type Interface interface {
    M1()
    M2()
}

type T struct {
    Interface
}

func (T) M1() {
    println("T's M1")
}

type S struct{}

func (S) M1() {
    println("S's M1")
}
func (S) M2() {
    println("S's M2")
}

func main() {
    var t = T{
```

```
        Interface: S{},
    }

    t.M1()
    t.M2()
}
```

当通过结构体 T 的实例变量 t 调用方法 M1 时，由于 T 自身实现了 M1 方法，因此调用的是 T.M1()；当通过变量 t 调用方法 M2 时，由于 T 自身未实现 M2 方法，于是找到结构体 T 的嵌入接口类型 Interface，发现 Interface 类型的方法集合中包含 M2 方法，于是将 Interface 类型的 M2 方法提升为结构体 T 的方法。而此时 T 类型中的匿名字段 Interface 已经赋值为 S 类型的实例，因此通过 Interface 这个嵌入字段调用的 M2 方法实质上是 S.M2()。

下面是上面程序的输出结果，与我们的分析一致：

```
$ go run method_set_6.go
T's M1
S's M2
```

3）如果结构体嵌入了多个接口类型且这些接口类型的方法集合存在交集，那么 Go 编译器将报错，除非结构体自己实现了交集中的所有方法。

看看下面的例子：

```
// method_set_7.go

type Interface interface {
    M1()
    M2()
    M3()
}

type Interface1 interface {
    M1()
    M2()
    M4()
}

type T struct {
    Interface
    Interface1
}

func main() {
    t := T{}
    t.M1()
    t.M2()
}
```

运行该例子：

```
$ go run method_set_7.go
./method_set_7.go:22:3: ambiguous selector t.M1
./method_set_7.go:23:3: ambiguous selector t.M2
```

编译器给出错误提示：编译器在选择 t.M1 和 t.M2 时出现分歧，不知道该选择哪一个。在这个例子中，结构体类型 T 嵌入的两个接口类型 Interface 和 Interface1 的方法集合存在交集，都包含 M1 和 M2，而结构体类型 T 自身又没有实现 M1 和 M2，因此编译器在结构体类型内部的嵌入接口类型中寻找 M1/M2 方法时发现两个接口类型 Interface 和 Interface1 都包含 M1/M2，于是编译器因无法做出选择而报错。

为了让编译器能找到 M1/M2，我们可以为 T 增加 M1 和 M2 的实现，这样编译器便会直接选择 T 自己实现的 M1 和 M2，程序也就能顺利通过编译并运行了：

```
// chapter4/sources/method_set_8.go

...

type T struct {
    Interface
    Interface1
}

func (T) M1() { println("T's M1") }
func (T) M2() { println("T's M2") }

func main() {
    t := T{}
    t.M1()
    t.M2()
}

$ go run method_set_8.go
T's M1
T's M2
```

不过，我们还是要尽量避免在结构体类型中嵌入方法集合有交集的多个接口类型。

结构体类型在嵌入某接口类型的同时，也实现了这个接口。这一特性在单元测试中尤为有用，尤其是在应对下面这样的场景时：

```
// chapter4/sources/method_set_9.go
package employee

type Result struct {
    Count int
}

func (r Result) Int() int { return r.Count }

type Rows []struct{}

type Stmt interface {
    Close() error
    NumInput() int
    Exec(stmt string, args ...string) (Result, error)
```

```
    Query(args []string) (Rows, error)
}

// 返回男性员工总数
func MaleCount(s Stmt) (int, error) {
    result, err := s.Exec("select count(*) from employee_tab where gender=?", "1")
    if err != nil {
        return 0, err
    }

    return result.Int(), nil
}
```

在这个例子中有一个 employee 包，该包中的 MaleCount 方法通过传入的 Stmt 接口的实现从数据库中获取男性员工的数量。

现在我们要对 MaleCount 方法编写单元测试代码。对于这种依赖外部数据库操作的方法，惯例是使用伪对象（fake object）来冒充真实的 Stmt 接口实现。不过现在有一个问题是，Stmt 接口类型的方法集合中有 4 个方法，如果针对每个测试用例所用的伪对象都实现这 4 个方法，那么这个工作量有点大，而我们需要的仅仅是 Exec 这一个方法。如何快速建立伪对象呢？在结构体类型中嵌入接口类型便可以帮助我们：

```
// chapter4/sources/method_set_9_test.go
package employee

import "testing"

type fakeStmtForMaleCount struct {
    Stmt
}

func (fakeStmtForMaleCount) Exec(stmt string, args ...string) (Result, error) {
    return Result{Count: 5}, nil
}

func TestEmployeeMaleCount(t *testing.T) {
    f := fakeStmtForMaleCount{}
    c, _ := MaleCount(f)
    if c != 5 {
        t.Errorf("want: %d, actual: %d", 5, c)
        return
    }
}
```

我们为 TestEmployeeMaleCount 测试用例建立了一个 fakeStmtForMaleCount 的伪对象，在该结构体类型中嵌入 Stmt 接口类型，这样 fakeStmtForMaleCount 就实现了 Stmt 接口，我们达到了快速建立伪对象的目的。之后，我们仅需为 fakeStmtForMaleCount 实现 MaleCount 所需的 Exec 方法即可。

3. 在结构体类型中嵌入结构体类型

在结构体类型中嵌入结构体类型为Gopher提供了一种实现“继承”的手段，外部的结构体类型T可以“继承”嵌入的结构体类型的所有方法的实现，并且无论是T类型的变量实例还是*T类型变量实例，都可以调用所有“继承”的方法。

```
// chapter4/sources/method_set_10.go

type T1 struct{}

func (T1) T1M1()   { println("T1's M1") }
func (T1) T1M2()   { println("T1's M2") }
func (*T1) PT1M3() { println("PT1's M3") }

type T2 struct{}

func (T2) T2M1()   { println("T2's M1") }
func (T2) T2M2()   { println("T2's M2") }
func (*T2) PT2M3() { println("PT2's M3") }

type T struct {
    T1
    *T2
}

func main() {
    t := T{
        T1: T1{},
        T2: &T2{},
    }

    println("call method through t:")
    t.T1M1()
    t.T1M2()
    t.PT1M3()
    t.T2M1()
    t.T2M2()
    t.PT2M3()

    println("\ncall method through pt:")
    pt := &t
    pt.T1M1()
    pt.T1M2()
    pt.PT1M3()
    pt.T2M1()
    pt.T2M2()
    pt.PT2M3()
    println("")

    var t1 T1
    var pt1 *T1
    DumpMethodSet(&t1)
```

```
    DumpMethodSet(&pt1)

    var t2 T2
    var pt2 *T2
    DumpMethodSet(&t2)
    DumpMethodSet(&pt2)

    DumpMethodSet(&t)
    DumpMethodSet(&pt)
}
```

示例运行结果如下：

```
$ go run method_set_10.go method_set_utils.go
call method through t:
T1's M1
T1's M2
PT1's M3
T2's M1
T2's M2
PT2's M3

call method through pt:
T1's M1
T1's M2
PT1's M3
T2's M1
T2's M2
PT2's M3

main.T1's method set:
- T1M1
- T1M2

*main.T1's method set:
- PT1M3
- T1M1
- T1M2

main.T2's method set:
- T2M1
- T2M2

*main.T2's method set:
- PT2M3
- T2M1
- T2M2

main.T's method set:
- PT2M3
- T1M1
- T1M2
- T2M1
```

```
- T2M2

*main.T's method set:
- PT1M3
- PT2M3
- T1M1
- T1M2
- T2M1
- T2M2
```

通过输出结果可以看出，虽然无论通过 T 类型变量实例还是 *T 类型变量实例都可以调用所有“继承”的方法（这也是 Go 语法糖），但是 T 和 *T 类型的方法集合是有差别的：

- T 类型的方法集合 = T1 的方法集合 + *T2 的方法集合；
- *T 类型的方法集合 = *T1 的方法集合 + *T2 的方法集合。

24.3 defined 类型的方法集合

Go 语言支持基于已有的类型创建新类型，比如：

```
type MyInterface I
type Mystruct T
```

已有的类型（比如上面的 I、T）被称为 underlying 类型，而新类型被称为 defined 类型。新定义的 defined 类型与原 underlying 类型是完全不同的类型，那么它们的方法集合上又会有什么关系呢？我们通过下面的例子来看一下：

```
// chapter4/sources/method_set_11.go
package main

type T struct{}

func (T) M1()  {}
func (*T) M2() {}

type Interface interface {
    M1()
    M2()
}

type T1 T
type Interface1 Interface

func main() {
    var t T
    var pt *T
    var t1 T1
    var pt1 *T1

    DumpMethodSet(&t)
```

```
    DumpMethodSet(&t1)

    DumpMethodSet(&pt)
    DumpMethodSet(&pt1)

    DumpMethodSet((*Interface)(nil))
    DumpMethodSet((*Interface1)(nil))
}
```

运行该示例程序得到如下结果：

```
$ go run method_set_11.go method_set_utils.go
main.T's method set:
- M1

main.T1's method set is empty!

*main.T's method set:
- M1
- M2

*main.T1's method set is empty!

main.Interface's method set:
- M1
- M2

main.Interface1's method set:
- M1
- M2
```

从例子的输出结果来看，Go 对于分别基于接口类型和自定义非接口类型创建的 defined 类型给出了不一致的结果：

- 基于接口类型创建的 defined 类型与原接口类型的方法集合是一致的，如上面的 Interface 和 Interface1；
- 而基于自定义非接口类型创建的 defined 类型则并没有“继承”原类型的方法集合，**新的 defined 类型的方法集合是空的**。

方法集合决定接口实现。基于自定义非接口类型的 defined 类型的方法集合为空，这决定了即便原类型实现了某些接口，基于其创建的 defined 类型也没有“继承”这一隐式关联。新 defined 类型要想实现那些接口，仍需重新实现接口的所有方法。

24.4　类型别名的方法集合

Go 在 1.9 版本中引入了类型别名，支持为已有类型定义别名，如：

```
type MyInterface=I
type Mystruct=T
```

类型别名与原类型几乎是等价的。Go 预定义标识符 rune、byte 就是通过类型别名语法定义的：

```
// $GOROOT/src/builtin/builtin.go
type byte = uint8
type rune = int32
```

但是在方法集合上，类型别名与原类型是否有差别呢？我们还是来看一个例子：

```
// chapter4/sources/method_set_12.go
package main

type T struct{}

func (T) M1()  {}
func (*T) M2() {}

type Interface interface {
    M1()
    M2()
}

type T1 = T
type Interface1 = Interface

func main() {
    var t T
    var pt *T
    var t1 T1
    var pt1 *T1

    DumpMethodSet(&t)
    DumpMethodSet(&t1)

    DumpMethodSet(&pt)
    DumpMethodSet(&pt1)

    DumpMethodSet((*Interface)(nil))
    DumpMethodSet((*Interface1)(nil))
}
```

运行该示例程序得到如下结果：

```
$go run method_set_12.go method_set_utils.go
main.T's method set:
- M1

main.T's method set:
- M1

*main.T's method set:
- M1
- M2
```

```
*main.T's method set:
- M1
- M2

main.Interface's method set:
- M1
- M2

main.Interface's method set:
- M1
- M2
```

从上述示例输出中我们看到，DumpMethodSet 函数甚至都无法识别出类型别名，无论类型别名还是原类型，输出的都是原类型的方法集合。由此我们得到一个结论：类型别名与原类型拥有完全相同的方法集合，无论原类型是接口类型还是非接口类型。

小结

通过这一条的学习，我们了解到在考虑方法的 receiver 类型时，除了考虑是否需要对类型实例进行修改、类型实例值复制导致的性能损耗之外，另一个重要因素是类型是否要实现某个接口类型。而一个类型是否实现某个类型取决于其方法集合。

本条要点：

- 方法集合是类型与接口间隐式关系的纽带，只有当类型的方法集合是某接口类型的超集时，我们才说该类型实现了某接口；
- 类型 T 的方法集合是以 T 为 receiver 类型的所有方法的集合，类型 *T 的方法集合是以 *T 为 receiver 类型的所有方法的集合与类型 T 的方法集合的并集；
- 了解类型嵌入对接口类型和自定义结构体类型的方法集合的影响；
- 基于接口类型创建的 defined 类型与原类型具有相同的方法集合，而基于自定义非接口类型创建的 defined 类型的方法集合为空；
- 类型别名与原类型拥有完全相同的方法集合。

Suggestion 25　第 25 条

了解变长参数函数的妙用

在 Go 语言中，我们日常使用最多但又经常忽视的一类函数是**变长参数函数**。

说变长参数函数被使用得最多是因为最常用的 fmt 包、log 包中的几个导出函数都是变长参数函数：

```
// $GOROOT/src/fmt/print.go
func Println(a ...interface{}) (n int, err error)
func Printf(format string, a ...interface{}) (n int, err error)
...

// $GOROOT/src/log/log.go
func Printf(format string, v ...interface{})
func Println(v ...interface{})
...
```

并且 Go 内置的常用于切片类型操作的 append 函数也是变长参数函数：

```
// $GOROOT/src/builtin/builtin.go
func append(slice []Type, elems ...Type) []Type
```

但日常我们却很少基于变长参数设计和实现自己的函数或方法。究其原因，笔者认为除了对变长参数函数的理解不足，更主要的是没有找到很好的变长参数函数应用模式。

但有些时候使用变长参数函数可以简化代码逻辑，使代码更易阅读和理解。在这一条中，我们就来了解一下变长参数函数以及它的几个典型应用模式。

25.1　什么是变长参数函数

顾名思义，变长参数函数就是指调用时可以接受零个、一个或多个实际参数的函数，就像下面对 fmt.Println 的调用那样：

```
fmt.Println()                                       // 可以
fmt.Println("Tony", "Bai")                          // 可以
fmt.Println("Tony", "Bai", "is", "a", "gopher")    // 也可以
```

对照下面 fmt.Println 函数的原型：

```
func Println(a ...interface{}) (n int, err error)
```

我们看到，无论传入零个、两个还是多个实际参数，这些实参都传给了 Println 的形式参数 a。形参 a 的类型是一个比较奇特的组合：... interface{}。这种接受“...T”类型形式参数的函数就被称为**变长参数函数**。

一个变长参数函数只能有一个“...T”类型形式参数，并且该形式参数应该为函数参数列表中的最后一个形式参数，否则 Go 编译器就会给出如下错误提示：

```
func foo(args ...int, s string) int          // syntax error: cannot use ... with
                                               non-final parameter args
func bar(args1 ...int, args2 ...string) int // syntax error: cannot use ... with
                                               non-final parameter args1
```

变长参数函数的“...T”类型形式参数在函数体内呈现为 []T 类型的变量，我们可以将其理解为一个 Go 语法糖：

```
// chapter4/sources/variadic_function_1.go
func sum(args ...int) int {
    var total int

    // 下面的args的类型为[]int
    for _, v := range args {
        total += v
    }

    return total
}
```

在函数外部，“...T”类型形式参数可匹配和接受的实参类型有两种：

- 多个 T 类型变量；
- t...（t 为 []T 类型变量）。

```
// chapter4/sources/variadic_function_1.go

func main() {
    a, b, c := 1, 2, 3
    println(sum(a, b, c))                    // 传入多个int类型的变量
    nums := []int{4, 5, 6}
    println(sum(nums...))                    // 传入"nums...", num为[]int型变量
}
```

但我们只能选择上述两种实参类型中的一种：要么是多个 T 类型变量，要么是 t...（t 为 []T 类型变量）。如果将两种混用，则会得到类似下面的编译错误：

```
println(sum(a, b, c, nums...)) // 调用sum函数时传入太多参数
    have (int, int, int, []int...)
    want (...int)
```

这里将变长参数函数的形参和实参类型总结为图 25-1。

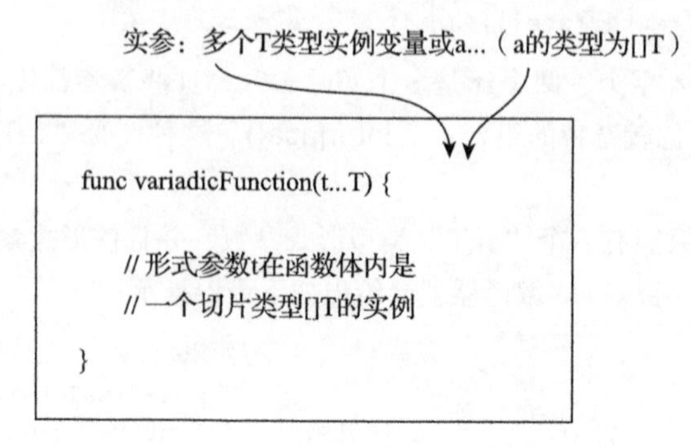

图 25-1 变长参数函数的形参和实参类型

使用变长参数函数时最容易出现的一个问题是实参与形参不匹配，比如下面这个例子：

```
// chapter4/sources/variadic_function_2.go

func dump(args ...interface{}) {
    for _, v := range args {
        fmt.Println(v)
    }
}

func main() {
    s := []string{"Tony", "John", "Jim"}
    dump(s...)
}
```

运行这段代码：

```
$ go run variadic_function_2.go
./variadic_function_2.go:14:6: cannot use s (type []string) as type []interface {}
    in argument to dump
```

我们看到，编译器给出了“类型不匹配”的错误。dump 函数的变长参数类型为“...interface{}”，因此匹配该形参的要么是 interface{} 类型的变量，要么为“t...”（t 类型为 []interface{}）。在例子中给 dump 传入的实参为“s...”，但 s 的类型为 []string，并非 []interface{}，导致不匹配。这里要注意的是，**虽然 string 类型变量可以直接赋值给 interface{} 类型变量，但是 []string 类型变量并不能直接赋值给 []interface{} 类型变量。**

要消除编译错误，我们仅需将变量 s 的类型换为 []interface{}，见下面的代码：

```
// chapter4/sources/variadic_function_2.go

...
```

```
func main() {
    s := []interface{}{"Tony", "John", "Jim"}
    dump(s...)
}

$ go run variadic_function_2.go
Tony
John
Jim
```

不过有个例外，那就是 Go 内置的 append 函数，它支持通过下面的方式将字符串附加到一个字节切片后面：

```
// chapter4/sources/variadic_function_3.go

func main() {
    b := []byte{}
    b = append(b, "hello"...)
    fmt.Println(string(b))
}

$ go run variadic_function_3.go
hello
```

string 类型本是不满足类型要求的（append 本需要 []byte...），这算是 Go 编译器的一个优化，编译器自动将 string 隐式转换为了 []byte。如果是我们自定义的函数，那么是无论如何都不能支持这样的用法的，比如下面的示例：

```
// chapter4/sources/variadic_function_3.go

func foo(b ...byte) {
    fmt.Println(string(b))
}

func main() {
    b := []byte{}
    b = append(b, "hello"...)
    fmt.Println(string(b))

    foo("hello"...)
}

$ go run variadic_function_3.go
./variadic_function_3.go:14:6: cannot use "hello" (type string) as type []byte
    in argument to foo
```

25.2　模拟函数重载

Go 语言不允许在同一个作用域下定义名字相同但函数原型不同的函数，如果定义这样的函数，Go 编译器会提示下面代码中的错误信息：

```
// chapter4/sources/variadic_function_4.go

import (
    "fmt"
    "strings"
)

func concat(a, b int) string {
    return fmt.Printf("%d %d", a, b)
}

func concat(x, y string) string {
    return x + " " + y
}

func concat(s []string) string {
    return strings.Join(s, " ")
}

func main() {
    println(concat(1, 2))
    println(concat("hello", "gopher"))
    println(concat([]string{"hello", "gopher", "!"}))
}

$ go run variadic_function_4.go
./variadic_function_4.go:9:2: too many arguments to return
    have (int, error)
    want (string)
./variadic_function_4.go:12:6: concat redeclared in this block
    previous declaration at ./variadic_function_4.go:8:23
./variadic_function_4.go:16:6: concat redeclared in this block
    previous declaration at ./variadic_function_4.go:12:26
./variadic_function_4.go:21:16: too many arguments in call to concat
    have (number, number)
    want ([]string)
./variadic_function_4.go:22:16: too many arguments in call to concat
    have (string, string)
    want ([]string)
```

要修复上面的例子程序，只需为三个 concat 函数分别命名，比如：

```
concatTwoInt
concatTwoString
concatStrings
```

在其他一些主流编程语言（如 C++）中，这种在同一声明域中的名字相同但参数列表不同的函数被称为**重载函数**（overloaded function），编译器根据实际的参数传递来判断究竟该使用哪个函数。通过重载函数，你可以根据参数的类型和数量为同名函数提供不同的语义。

但 Go 语言并不支持函数重载，Go 语言官方常见问答[⊖]中给出的不支持的理由如下：

> 其他语言的经验告诉我们，使用具有相同名称但函数签名不同的多种方法有时会很有用，但在实践中也可能会造成混淆和脆弱性。在 Go 的类型系统中，仅按名称进行匹配并要求类型一致是一个主要的简化决策。

不可否认重载函数会增加语言的复杂性，笔者在早期使用 C++ 语言开发时深刻体会到了这一点。Go 语言的设计哲学也让最初的设计者们倾向于简化而放弃了对函数重载的支持，但他们也承认有些时候函数重载是很有用的。那么我们在 Go 语言中怎么模拟重载函数呢？变长参数函数显然是最好的选择。

如果要重载的函数的参数都是相同类型的，仅参数的个数是变化的，那么变长参数函数可以轻松对应；如果参数类型不同且个数可变，那么我们还要结合 interface{} 类型的特性。我们来看一个例子：

```
// chapter4/sources/variadic_function_5.go

func concat(sep string, args ...interface{}) string {
    var result string
    for i, v := range args {
        if i != 0 {
            result += sep
        }
        switch v.(type) {
        case int, int8, int16, int32, int64,
            uint, uint8, uint16, uint32, uint64:
            result += fmt.Sprintf("%d", v)
        case string:
            result += fmt.Sprintf("%s", v)
        case []int:
            ints := v.([]int)
            for i, v := range ints {
                if i != 0 {
                    result += sep
                }
                result += fmt.Sprintf("%d", v)
            }
        case []string:
            strs := v.([]string)
            result += strings.Join(strs, sep)
        default:
            fmt.Printf("the argument type [%T] is not supported", v)
            return ""
        }
    }
    return result
}
```

⊖ https://tip.golang.org/doc/faq#overloading

```
func main() {
    println(concat("-", 1, 2))
    println(concat("-", "hello", "gopher"))
    println(concat("-", "hello", 1, uint32(2),
        []int{11, 12, 13}, 17,
        []string{"robot", "ai", "ml"},
        "hacker", 33))
}
```

在上面这个例子中，我们定义了一个 concat 函数，该函数支持接受任意数量的整型、字符串、整型切片、字符串切片参数，并将输入的参数通过分隔符（sep）连接在一起。看 main 函数中对 concat 的调用，是不是有一种调用重载函数的感觉？我们运行一下该例子：

```
$ go run variadic_function_5.go
1-2
hello-gopher
hello-1-2-11-12-13-17-robot-ai-ml-hacker-33
```

25.3 模拟实现函数的可选参数与默认参数

如果参数在传入时有隐式要求的固定顺序（这点由调用者保证），我们还可以利用变长参数函数模拟实现函数的可选参数和默认参数。

我们来看下面的例子：

```
// chapter4/sources/variadic_function_6.go

type record struct {
    name    string
    gender  string
    age     uint16
    city    string
    country string
}

func enroll(args ...interface{} /* name, gender, age, city = "Beijing",
    country = "China" */) (*record, error) {
    if len(args) > 5 || len(args) < 3 {
        return nil, fmt.Errorf("the number of arguments passed is wrong")
    }

    r := &record{
        city:    "Beijing", // 默认值：Beijing
        country: "China",   // 默认值：China
    }

    for i, v := range args {
        switch i {
        case 0: // name
            name, ok := v.(string)
            if !ok {
```

```go
                return nil, fmt.Errorf("name is not passed as string")
            }
            r.name = name
        case 1: // gender
            gender, ok := v.(string)
            if !ok {
                return nil, fmt.Errorf("gender is not passed as string")
            }
            r.gender = gender
        case 2: // age
            age, ok := v.(int)
            if !ok {
                return nil, fmt.Errorf("age is not passed as int")
            }
            r.age = uint16(age)
        case 3: // city
            city, ok := v.(string)
            if !ok {
                return nil, fmt.Errorf("city is not passed as string")
            }
            r.city = city
        case 4: // country
            country, ok := v.(string)
            if !ok {
                return nil, fmt.Errorf("country is not passed as string")
            }
            r.country = country
        default:
            return nil, fmt.Errorf("unknown argument passed")
        }
    }

    return r, nil
}

func main() {
    r, _ := enroll("小明", "male", 23)
    fmt.Printf("%+v\n", *r)

    r, _ = enroll("小红", "female", 13, "Hangzhou")
    fmt.Printf("%+v\n", *r)

    r, _ = enroll("Leo Messi", "male", 33, "Barcelona", "Spain")
    fmt.Printf("%+v\n", *r)

    r, err := enroll("小吴", 21, "Suzhou")
    if err != nil {
        fmt.Println(err)
        return
    }
}
```

在该例子中，我们要实现一个 enroll 函数，用于登记一些人员信息。人员信息包括姓名

(name)、性别(gender)、年龄(age)、城市(city)和国家(country)。其中城市(city)和国家(country)这两个字段是可选字段并且具有默认值。我们结合变长参数函数和 interface{} 类型的特点来实现这个函数,city 和 country 的默认值是在 record 类型实例创建时赋予的初值。实现这样一个 enroll 函数的前提是其调用方要负责按正确的顺序传入参数并保证参数类型满足函数要求。

运行一下上面的例子:

```
$ go run variadic_function_6.go
{name:小明 gender:male age:23 city:Beijing country:China}
{name:小红 gender:female age:13 city:Hangzhou country:China}
{name:Leo Messi gender:male age:33 city:Barcelona country:Spain}
gender is not passed as string
```

我们看到:

- 在第一次调用 enroll 函数时,我们省略了 city 和 country 的传参,因此得到的记录中 city 和 country 都是默认值;
- 在第二次调用 enroll 函数时,我们省略了 country 的传参,因此得到的记录中 country 是默认值;
- 在第三次调用 enroll 函数时,我们传递了 city 和 country,因此得到的记录中 city 和 country 没有使用默认值,使用的是传入的参数值;
- 在第四次调用 enroll 函数时,调用者没有按照约定传入 gender 参数,因此 enroll 函数返回一个错误。

我们看到基于上述前提用 Go 实现的可选参数和默认参数是有局限的:调用者只能从右侧的参数开始逐一进行省略传递的处理,比如:可以省略 country,可以省略 country、city,但不能省略 city 而不省略 country 的传递。

25.4 实现功能选项模式

在日常 Go 编程中,我们经常会实现一些带有设置选项的创建型函数。比如:我们要创建一个网络通信的客户端,创建客户端实例的函数需要提供某种方式以让调用者设置客户端的一些行为属性,如超时时间、重试次数等。对于一些复杂的 Go 包中的创建型函数,它要提供的可设置选项有时多达数十种,甚至后续还会增加。因此,设计和实现这样的创建型函数时要尤为注意、考虑使用者的体验,不能因选项较多而提供过多的 API,并且要保证选项持续增加后,函数的对外接口依旧保持稳定。

接下来就让我们通过一个简单的示例来看看变长参数函数在这里究竟能发挥什么作用。我们先从一个简单的版本开始并对其进行持续优化,直到实现令我们满意的最终版本。

我们来设计和实现一个 NewFinishedHouse 函数,该函数返回一个 FinishedHouse(精装房)实例。精装房是有不同装修选项的,比如以下常见选项。

- 装修风格:美式、中式或欧式。

- 是否安装中央空调系统。
- 地面材料：瓷砖或实木地板。
- 墙面材料：乳胶漆、壁纸或硅藻泥。

可能还有很多装修配置选项，但这里使用这几个就足以满足示例的需要了。

版本1：通过参数暴露配置选项

一个最简单、直接的实现方法就是通过函数参数暴露配置选项，让调用者自行设置自己所需要的精装房风格和使用的材料：

```
// chapter4/sources/variadic_function_7.go

type FinishedHouse struct {
    style                  int    // 0: Chinese; 1: American; 2: European
    centralAirConditioning bool   // true或false
    floorMaterial          string // "ground-tile"或"wood"
    wallMaterial           string // "latex" "paper"或"diatom-mud"
}

func NewFinishedHouse(style int, centralAirConditioning bool,
    floorMaterial, wallMaterial string) *FinishedHouse {

    h := &FinishedHouse{
        style:                  style,
        centralAirConditioning: centralAirConditioning,
        floorMaterial:          floorMaterial,
        wallMaterial:           wallMaterial,
    }

    return h
}

func main() {
    fmt.Printf("%+v\n", NewFinishedHouse(0, true, "wood", "paper"))
}
```

运行该例子：

```
$ go run variadic_function_7.go
&{style:0 centralAirConditioning:true floorMaterial:wood wallMaterial:paper}
```

上述设计的唯一优点是能够快速实现，但不足之处却有很多，最致命的是**该接口无法扩展**。如果我们此时应用户要求增加一个室内门型设置的选项（可选实木门或板材套装门），该接口无法满足。考虑兼容性原则，该接口一旦发布就成为API的一部分，我们不能随意变更。于是我们唯一能做的就是新增一个创建函数，比如NewFinishedHouseWithDoorOption。如果后续要增加其他设置选项，API中很大可能会充斥着NewFinishedHouseWithXxxOption1、NewFinishedHouseWithYyyOpiton、NewFinishedHouseWithZzzOption等新API。

版本2：使用结构体封装配置选项

软件设计中的一个比较重要的原则是封装变化。既然我们无法控制将来要加入的配置选项的个数和内容，但还要尽可能保持提供单一接口，那我们就把配置选项这个变量抽取出来并封装到一个结构体中，这也是目前比较常见的做法。

下面是我们的第二个版本：

```
// chapter4/sources/variadic_function_8.go

type FinishedHouse struct {
    style                  int    // 0: Chinese; 1: American; 2: European
    centralAirConditioning bool   // true或false
    floorMaterial          string // "ground-tile"或"wood"
    wallMaterial           string // "latex" "paper"或"diatom-mud"
}

type Options struct {
    Style                  int    // 0: Chinese; 1: American; 2: European
    CentralAirConditioning bool   // true或false
    FloorMaterial          string // "ground-tile"或"wood"
    WallMaterial           string // "latex" "paper"或"diatom-mud"
}

func NewFinishedHouse(options *Options) *FinishedHouse {
    // 如果options为nil，则使用默认的风格和材料
    var style int = 0
    var centralAirConditioning = true
    var floorMaterial = "wood"
    var wallMaterial = "paper"

    if options != nil {
        style = options.Style
        centralAirConditioning = options.CentralAirConditioning
        floorMaterial = options.FloorMaterial
        wallMaterial = options.WallMaterial
    }

    h := &FinishedHouse{
        style:                  style,
        centralAirConditioning: centralAirConditioning,
        floorMaterial:          floorMaterial,
        wallMaterial:           wallMaterial,
    }

    return h
}

func main() {
    fmt.Printf("%+v\n", NewFinishedHouse(nil)) // 使用默认值
    fmt.Printf("%+v\n", NewFinishedHouse(&Options{
        Style:                  1,
        CentralAirConditioning: false,
        FloorMaterial:          "ground-tile",
```

```
        WallMaterial:           "paper",
    }))
}
```

运行一下这个例子：

```
$ go run variadic_function_8.go
&{style:0 centralAirConditioning:true floorMaterial:wood wallMaterial:paper}
&{style:1 centralAirConditioning:false floorMaterial:ground-tile wallMaterial:paper}
```

我们看到：

- 使用这种方法，即便后续添加新配置选项，Options 结构体可以随着时间变迁而增长，但 FinishedHouse 创建函数本身的 API 签名是保持不变的；
- 这种方法还允许调用者使用 nil 来表示他们希望使用默认配置选项来创建 FinishedHouse；
- 这种方法还带来了额外收获——更好的文档记录（文档重点从对 NewFinishedHouse 函数的大段注释描述转移到了对 Options 结构体各字段的说明）。

当然这种方法也有不足的地方：

- 调用者可能会有如此疑问，传递 nil 和传递 &Options{} 之间有区别吗？
- 每次传递 Options 都要为 Options 中的所有字段进行显式赋值，即便调用者想使用某个配置项的默认值，赋值动作依然不可少；
- 调用者还可能有如此疑问，如果传递给 NewFinishedHourse 的 options 中的字段值在函数调用后发生了变化，会出现什么情况？

带着这些疑问，我们进入 NewFinishedHouse 的下一个版本。

版本 3：使用功能选项模式

Go 语言之父 Rob Pike 早在 2014 年就在其博文“自引用函数与选项设计”[⊖]中论述了一种被后人称为“功能选项”（functional option）的模式，这种模式应该是目前进行功能选项设计的最佳实践。

接下来我们就来看看使用功能选项模式实现的 NewFinishedHouse 是什么样的：

```
// chapter4/sources/variadic_function_9.go

type FinishedHouse struct {
    style                  int    // 0: Chinese; 1: American; 2: European
    centralAirConditioning bool   // true或false
    floorMaterial          string // "ground-tile"或"wood"
    wallMaterial           string // "latex"或"paper"或"diatom-mud"
}

type Option func(*FinishedHouse)

func NewFinishedHouse(options ...Option) *FinishedHouse {
    h := &FinishedHouse{
```

⊖ https://commandcenter.blogspot.com/2014/01/self-referential-functions-and-design.html

```
        // default options
        style:                  0,
        centralAirConditioning: true,
        floorMaterial:          "wood",
        wallMaterial:           "paper",
    }

    for _, option := range options {
        option(h)
    }

    return h
}

func WithStyle(style int) Option {
    return func(h *FinishedHouse) {
        h.style = style
    }
}

func WithFloorMaterial(material string) Option {
    return func(h *FinishedHouse) {
        h.floorMaterial = material
    }
}

func WithWallMaterial(material string) Option {
    return func(h *FinishedHouse) {
        h.wallMaterial = material
    }
}

func WithCentralAirConditioning(centralAirConditioning bool) Option {
    return func(h *FinishedHouse) {
        h.centralAirConditioning = centralAirConditioning
    }
}

func main() {
    fmt.Printf("%+v\n", NewFinishedHouse()) // 使用默认选项
    fmt.Printf("%+v\n", NewFinishedHouse(WithStyle(1),
        WithFloorMaterial("ground-tile"),
        WithCentralAirConditioning(false)))
}
```

运行一下该新版例子：

```
$ go run variadic_function_9.go
&{style:0 centralAirConditioning:true floorMaterial:wood wallMaterial:paper}
&{style:1 centralAirConditioning:false floorMaterial:ground-tile wallMaterial:paper}
```

我们看到在该方案中，FinishedHouse 的配置选项不是通过存储在结构体中的配置参数传入

的，而是通过对 FinishedHouse 值本身进行操作的函数调用（利用函数的“一等公民”特质）实现的，并且通过使用变长参数函数，我们可以随意扩展传入的配置选项的个数。

在设计和实现类似 NewFinishedHouse 这样带有配置选项的函数或方法时，功能选项模式让我们可以收获如下好处：

- 更漂亮的、不随时间变化的公共 API；
- 参数可读性更好；
- 配置选项高度可扩展；
- 提供使用默认选项的最简单方式；
- 使用更安全（不会像版本 2 那样在创建函数被调用后，调用者仍然可以修改 options）。

小结

在这一条中我们了解了我们日常使用最多却经常忽视的一类函数——变长参数函数，学习了它的原理以及如何通过它在特定场合简化代码逻辑。

本条要点：

- 了解变长参数函数的特点和约束；
- 变长参数函数可以在有限情况下模拟函数重载、可选参数和默认参数，但要谨慎使用，不要造成混淆；
- 利用变长参数函数实现功能选项模式。

第五部分 Part 5

接　　口

Go 语言推崇面向组合编程，而接口是 Go 语言中实践组合编程的重要手段。本部分将聚焦接口，涵盖接口的实现原理、接口的设计惯例、使用接口类型的注意事项以及接口类型对代码可测试性的影响等，希望大家通过这一部分的学习能对接口有一个深刻的认知。

Suggestion 26 第 26 条

了解接口类型变量的内部表示

如果要从 Go 语言中挑选出一个语言特性放入其他语言，我会选择接口。

——Russ Cox，Go 核心团队技术负责人

从语言设计角度来看，对于笔者来说，Go 的接口和并发是最令人兴奋的。**接口是 Go 这门静态类型语言中唯一“动静兼备”的语言特性。**

- 接口的静态特性
  - 接口类型变量具有静态类型，比如：var e error 中变量 e 的静态类型为 error。
  - 支持在编译阶段的类型检查：当一个接口类型变量被赋值时，编译器会检查右值的类型是否实现了该接口方法集合中的所有方法。
- 接口的动态特性
  - 接口类型变量兼具动态类型，即在运行时存储在接口类型变量中的值的真实类型。比如：var i interface{} = 13 中接口变量 i 的动态类型为 int。
  - 接口类型变量在程序运行时可以被赋值为不同的动态类型变量，从而支持运行时多态。

接口的动态特性让 Go 语言可以像纯动态语言（如 Python）中那样拥有使用“鸭子类型”（duck typing）[⊖]的灵活性，同时接口的静态特性还能保证“动态特性”使用时的安全性，比如：编译器在编译期即可捕捉到将 int 类型变量传给 error 接口类型变量这样的明显错误，决不会让这样的错误遗留，直到运行时才被发现。

但接口“动静兼备”的特性在带来强大表达能力的同时，也给 Go 语言初学者带来了不少困

⊖ 鸭子类型是动态编程语言用来实现多态的一种方式。它的原意是：如果一只鸟走起来像鸭子，游泳起来像鸭子，叫起来也像鸭子，那么它就是一只鸭子。引申为：只关心事物的外部行为而非内部结构。

惑。要想深入理解接口相关事宜，**了解接口的内部表示是关键**，也是学习好本部分后续内容的前提。在本条中，笔者就和大家一起来看看接口类型变量在内部究竟是如何表示的。

26.1 nil error 值 != nil

对于接口类型变量的内部表示，最能引起大家好奇心的例子如下（改编自 GO FAQ 中的例子[1]）：

```
// chapter5/sources/interface-internal-1.go

type MyError struct {
    error
}

var ErrBad = MyError{
    error: errors.New("bad error"),
}

func bad() bool {
    return false
}

func returnsError() error {
    var p *MyError = nil
    if bad() {
        p = &ErrBad
    }
    return p
}

func main() {
    e := returnsError()
    if e != nil {
        fmt.Printf("error: %+v\n", e)
        return
    }
    fmt.Println("ok")
}
```

在这个例子中，大家的关注点集中在 returnsError 这个函数上。该函数定义了一个 *MyError 类型的变量 p，初始值为 nil。如果函数 bad 返回 false，则 returnsError 函数直接将 p（此时 p = nil）作为返回值返回给调用者。而调用者会将 returnsError 函数的返回值（error 接口类型）与 nil 进行比较，并根据比较结果做出最终处理。

初学者的思路大致是这样的：p 为 nil，returnsError 返回 p，那么 main 函数中的 e 就等于 nil，于是程序输出 ok 后退出。但真实的运行结果是什么样的呢？我们来看一下：

[1] https://tip.golang.org/doc/faq

```
$go run interface-internal-1.go
error: <nil>
```

我们看到：示例程序并未如初学者预期的那样输出 ok，程序显然是进入了错误处理分支，输出了 e 的值。于是疑惑出现了：明明 returnsError 函数返回的 p 值为 nil，为何却满足了 if e != nil 的条件进入错误处理分支呢？要想弄清楚这个问题，非了解接口类型变量的内部表示不可。

26.2 接口类型变量的内部表示

接口类型“动静兼备”的特性决定了它的变量的内部表示绝不像静态类型（如 int、float64）变量那样简单。我们可以在 $GOROOT/src/runtime/runtime2.go 中找到接口类型变量在运行时的表示：

```
// $GOROOT/src/runtime/runtime2.go
type iface struct {
    tab  *itab
    data unsafe.Pointer
}

type eface struct {
    _type *_type
    data  unsafe.Pointer
}
```

我们看到在运行时层面，接口类型变量有两种内部表示——eface 和 iface，这两种表示分别用于不同接口类型的变量。

- eface：用于表示没有方法的空接口（empty interface）类型变量，即 interface{} 类型的变量。
- iface：用于表示其余拥有方法的接口（interface）类型变量。

这两种结构的共同点是都有两个指针字段，并且第二个指针字段的功用相同，都指向当前赋值给该接口类型变量的动态类型变量的值。

不同点在于 eface 所表示的空接口类型并无方法列表，因此其第一个指针字段指向一个 _type 类型结构，该结构为该接口类型变量的动态类型的信息：

```
// $GOROOT/src/runtime/type.go

type _type struct {
    size       uintptr
    ptrdata    uintptr
    hash       uint32
    tflag      tflag
    align      uint8
    fieldalign uint8
    kind       uint8
    alg        *typeAlg
```

```
    gcdata    *byte
    str       nameOff
    ptrToThis typeOff
}
```

而 iface 除了要存储动态类型信息之外，还要存储接口本身的信息（接口的类型信息、方法列表信息等）以及动态类型所实现的方法的信息，因此 iface 的第一个字段指向一个 itab 类型结构：

```
// $GOROOT/src/runtime/runtime2.go

type itab struct {
    inter *interfacetype
    _type *_type
    hash  uint32
    _     [4]byte
    fun   [1]uintptr
}
```

上面 itab 结构中的第一个字段 inter 指向的 interfacetype 结构存储着该接口类型自身的信息。interfacetype 类型定义如下，该 interfacetype 结构由类型信息（typ）、包路径名（pkgpath）和接口方法集合切片（mhdr）组成。

```
// $GOROOT/src/runtime/type.go
type interfacetype struct {
    typ     _type
    pkgpath name
    mhdr    []imethod
}
```

itab 结构中的字段 _type 则存储着该接口类型变量的动态类型的信息，字段 fun 则是动态类型已实现的接口方法的调用地址数组。

下面我们结合例子用图片来直观展现 eface 和 iface 的结构。

首先看一个用 eface 表示空接口类型变量的例子：

```
type T struct {
    n int
    s string
}

func main() {
    var t = T {
        n: 17,
        s: "hello, interface",
    }

    var ei interface{} = t // Go运行时使用eface结构表示ei
}
```

该例子对应于图 26-1。

下面是用 iface 表示非空接口类型变量的例子：

```
type T struct {
    n int
    s string
}

func (T) M1() {}
func (T) M2() {}

type NonEmptyInterface interface {
    M1()
    M2()
}

func main() {
    var t = T{
        n: 18,
        s: "hello, interface",
    }
    var i NonEmptyInterface = t
}
```

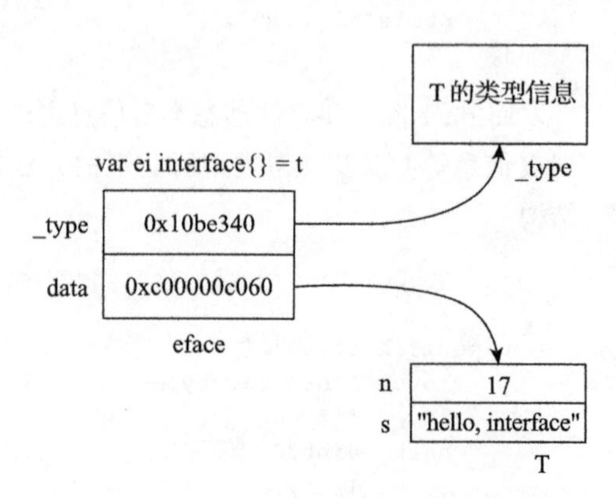

图 26-1 空接口类型变量 ei 的内部表示

和 eface 比起来，iface 的表示稍复杂些，该例子对应于图 26-2。

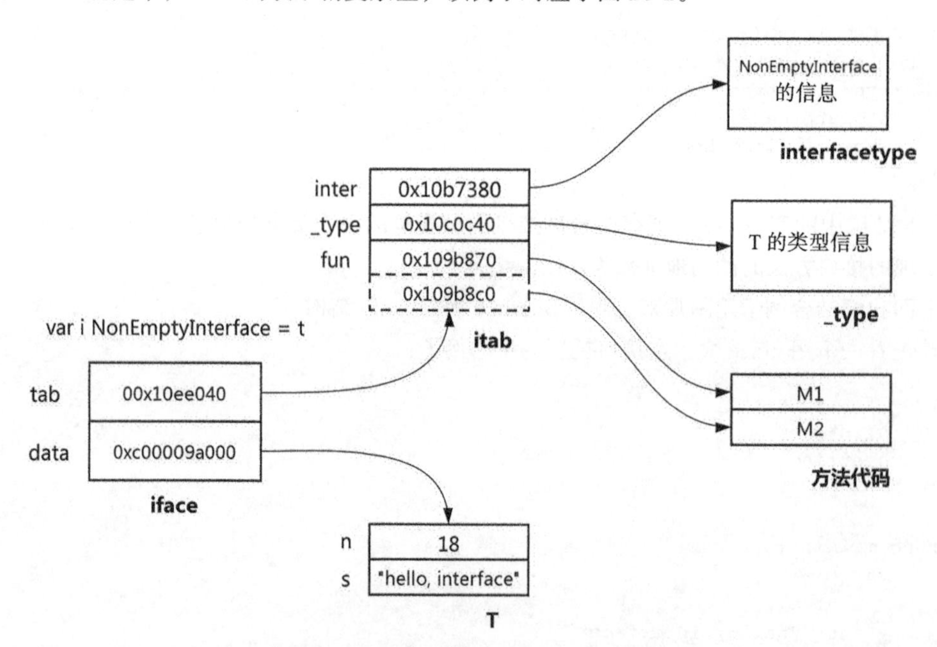

图 26-2 非空接口类型变量 i 的内部表示

由图 26-1 和图 26-2 可以看出，每个接口类型变量在运行时的表示都是由两部分组成的，这两种接口类型可以分别简记为 eface(_type, data) 和 iface(tab, data)。虽然 eface 和 iface 的第一个字段有所差别，但 tab 和 _type 可统一看作动态类型的类型信息。Go 语言中每种类型都有唯一的 _type

信息，无论是内置原生类型，还是自定义类型。Go 运行时会为程序内的全部类型建立只读的共享 _type 信息表，因此拥有相同动态类型的同类接口类型变量的 _type/tab 信息是相同的。而接口类型变量的 data 部分则指向一个动态分配的内存空间，该内存空间存储的是赋值给接口类型变量的动态类型变量的值。未显式初始化的接口类型变量的值为 nil，即该变量的 _type/tab 和 data 都为 nil。这样，我们要判断两个接口类型变量是否相等，只需判断类型和 data 都相等即可。如果类型不相等，那么接口变量一定不相等。如果类型相等：当接口变量的动态类型为指针时，直接比较 data 指针值；当为非指针时，比较 data 指向的内存空间的值。

肉眼辨别接口类型变量是否相等有些困难，我们可以引入一些帮助函数（helper function）。借助这些帮助函数，我们可以清晰地输出接口类型变量的内部表示，这样两个变量是否相等就一目了然了。

eface 和 iface 是 runtime 包中的非导出结构体定义，我们不能直接在包外使用，也就无法直接访问两个结构体中的数据。不过 Go 语言提供了 println 预定义函数，可以用来输出 eface 或 iface 的两个指针字段的值。println 在编译阶段会由编译器根据要输出的参数的类型将 println 替换为特定的函数，这些函数都定义在 $GOROOT/src/runtime/print.go 文件中，而针对 eface 和 iface 类型的打印函数实现如下：

```
// $GOROOT/src/runtime/print.go
func printeface(e eface) {
    print("(", e._type, ",", e.data, ")")
}

func printiface(i iface) {
    print("(", i.tab, ",", i.data, ")")
}
```

我们看到 printeface 和 printiface 会输出各自的两个指针字段的值。在下面的例子中，我们就使用 println 输出各类接口类型变量的内部表示信息，并结合输出结果解析接口类型变量的等值比较。

（1）nil 接口变量

未赋初始值的接口类型变量的值为 nil，这类变量即为 nil 接口变量，下面是这类变量的内部表示输出：

```
// chapter5/sources/interface-internal-2.go

func printNilInterface() {
    // nil接口变量
    var i interface{} // 空接口类型
    var err error     // 非空接口类型
    println(i)
    println(err)
    println("i = nil:", i == nil)
    println("err = nil:", err == nil)
    println("i = err:", i == err)
    println("")
}
```

```
// 输出结果

(0x0,0x0)
(0x0,0x0)
i = nil: true
err = nil: true
i = err: true
```

我们看到，无论是空接口类型变量还是非空接口类型变量，一旦变量值为 nil，那么它们内部表示均为 (0x0,0x0)，即类型信息和数据信息均为空。因此上面的变量 i 和 err 等值判断为 true。

（2）空接口类型变量

下面是空接口类型变量的内部表示输出的例子：

```
// chapter5/sources/interface-internal-2.go

func printEmptyInterface() {
    var eif1 interface{}  // 空接口类型
    var eif2 interface{}  // 空接口类型
    var n, m int = 17, 18

    eif1 = n
    eif2 = m

    println("eif1:", eif1)
    println("eif2:", eif2)
    println("eif1 = eif2:", eif1 == eif2)

    eif2 = 17
    println("eif1:", eif1)
    println("eif2:", eif2)
    println("eif1 = eif2:", eif1 == eif2)

    eif2 = int64(17)
    println("eif1:", eif1)
    println("eif2:", eif2)
    println("eif1 = eif2:", eif1 == eif2)

    println("")
}

// 输出结果

eif1: (0x10ac580,0xc00007ef48)
eif2: (0x10ac580,0xc00007ef40)
eif1 = eif2: false
eif1: (0x10ac580,0xc00007ef48)
eif2: (0x10ac580,0x10eb3d0)
eif1 = eif2: true
eif1: (0x10ac580,0xc00007ef48)
eif2: (0x10ac640,0x10eb3d8)
eif1 = eif2: false
```

从输出结果可以看到：对于空接口类型变量，只有在 _type 和 data 所指数据内容一致（注意：不是数据指针的值一致）的情况下，两个空接口类型变量之间才能画等号。

Go 在创建 eface 时一般会为 data 重新分配内存空间，将动态类型变量的值复制到这块内存空间，并将 data 指针指向这块内存空间。因此我们在多数情况下看到的 data 指针值是不同的。**但 Go 对于 data 的分配是有优化的**，也不是每次都分配新内存空间，就像上面的 eif2 的 0x10eb3d0 和 0x10eb3d8 两个 data 指针值，显然是直接指向了一块事先创建好的静态数据区。

（3）非空接口类型变量

下面是非空接口类型变量的内部表示输出的例子：

```
// chapter5/sources/interface-internal-2.go

func printNonEmptyInterface() {
    var err1 error // 非空接口类型
    var err2 error // 非空接口类型
    err1 = (*T)(nil)
    println("err1:", err1)
    println("err1 = nil:", err1 == nil)

    err1 = T(5)
    err2 = T(6)
    println("err1:", err1)
    println("err2:", err2)
    println("err1 = err2:", err1 == err2)

    err2 = fmt.Errorf("%d\n", 5)
    println("err1:", err1)
    println("err2:", err2)
    println("err1 = err2:", err1 == err2)

    println("")
}

// 输出结果

err1: (0x10ed120,0x0)
err1 = nil: false
err1: (0x10ed1a0,0x10eb310)
err2: (0x10ed1a0,0x10eb318)
err1 = err2: false
err1: (0x10ed1a0,0x10eb310)
err2: (0x10ed0c0,0xc000010050)
err1 = err2: false
```

与空接口类型变量一样，只有在 tab 和 data 所指数据内容一致的情况下，两个非空接口类型变量之间才能画等号。注意 err1 下面的赋值情况：

```
err1 = (*T)(nil)
```

针对这种赋值，println 输出的 err1 是 (0x10ed120, 0x0)，即非空接口类型变量的类型信息并不为空，数据指针为空，因此它与 nil(0x0,0x0) 之间不能画等号。

我们回到26.1节最后的那个问题。从returnsError返回的error接口类型变量e的数据指针虽然为空，但其类型信息（iface.tab）并不为空（而是*MyError对应的类型信息），因此与nil(0x0,0x0)自然不相等，这就是**那个问题的答案**。

（4）空接口类型变量与非空接口类型变量的等值比较

下面是非空接口类型变量和空接口类型变量之间进行比较的例子：

```
// chapter5/sources/interface-internal-2.go

func printEmptyInterfaceAndNonEmptyInterface() {
    var eif interface{} = T(5)
    var err error = T(5)
    println("eif:", eif)
    println("err:", err)
    println("eif = err:", eif == err)

    err = T(6)
    println("eif:", eif)
    println("err:", err)
    println("eif = err:", eif == err)
}

// 输出结果

eif: (0x10b3b00,0x10eb4d0)
err: (0x10ed380,0x10eb4d8)
eif = err: true
eif: (0x10b3b00,0x10eb4d0)
err: (0x10ed380,0x10eb4e0)
eif = err: false
```

空接口类型变量和非空接口类型变量内部表示的结构有所不同（第一个字段：_type vs. tab)，似乎一定不能相等。但Go在进行等值比较时，类型比较使用的是eface的_type和iface的tab._type，因此就像我们在这个例子中看到的那样，当eif和err都被赋值为T(5)时，两者之间是可以画等号的。

26.3 输出接口类型变量内部表示的详细信息

println输出的接口类型变量的内部表示信息在一般情况下都是足够的，但有些时候会显得过于简略。比如在上面最后一个例子中，如果仅凭eif: (0x10b3b00,0x10eb4d0)和err: (0x10ed380,0x10eb4d8)的输出，我们是无法想到两个变量居然是相等的。这时如果我们能输出接口类型变量内部表示的详细信息（如tab._type)，那势必可以取得事半功倍的效果。

前面提到过，eface和iface以及组成它们的itab和_type都是runtime包下的非导出结构体，我们无法在外部直接引用它们。不过组成eface、iface的类型都是基本数据类型，我们完全可以通过**复制代码**的方式将它们拿到runtime包外面来。由于runtime中的eface、iface或其组成类型可能随着 Go 版本的变化而变化，因此这个方法不具备跨版本兼容性：基于 Go 1.13 版本复制的代码，可能仅适用于使用 Go 1.13 版本编译。这里就以 Go 1.13 版本为例来讲解这个方法，相关代码如下。

```
// chapter5/sources/dumpinterface.go

const ptrSize = unsafe.Sizeof(uintptr(0))

...

type _type struct {
    size       uintptr
    ptrdata    uintptr
    hash       uint32
    tflag      tflag
    align      uint8
    fieldalign uint8
    kind       uint8
    alg        *typeAlg
    gcdata     *byte
    str        nameOff
    ptrToThis  typeOff
}

type itab struct {
    inter *interfacetype
    _type *_type
    hash  uint32
    _     [4]byte
    fun   [1]uintptr
}

type eface struct {
    _type *_type
    data  unsafe.Pointer
}

type iface struct {
    tab  *itab
    data unsafe.Pointer
}

// 仅适用于Go 1.13.x版本
func dumpEface(i interface{}) {
    ptrToEface := (*eface)(unsafe.Pointer(&i))
    fmt.Printf("eface: %+v\n", *ptrToEface)

    if ptrToEface._type != nil {
        // 输出_type
        fmt.Printf("\t _type: %+v\n", *(ptrToEface._type))
    }

    if ptrToEface.data != nil {
```

```
        // 输出data
        switch i.(type) {
        case int:
            dumpInt(ptrToEface.data)
        case float64:
            dumpFloat64(ptrToEface.data)
        case T:
            dumpT(ptrToEface.data)

        // 其他case
        default:
            fmt.Printf("\t data: unsupported type\n")
        }
    }
    fmt.Printf("\n")
}

func dumpItabOfIface(ptrToIface unsafe.Pointer) {
    p := (*iface)(ptrToIface)
    fmt.Printf("iface: %+v\n", *p)

    if p.tab != nil {
        // 输出itab
        fmt.Printf("\t itab: %+v\n", *(p.tab))
        // 输出itab中的inter
        fmt.Printf("\t\t inter: %+v\n", *(p.tab.inter))

        // 输出itab中的_type
        fmt.Printf("\t\t _type: %+v\n", *(p.tab._type))

        // 输出tab中的dump
        funPtr := unsafe.Pointer(&(p.tab.fun))
        fmt.Printf("\t\t fun: [")
        for i := 0; i < len((*(p.tab.inter)).mhdr); i++ {
            tp := (*uintptr)(unsafe.Pointer(uintptr(funPtr) + uintptr(i)*ptrSize))
            fmt.Printf("0x%x(%d),", *tp, *tp)
        }
        fmt.Printf("]\n")
    }
}

func dumpDataOfIface(i interface{}) {
    ptrToEface := (*eface)(unsafe.Pointer(&i))

    if ptrToEface.data != nil {
        // 输出data
        switch i.(type) {
        case int:
            dumpInt(ptrToEface.data)
        case float64:
            dumpFloat64(ptrToEface.data)
        case T:
            dumpT(ptrToEface.data)
```

```
        // 其他case
        default:
            fmt.Printf("\t data: unsupported type\n")
        }
    }
    fmt.Printf("\n")
}

func dumpT(dataOfIface unsafe.Pointer) {
    var p *T = (*T)(dataOfIface)
    fmt.Printf("\t data: %+v\n", *p)
}
...
```

鉴于篇幅有限，这里省略了部分代码。dumpinterface.go 中提供了以下 3 个主要函数。

- dumpEface：用于输出空接口类型变量的内部表示信息。
- dumpItabOfIface：用于输出非空接口类型变量的 tab 字段信息。
- dumpDataOfIface：用于输出非空接口类型变量的 data 字段信息。

我们利用这 3 个函数来输出前面 printEmptyInterfaceAndNonEmptyInterface 函数中的接口类型变量的信息，代码如下。

```
// chapter5/sources/interface-internal-3.go

type T int

func (t T) Error() string {
    return "bad error"
}

func main() {
    var eif interface{} = T(5)
    var err error = T(5)
    println("eif:", eif)
    println("err:", err)
    println("eif = err:", eif == err)

    dumpEface(eif)
    dumpItabOfIface(unsafe.Pointer(&err))
    dumpDataOfIface(err)
}
```

运行上述代码：

```
$go run interface-internal-3.go dumpinterface.go
eif: (0x10b4300,0x10ec430)
err: (0x10ee300,0x10ec438)
eif = err: true
eface: {_type:0x10b4300 data:0x10ec430}
    _type: {size:8 ptrdata:0 hash:1156555957 tflag:7 align:8 fieldalign:8 kind:2
        alg:0x1179ad0 gcdata:0x10eb038 str:7042 ptrToThis:103712}
    data: bad error
```

```
iface: {tab:0x10ee300 data:0x10ec438}
    itab: {inter:0x10b7340 _type:0x10b4300 hash:1156555957 _:[0 0 0 0]
        fun:[17414384]}
        inter: {typ:{size:16 ptrdata:16 hash:235953867 tflag:7 align:8 fieldalign:8
            kind:20 alg:0x1179b00 gcdata:0x10eb039 str:5450 ptrToThis:47552}
            pkgpath:{bytes:<nil>} mhdr:[{name:4168 ityp:69920}]}
        _type: {size:8 ptrdata:0 hash:1156555957 tflag:7 align:8 fieldalign:8
            kind:2 alg:0x1179ad0 gcdata:0x10eb038 str:7042 ptrToThis:103712}
        fun: [0x109b8f0(17414384),]
    data: bad error
```

从输出结果中我们看到，eif 的 _type（0x10b4300）与 err 的 tab._type（0x10b4300）是一致的，data 指针所指内容（"bad error"）也是一致的，因此 eif == err 表达式的结果为 true。

上述实现可能仅适用于 Go 1.13 版本，并且在输出 data 内容时没有列出全部类型的实现，读者可根据自己的需要实现其余数据类型。

26.4 接口类型的装箱原理

装箱（boxing）是编程语言领域的一个基础概念，一般是指把值类型转换成引用类型，比如在支持装箱的 Java 语言中，将一个 int 变量转换成 Integer 对象就是一个装箱操作。在 Go 语言中，将任意类型赋值给一个接口类型变量都是装箱操作。有了前面对接口类型变量内部表示的了解，我们知道接口类型的装箱实则就是创建一个 eface 或 iface 的过程。接下来我们简要描述一下这个过程，即接口类型的装箱原理。

我们基于下面这个例子中的接口装箱操作来说明：

```
// chapter5/sources/interface-internal-4.go

type T struct {
    n int
    s string
}

func (T) M1() {}
func (T) M2() {}

type NonEmptyInterface interface {
    M1()
    M2()
}

func main() {
    var t = T{
        n: 17,
        s: "hello, interface",
    }
    var ei interface{}
    ei = t
```

```
    var i NonEmptyInterface
    i = t
    fmt.Println(ei)
    fmt.Println(i)
}
```

上述例子中对 ei 和 i 两个接口类型变量的赋值均会触发装箱操作，要想知道 Go 在背后做了些什么，我们需要“下沉”一层，输出上面 Go 代码对应的汇编代码：

```
$go tool compile -S interface-internal-4.go > interface-internal-4.s

// interface-internal-4.s

// 对应ei = t一行的汇编如下
...
0x00b6 00182 (interface-internal-4.go:24)       PCDATA  $0, $1
0x00b6 00182 (interface-internal-4.go:24)       PCDATA  $1, $1
0x00b6 00182 (interface-internal-4.go:24)       LEAQ    ""..autotmp_15+408(SP), AX
0x00be 00190 (interface-internal-4.go:24)       PCDATA  $0, $0
0x00be 00190 (interface-internal-4.go:24)       MOVQ    AX, 8(SP)
0x00c3 00195 (interface-internal-4.go:24)       CALL    runtime.convT2E(SB)
...

// 对应i = t一行的汇编如下

0x0128 00296 (interface-internal-4.go:27)       PCDATA  $0, $1
0x0128 00296 (interface-internal-4.go:27)       PCDATA  $1, $4
0x0128 00296 (interface-internal-4.go:27)       LEAQ    ""..autotmp_15+408(SP), AX
0x0130 00304 (interface-internal-4.go:27)       PCDATA  $0, $0
0x0130 00304 (interface-internal-4.go:27)       MOVQ    AX, 8(SP)
0x0135 00309 (interface-internal-4.go:27)       CALL    runtime.convT2I(SB)
...
```

在将动态类型变量赋值给接口类型变量语句对应的汇编代码中，我们看到了 convT2E 和 convT2I 两个 runtime 包的函数。这两个函数的实现位于 $GOROOT/src/runtime/iface.go 中：

```
// $GOROOT/src/runtime/iface.go
func convT2E(t *_type, elem unsafe.Pointer) (e eface) {
    if raceenabled {
        raceReadObjectPC(t, elem, getcallerpc(), funcPC(convT2E))
    }
    if msanenabled {
        msanread(elem, t.size)
    }
    x := mallocgc(t.size, t, true)
    typedmemmove(t, x, elem)
    e._type = t
    e.data = x
    return
}
```

```
func convT2I(tab *itab, elem unsafe.Pointer) (i iface) {
    t := tab._type
    if raceenabled {
        raceReadObjectPC(t, elem, getcallerpc(), funcPC(convT2I))
    }
    if msanenabled {
        msanread(elem, t.size)
    }
    x := mallocgc(t.size, t, true)
    typedmemmove(t, x, elem)
    i.tab = tab
    i.data = x
    return
}
```

convT2E 用于将任意类型转换为一个 eface，convT2I 用于将任意类型转换为一个 iface。两个函数的实现逻辑相似，主要思路就是根据传入的类型信息（convT2E 的 _type 和 convT2I 的 tab._type）分配一块内存空间，并将 elem 指向的数据复制到这块内存空间中，最后传入的类型信息作为返回值结构中的类型信息，返回值结构中的数据指针（data）指向新分配的那块内存空间。

由此我们也可以看出，经过装箱后，箱内的数据（存放在新分配的内存空间中）与原变量便无瓜葛了，除非是指针类型。

```
// chapter5/sources/interface-internal-5.go
func main() {
    var n int = 61
    var ei interface{} = n
    n = 62  // n的值已经改变
    fmt.Println("data in box:", ei) // 输出仍是61
}
```

那么 convT2E 和 convT2I 函数的类型信息从何而来？这些都依赖 Go 编译器的工作。编译器知道每个要转换为接口类型变量（toType）的动态类型变量的类型（fromType），会根据这一类型选择适当的 convT2X 函数（见下面代码中的 convFuncName），并在生成代码时使用选出的 convT2X 函数参与装箱操作：

```
// $GOROOT/src/cmd/compile/internal/gc/walk.go

func walkexpr(n *Node, init *Nodes) *Node {
    ...
opswitch:
    switch n.Op {
        ...
    case OCONVIFACE:
        n.Left = walkexpr(n.Left, init)

        fromType := n.Left.Type
        toType := n.Type
        ...
```

```
        fnname, needsaddr := convFuncName(fromType, toType)

        if !needsaddr && !fromType.IsInterface() {
            // ptr = convT2X(val)
            // e = iface{typ/tab, ptr}
            fn := syslook(fnname)
            dowidth(fromType)
            fn = substArgTypes(fn, fromType)
            dowidth(fn.Type)
            call := nod(OCALL, fn, nil)
            call.List.Set1(n.Left)
            call = typecheck(call, ctxExpr)
            call = walkexpr(call, init)
            call = safeexpr(call, init)
            e := nod(OEFACE, typeword(), call)
            e.Type = toType
            e.SetTypecheck(1)
            n = e
            break
        }
        ...
    }
    ...
}
```

装箱是一个有性能损耗的操作，因此 Go 在不断对装箱操作进行优化，包括对常见类型（如整型、字符串、切片等）提供一系列快速转换函数：

```
// $GOROOT/src/cmd/compile/internal/gc/builtin/runtime.go
// 实现在 $GOROOT/src/runtime/iface.go中
func convT16(val any) unsafe.Pointer     // val必须是一个uint-16相关类型的参数
func convT32(val any) unsafe.Pointer     // val必须是一个unit-32相关类型的参数
func convT64(val any) unsafe.Pointer     // val必须是一个unit-64相关类型的参数
func convTstring(val any) unsafe.Pointer // val必须是一个字符串类型的参数
func convTslice(val any) unsafe.Pointer  // val必须是一个切片类型的参数
```

这些函数去除了 typedmemmove 操作，增加了零值快速返回等。

同时 Go 建立了 staticbytes 区域，对 byte 大小的值进行装箱操作时不再分配新内存[⊖]，而是利用 staticbytes 区域的内存空间，如 bool 类型等。

```
// $GOROOT/src/runtime/iface.go
// staticbytes用来避免对字节大小的值进行convT2E转换
var staticbytes = [...]byte{
    0x00, 0x01, 0x02, 0x03, 0x04, 0x05, 0x06, 0x07,
    0x08, 0x09, 0x0a, 0x0b, 0x0c, 0x0d, 0x0e, 0x0f,
    ...
}
```

⊖ https://github.com/golang/go/issues/17725

小结

本条从 Go FAQ 中的一个例子出发，解释了 nil 接口变量不等于 nil 的原因，并和大家一起深入探究了 Go 接口类型的两种内部表示，了解了接口类型变量的装箱过程。

本条要点：

- 接口类型变量在运行时表示为 eface 和 iface，eface 用于表示空接口类型变量，iface 用于表示非空接口类型变量；
- 当且仅当两个接口类型变量的类型信息（eface._type/iface.tab._type）相同，且数据指针（eface.data/iface.data）所指数据相同时，两个接口类型才是相等的；
- 通过 println 可以输出接口类型变量的两部分指针变量的值；
- 可通过复制 runtime 包 eface 和 iface 相关类型源码，自定义输出 eface/iface 详尽信息的函数；
- 接口类型变量的装箱操作由 Go 编译器和运行时共同完成。

第 27 条 Suggestion 27

尽量定义小接口

接口越大，抽象程度越低。

——Rob Pike，Go 语言之父

在上一条中我们提到，接口是 Go 语言最重要的语法元素之一，对 Go 编程思维有着重要影响。那么如何定义接口呢？下面就来看看 Go 在接口定义上的一个惯例。

27.1 Go 推荐定义小接口

接口就是将对象的行为进行抽象而形成的**契约**。契约有繁有简，Go 选择了**去繁就简**，这主要体现在以下两点上。

- 契约的自动遵守：Go 语言中接口与其实现者之间的关系是隐式的，无须像其他语言（如 Java）那样要求实现者显式放置 implements 声明；实现者仅需实现接口方法集中的全部方法，便算是自动遵守了契约，实现了该接口。
- 小契约：契约繁了便束缚了手脚，降低了灵活性，抑制了表现力。Go 选择使用**小契约**，表现在代码上便是尽量定义**小接口**。

下面是 Go 标准库中的一些常用接口的定义：

```
// $GOROOT/src/builtin/builtin.go
type error interface {
    Error() string
}

// $GOROOT/src/io/io.go
type Reader interface {
```

```
    Read(p []byte) (n int, err error)
}

// $GOROOT/src/net/http/server.go
type Handler interface {
    ServeHTTP(ResponseWriter, *Request)
}

type ResponseWriter interface {
    Header() Header
    Write([]byte) (int, error)
    WriteHeader(int)
}
```

我们看到上述接口的方法数量为 1～3 个，这种小接口的 Go 最佳实践已被 Go 程序员和各个社区项目广泛采用。图 27-1 是对 Go 标准库（Go 1.13 版本）、Docker 项目（Docker 19.03 版本）及 Kubernetes 项目（Kubernetes 1.17 版本）中所定义接口的方法数的统计[⊖]数据折线图（X 轴为接口的方法数量，Y 轴是接口数量）。

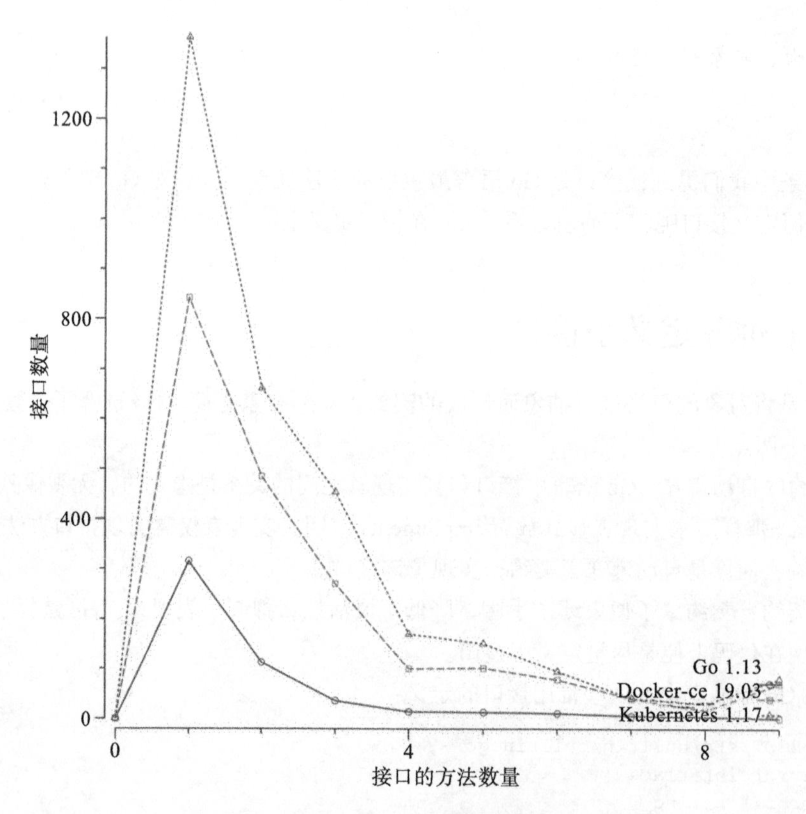

图 27-1 接口定义中方法数量的统计数据

⊖ 接口方法数量统计工具：https://github.com/bigwhite/itfmc。

从图 27-1 中我们可以看到，无论是标准库还是社区项目，都遵循了“尽量定义小接口”的建议，方法数量在 1～3 个范围内的接口占了绝大多数。图 27-2 是每个项目的接口方法数量占比的柱状图，对比起来看会更直观一些。

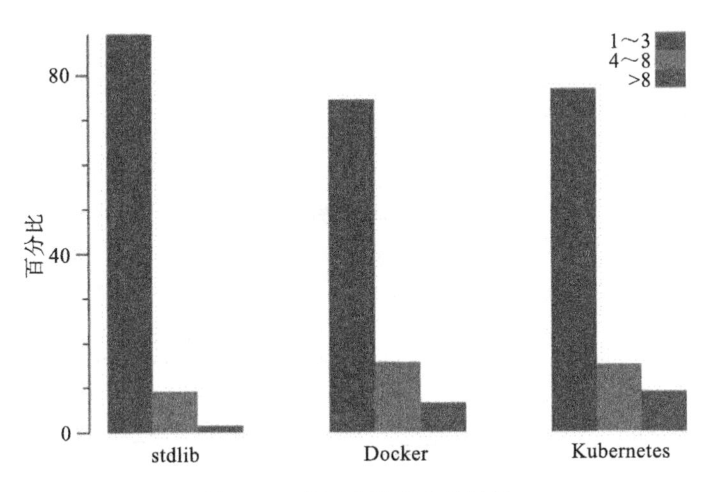

图 27-2 接口方法数占比数据

27.2 小接口的优势

小接口受到 Gopher 青睐是因为它有以下几点优势。

1. 接口越小，抽象程度越高，被接纳度越高

计算机程序本身就是对真实世界的抽象与再建构。抽象是对同类事物去除其个别的、次要的方面，抽取其相同的、主要的方面的方法。不同的抽象程度会导致抽象出的概念对应的事物的集合不同。抽象程度越高，对应的集合空间越大；抽象程度越低（越具象，越接近事物的真实面貌），对应的集合空间越小。图 27-3 就是对不同抽象程度的形象诠释。

图 27-3 分别建立了三个抽象。

- 会飞的：对应的事物集合包括蝴蝶、蜜蜂、麻雀、天鹅、鸳鸯、海鸥和信天翁。
- 会游泳的：对应的事物集合包括鸭子、海豚、人类、天鹅、鸳鸯、海鸥和信天翁。
- 会飞且会游泳的：对应的事物集合包括天鹅、鸳鸯、海鸥和信天翁。

我们看到“会飞的”和“会游泳的”这两个抽象对应的事物集合空间要大于“会飞且会游泳的”所对应的事物集合空间，也就是说“会飞的”和“会游泳的”这两个抽象的抽象程度更高。

我们将上面的抽象转换为下面的 Go 代码：

```
// 会飞的
type Flyable interface {
    Fly()
}
```

```
// 会游泳的
type Swimmable interface {
    Swim()
}

// 会飞且会游泳的
type FlySwimmable interface {
    Flyable
    Swimmable
}
```

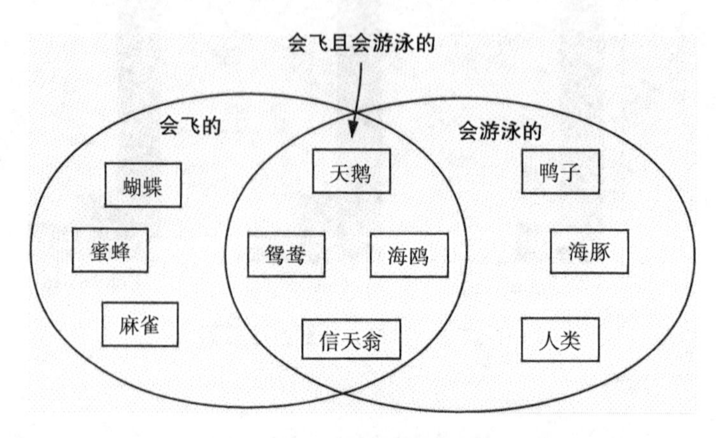

图 27-3 抽象概念示意图

我们用上面定义的接口替换图 27-3 中的抽象得到图 27-4。

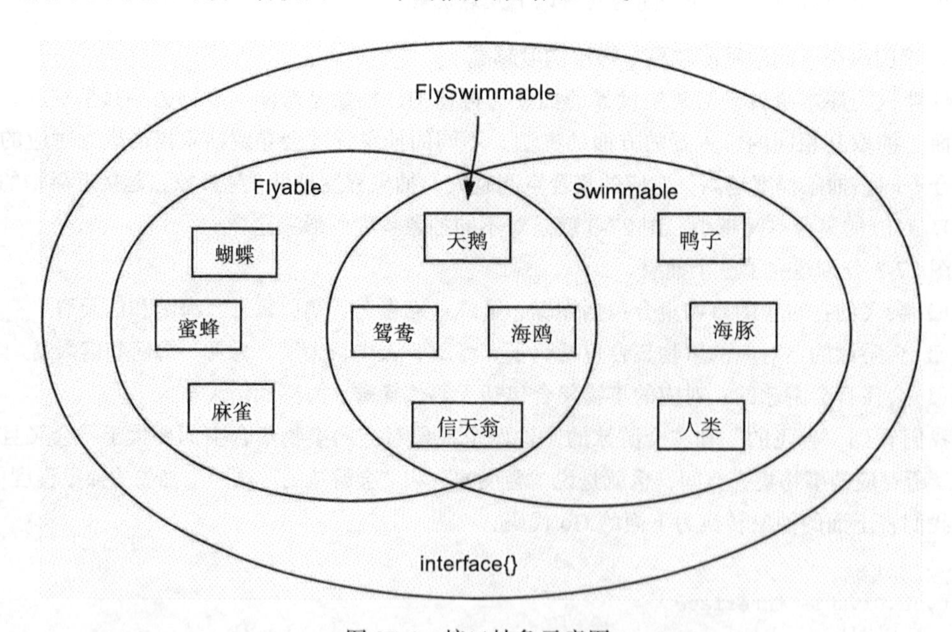

图 27-4 接口抽象示意图

可以直观地看到，接口越小（接口方法少），抽象程度越高，对应的事物集合越大，即被事物接纳的程度越高。而这种情况的极限恰是无方法的空接口 interface{}，空接口的这个抽象对应的事物集合空间包含了 Go 语言世界的所有事物。

2. 易于实现和测试

这是一个显而易见的优点。小接口拥有较少的方法，一般情况下仅有一个方法。要想满足这一接口，我们仅需实现一个方法或少数几个方法即可，这显然要比实现拥有较多方法的接口容易得多。尤其是在单元测试环节，构建类型去实现仅有少量方法的接口要比实现拥有较多方法的接口轻松很多。（快速实现拥有较多方法的接口以满足测试需要的技巧可参见第 24 条。）

3. 契约职责单一，易于复用组合

Go 的设计原则推崇通过组合的方式构建程序。Go 开发人员一般会首先尝试通过嵌入其他已有接口类型的方式来构建新接口类型，就像通过嵌入 io.Reader 和 io.Writer 构建 io.ReadWriter 那样。

如果有众多接口类型可选，怎么选择呢？很显然，应该选择那些新接口类型需要的契约职责，同时要求不要引入我们不需要的契约职责。在这样的情况下，拥有一个或少数几个方法的小接口便更有可能成为我们的目标，而那些拥有较多方法的大接口则大多会因引入诸多不需要的契约职责而被放弃。由此可见，小接口更契合 Go 的组合思想，也更容易发挥出组合的威力。

27.3 定义小接口可以遵循的一些点

保持简单有时候比做复杂更难。小接口虽好，但如何定义小接口是摆在所有 Gopher 面前的一道难题。这道题没有标准答案，但有一些点可供大家在实践中考量或遵循。

1. 抽象出接口

要设计和定义小接口，需要先有接口。

Go 语言还比较年轻，其设计哲学和推崇的编程理念可能还未被广大 Gopher 完全理解、接纳和应用于实践当中，尤其是 Go 所推崇的基于接口的组合思想。尽管接口不是 Go 独有的，但专注于接口是编写强大而灵活的 Go 代码的关键。因此，在定义小接口之前，我们需要首先深入理解**问题域**，聚焦抽象并发现接口（见图 27-5）。

初期不要在意接口的大小，因为对问题域的理解是循序渐进的，期望在第一版代码中直接定义出小接口可能并不现实。标准库中的 io.Reader 和 io.Writer 也不是在 Go 刚诞生时就有的，而是在发现对网络、文件、其他字节数据处理的实现十分相似之后才抽象出来的。此外，越偏向业务层，抽象难度越高，这或许也是图 27-1 中 Go 标准库小接口（1～3 个方法）数量占比略高于 Docker 和 Kubernetes 这两个社区项目的原因。

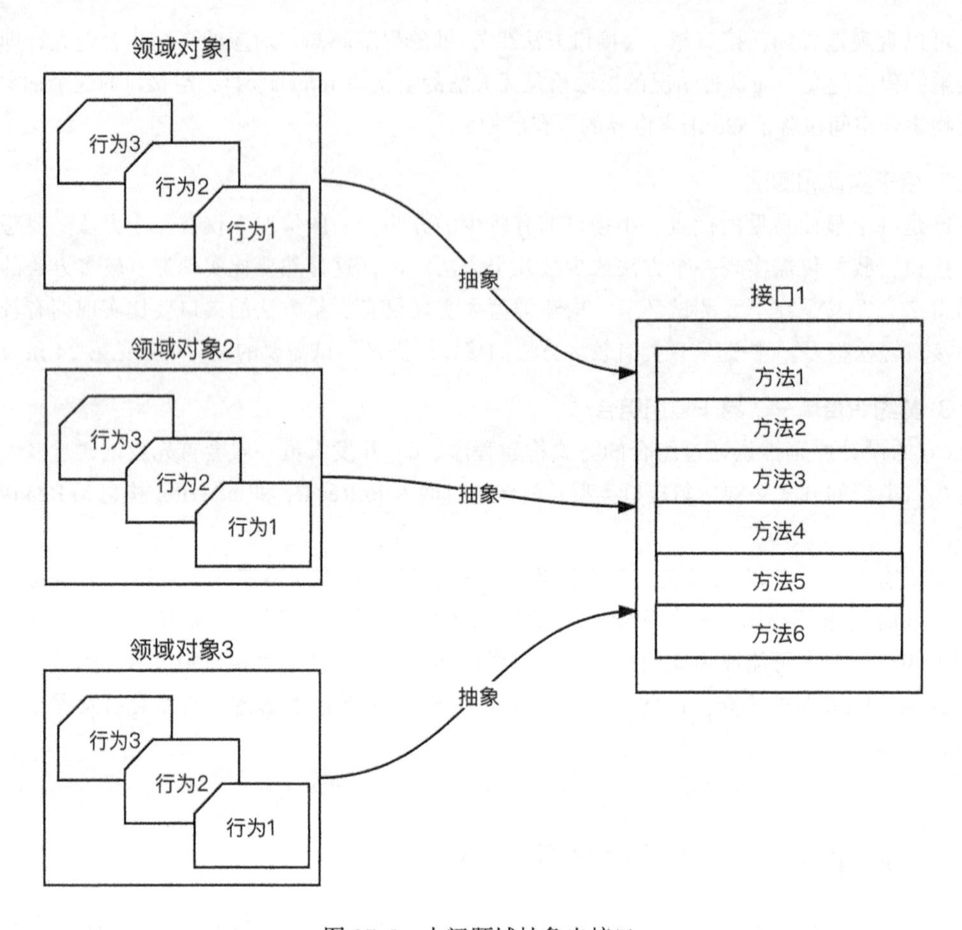

图 27-5 由问题域抽象出接口

2. 将大接口拆分为小接口

有了接口后，我们就会看到接口被用在代码的各个地方。一段时间后，我们来分析哪些场合使用了接口的哪些方法，是否可以将这些场合使用的接口的方法提取出来放入一个新的小接口中，就像图 27-6 中的那样。

在图 27-6 中，大接口 1 定义了 6 个方法。一段时间后，我们发现方法 1 和方法 2 经常用在场合 1 中，方法 3 和方法 4 经常用在场合 2 中，方法 5 和方法 6 经常用在场合 3 中。这说明大接口 1 的方法呈现出一种按业务逻辑自然分组的状态。于是我们将这三组方法分别提取出来放入三个小接口中，即将大接口 1 拆分为三个小接口 A、B 和 C。拆分后，原应用场合 1～3 使用接口 1 的地方可以无缝替换为使用接口 A、B、C 了。

3. 接口的单一契约职责

上面拆分出的小接口是否需要进一步拆分直至每个接口都只有一个方法呢？这一点依然没有标准答案，不过大家可以考量现有小接口是否需要满足单一契约职责，就像 io.Reader 那样。

如果需要，则可进一步拆分，提升抽象程度。

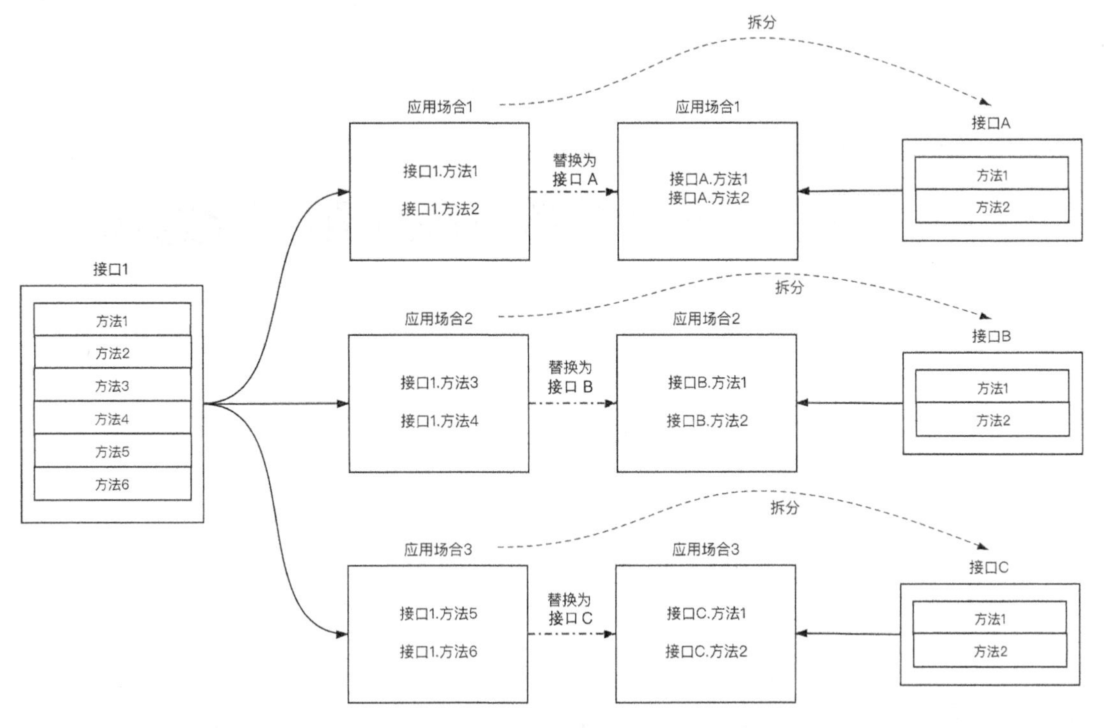

图 27-6　将大接口拆分为小接口

小结

本条介绍了 Go 在接口定义上的一个惯例，即“尽量定义小接口”，并给出了小接口的优点以及定义小接口的思路。

本条要点：

- 接口是将对象的行为进行抽象而形成的契约；
- Go 青睐定义小接口，即方法数量为 1～3 个、通常为 1 个的接口（这种最佳实践被 Go 社区项目广泛采纳）；
- 小接口抽象程度高，被接纳度高，易于实现和测试，易于复用组合；
- 先抽象出接口，再拆分为小接口，另外接口的契约职责应尽可能保持单一。

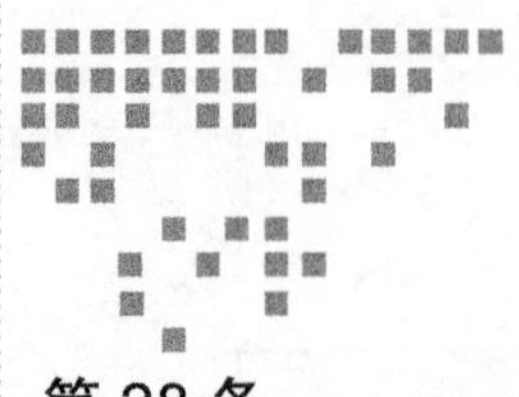

Suggestion 28 第28条

尽量避免使用空接口作为函数参数类型

空接口不提供任何信息。

——Rob Pike，Go语言之父

现今主流编程语言中，第一个正式支持接口的是Java。在Java中，如果某个类要实现一个接口，它需要显式使用implements关键字作出声明，就像下面这样，否则即便该类实现了接口类型的所有方法，这个类也不算这个接口的实现者。

```
interface MyInterface {
    ...
}

public class MyInterfaceImpl implements MyInterface {
    ...
}
```

如果这个类要实现多个接口，可以在implements后面放置多个接口名，接口名之间使用逗号分隔：

```
public class MyInterfaceImpl implements MyInterface, MyInterface1, MyInterface2 {
    ...
}
```

在该类成为某个接口类型的实现者之后，我们就可以将其实例传递给该接口类型变量了：

```
MyInterface i = new MyInterfaceImpl();
```

下面是一个完整的示例：

```
// chapter5/sources/java_stringer/StringerInterface.java
package stringer;
```

```
interface Stringer {
    String String();
}

public class StringerInterface {
    public static String concat(Stringer a, Stringer b) {
        return a.String()+b.String();
    }

    public static void main(String args[]){
        bar b = new bar();
        b.s = "hello";
        foo f = new foo();
        f.i = 5;
        System.out.println(concat(b, f));
    }
}

// chapter5/sources/java_stringer/bar.java
package stringer;

public class bar implements Stringer {
    String s;
    public String String() {
        return s;
    }
}

// chapter5/sources/java_stringer/foo.java
package stringer;

public class foo implements Stringer {
    int i;
    public String String() {
        return Integer.toString(i);
    }
}
```

上面的代码定义了一个 Stringer 接口，两个 Java 类 foo 和 bar 分别实现了该接口。concat 方法接受两个 Stringer 类型的参数，并将两个参数的 String 方法的调用结果连接后返回。

运行该示例：

```
$make
javac foo.java bar.java StringerInterface.java
mv *.class stringer
$java stringer/StringerInterface
hello5
```

我们看到，在 Java 中，要实现一个接口，以下两个条件必须同时满足：

- ❑ 使用 implements 关键字显式声明要实现的接口；
- ❑ 实现接口的所有方法。

Java 编译器会在编译阶段对接口类型变量的赋值进行匹配判定，如果不能同时满足上述两个条件，Java 编译器就会报错，不会让这类错误**“漏”**到运行时发生。

动态语言由于无须静态声明变量类型，因而可以将任意数据类型传递给方法。下面是使用 Ruby 实现 Stringer 接口和 concat 方法的例子：

```
// chapter5/sources/ruby_stringer/stringer_interface.rb

#!/usr/bin/env ruby
# -*- coding: UTF-8 -*-

def concat(a, b)
    unless a.respond_to?(:string) && b.respond_to?(:string)
        raise ArgumentError, "无效参数"
    end
    a.string() + b.string()
end

class Stringer
    def string
        raise NotImplementedError
    end
end

class Foo
    def initialize(i)
        @i=i
    end
    def string
        @i.to_s
    end
end

class Bar
    def initialize(s)
        @s=s
    end
    def string
        @s
    end
end

f = Foo.new(5)
b = Bar.new("hello")
puts concat(b, f)
```

Ruby 本身并不支持接口，这里仅是一个**模拟实现**（当然还可以使用 Ruby 的 module mixin 来实现）。我们定义了一个名为 Stringer 的类来模拟接口，我们在它的 string 方法实现中抛出异常，暗示该类被用于模拟一个接口。其实该类也可以去掉，这里是为了让大家能更直观地感受到接口才将其保留。concat 函数接受两个参数，并期望两个参数的实参对象都支持 string 方法。但由于动态语言可以传入任意类型，因此这里针对参数做了一些安全检查。

运行该示例：

```
$ruby stringer_interface.rb
hello5
```

我们看到，与 Java 的严格约束和编译期检查不同，动态语言走向另一个“极端”：接口的实现者无须做任何显式的接口实现声明，Ruby 解释器也不做任何检查。（可以手动在实现中增加一些检查以提升安全性，就像上面 concat 函数中做的那样。）

Go 对接口的支持介于这两种语言之间。一方面，在 Go 中你不必像 Java 那样显式声明某个类型实现了某个接口，这使 Go 在某种意义上与 Ruby 类似；另一方面，你必须声明该接口，这又与接口在 Java 等静态类型语言中的工作方式更加接近。这种不需要类型显式声明实现了某个接口的方式可以使种类繁多的类型与接口匹配，包括那些存量的、并非由你编写的代码以及你无法编辑的代码（如标准库）。

Go 的这种方式兼顾安全性和灵活性，其中安全性是由 Go 编译器来保证的，而为编译器提供输入信息的恰是接口类型的定义。比如下面的接口：

```
// $GOROOT/src/io/io.go
type Reader interface {
    Read(p []byte) (n int, err error)
}
```

Go 编译器通过解析该接口定义得到接口的名字信息及方法信息，在为此接口类型参数赋值时，编译器就会根据这些信息对实参进行检查。这时，如果函数或方法的参数类型为空接口 interface{}，会发生什么呢？这恰好就应了本条开头引用的 Rob Pike 的那句话：“空接口不提供任何信息。”这里“提供”一词的对象不是开发者，而是编译器。在函数或方法参数中使用空接口类型，意味着你没有为编译器提供关于传入实参数据的任何信息，因此，你将失去静态类型语言类型安全检查的**保护屏障**，你需要自己检查类似的错误，并且直到运行时才能发现此类错误。

因此，建议广大 Gopher 尽可能抽象出带有一定行为契约的接口，并将其作为函数参数类型，**尽量不要使用可以逃过编译器类型安全检查的空接口类型**（interface{}）。

在这方面，Go 标准库做出了表率。全面搜索标准库后，你可以发现以 interface{} 为参数类型的方法和函数少之又少。使用 interface{} 作为参数类型的函数或方法主要有两类：

- 容器算法类，比如 sort 包、sync.Map 包以及 container 下的 heap、list 和 ring 包等；
- 格式化 / 日志类，比如 fmt 包、log 包等。

这些函数或方法的共同特点是它们面对的都是未知类型的数据，因此使用 interface{} 也可以理解为 Go 语言尚未支持泛型的一个权宜之计。

最后，总结一下，本条的主要内容如下：

- 仅在处理未知类型数据时使用空接口类型；
- 在其他情况下，尽可能将你需要的行为抽象成带有方法的接口，并使用这样的非空接口类型作为函数或方法的参数。

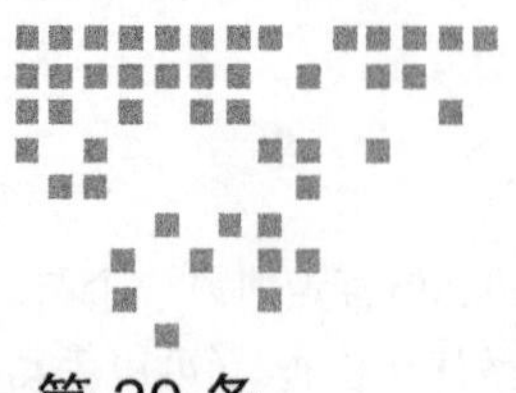

Suggestion 29 第 29 条

使用接口作为程序水平组合的连接点

如果说 C++ 和 Java 是关于类型层次结构和类型分类的语言，那么 Go 则是关于组合的语言。

——Rob Pike，Go 语言之父

“偏好组合，正交解耦”是 Go 语言的重要设计哲学之一。如果说**“追求简单”**聚焦的是为 Go 程序提供各种小而精的零件，那么**组合**关注的就是如何将这些零件关联到一起，搭建出程序的静态骨架。在这一条中，我们将学习接口在面向组合编程时可以起到哪些关键作用。

29.1 一切皆组合

在语言设计层面，Go 提供了诸多正交的语法元素供后续组合使用，包括：

- Go 语言无类型体系（type hierarchy），类型定义正交独立；
- 方法和类型是正交的，每种类型都可以拥有自己的方法集合；
- 接口与其实现者之间无显式关联。

正交性为“组合”哲学的落地提供了前提，而组合就像本条开头引用的 Rob Pike 的观点那样，是 Go 程序内各组件间的主要耦合方式，也是搭建 Go 程序静态结构的主要方式。

Go 语言中主要有两种组合方式。

- 垂直组合（类型组合）：Go 语言主要通过类型嵌入机制实现垂直组合，进而实现方法实现的复用、接口定义重用等。
- 水平组合：通常 Go 程序以接口类型变量作为程序水平组合的连接点。接口是水平组合的关键，它就好比程序肌体上的关节，给予连接关节的两个部分或多个部分各自自由活动的能力，而整体又实现了某种功能。

29.2　垂直组合回顾

传统面向对象编程语言（如 C++）多是通过继承的方式建构出自己的类型体系的，但 Go 语言并没有类型体系的概念。Go 语言通过类型的**垂直组合**而不是继承让单一类型**承载更多的功能**。由于不是继承，所以也就没有“父子类型”的概念，也没有向上、向下转型（type casting）；被嵌入的类型也不知道将其嵌入的外部类型的存在。调用方法时，方法的匹配取决于方法名称，而不是类型。

Go 语言通过类型嵌入实现垂直组合。组合方式莫过于以下 3 种。

（1）通过嵌入接口构建接口

通过在接口定义中嵌入其他接口类型实现接口行为聚合，组成大接口。这种方式在标准库中尤为常见，比如下面 io 包中的例子：

```
// $GOROOT/src/io/io.go
type ReadWriter interface {
    Reader
    Writer
}
```

（2）通过嵌入接口构建结构体

通过嵌入接口类型的方式构建结构体类型，就像下面的示例代码：

```
type MyReader struct {
    io.Reader // 底层的reader
    N int64   // 剩余最大字节数
}
```

嵌入 io.Reader 的 MyReader 类型自然实现了 io.Reader 接口。另外前面提到过，在结构体中嵌入接口可以用于快速构建满足某一接口的结构体类型，以满足某单元测试的需要，而我们仅需实现少数需要的接口方法即可，尤其是在将这样的结构体类型变量赋值给大接口时。

（3）通过嵌入结构体构建新结构体

下面是通过嵌入 Mutex 结构体类型构建 poolLocal 结构体类型的示例：

```
// $GOROOT/src/sync/pool.go
type poolLocal struct {
    private interface{}
    shared  []interface{}
    Mutex
    pad     [128]byte
}
```

这样嵌入 Mutex 的 poolLocal“继承”了 Mutex 的 Lock 和 Unlock 实现，但实质上在结构体中嵌入接口类型名和在结构体中嵌入其他结构体都是“委派模式”（delegate）的一种应用。对新结构体类型的方法调用可能会被“委派”给该结构体内部嵌入的结构体的实例。比如上面的 poolLocal 结构体，对于外部来说它拥有 Lock 和 Unlock 方法，但当 Lock/Unlock 方法被调用时，方法调用实际被传给了 poolLocal 中的 Mutex 实例。

29.3 以接口为连接点的水平组合

以接口为连接点的水平组合方式可以将各个垂直组合出的类型耦合在一起，从而编织出程序静态骨架。而通过接口进行水平组合的一种常见模式是**使用接受接口类型参数的函数或方法。**以下是以接口为连接点的水平组合的几种惯用形式。

1. 基本形式

水平组合的基本形式是接受接口类型参数的函数或方法，代码如下。

```
func YourFuncName(param YourInterfaceType)
```

水平组合的基本形式如图 29-1 所示，从中可以看到，函数 / 方法参数中的接口类型作为连接点，将位于多个包中的多个类型**“编织”到一起，共同形成一幅程序“骨架”**。同时接口类型与其实现者之间隐式的关系在不经意间满足了依赖抽象、里氏替换原则、接口隔离等代码设计原则，这在其他语言中是需要刻意设计和谋划的，但对 Go 接口来看，这一切却是自然而然的。

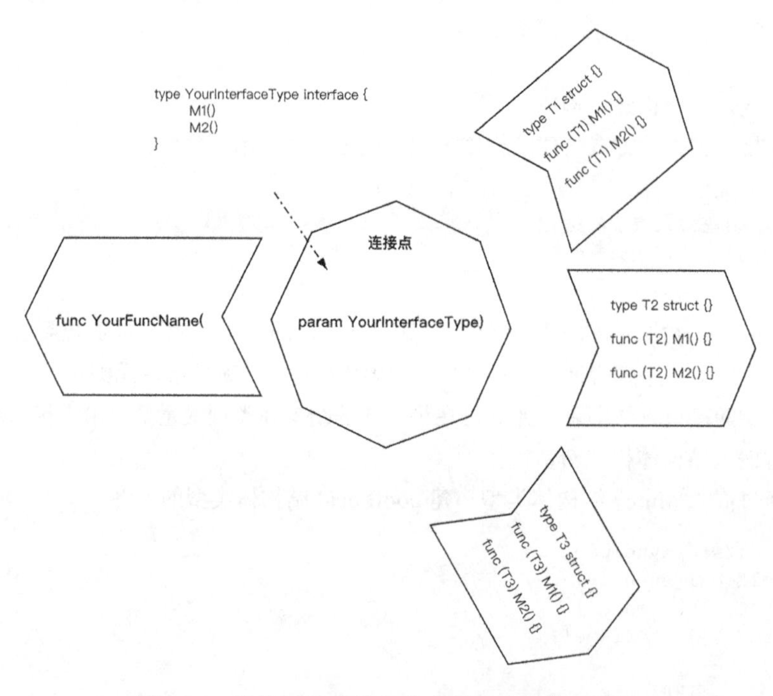

图 29-1 以接口为连接点的水平组合的基本形式

这一水平组合的基本形式在标准库中也有着广泛的应用，例如：

```
// $GOROOT/src/io/ioutil/ioutil.go
func readAll(r io.Reader, capacity int64) (b []byte, err error)

// $GOROOT/src/io/io.go
func Copy(dst Writer, src Reader) (written int64, err error)
```

2. 包裹函数

包裹函数（wrapper function）的形式是这样的：它接受接口类型参数，并返回与其参数类型相同的返回值。其代码如下：

```
func YourWrapperFunc(param YourInterfaceType) YourInterfaceType
```

通过包裹函数可以实现对输入数据的过滤、装饰、变换等操作，并将结果再次返回给调用者。

下面是 Go 标准库中一个典型的包裹函数 io.LimitReader：

```
// $GOROOT/src/io/io.go
func LimitReader(r Reader, n int64) Reader { return &LimitedReader{r, n} }

type LimitedReader struct {
    R Reader
    N int64
}

func (l *LimitedReader) Read(p []byte) (n int, err error) {
    ...
}
```

我们看到 LimitReader 的一个输入参数为 io.Reader 接口类型，返回值类型依然为 io.Reader。下面是 LimitReader 的一个调用示例：

```
// chapter5/sources/horizontal-composition-1.go

func main() {
    r := strings.NewReader("hello, gopher!\n")
    lr := io.LimitReader(r, 4)
    if _, err := io.Copy(os.Stdout, lr); err != nil {
        log.Fatal(err)
    }
}
```

运行这个示例：

```
$ go run horizontal-composition-1.go
hell
```

我们看到，当采用经过 LimitReader 包裹后返回的 io.Reader 去读取内容时，读到的是经过 LimitedReader 约束后的内容，即只读到了原字符串前面的 4 字节："hell"。

由于包裹函数的返回值类型与参数类型相同，因此我们可以**将多个接受同一接口类型参数的包裹函数组合成一条链来调用**，其形式如下：

```
YourWrapperFunc1(YourWrapperFunc2(YourWrapperFunc3(...)))
```

我们在上面示例的基础上自定义一个包裹函数——CapReader，用于将输入的数据转换为大写：

```
// chapter5/sources/horizontal-composition-2.go
```

```go
func CapReader(r io.Reader) io.Reader {
    return &capitalizedReader{r: r}
}

type capitalizedReader struct {
    r io.Reader
}

func (r *capitalizedReader) Read(p []byte) (int, error) {
    n, err := r.r.Read(p)
    if err != nil {
        return 0, err
    }

    q := bytes.ToUpper(p)
    for i, v := range q {
        p[i] = v
    }
    return n, err
}

func main() {
    r := strings.NewReader("hello, gopher!\n")
    r1 := CapReader(io.LimitReader(r, 4))
    if _, err := io.Copy(os.Stdout, r1); err != nil {
        log.Fatal(err)
    }
}
```

上述例子将 CapReader 和 io.LimitReader 串在一起形成了一条调用链，这条调用链的功能变为：截取输入数据的前 4 字节并将其转换为大写字母。运行该示例的结果如下。

```
$ go run horizontal-composition-2.go
HELL // 与预期一致
```

3. 适配器函数类型

适配器函数类型（adapter function type）是一个辅助水平组合实现的“工具”类型。强调一下，它是一个类型。它可以将一个满足特定函数签名的普通函数显式转换成自身类型的实例，转换后的实例同时也是某个单方法接口类型的实现者。最典型的适配器函数类型莫过于第 21 条提到过的 http.HandlerFunc 了。

```go
// $GOROOT/src/net/http/server.go
type Handler interface {
    ServeHTTP(ResponseWriter, *Request)
}

type HandlerFunc func(ResponseWriter, *Request)

func (f HandlerFunc) ServeHTTP(w ResponseWriter, r *Request) {
    f(w, r)
}
```

```go
// chapter5/sources/horizontal-composition-3.go

func greetings(w http.ResponseWriter, r *http.Request) {
    fmt.Fprintf(w, "Welcome!")
}

func main() {
    http.ListenAndServe(":8080", http.HandlerFunc(greetings))
}
```

可以看到，在上述例子中通过 http.HandlerFunc 这个适配器函数类型，可以将普通函数 greetings 快速转换为实现了 http.Handler 接口的类型。转换后，我们便可以将其实例用作实参，实现基于接口的组合了。

4. 中间件

“中间件”（middleware）这个词的含义可大可小，在 Go Web 编程中，它常常指的是一个实现了 http.Handler 接口的 http.HandlerFunc 类型实例。实质上，这里的中间件就是**包裹函数和适配器函数类型结合的产物**。

我们看一个例子：

```go
// chapter5/sources/horizontal-composition-4.go

func validateAuth(s string) error {
    if s != "123456" {
        return fmt.Errorf("%s", "bad auth token")
    }
    return nil
}

func greetings(w http.ResponseWriter, r *http.Request) {
    fmt.Fprintf(w, "Welcome!")
}

func logHandler(h http.Handler) http.Handler {
    return http.HandlerFunc(func(w http.ResponseWriter, r *http.Request) {
        t := time.Now()
        log.Printf("[%s] %q %v\n", r.Method, r.URL.String(), t)
        h.ServeHTTP(w, r)
    })
}

func authHandler(h http.Handler) http.Handler {
    return http.HandlerFunc(func(w http.ResponseWriter, r *http.Request) {
        err := validateAuth(r.Header.Get("auth"))
        if err != nil {
            http.Error(w, "bad auth param", http.StatusUnauthorized)
            return
        }
        h.ServeHTTP(w, r)
    })
```

```
}

func main() {
    http.ListenAndServe(":8080", logHandler(authHandler(http.HandlerFunc(greetings))))
}
```

运行这个示例，并用 curl 工具命令对其进行测试：

```
$ go run horizontal-composition-4.go

$curl http://localhost:8080
bad auth param

$curl -H "auth:123456" localhost:8080/
Welcome!
```

我们看到所谓中间件（如 logHandler、authHandler）本质上就是一个包裹函数（支持链式调用），但其内部利用了适配器函数类型（http.HandlerFunc）将一个普通函数（如例子中的几个匿名函数）转换为实现了 http.Handler 的类型的实例，并将其作为返回值返回。

小结

本条针对接口在面向组合编程中的作用展开，回顾了垂直组合的几种情况以及以接口类型参数为连接点的水平组合的几种常见形式。

本条要点：

- 深入理解 Go 的组合设计哲学；
- 垂直组合可实现方法实现和接口定义的重用；
- 掌握使用接口作为程序水平组合的连接点的几种形式。

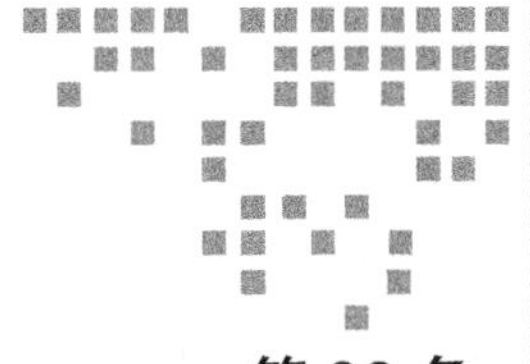

第30条 Suggestion 30

使用接口提高代码的可测试性

Go 语言在诞生之时就自带单元测试框架（包括 go test 命令及 testing 包）是它为人所津津乐道的重要原因之一。这使得那些推崇测试驱动开发（TDD）编程思想的 Gopher 在 Go 编程过程中得以惬意发挥。即便你不是测试驱动开发的粉丝，如此低的单元测试代码编写门槛也或多或少会让你更愿意去为自己的代码编写单元测试，从而让 Go 代码质量得以保证。

Go 语言有一个**惯例**是让单元测试代码时刻伴随着你编写的 Go 代码。阅读过 Go 自身实现及标准库代码的 Gopher 都清楚，每个标准库的 Go 包都包含对应的测试代码。下面是对 Go 1.13 版本 Go 根目录的 src 下（$GOROOT/src）Go 代码与对应测试代码的代码量的粗略统计：

```
// $GOROOT/src下面的Go代码(不包括单元测试代码)
$find . -name "*.go" |grep -v test|xargs wc -l
      71 ./cmd/vet/doc.go
      59 ./cmd/vet/main.go
     104 ./cmd/objdump/main.go
     876 ./cmd/asm/internal/asm/asm.go
    1349 ./cmd/asm/internal/asm/parse.go
    ...
    2995 ./debug/elf/elf.go
    1431 ./debug/elf/file.go
     108 ./debug/elf/reader.go
 1492338 total

// $GOROOT/src下面的Go单元测试代码
$find . -name "*_test.go"|xargs wc -l
       3 ./cmd/vet/testdata/testingpkg/tests_test.go
     412 ./cmd/vet/vet_test.go
     253 ./cmd/objdump/objdump_test.go
    ...
     838 ./debug/elf/symbols_test.go
     823 ./debug/elf/file_test.go
```

```
     49 ./debug/elf/elf_test.go
 345503 total
```

由以上数据可知，测试代码行数约占Go代码行数（不包含测试代码）的1/4，也就是说每写一万行Go代码，就要编写2500行测试代码来保证那一万行代码的质量。

“写测试代码浪费时间”早已被证明是**谬论**，从一个软件系统或服务的全生命周期来看，编写测试代码是“磨刀不误砍柴工”。不主动磨刀（编写测试代码），后续对代码进行修改和重构时要付出更大的代价，工作效率也会大打折扣。因此，写出好测试代码与写出好代码同等重要。

为一段代码编写测试代码的前提是这段代码具有可测试性。如果代码不可测或可测试性较低，那么无论是为其编写测试代码，还是运行编写后的测试，都需要开发人员较多的额外付出，这将打击开发人员编写测试代码的积极性，从而降低测试代码比例或完全不编写测试代码，这种情况是我们所不愿意见到的。

单元测试是自包含和自运行的，运行时一般不会依赖外部资源（如外部数据库、外部邮件服务器等），并具备跨环境的可重复性（比如：既可以在开发人员的本地运行，也可以在持续集成环境中运行）。因此，一旦被测代码耦合了对外部资源的依赖，被测代码的可测试性就不高，也会让开发人员有了“这段代码无法测试”的理由。为了提高代码的可测试性，我们就要降低代码耦合，管理被测代码对外部资源的依赖。而这也是接口可以发挥其**魔力**的地方。本条我们就来看看如何使用接口来提高代码的可测试性。

30.1 实现一个附加免责声明的电子邮件发送函数

一些正规的大公司或组织会在员工/成员发往公司或组织外部的邮件的尾部添加上**免责声明**，以避免一些由电子邮件发到非预期目的地址导致的法律问题。这里就来实现这样一个为电子邮件附加免责声明的电子邮件发送函数。

将附加免责声明的电子邮件发送函数命名为SendMailWithDisclaimer，其v1版实现如下：

```
// chapter5/sources/end_mail_with_disclaimer/v1/mail.go
package mail

import (
    "net/smtp"
    email "github.com/jordan-wright/email"
)

const DISCLAIMER = `--------------------------------------------------------
免责声明：此电子邮件和任何附件可能包含特权和机密信息，仅供指定的收件人使用。如果您错误收到此电子邮件，请通知发件人并立即删除此电子邮件。任何保密性、特权或版权都不会被放弃或丢失，因为此电子邮件是错误地发送给您的。您有责任检查此电子邮件和任何附件是否包含病毒。不保证此材料不含计算机病毒或任何其他缺陷或错误。使用本材料引起的任何损失/损坏不由寄件人负责。发件人的全部责任将仅限于重新提供材料。
--------------------------------------------------------`

func attachDisclaimer(content string) string {
    return content + "\n\n" + DISCLAIMER
```

```
}

func SendMailWithDisclaimer(subject, from string, to []string,
    content string, mailserver string,
    a smtp.Auth) error {

    e := email.NewEmail()
    e.From = from
    e.To = to
    e.Subject = subject
    e.Text = []byte(attachDisclaimer(content))
    return e.Send(mailserver, a)
}
```

在 v1 版实现中，我们使用了第三方包 github.com/jordan-wright/email，SendMailWithDisclaimer 函数利用 email 包的实例将 email 相关信息组装并发送出去。

接下来为这个函数编写单元测试，见下面的代码：

```
// chapter5/sources/send_mail_with_disclaimer/v1/mail_test.go
package mail_test

import (
    "net/smtp"
    "testing"

    mail "github.com/bigwhite/mail"
)

func TestSendMail(t *testing.T) {
    err := mail.SendMailWithDisclaimer("gopher mail test v1",
        "YOUR_MAILBOX",
        []string{"DEST_MAILBOX"},
        "hello, gopher",
        "smtp.163.com:25",
        smtp.PlainAuth("", "YOUR_EMAIL_ACCOUNT", "YOUR_EMAIL_PASSWD!", "smtp.163.comv))
    if err != nil {
        t.Fatalf("want: nil, actual: %s\n", err)
    }
}
```

由于 github.com/jordan-wright/email 中 Email 实例的 Send 方法会真实地连接外部的邮件服务器，因此该测试每执行一次就会向目标电子邮箱发送一封电邮。如果用例中的参数有误或执行用例的环境无法联网又或无法访问邮件服务器，那么这个测试将会以失败告终，因此这种测试代码并不具备跨环境的可重复性。而究根结底，其深层原因则是 v1 版 SendMailWithDisclaimer 实现对 github.com/jordan-wright/email 包有着紧密的依赖，耦合度较高。

30.2　使用接口来降低耦合

接口本是**契约**，天然具有降低耦合的作用。下面我们就用接口对 v1 版 SendMailWithDisclaimer

实现进行改造，将其对 github.com/jordan-wright/email 的依赖去除，将发送邮件的行为抽象成接口 MailSender，并暴露给 SendMailWithDisclaimer 的用户。

```
// chapter5/sources/send_mail_with_disclaimer/v2/mail.go
// 考虑到篇幅，这里省略一些代码
...
type MailSender interface {
    Send(subject, from string, to []string, content string, mailserver string, a
        smtp.Auth) error
}

func SendMailWithDisclaimer(sender MailSender, subject, from string,
    to []string, content string, mailserver string, a smtp.Auth) error {
    return sender.Send(subject, from, to, attachDisclaimer(content), mailserver, a)
}
```

现在如果要对 SendMailWithDisclaimer 进行测试，我们完全可以构造出一个或多个 fake MailSender（根据不同单元测试用例的需求定制），下面是一个例子：

```
// chapter5/sources/send_mail_with_disclaimer/v2/mail_test.go
package mail_test

import (
    "net/smtp"
    "testing"

    mail "github.com/bigwhite/mail"
)

type FakeEmailSender struct {
    subject string
    from    string
    to      []string
    content string
}

func (s *FakeEmailSender) Send(subject, from string,
    to []string, content string, mailserver string, a smtp.Auth) error {
    s.subject = subject
    s.from = from
    s.to = to
    s.content = content
    return nil
}

func TestSendMailWithDisclaimer(t *testing.T) {
    s := &FakeEmailSender{}
    err := mail.SendMailWithDisclaimer(s, "gopher mail test v2",
        "YOUR_MAILBOX",
        []string{"DEST_MAILBOX"},
        "hello, gopher",
        "smtp.163.com:25",
```

```
        smtp.PlainAuth("", "YOUR_EMAIL_ACCOUNT", "YOUR_EMAIL_PASSWD!", "smtp.163.com"))
    if err != nil {
        t.Fatalf("want: nil, actual: %s\n", err)
        return
    }

    want := "hello, gopher" + "\n\n" + mail.DISCLAIMER
    if s.content != want {
        t.Fatalf("want: %s, actual: %s\n", want, s.content)
    }
}
```

和 v1 版中的测试用例不同，v2 版的测试用例不再对外部有任何依赖，是具备跨环境可重复性的。在这个用例中，我们对经过 mail.SendMailWithDisclaimer 处理后的 content 字段进行了验证，验证其是否包含免责声明，这也是在 v1 版中无法进行测试验证的。

如果依然要使用 github.com/jordan-wright/email 包中 Email 实例作为邮件发送者，那么由于 Email 类型并不是上面 MailSender 接口的实现者，我们需要在业务代码中做一些适配工作，比如下面的代码：

```
// chapter5/sources/send_mail_with_disclaimer/v2/example_test.go
package mail_test

import (
    "fmt"
    "net/smtp"

    mail "github.com/bigwhite/mail"
    email "github.com/jordan-wright/email"
)

type EmailSenderAdapter struct {
    e *email.Email
}

func (adapter *EmailSenderAdapter) Send(subject, from string,
    to []string, content string, mailserver string, a smtp.Auth) error {
    adapter.e.Subject = subject
    adapter.e.From = from
    adapter.e.To = to
    adapter.e.Text = []byte(content)
    return adapter.e.Send(mailserver, a)
}

func ExampleSendMailWithDisclaimer() {
    adapter := &EmailSenderAdapter{
        e: email.NewEmail(),
    }
    err := mail.SendMailWithDisclaimer(adapter, "gopher mail test v2",
        "YOUR_MAILBOX",
        []string{"DEST_MAILBOX"},
        "hello, gopher",
```

```
        "smtp.163.com:25",
        smtp.PlainAuth("", "YOUR_EMAIL_ACCOUNT", "YOUR_EMAIL_PASSWD!", "smtp.163.com"))
    if err != nil {
        fmt.Printf("SendMail error: %s\n", err)
        return
    }
    fmt.Println("SendMail ok")

    // OutPut:
    // SendMail ok
}
```

我们使用一个适配器对github.com/jordan-wright/email包中的Email实例进行了包装，使其成为接口MailSender的实现者，从而顺利传递给SendMailWithDisclaimer承担发送邮件的责任。

SendMailWithDisclaimer的实现从v1版到v2版的变化如图30-1所示。

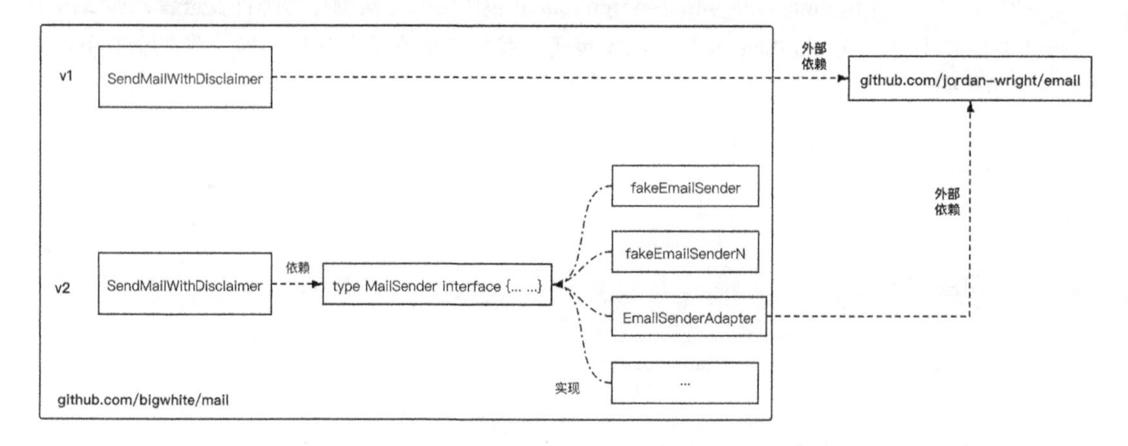

图30-1 SendMailWithDisclaimer实现的v1和v2版对比

从图30-1中我们看到，接口MailSender将SendMailWithDisclaimer与具体的Email发送实现之间的耦合解开。通过上述例子我们也可以看出接口在测试过程中成为fake对象或mock对象的注入点。通过这种方式，我们可以通过灵活定制接口实现者以控制实现行为，继而实现对被测代码的代码逻辑的测试覆盖。

小结

代码的可测试性已经成为判定Go代码是否优秀的一条重要标准。适当抽取接口，让接口成为好代码与单元测试之间的桥梁是Go语言的一种最佳实践。

第六部分 Part 6

并发编程

Go以其轻量级的并发模型而闻名。本部分将详细介绍Go基本执行单元——goroutine的调度原理、Go并发模型以及常见并发模式、Go支持并发的原生类型——channel的惯用使用模式等内容。

Suggestion 31 第 31 条

优先考虑并发设计

并发不是并行，并发关乎结构，并行关乎执行。

——Rob Pike，Go 语言之父

Go 语言以原生支持并发（Concurrency）著称，那么到底什么是并发？并发与并行（Parallelism）又有何种联系和区别？并发设计的优势在哪里？在这一条中，我们就来一起了解并发的内涵。

31.1 并发与并行

21 世纪以来，数据中心的硬件和网络环境发生了重大变化，多核处理器硬件成为数据中心的主流。而 20 世纪诞生的主流编程语言（如 C++、Java 等）并非以解决多核和网络化环境下日益复杂的问题而生，即便这些语言在后续的版本中努力做了有针对性的改善，但毕竟积重难返，其最初的语言设计决定了开发人员要想有效地利用多核环境的强大计算能力，要付出的心智负担依旧很高。

一个不可否认的事实是，传统单线程的应用是难以发挥出多核硬件的威力的。相比于传统硬件的单个高主频处理器，传统单线程应用运行在多核硬件上之后，性能反而下降很多，这是因为它仅仅能使用到一颗物理多核处理器中的一个核（计算引擎）。

要想充分利用多核的强大计算能力，一般有两种方案。

1. 并行方案

如图 31-1 所示，**并行方案**就是在处理器核数充足的情况下**启动多个单线程应用的实例**，这样每个实例“运行”在一个核上（如图中的 CPU 核 1～CPU 核 *N*），尽可能多地利用多核计算资源。理论上在这种方案下应用的整体处理能力是与实例数量（小于或等于处理器核数）成正比的。但这种方案是有约束的，对于那些不支持在同一环境下部署多实例或同一用户仅能部署一个实例的应用，用传统的部署方式使之并行运行是有难度的甚至是无法实现的。不过近些年兴起的轻量级容器技术（如 Docker）可以在一定程度上促成此方案，有兴趣的读者可以深入了解一下。

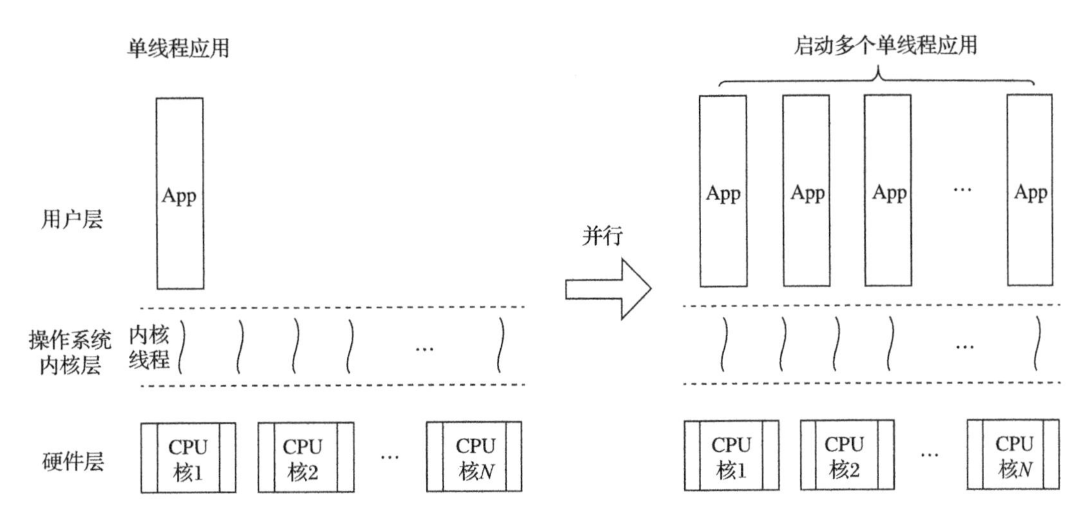

图 31-1　传统单线程应用的并行方案

2. 并发方案

如图 31-2 所示，简单来说，**并发**就是重新做应用结构设计，即将应用分解成多个在基本执行单元（图中这样的执行单元为操作系统线程）中执行的、可能有一定关联关系的代码片段（图中的**模块** 1～**模块** ***N***）。我们看到与并行方案中应用自身结构无须调整有所不同，并发方案中应用自身结构做出了较大调整，应用内部拆分为多个可独立运行的模块。这样虽然应用仍然以单实例的方式运行，但其中的每个内部模块都运行于一个单独的操作系统线程中，多核资源得以充分利用。

在传统编程语言（如 C++、Java）中，基于**多线程模型**的应用设计就是一种典型的并发程序设计。但传统编程语言并非面向并发而生，没有对并发设计提供过多的帮助，并且这些语言多以操作系统线程作为承载分解后的代码片段（模块）的执行单元，由操作系统执行调度。我们知道传统操作系统线程的创建、销毁以及线程间上下文切换的代价都较大，线程的接口还多以标准库的形式提供，线程间通信原语也不足或比较低级，用户层接口较为晦涩难懂，开发体验自然大打折扣。

Go 语言的设计哲学之一是**“原生并发，轻量高效”**。Go 并未使用操作系统线程作为承载分解后的代码片段（模块）的基本执行单元，而是实现了 goroutine 这一**由 Go 运行时负责调度的用户层轻量级线程**为并发程序设计提供原生支持。goroutine 相比传统操作系统线程而言具有如下优势。

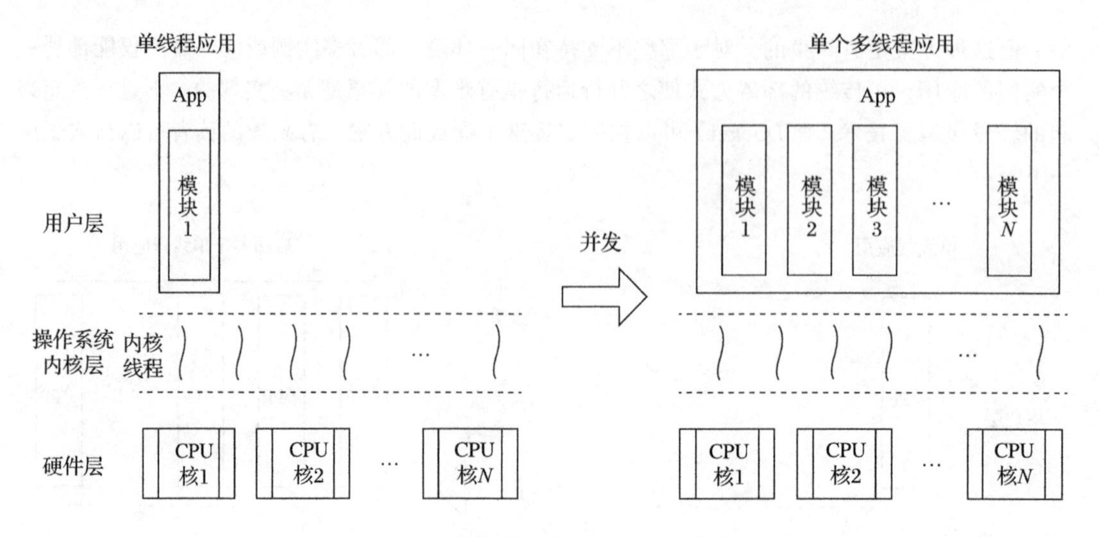

图 31-2 传统单线程应用的并发方案

1）资源占用小，每个 goroutine 的初始栈大小仅为 2KB。

```
// $GOROOT/src/runtime/stack.go
const (
    ...
    // Go代码使用的最小栈空间大小
    _StackMin = 2048
)
```

2）由 Go 运行时而不是操作系统调度，goroutine 上下文切换代价较小。

3）语言原生支持：goroutine 由 go 关键字接函数或方法创建，函数或方法返回即表示 goroutine 退出，开发体验更佳。

4）语言内置 channel 作为 goroutine 间通信原语，为并发设计提供强大支撑。

我们看到，和传统编程语言不同的是，Go 语言是面向并发而生的。因此，在应用的结构设计阶段，**Go 的惯例是优先考虑并发设计**。这样做更多是考虑到随着外界环境的变化，经过并发设计的 Go 应用可以更好、更自然地适应**规模化**。比如：在应用被分配到更多计算资源，或计算处理硬件增配后，Go 应用无须进行结构调整即可充分利用新增的计算资源。此外，经过并发设计的 Go 应用会更加便于 Gopher 的开发分工与协作。

31.2 Go 并发设计实例

下面是一个**模拟机场安检**的例子，我们通过该例子从顺序到并行再到并发设计的演进来对比不同方案的优劣。在这个例子中有以下对象。

- 排队旅客（passenger）：代表应用的外部请求。
- 机场工作人员：代表计算资源。

- 安检程序：代表应用，必须在获取机场工作人员后才能工作。模拟安检例子中，安检程序内部流程包括登机身份检查（idCheck）、人身检查（bodyCheck）和 X 光机对随身物品的检查（xRayCheck）。
- 安检通道（channel）：每个通道对应一个应用程序的实例。

1. 第一版：顺序设计

机场建设初期，建设规模小，投资不大，工作人员较少，只设置了一条安检通道（部署一个应用程序实例）。因此，我们为该机场提供的安检应用程序采用了简单的顺序设计（见图 31-3）。

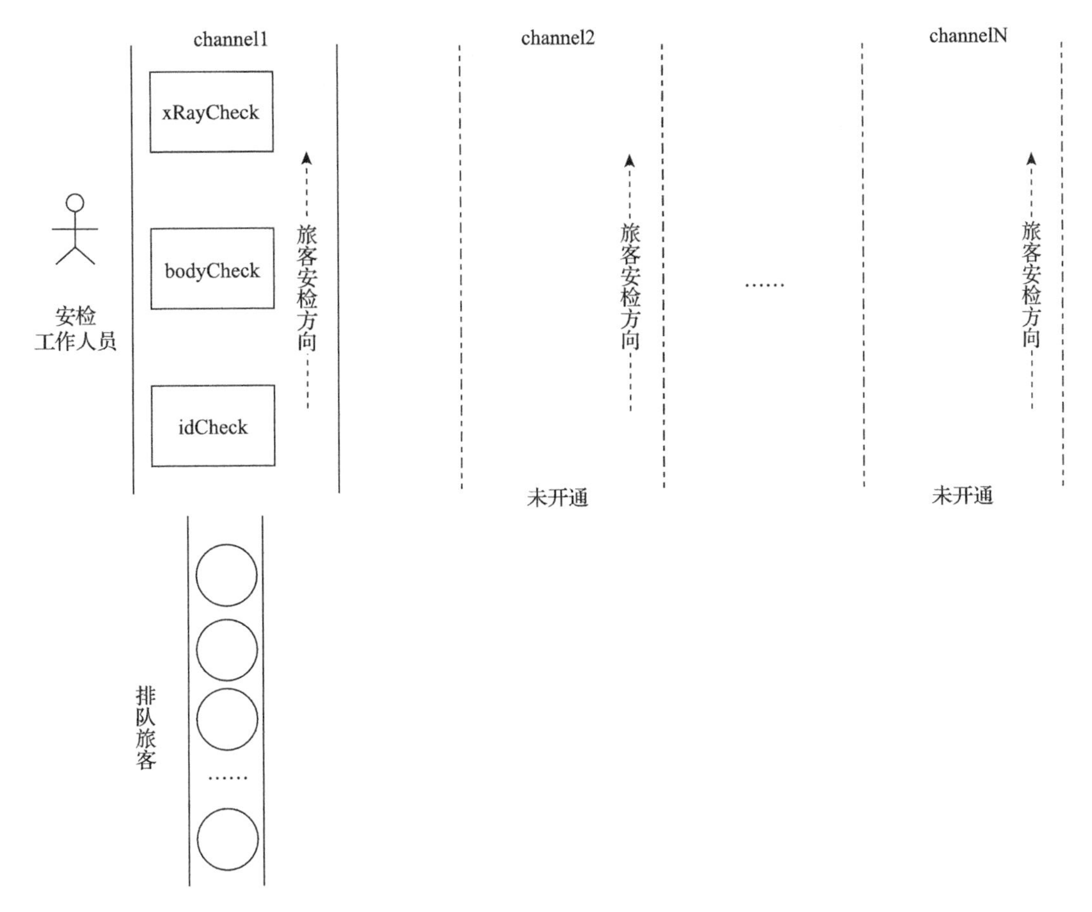

图 31-3　机场安检应用程序（顺序设计）

在该设计中，针对每个旅客，安检人员（计算资源）要在安检通道中前后奔忙，先操作设备完成登机身份检查（idCheck），然后带着该旅客进行人身检查（bodyCheck），最后操作 X 光机对旅客的随身物品进行检查。这些检查全部结束后，该工作人员回到安检通道开始处继续处理下一个旅客，如此循环。下面是该应用程序对应的 Go 代码：

```
// chapter6/sources/concurrency-design-airport-securitycheck-1.go
```

```
const (
    idCheckTmCost   = 60
    bodyCheckTmCost = 120
    xRayCheckTmCost = 180
)

func idCheck() int {
    time.Sleep(time.Millisecond * time.Duration(idCheckTmCost))
    println("\tidCheck ok")
    return idCheckTmCost
}

func bodyCheck() int {
    time.Sleep(time.Millisecond * time.Duration(bodyCheckTmCost))
    println("\tbodyCheck ok")
    return bodyCheckTmCost
}

func xRayCheck() int {
    time.Sleep(time.Millisecond * time.Duration(xRayCheckTmCost))
    println("\txRayCheck ok")
    return xRayCheckTmCost
}

func airportSecurityCheck() int {
    println("airportSecurityCheck ...")
    total := 0

    total += idCheck()
    total += bodyCheck()
    total += xRayCheck()

    println("airportSecurityCheck ok")
    return total
}

func main() {
    total := 0
    passengers := 30
    for i := 0; i < passengers; i++ {
        total += airportSecurityCheck()
    }
    println("total time cost:", total)
}
```

机场初期仅开通一条安检通道，如果要对30名旅客进行安检，需要消耗的时间可通过运行上述程序得到：

```
$ go run concurrency-design-airport-securitycheck-1.go
airportSecurityCheck ...
    idCheck ok
    bodyCheck ok
    xRayCheck ok
```

```
airportSecurityCheck ok
...
airportSecurityCheck ...
    idCheck ok
    bodyCheck ok
    xRayCheck ok
airportSecurityCheck ok
total time cost: 10800
```

2. 第二版：并行方案

随着机场旅客量日益增大，一条安检通道显得捉襟见肘，旅客开始抱怨安检效率太低，排队等待时间过长。但这时重新设计程序有些来不及了，为了快速满足需求，只能通过开通新安检通道（部署新安检程序）的方式来快速满足旅客快速通检的要求，于是我们就有了下面的并行方案（见图 31-4）。

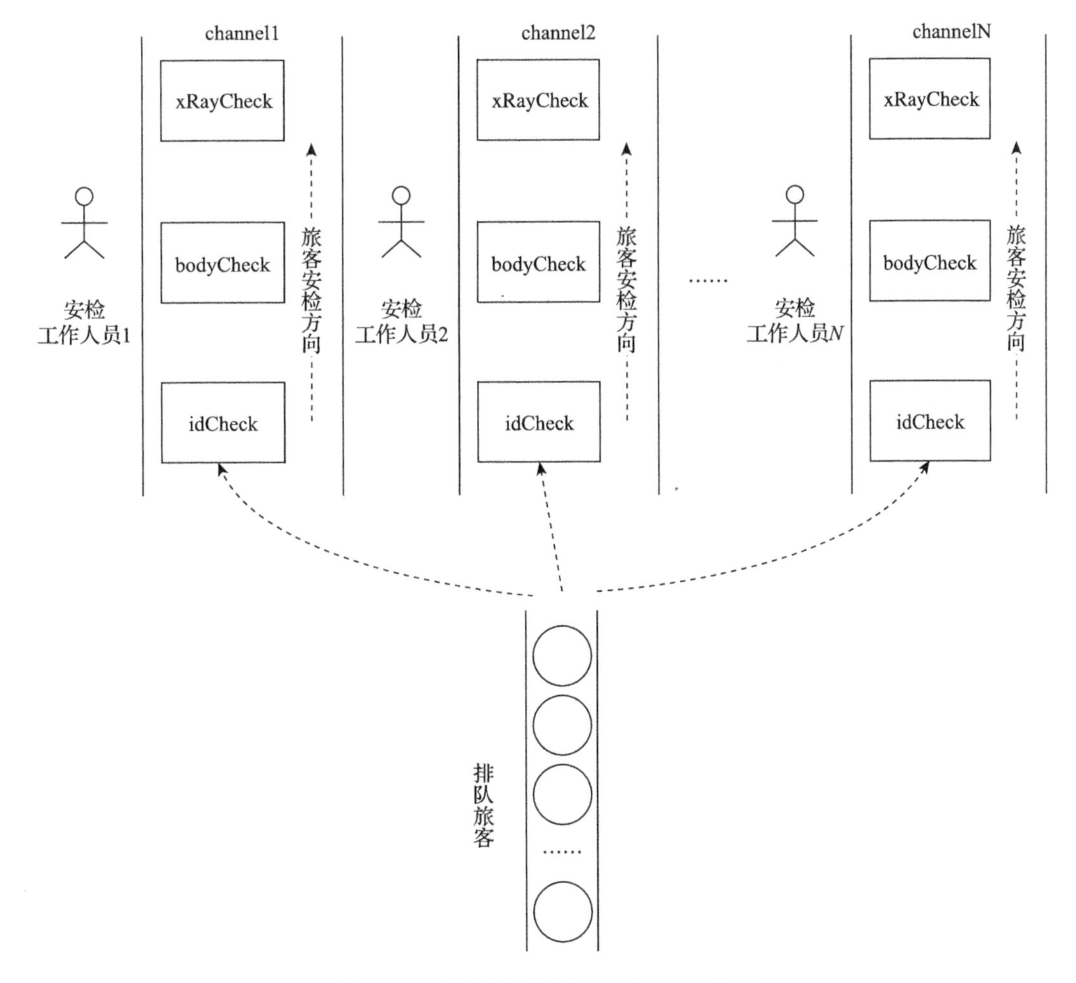

图 31-4　机场安检应用程序（并行方案）

通过图 31-4 我们看到，应用程序并未改变，只是增加了部署，新增了安检通道，并为每条新增安检通道配置了一名安检工作人员（计算资源）。该方案对应的 Go 代码如下：

```
// chapter6/sources/concurrency-design-airport-securitycheck-2.go

func idCheck(id int) int {
    time.Sleep(time.Millisecond * time.Duration(idCheckTmCost))
    print("\tgoroutine-", id, ": idCheck ok\n")
    return idCheckTmCost
}

func bodyCheck(id int) int {
    time.Sleep(time.Millisecond * time.Duration(bodyCheckTmCost))
    print("\tgoroutine-", id, ": bodyCheck ok\n")
    return bodyCheckTmCost
}

func xRayCheck(id int) int {
    time.Sleep(time.Millisecond * time.Duration(xRayCheckTmCost))
    print("\tgoroutine-", id, ": xRayCheck ok\n")
    return xRayCheckTmCost
}

func airportSecurityCheck(id int) int {
    print("goroutine-", id, ": airportSecurityCheck ...\n")
    total := 0

    total += idCheck(id)
    total += bodyCheck(id)
    total += xRayCheck(id)

    print("goroutine-", id, ": airportSecurityCheck ok\n")
    return total
}

func start(id int, f func(int) int, queue <-chan struct{}) <-chan int {
    c := make(chan int)
    go func() {
        total := 0
        for {
            _, ok := <-queue
            if !ok {
                c <- total
                return
            }
            total += f(id)
        }
    }()
    return c
}

func max(args ...int) int {
```

```
    n := 0
    for _, v := range args {
        if v > n {
            n = v
        }
    }
    return n
}

func main() {
    total := 0
    passengers := 30
    c := make(chan struct{})
    c1 := start(1, airportSecurityCheck, c)
    c2 := start(2, airportSecurityCheck, c)
    c3 := start(3, airportSecurityCheck, c)

    for i := 0; i < passengers; i++ {
        c <- struct{}{}
    }
    close(c)

    total = max(<-c1, <-c2, <-c3)
    println("total time cost:", total)
}
```

为了模拟并行方案，我们对程序作了改动：创建三个goroutine，分别代表三个安检通道，但每个安检通道运行的程序依然是上一版程序中的airportSecurityCheck。三个通道共同处理旅客安检，其运行结果如下：

```
$ go run concurrency-design-airport-securitycheck-2.go
goroutine-1: airportSecurityCheck ...
goroutine-3: airportSecurityCheck ...
goroutine-2: airportSecurityCheck ...
    goroutine-1: idCheck ok
    goroutine-2: idCheck ok
    goroutine-3: idCheck ok
    goroutine-1: bodyCheck ok
    goroutine-3: bodyCheck ok
    goroutine-2: bodyCheck ok
    goroutine-3: xRayCheck ok
    goroutine-1: xRayCheck ok
    goroutine-2: xRayCheck ok
goroutine-1: airportSecurityCheck ok
goroutine-3: airportSecurityCheck ok
goroutine-2: airportSecurityCheck ok
...
total time cost: 3600
```

上面程序的输出结果符合我们的预期：开启三个安检通道，运行着相同的安检程序（相当于部署了安检程序的多个实例），安检效率自然是原先的3倍（3600到10800）。

3. 第三版：并发方案

假设机场鉴于现有建设规模，最大只能开通三条安检通道。机场旅客量依旧在增多，即便使用了并行方案，旅客的安检时长也无法再缩短。因为原安检程序采用的是顺序设计，即便机场目前有充足的人手（计算资源）可用，每个安检通道也只能用到一名工作人员。也就是说，原安检程序无法很好地适应工作人员（计算资源）的增加，是时候调整应用的结构了。

原先的安检程序（顺序设计）弊端很明显：当工作人员（计算资源）处于某一个检查环节（如人身检查），其他两个环节便处于“等待”状态。一条很显然的改进思路是让这些环节“同时”运行起来，就像流水线一样，这就是**并发**（见图 31-5）。

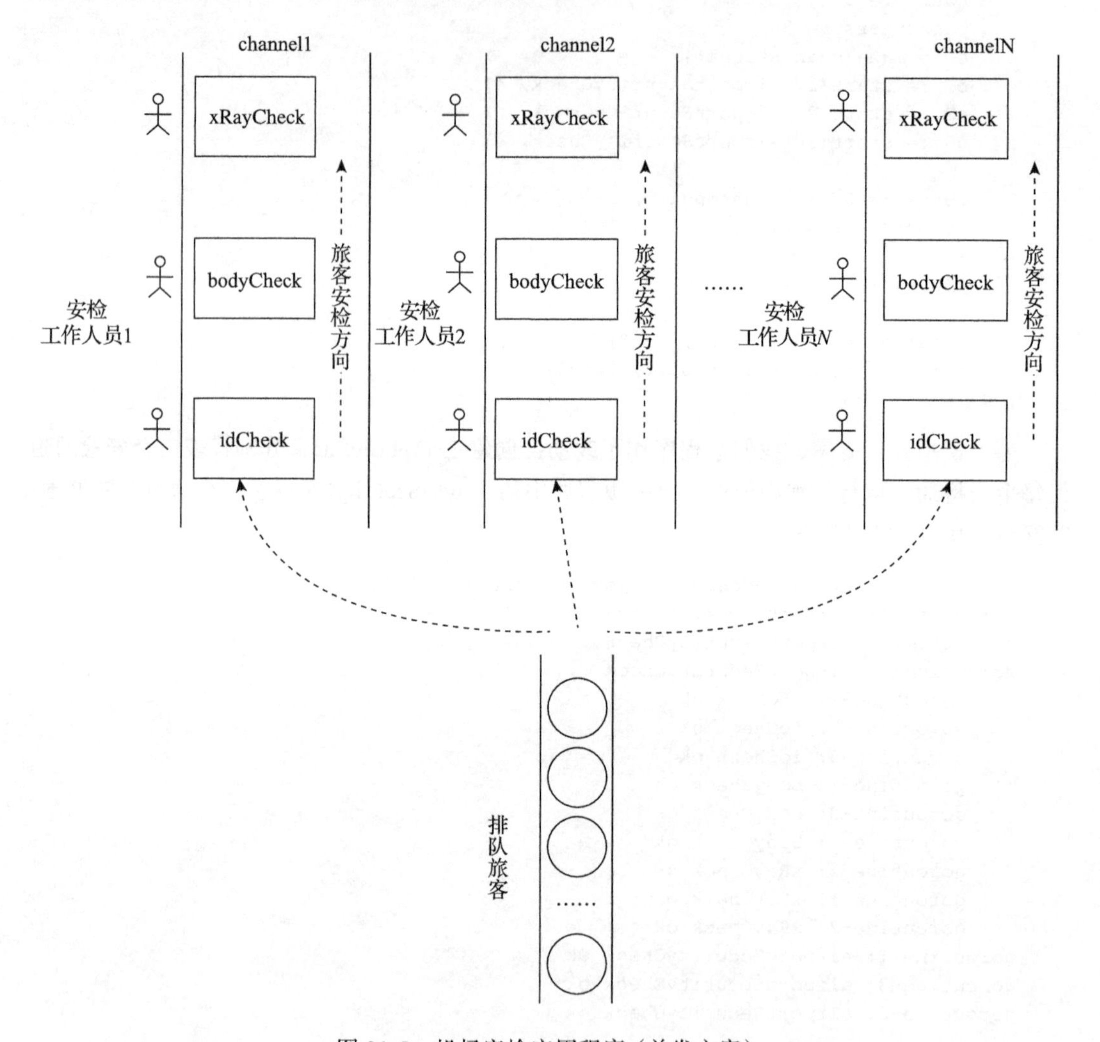

图 31-5 机场安检应用程序（并发方案）

图 31-5 对应的并发方案的代码如下（鉴于篇幅，这里省略了部分代码）：

```
// chapter6/sources/concurrency-design-airport-securitycheck-3.go
```

```
...
func start(id string, f func(string) int, next chan<- struct{}) (chan<- struct{},
    chan<- struct{}, <-chan int) {
    queue := make(chan struct{}, 10)
    quit := make(chan struct{})
    result := make(chan int)

    go func() {
        total := 0
        for {
            select {
            case <-quit:
                result <- total
                return
            case v := <-queue:
                total += f(id)
                if next != nil {
                    next <- v
                }
            }
        }
    }()
    return queue, quit, result
}

func newAirportSecurityCheckChannel(id string, queue <-chan struct{}) {
    go func(id string) {
        print("goroutine-", id, ": airportSecurityCheckChannel is ready...\n")
        // 启动X光检查
        queue3, quit3, result3 := start(id, xRayCheck, nil)

        // 启动人身检查
        queue2, quit2, result2 := start(id, bodyCheck, queue3)

        // 启动身份检查
        queue1, quit1, result1 := start(id, idCheck, queue2)

        for {
            select {
            case v, ok := <-queue:
                if !ok {
                    close(quit1)
                    close(quit2)
                    close(quit3)
                    total := max(<-result1, <-result2, <-result3)
                    print("goroutine-", id, ": airportSecurityCheckChannel time
                        cost:", total, "\n")
                    print("goroutine-", id, ": airportSecurityCheckChannel
                        closed\n")
                    return
                }
                queue1 <- v
            }
        }
```

```
    }(id)
}

...
func main() {
    passengers := 30
    queue := make(chan struct{}, 30)
    newAirportSecurityCheckChannel("channel1", queue)
    newAirportSecurityCheckChannel("channel2", queue)
    newAirportSecurityCheckChannel("channel3", queue)

    time.Sleep(5 * time.Second) // 保证上述三个goroutine都已经处于ready状态
    for i := 0; i < passengers; i++ {
        queue <- struct{}{}
    }
    time.Sleep(5 * time.Second)
    close(queue) // 为了打印各通道的处理时长
    time.Sleep(1000 * time.Second) // 防止main goroutine退出
}
```

在这一版程序中，我们模拟开启了三条通道（newAirportSecurityCheckChannel），每条通道创建三个 goroutine，分别负责处理 idCheck、bodyCheck 和 xRayCheck，三个 goroutine 之间通过 Go 提供的原生 channel 相连。该程序的运行结果如下：

```
$go run concurrency-design-airport-securitycheck-3.go
goroutine-channel3: airportSecurityCheckChannel is ready...
goroutine-channel2: airportSecurityCheckChannel is ready...
goroutine-channel1: airportSecurityCheckChannel is ready...
...
goroutine-channel3: airportSecurityCheckChannel time cost:2160
goroutine-channel2: airportSecurityCheckChannel time cost:1080
goroutine-channel1: airportSecurityCheckChannel time cost:2160
goroutine-channel2: airportSecurityCheckChannel closed
goroutine-channel1: airportSecurityCheckChannel closed
goroutine-channel3: airportSecurityCheckChannel closed
```

我们看到，在并发流水线启动预热并正式工作后，30 名旅客的安检时长已经从 3600 下降到 2160，并发方案使得安检通道的效率有了进一步提升。如果该流水线持续工作，效率应该会稳定在 1800（xRayCheckTmCost*30/3）左右。如果计算资源不足，并发方案的每条安检通道的效率最差也就是“回退”到与顺序设计大致等同的水平。

小结

上述机场安检程序的演变过程正契合了 Rob Pike 的观点：“并发关乎结构，并行关乎执行。”并发和并行是两个阶段的事情。并发在程序的设计和实现阶段，并行在程序的执行阶段。

对并发的原生支持让 Go 语言更契合云计算时代的硬件，适应现代计算环境。Go 语言鼓励在程序设计时优先按并发设计思路组织程序结构，进行独立计算的分解。只有并发设计才能让应用自然适应计算资源的规模化，并显现出更大的威力。

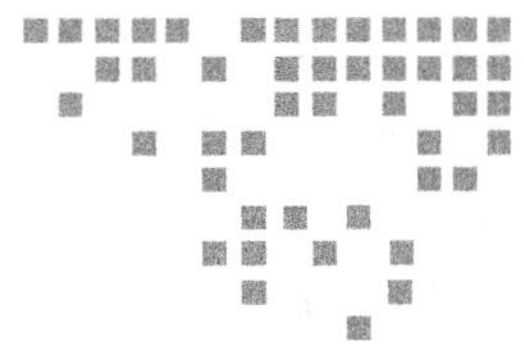

第 32 条 *Suggestion 32*

了解 goroutine 的调度原理

在上一条中我们了解到**并发**是一种能力，它让你的程序可以由若干个代码片段**组合**而成，并且每个片段都是独立运行的。Go 语言原生支持这种并发能力，而 goroutine 恰是 Go 原生支持并发的具体实现。无论是 Go 自身运行时代码还是用户层 Go 代码都无一例外地运行在 goroutine 中。

goroutine 是由 Go 运行时管理的用户层轻量级线程。相较于操作系统线程，goroutine 的资源占用和使用代价都要小得多。我们可以创建几十个、几百个甚至成千上万个 goroutine，Go 的运行时负责对 goroutine 进行管理。所谓的管理就是 **“调度”**。简单地说，**调度**就是决定何时哪个 goroutine 将获得资源开始执行，哪个 goroutine 应该停止执行让出资源，哪个 goroutine 应该被唤醒恢复执行等。goroutine 的调度本是 Go 语言开发团队应该关注的事情，大多数 Gopher 无须关心，但笔者觉得了解 goroutine 的调度模型和原理对于编写出高质量的 Go 代码大有裨益。因此，在这一条中，笔者将和大家一起来探究 goroutine 调度器的原理[㊀]和演进历史。

32.1 goroutine 调度器

提到“调度”，我们首先会想到的是操作系统对进程、线程的调度。操作系统调度器会将系统中的多个线程按照一定算法调度到物理 CPU 上运行。正如上一条提到的，传统的编程语言（如 C、C++ 等）的并发实现多是基于线程模型的，即应用程序负责创建线程（一般通过 libpthread 等库函数调用实现），操作系统负责调度线程。在第 3 条中我们就提到过这种传统支持并发的方式有诸多不足，比如使用复杂，开发人员心智负担高，难以扩展（规模化）等。为此，

㊀ 这里并不会分析 goroutine 调度器的源码，你如果想深入了解 goroutine 调度器源码，可以参考雨痕所著的《Go 语言学习笔记》一书。

Go 采用**用户层轻量级线程**来解决这些问题，并将之称为 goroutine。

由于一个 goroutine 占用资源很少，一个 Go 程序中可以创建成千上万个并发的 goroutine。而将这些 goroutine 按照一定算法放到 CPU 上执行的程序就称为 **goroutine 调度器**（goroutine scheduler）。一个 Go 程序对于操作系统来说只是一个**用户层程序**，操作系统眼中只有线程，goroutine 的调度全要靠 Go 自己完成。

32.2 goroutine 调度模型与演进过程

1. G-M 模型

2012 年 3 月 28 日，Go 1.0 正式发布。在这个版本中，Go 开发团队实现了一个简单的 goroutine 调度器。在这个调度器中，每个 goroutine 对应于运行时中的一个抽象结构——G（goroutine），而被视作"物理 CPU"的操作系统线程则被抽象为另一个结构——M（machine）。这个模型实现起来比较简单且能正常工作，但是却存在着诸多问题。前英特尔黑带级工程师、现谷歌工程师 Dmitry Vyukov 在"Scalable Go Scheduler Design"一文中指出了 **G-M 模型**的一个重要不足：限制了 Go 并发程序的伸缩性，尤其是对那些有高吞吐或并行计算需求的服务程序。问题主要体现在如下几个方面。

- 单一全局互斥锁（Sched.Lock）和集中状态存储的存在导致所有 goroutine 相关操作（如创建、重新调度等）都要上锁。
- goroutine 传递问题：经常在 M 之间传递"可运行"的 goroutine 会导致调度延迟增大，带来额外的性能损耗。
- 每个 M 都做内存缓存，导致内存占用过高，数据局部性较差。
- 因系统调用（syscall）而形成的频繁的工作线程阻塞和解除阻塞会带来额外的性能损耗。

2. G-P-M 模型

发现了 G-M 模型的不足后，Dmitry Vyukov 亲自操刀改进了 goroutine 调度器，在 Go 1.1 版本中实现了 **G-P-M 调度模型**和 work stealing 算法[㊀]，这个模型一直沿用至今，如图 32-1 所示。

有人曾说过：**"计算机科学领域的任何问题都可以通过增加一个间接的中间层来解决。"** Dmitry Vyukov 的 G-P-M 模型就是这一理论的践行者。他向 G-M 模型中增加了一个 P，使得 goroutine 调度器具有很好的伸缩性。

P 是一个"逻辑处理器"，每个 G 要想真正运行起来，首先需要被分配一个 P，即进入 P 的本地运行队列（local runq）中，这里暂忽略全局运行队列（global runq）那个环节。对于 G 来说，P 就是运行它的"CPU"，可以说**在 G 的眼里只有 P**。但从 goroutine 调度器的视角来看，真正的"CPU"是 M，只有将 P 和 M 绑定才能让 P 的本地运行队列中的 G 真正运行起来。这样的 P 与 M 的关系就好比 Linux 操作系统调度层面用户线程（user thread）与内核线程（kernel thread）的对应关系：多对多（N:M）。

㊀ http://supertech.csail.mit.edu/papers/steal.pdf

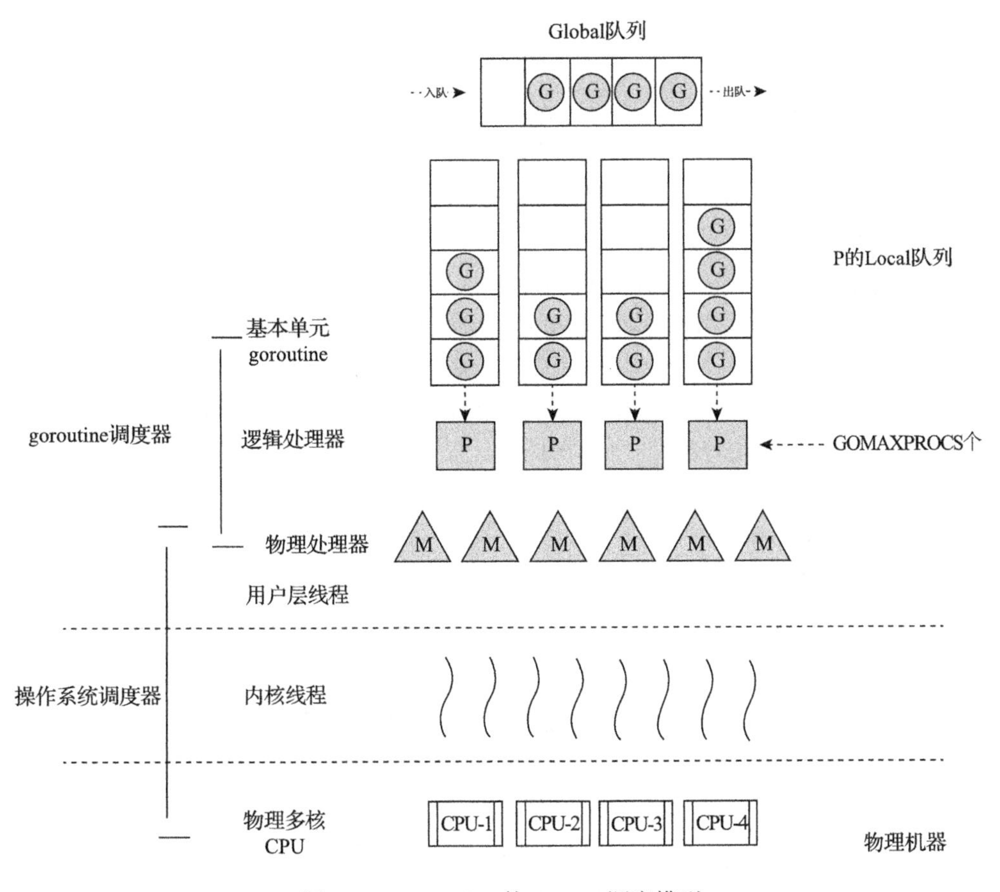

图 32-1　goroutine 的 G-P-M 调度模型

3. 抢占式调度

G-P-M 模型的实现是 goroutine 调度器的一大进步，但调度器仍然有一个头疼的问题，那就是不支持抢占式调度，这导致一旦某个 G 中出现死循环的代码逻辑，那么 G 将永久占用分配给它的 P 和 M，而位于同一个 P 中的其他 G 将得不到调度，出现“**饿死**”的情况。更为严重的是，当只有一个 P（GOMAXPROCS=1）时，整个 Go 程序中的其他 G 都将“饿死”。于是 Dmitry Vyukov 又提出了“Go 抢占式调度器设计”（Go Preemptive Scheduler Design），并在 Go 1.2 版本中实现了抢占式调度。

这个抢占式调度的原理是在每个函数或方法的入口加上一段额外的代码，让运行时有机会检查是否需要执行抢占调度。这种**协作式抢占调度**的解决方案只是局部解决了“饿死”问题，对于没有函数调用而是纯算法循环计算的 G，goroutine 调度器依然无法抢占[1]。

---

[1] Go 1.14 版本中加入了基于系统信号的 goroutine 抢占式调度机制，很大程度上解决了 goroutine “饿死”的问题。

4. NUMA 调度模型

在 Go 1.2 以后，Go 将重点放在了对 GC 低延迟的优化上，对调度器的优化和改进似乎不那么热心了，只是伴随着 GC 的改进而作了些小的改动。Dmitry Vyukov 在 2014 年 9 月提出了一个新的设计草案文档“NUMA - aware scheduler for Go”，作为对未来 goroutine 调度器演进方向的一个提案，不过这个提案至今也没有被列入开发计划。

5. 其他优化

Go 运行时已经实现了 netpoller，这使得即便 G 发起网络 I/O 操作也不会导致 M 被阻塞（仅阻塞 G），因而不会导致大量线程（M）被创建出来。但是对于常规文件的 I/O 操作一旦阻塞，那么线程（M）将进入挂起状态，等待 I/O 返回后被唤醒。这种情况下 P 将与挂起的 M 分离，再选择一个处于空闲状态（idle）的 M。如果此时没有空闲的 M，则会新创建一个 M（线程），这就是大量文件 I/O 操作会导致大量线程被创建的原因。

Go 开发团队的 Ian Lance Taylor 在 Go 1.9 版本中增加了一个针对文件 I/O 的 Poller[注]，它可以像 netpoller 那样，在 G 操作那些支持监听的（pollable）文件描述符时，仅阻塞 G，而不会阻塞 M。不过该功能依然对常规文件无效，常规文件是不支持监听的。但对于 goroutine 调度器而言，这也算是一个不小的进步了。

32.3 对 goroutine 调度器原理的进一步理解

1. G、P、M

关于 G、P、M 的定义，可以参见 $GOROOT/src/runtime/runtime2.go 这个源文件。G、P、M 这三个结构体定义都是大块头，每个结构体定义都包含十几个甚至二、三十个字段。像调度器这样的核心代码向来很复杂，考虑的因素也非常多，代码耦合在一起。不过从复杂的代码中我们依然可以看出 G、P、M 各自的大致用途，这里简要说明一下。

- G：代表 goroutine，存储了 goroutine 的执行栈信息、goroutine 状态及 goroutine 的任务函数等。另外 G 对象是可以重用的。
- P：代表逻辑 processor，P 的数量决定了系统内最大可并行的 G 的数量（前提：系统的物理 CPU 核数 >=P 的数量）。P 中最有用的是其拥有的各种 G 对象队列、链表、一些缓存和状态。
- M：M 代表着真正的执行计算资源。在绑定有效的 P 后，进入一个调度循环；而调度循环的机制大致是从各种队列、P 的本地运行队列中获取 G，切换到 G 的执行栈上并执行 G 的函数，调用 goexit 做清理工作并回到 M。如此反复。M 并不保留 G 状态，这是 G 可以跨 M 调度的基础。

下面是 G、P、M 定义的代码片段（注意：这里使用的是 Go 1.12.7 版本的代码，随着 Go 的

[注] https://groups.google.com/forum/#!topic/golang-dev/tT8SoKfHty0

演进，结构体中的字段定义可能会有所不同)：

```go
// $GOROOT/src/runtime/runtime2.go
type g struct {
    stack       stack
    sched       gobuf
    goid        int64
    gopc        uintptr
    startpc     uintptr
    ...
}

type p struct {
    lock mutex

    id          int32
    status      uint32

    mcache      *mcache
    racectx     uintptr

    // 处于可运行状态的goroutine队列，访问队列无须加锁
    runqhead uint32
    runqtail uint32
    runq     [256]guintptr

    runnext guintptr

    // 可重用的G (状态 == Gdead)
    gfree    *g
    gfreecnt int32
    ...
}


type m struct {
    g0      *g
    mstartfn       func()
    curg           *g
    ...
}
```

2. G 被抢占调度

与操作系统按时间片调度线程不同，Go 中并没有时间片的概念。如果某个 G 没有进行系统调用（syscall)、没有进行 I/O 操作、没有阻塞在一个 channel 操作上，那么 **M 是如何让 G 停下来并调度下一个可运行的 G 的呢**？答案是：G 是被抢占调度的。

前面说过，除非极端的无限循环或死循环，否则只要 G 调用函数，Go 运行时就有了抢占 G 的机会。在 Go 程序启动时，运行时会启动一个名为 sysmon 的 M（一般称为监控线程)，该 M 的特殊之处在于它无须绑定 P 即可运行（以 g0 这个 G 的形式)。该 M 在整个 Go 程序的运行过

程中至关重要，参见下面代码：

```
//$GOROOT/src/runtime/proc.go

// The main goroutine.
func main() {
     ...
    systemstack(func() {
        newm(sysmon, nil)
    })
    ...
}

// 运行无须P参与
//
//go:nowritebarrierrec
func sysmon() {
    // 如果一个heap span在垃圾回收后5分钟内没有被使用
    // 就把它归还给操作系统
    scavengelimit := int64(5 * 60 * 1e9)
    ...

    if  ... {
        ...
        // 夺回被阻塞在系统调用中的P
        // 抢占长期运行的G
        if retake(now) != 0 {
            idle = 0
        } else {
            idle++
        }
       ...
    }
}
```

sysmon 每 20us~10ms 启动一次，主要完成如下工作：

- 释放闲置超过 5 分钟的 span 物理内存；
- 如果超过 2 分钟没有垃圾回收，强制执行；
- 将长时间未处理的 netpoll 结果添加到任务队列；
- 向长时间运行的 G 任务发出抢占调度；
- 收回因 syscall 长时间阻塞的 P。

我们看到 sysmon 将向长时间运行的 G 任务发出抢占调度，这由函数 retake 实施：

```
// $GOROOT/src/runtime/proc.go

// forcePreemptNS是在一个G被抢占之前给它的时间片
const forcePreemptNS = 10 * 1000 * 1000 // 10ms

func retake(now int64) uint32 {
    ...
```

```
        // 抢占运行时间过长的G
        t := int64(_p_.schedtick)
        if int64(pd.schedtick) != t {
            pd.schedtick = uint32(t)
            pd.schedwhen = now
            continue
        }
        if pd.schedwhen+forcePreemptNS > now {
            continue
        }
        preemptone(_p_)
        ...
    }
```

可以看出，如果一个 G 任务运行超过 10ms，sysmon 就会认为其运行时间太久而发出抢占式调度的请求。一旦 G 的抢占标志位被设为 true，那么在这个 G 下一次调用函数或方法时，运行时便可以将 G 抢占并移出运行状态，放入 P 的本地运行队列中（如果 P 的本地运行队列已满，那么将放在全局运行队列中），等待下一次被调度。

3. channel 阻塞或网络 I/O 情况下的调度

如果 G 被阻塞在某个 channel 操作或网络 I/O 操作上，那么 G 会被放置到某个等待队列中，而 M 会尝试运行 P 的下一个可运行的 G。如果此时 P 没有可运行的 G 供 M 运行，那么 M 将解绑 P，并进入挂起状态。当 I/O 操作完成或 channel 操作完成，在等待队列中的 G 会被唤醒，标记为 runnable（可运行），并被放入某个 P 的队列中，绑定一个 M 后继续执行。

4. 系统调用阻塞情况下的调度

如果 G 被阻塞在某个系统调用上，那么不仅 G 会阻塞，执行该 G 的 M 也会解绑 P（实质是被 sysmon 抢走了），与 G 一起进入阻塞状态。如果此时有空闲的 M，则 P 会与其绑定并继续执行其他 G；如果没有空闲的 M，但仍然有其他 G 要执行，那么就会创建一个新 M（线程）。当系统调用返回后，阻塞在该系统调用上的 G 会尝试获取一个可用的 P，如果有可用 P，之前运行该 G 的 M 将绑定 P 继续运行 G；如果没有可用的 P，那么 G 与 M 之间的关联将解除，同时 G 会被标记为 runnable，放入全局的运行队列中，等待调度器的再次调度。

32.4 调度器状态的查看方法

Go 提供了调度器当前状态的查看方法：使用 Go 运行时环境变量 GODEBUG。比如下面的例子：

```
$ GODEBUG=schedtrace=1000 godoc -http=:6060
SCHED 0ms: gomaxprocs=4 idleprocs=3 threads=3 spinningthreads=0 idlethreads=0
    runqueue=0 [0 0 0 0]
SCHED 1001ms: gomaxprocs=4 idleprocs=0 threads=9 spinningthreads=0 idlethreads=3
    runqueue=2 [8 14 5 2]
SCHED 2006ms: gomaxprocs=4 idleprocs=0 threads=25 spinningthreads=0
```

```
    idlethreads=19 runqueue=12 [0 0 4 0]
SCHED 3006ms: gomaxprocs=4 idleprocs=0 threads=26 spinningthreads=0 idlethreads=8
    runqueue=2 [0 1 1 0]
SCHED 4010ms: gomaxprocs=4 idleprocs=0 threads=26 spinningthreads=0
    idlethreads=20 runqueue=12 [6 3 1 0]
SCHED 5010ms: gomaxprocs=4 idleprocs=0 threads=26 spinningthreads=1
    idlethreads=20 runqueue=17 [0 0 0 0]
SCHED 6016ms: gomaxprocs=4 idleprocs=0 threads=26 spinningthreads=0
    idlethreads=20 runqueue=1 [3 4 0 10]
...
```

GODEBUG这个Go运行时环境变量很是强大，通过给其传入不同的key1=value1, key2=value2, …组合，Go的运行时会输出不同的调试信息，比如在这里我们给GODEBUG传入了"schedtrace=1000"，其含义就是每1000ms打印输出一次goroutine调度器的状态，每次一行。以上面例子中最后一行为例，每一行各字段含义如下：

```
SCHED 6016ms: gomaxprocs=4 idleprocs=0 threads=26 spinningthreads=0
    idlethreads=20 runqueue=1 [3 4 0 10]
```

- SCHED：调试信息输出标志字符串，代表本行是goroutine调度器相关信息的输出。
- 6016ms：从程序启动到输出这行日志经过的时间。
- gomaxprocs：P的数量。
- idleprocs：处于空闲状态的P的数量。通过gomaxprocs和idleprocs的差值，我们就可以知道当前正在执行Go代码的P的数量。
- threads：操作系统线程的数量，包含调度器使用的M数量，加上运行时自用的类似sysmon这样的线程的数量。
- spinningthreads：处于自旋（spin）状态的操作系统线程的数量。
- idlethread：处于空闲状态的操作系统线程的数量。
- runqueue=1：Go调度器全局运行队列中G的数量。
- [3 4 0 10]：分别为4个P的本地运行队列中的G的数量。

还可以输出每个goroutine、M和P的详细调度信息（对于Gopher来说，在大多数情况下这是不必要的）：

```
$ GODEBUG=schedtrace=1000,scheddetail=1 godoc -http=:6060

SCHED 0ms: gomaxprocs=4 idleprocs=3 threads=3 spinningthreads=0 idlethreads=0
    runqueue=0 gcwaiting=0 nmidlelocked=0 stopwait=0 sysmonwait=0
  P0: status=1 schedtick=0 syscalltick=0 m=0 runqsize=0 gfreecnt=0
  P1: status=0 schedtick=0 syscalltick=0 m=-1 runqsize=0 gfreecnt=0
  P2: status=0 schedtick=0 syscalltick=0 m=-1 runqsize=0 gfreecnt=0
  P3: status=0 schedtick=0 syscalltick=0 m=-1 runqsize=0 gfreecnt=0
  M2: p=-1 curg=-1 mallocing=0 throwing=0 preemptoff= locks=1 dying=0 helpgc=0
      spinning=false blocked=false lockedg=-1
  M1: p=-1 curg=17 mallocing=0 throwing=0 preemptoff= locks=0 dying=0 helpgc=0
      spinning=false blocked=false lockedg=17
  M0: p=0 curg=1 mallocing=0 throwing=0 preemptoff= locks=1 dying=0 helpgc=0
```

```
      spinning=false blocked=false lockedg=1
  G1: status=8() m=0 lockedm=0
  G17: status=3() m=1 lockedm=1

SCHED 1002ms: gomaxprocs=4 idleprocs=0 threads=13 spinningthreads=0 idlethreads=7
    runqueue=6 gcwaiting=0 nmidlelocked=0 stopwait=0 sysmonwait=0
...
```

关于 Go 调度器调试信息输出的详细信息，可以参考 Dmitry Vyukov 的文章"Debugging Performance Issues in Go Programs"㊀，这也应该是每个 Gopher 必读的经典文章。更详尽的信息可参考 $GOROOT/src/runtime/proc.go 中 schedtrace 函数的实现。

32.5　goroutine 调度实例简要分析

根据上面对 goroutine 调度器的理解，我们来看几个实例，并对其进行简要分析。

1）为何在存在死循环的情况下，多个 goroutine 依旧会被调度并轮流执行？

我们先来看一个例子：

```
// chapter6/sources/go-scheduler-model-case1.go
func deadloop() {
    for {
    }
}

func main() {
    go deadloop()
    for {
        time.Sleep(time.Second * 1)
        fmt.Println("I got scheduled!")
    }
}
```

在上面的实例中，我们启动了两个 goroutine，一个是 main goroutine，另一个是运行 deadloop 函数（顾名思义，一个死循环）的 goroutine。main goroutine 为了展示方便，也用了一个死循环，并每隔一秒钟打印一条信息。下面是笔者运行这个例子的结果（笔者的机器是四核八线程的，runtime 的 NumCPU 函数返回 8）：

```
$go run go-scheduler-model-case1.go
I got scheduled!
I got scheduled!
I got scheduled!
...
```

从运行结果输出的日志来看，尽管存在运行着死循环的 deadloop goroutine，main goroutine 仍然得到了调度。其根本原因在于机器是多核多线程的（这里指硬件线程，不是操作系统线程）。

㊀ https://software.intel.com/en-us/blogs/2014/05/10/debugging-performance-issues-in-go-programs

Go从1.5版本开始将P的默认数量由1改为CPU核的数量（实际上还乘了每个核上硬线程数量）。这样上述例子在启动时创建了不止一个P，我们用图32-2来直观诠释一下。

假设deadloop goroutine被调度到P1上，P1在M1（对应一个操作系统线程）上运行；而main goroutine被调度到P2上，P2在M2上运行，M2对应另一个操作系统线程，而线程在操作系统调度层面被调度到物理的CPU核上运行。我们有多个CPU核，因此即便deadloop占满一个核，我们还可以在另一个CPU核上运行P2上的main goroutine，这也是main goroutine得到调度的原因。

2）如何让deadloop goroutine以外的goroutine无法得到调度？

如果一定要让deadloop goroutine以外的goroutine无法得到调度，该如何做呢？一种思路是：让Go运行时不要启动那么多P，让所有用户级的goroutine都在一个P上被调度。

下面是实现上述思路的三种办法：

- 在main函数的最开头处调用runtime.GOMAXPROCS(1)；
- 设置环境变量export GOMAXPROCS=1后再运行程序；
- 找一台单核单线程的机器（不过现在这样的机器太难找了，只能使用云服务器实现）。

以第一种方法为例：

```go
// chapter6/sources/go-scheduler-model-case2.go

func deadloop() {
    for {
    }
}

func main() {
    runtime.GOMAXPROCS(1)
    go deadloop()
    for {
        time.Sleep(time.Second * 1)
        fmt.Println("I got scheduled!")
    }
}
```

运行这个程序后，你会发现main goroutine的"I got scheduled"再也无法输出了。这里的调度原理可以用图32-3说明。

deadloop goroutine在P1上被调度，由于deadloop内部逻辑没有给调度器任何抢占的机会，比如进入runtime.morestack_noctxt，所以即便是sysmon这样的监控goroutine，也仅仅是能将deadloop goroutine的抢占标志位设为true而已。由于deadloop内部没有任何进入调度器代码的机会，始终无法重新调度goroutine。main goroutine只能躺在P1的本地队列中等待。

说明 Go 1.14版本中加入了goroutine的抢占式调度，新的调度方式利用操作系统信号机制，因此在Go 1.14及后续版本中，上述例子将不适用。

3）反转：如何在GOMAXPROCS=1的情况下让main goroutine得到调度？

我们做个反转：如何在GOMAXPROCS=1的情况下，让main goroutine也得到调度呢？有人说："有函数调用，就有了进入调度器代码的机会。"我们来试验一下是否属实：

```
// chapter6/sources/go-scheduler-model-case3.go

func add(a, b int) int {
    return a + b
}

func deadloop() {
    for {
        add(3, 5)
    }
}

func main() {
    runtime.GOMAXPROCS(1)
    go deadloop()
    for {
        time.Sleep(time.Second * 1)
        fmt.Println("I got scheduled!")
    }
}
```

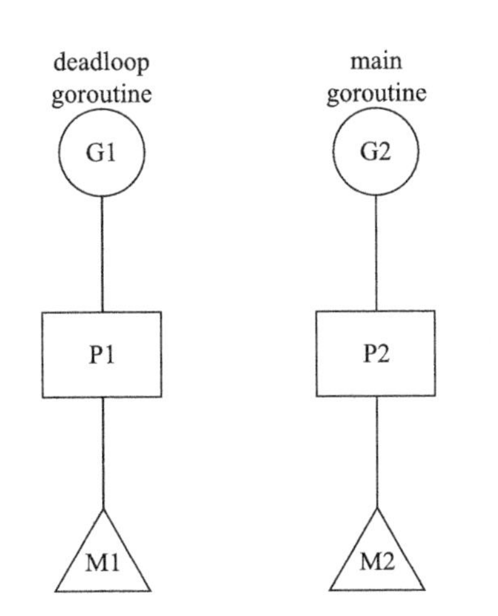

图 32-2　goroutine 调度实例分析示意图 1

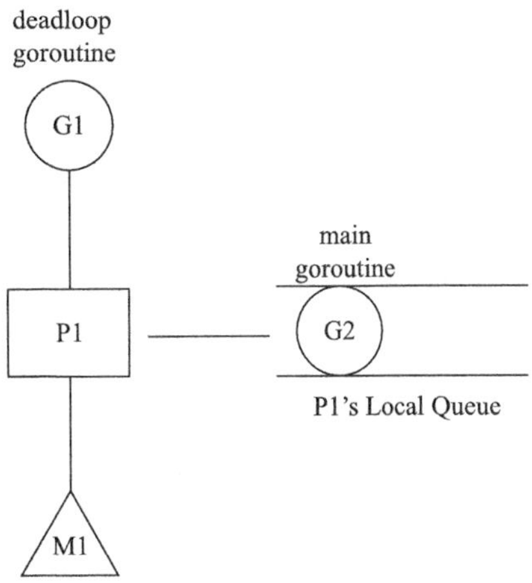

图 32-3　goroutine 调度实例分析示意图 2

我们在 deadloop goroutine 的 for 循环中加入了一个 add 函数调用。运行这个程序，看是否能达成我们的目的：

```
$ go run go-scheduler-model-case3.go
```

"I got scheduled!" 字样依旧没有出现！也就是说 main goroutine 没有得到调度！为什么呢？其实所谓的"有函数调用，就有了进入调度器代码的机会"，实际上是 Go 编译器在函数的入口处插入了一个运行时的函数调用：runtime.morestack_noctxt。这个函数会检查是否需要扩容连续栈，并进入抢占调度的逻辑中。一旦所在 goroutine 被置为可被抢占的，那么抢占调度代码就会剥夺该 goroutine 的执行权，将其让给其他 goroutine。但是上面代码为什么没有实现这一点呢？我们需要在汇编层面看看 Go 编译器生成的代码是什么样子的。

查看 Go 程序的汇编代码有多种方法。

- ❑ 使用 objdump 工具：objdump -S go 二进制文件。
- ❑ 使用 gdb disassemble。
- ❑ 使用 go tool 工具生成汇编代码文件：go build -gcflags '-S ' xx.go > xx.s 2>&1。
- ❑ 将 Go 代码编译成汇编代码：go tool compile -S xx.go > xx.s。
- ❑ 使用 go tool 工具反编译 Go 程序：go tool objdump -S go-binary > xx.s。

这里使用最后一种方法：利用 go tool objdump 反编译（并结合其他输出的汇编形式）。

```
$go build -o go-scheduler-model-case3 go-scheduler-model-case3.go
$go tool objdump -S go-scheduler-model-case3 > go-scheduler-model-case3.s
```

打开 go-scheduler-model-case3.s，搜索 main.add，居然找不到这个函数的汇编代码。而 main.deadloop 的定义如下：

```
TEXT main.deadloop(SB) go-scheduler-model-case3.go
        for {
  0x1093a10             ebfe                    JMP main.deadloop(SB)

  0x1093a12             cc                      INT $0x3
  0x1093a13             cc                      INT $0x3
  0x1093a14             cc                      INT $0x3
  0x1093a15             cc                      INT $0x3
   ...
  0x1093a1f             cc                      INT $0x3
```

我们看到 deadloop 中对 add 函数的调用并未出现。这显然是 Go 编译器在生成代码时执行了内联（inline）优化的结果，因为 add 的调用对 deadloop 的行为结果没有任何影响。

关闭优化再来试试：

```
$go build -gcflags '-N -l' -o go-scheduler-model-case3-unoptimized go-scheduler-
    model-case3.go
$go tool objdump -S go-scheduler-model-case3-unoptimized > go-scheduler-model-
    case3-unoptimized.s
```

打开文件 go-scheduler-model-case3-unoptimized.s，查找 main.add，这回找到了它：

```
TEXT main.add(SB) go-scheduler-model-case3.go
func add(a, b int) int {
  0x1093a10             48c744241800000000      MOVQ $0x0, 0x18(SP)
        return a + b
  0x1093a19             488b442408              MOVQ 0x8(SP), AX
  0x1093a1e             4803442410              ADDQ 0x10(SP), AX
  0x1093a23             4889442418              MOVQ AX, 0x18(SP)
  0x1093a28             c3                      RET

  0x1093a29             cc                      INT $0x3
```

```
...
  0x1093a2f              cc                         INT $0x3
```

deadloop 函数中也有了对 add 的显式调用：

```
TEXT main.deadloop(SB) go-scheduler-model-case3.go
  ...
  0x1093a51              48c7042403000000           MOVQ $0x3, 0(SP)
  0x1093a59              48c744240805000000         MOVQ $0x5, 0x8(SP)
  0x1093a62              e8a9ffffff                 CALL main.add(SB)
        for {
  0x1093a67              eb00                       JMP 0x1093a69
  0x1093a69              ebe4                       JMP 0x1093a4f
...
```

不过这个程序中的 main goroutine 依旧得不到调度，因为在 main.add 代码中，我们没有发现 morestack 函数的踪迹，也就是说即便调用了 add 函数，deadloop 也没有机会进入 Go 运行时的 goroutine 调度逻辑中。

为什么 Go 编译器没有在 main.add 函数中插入 morestack 的调用呢？那是因为 add 函数位于调用树的 leaf（叶子）位置，编译器可以确保其不再有新栈帧生成，不会导致栈分裂或超出现有栈边界，于是就不再插入 morestack。这样位于 morestack 中的调度器的抢占式检查也就无法执行。下面是 go build -gcflags '-S' 方式输出的 go-scheduler-model-case3.go 的汇编输出：

```
"".add STEXT nosplit size=19 args=0x18 locals=0x0
     TEXT    "".add(SB), NOSPLIT, $0-24
     FUNCDATA        $0, gclocals·54241e171da8af6ae173d69da0236748(SB)
     FUNCDATA        $1, gclocals·33cdeccccebe80329f1fdbee7f5874cb(SB)
     MOVQ    "".b+16(SP), AX
     MOVQ    "".a+8(SP), CX
     ADDQ    CX, AX
     MOVQ    AX, "".~r2+24(SP)
    RET
```

我们看到了 nosplit 字样，这就说明 add 使用的栈是固定大小（24 字节），不会再分裂（split）或超出现有边界。关于在 for 循环中的叶子节点函数（leaf function）中是否应该插入 morestack 目前还有一定争议[⊖]，将来也许会对这样的情况做特殊处理。

既然明白了原理，我们就在 deadloop 和 add 函数之间再加入一个 dummy 函数，见下面的代码：

```go
// chapter6/sources/go-scheduler-model-case4.go

func add(a, b int) int {
    return a + b
}

func dummy() {
    add(3, 5)
```

⊖ https://github.com/golang/go/issues/10958

```
}

func deadloop() {
    for {
        dummy()
    }
}

func main() {
    runtime.GOMAXPROCS(1)
    go deadloop()
    for {
        time.Sleep(time.Second * 1)
        fmt.Println("I got scheduled!")
    }
}
```

执行该代码：

```
$go build -gcflags '-N -l' -o go-scheduler-model-case4 go-scheduler-model-case4.go
$./go-scheduler-model-case4
I got scheduled!
I got scheduled!
I got scheduled!
```

main goroutine 果然得到了调度。再来看看 Go 编译器为该程序生成的汇编代码：

```
$go build -gcflags '-N -l' -o go-scheduler-model-case4 go-scheduler-model-case4.go
$go tool objdump -S go-scheduler-model-case4 > go-scheduler-model-case4.s

TEXT main.add(SB) go-scheduler-model-case4.go
func add(a, b int) int {
  0x1093a10           48c744241800000000      MOVQ $0x0, 0x18(SP)
        return a + b
  0x1093a19           488b442408              MOVQ 0x8(SP), AX
  0x1093a1e           4803442410              ADDQ 0x10(SP), AX
  0x1093a23           4889442418              MOVQ AX, 0x18(SP)
  0x1093a28           c3                      RET

  0x1093a29           cc                      INT $0x3
  0x1093a2a           cc                      INT $0x3
...

TEXT main.dummy(SB) go-scheduler-model-case4.s
func dummy() {
  0x1093a30           65488b0c25a0080000      MOVQ GS:0x8a0, CX
  0x1093a39           483b6110                CMPQ 0x10(CX), SP
  0x1093a3d           762e                    JBE 0x1093a6d
  0x1093a3f           4883ec20                SUBQ $0x20, SP
  0x1093a43           48896c2418              MOVQ BP, 0x18(SP)
  0x1093a48           488d6c2418              LEAQ 0x18(SP), BP
        add(3, 5)
  0x1093a4d           48c7042403000000        MOVQ $0x3, 0(SP)
```

```
    0x1093a55           48c744240805000000       MOVQ $0x5, 0x8(SP)
    0x1093a5e           e8adffffff               CALL main.add(SB)
  }
    0x1093a63           488b6c2418               MOVQ 0x18(SP), BP
    0x1093a68           4883c420                 ADDQ $0x20, SP
    0x1093a6c           c3                       RET

    0x1093a6d           e86eacfbff               CALL runtime.morestack_noctxt(SB)
    0x1093a72           ebbc                     JMP main.dummy(SB)

    0x1093a74           cc                       INT $0x3
    0x1093a75           cc                       INT $0x3
    0x1093a76           cc                       INT $0x3
.....
```

我们看到 main.add 函数依旧是叶子节点（leaf node），没有插入 morestack 调用；但在新增的 dummy 函数中我们看到了 CALL runtime.morestack_noctxt(SB) 的身影。

4）为何 runtime.morestack_noctxt(SB) 放到了 RET 后面？

在传统印象中，runtime.morestack_noctxt 的调用应该是放在函数入口处的，但实际编译出来的汇编代码中（如上面 dummy 函数的汇编），runtime.morestack_noctxt(SB) 却放在了 RET 的后面。要解释这个问题，我们最好来看一下另一种形式的汇编输出（go build -gcflags '-S' 方式输出的格式）：

```
"".dummy STEXT size=68 args=0x0 locals=0x20
        0x0000 00000 TEXT    "".dummy(SB), $32-0
        0x0000 00000 MOVQ    (TLS), CX
        0x0009 00009 CMPQ    SP, 16(CX)
        0x000d 00013 JLS     61
        0x000f 00015 SUBQ    $32, SP
        0x0013 00019 MOVQ    BP, 24(SP)
        0x0018 00024 LEAQ    24(SP), BP
        ...
        0x001d 00029 MOVQ    $3, (SP)
        0x0025 00037 MOVQ    $5, 8(SP)
        0x002e 00046 PCDATA  $0, $0
        0x002e 00046 CALL    "".add(SB)
        0x0033 00051 MOVQ    24(SP), BP
        0x0038 00056 ADDQ    $32, SP
        0x003c 00060 RET
        0x003d 00061 NOP
        0x003d 00061 PCDATA  $0, $-1
        0x003d 00061 CALL    runtime.morestack_noctxt(SB)
        0x0042 00066 JMP     0
```

可以看到在函数入口处，compiler 插入三行汇编：

```
        0x0000 00000 MOVQ    (TLS), CX   // 将TLS的值(GS:0x8a0)放入CX寄存器
        0x0009 00009 CMPQ    SP, 16(CX)   //比较SP与CX+16的值
        0x000d 00013 JLS      61 //  如果SP > CX + 16，则跳转到61这个位置，即runtime.
            morestack_noctxt(SB)
```

这种形式输出的是标准 Plan 9 的汇编语法，资料很少（比如 JLS 跳转指令的含义）。最后一行的含义是：如果跳转，则进入 runtime.morestack_noctxt，从 runtime.morestack_noctxt 返回后，再次跳转到开头执行（见最后一行的 JMP 0）。

为什么要这么做呢？按照 Go 语言开发团队的说法，这样做是为了更好地利用现代 CPU 的“静态分支预测”（static branch prediction）[㊀]，提升执行性能。

小结

goroutine 是 Go 语言并发的基础，也是最基本的执行单元。Go 基于 goroutine 建立了 G-P-M 的调度模型，了解这个调度模型对于 Go 代码设计以及 Go 代码问题的诊断都有很大帮助。

本条要点：

- ❑ 了解 goroutine 调度器要解决的主要问题；
- ❑ 了解 goroutine 调度器的调度模型演进；
- ❑ 掌握 goroutine 调度器当前 G-P-M 调度模型的运行原理；
- ❑ 掌握 goroutine 调度器状态查看方法；
- ❑ 学习 goroutine 调度实例分析方法。

㊀ https://github.com/golang/go/issues/10587

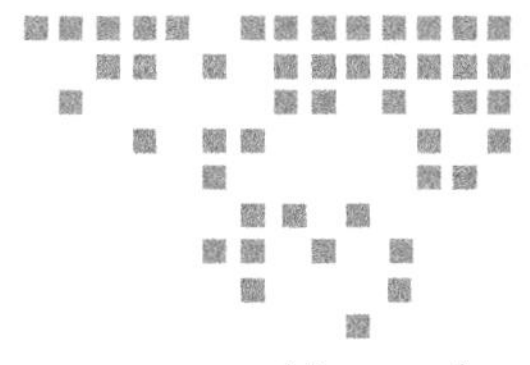

第 33 条 *Suggestion 33*

掌握 Go 并发模型和常见并发模式

不要通过共享内存来通信，而应该通过通信来共享内存。

——Rob Pike，Go 语言之父

在上一条中，我们了解了并发设计的优势，在这一条中我们来学习 Go 语言的并发模型以及在这种模型下有哪些常见的并发模式。

33.1 Go 并发模型

前面讲过，传统的编程语言（如 C++、Java、Python 等）并非为并发而生的，因此它们面对并发的逻辑多是基于操作系统的线程。其并发的执行单元（线程）之间的通信利用的也是操作系统提供的线程或进程间通信的原语，比如共享内存、信号、管道、消息队列、套接字等。在这些通信原语中，使用最多、最广泛同时也最高效的是结合了线程同步原语（比如锁以及更为低级的原子操作）的共享内存方式，因此，可以说传统语言的并发模型是**基于共享内存**的模型，就像图 33-1 所示的那样。

遗憾的是，这种传统的基于共享内存的并发模型很**难用，而且易错**，尤其是在大型或复杂的程序中。开发人员在设计并发程序时需要根据线程模型对程序进行建模，同时规划线程之间的通信方式。如果选择的是高效的基于共享内存的机制，那么他们还要花费大量心思设计线程间的同步机制，并且考虑多线程间复杂的内存管理以及如何防止死锁等。开发人员承受着巨大的心智负担，而且基于此类传统并发模型的程序难以编写、阅读、理解和维护。一旦程序发生问题，查找 bug 的过程更是漫长而艰辛。

Go 语言从设计伊始就将解决上述传统并发模型的问题作为目标之一，并在新并发模型设计中借鉴了著名计算机科学家 Tony Hoare 提出的 CSP（Communicating Sequential Process，通

信顺序进程）模型，如图 33-2 所示。

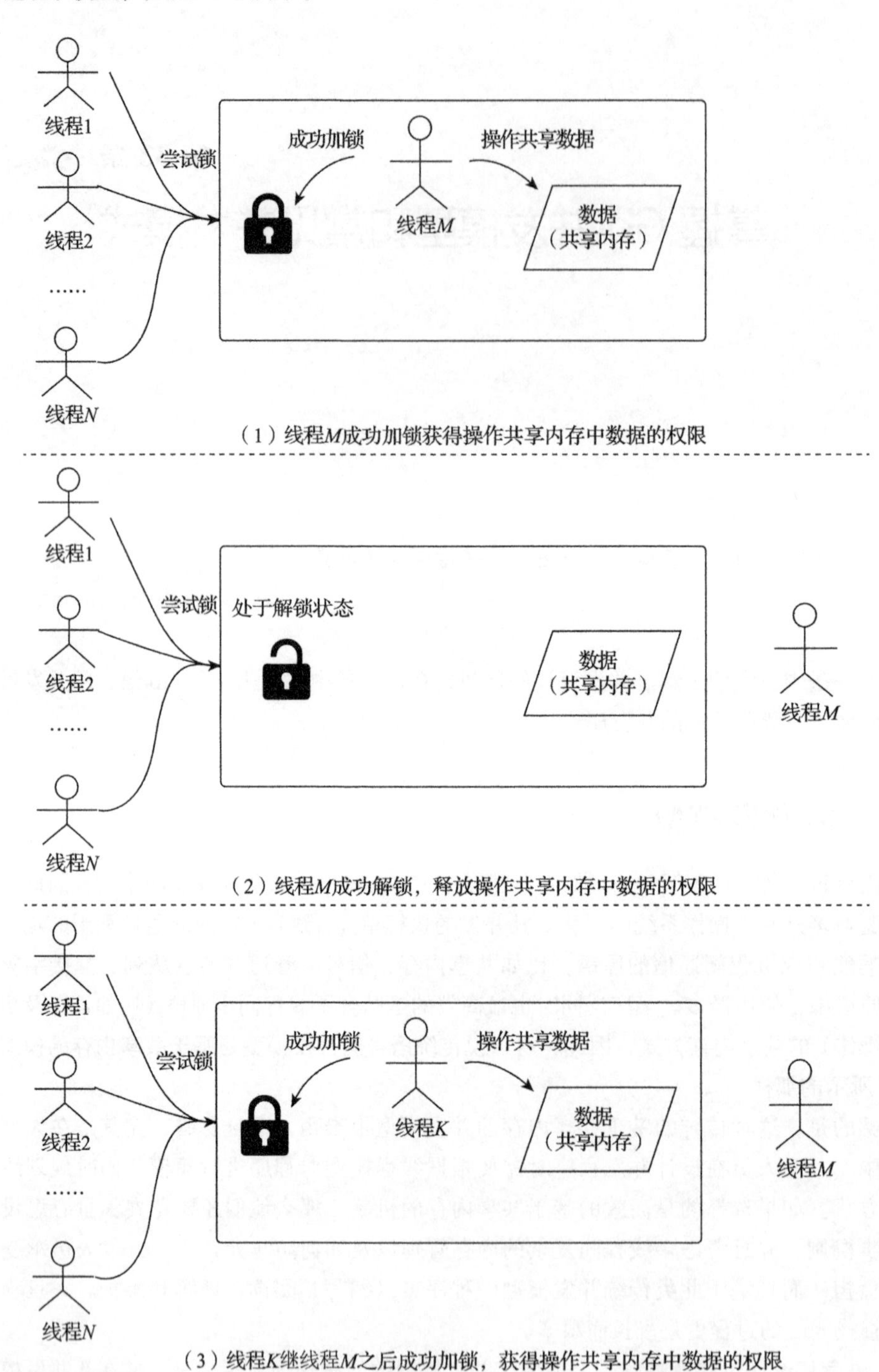

图 33-1 基于线程同步原语和共享内存的并发模型

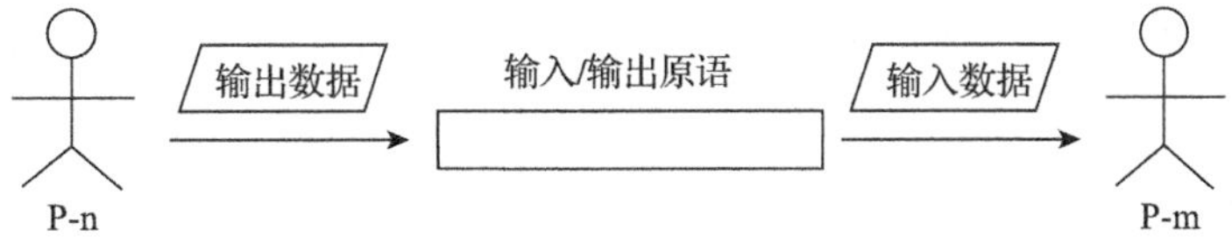

输出数据　输入/输出原语　输入数据

P-n　P-m

图 33-2　CSP 模型

Tony Hoare 的 CSP 模型旨在简化并发程序的编写，让并发程序的编写与编写顺序程序一样简单。Tony Hoare 认为输入 / 输出应该是基本的编程原语，数据处理逻辑（CSP 中的 P）仅需调用输入原语获取数据，顺序处理数据，并将结果数据通过输出原语输出即可。因此，在 Tony Hoare 眼中，一个符合 CSP 模型的并发程序应该是一组通过输入 / 输出原语连接起来的 P 的集合。从这个角度来看，CSP 理论不仅是一个并发参考模型，也是一种并发程序的程序组织方法。其组合思想与 Go 的设计哲学不谋而合。CSP 理论中的 P（Process，进程）是个抽象概念，它代表任何顺序处理逻辑的封装，它获取输入数据（或从其他 P 的输出获取），并生产可以被其他 P 消费的输出数据。

P 并不一定与操作系统的进程或线程画等号。在 Go 中，与 Process 对应的是 goroutine，但 Go 语言中 goroutine 的执行逻辑并不一定是顺序的，goroutine 也可以创建其他 goroutine 以并发地完成工作。

为了实现 CSP 模型中的输入 / 输出原语，Go 引入了 goroutine（P）之间的通信原语 channel。goroutine 可以从 channel 获取输入数据，再将处理后得到的结果数据通过 channel 输出。通过 channel 将 goroutine（P）组合与连接在一起，这使得设计和编写大型并发系统变得更为简单和清晰，我们无须再为那些传统共享内存并发模型中的问题而伤脑筋了。

虽然 CSP 模型已经成为 Go 语言支持的主流并发模型，但 Go 也支持传统的基于共享内存的并发模型，并提供基本的低级同步原语（主要是 sync 包中的互斥锁、条件变量、读写锁、原子操作等）。那么我们在实践中应该如何选择？是使用 channel 还是使用在低级同步原语保护下的共享内存呢？毫无疑问，从程序的整体结构来看，就像本条开头引述的 Rob Pike 的那句话一样，**Go 始终推荐以 CSP 模型风格构建并发程序**，尤其是在复杂的业务层面。这将提升程序逻辑的清晰度，大大降低并发设计的复杂性，并让程序更具可读性和可维护性；对于局部情况，比如涉及性能敏感的区域或需要保护的结构体数据，可以使用更为高效的低级同步原语（如 sync.Mutex），以保证 goroutine 对数据的同步访问。

33.2　Go 常见的并发模式

在语言层面，Go 针对 CSP 模型提供了三种并发原语。

- goroutine：对应 CSP 模型中的 P，封装了数据的处理逻辑，是 Go 运行时调度的基本执行单元。
- channel：对应 CSP 模型中的**输入 / 输出原语**，用于 goroutine 之间的**通信和同步**。
- select：用于应对多路输入 / 输出，可以让 goroutine 同时**协调处理**多个 channel 操作。

接下来，我们深入了解一下在实践中这些原语的常见组合方式，即**并发模式**。

1. 创建模式

Go 语言使用 go 关键字 + 函数 / 方法创建 goroutine：

```
go fmt.Println("I am a goroutine")

// $GOROOT/src/net/http/server.go
c := srv.newConn(rw)
go c.serve(connCtx)
```

但在稍复杂一些的并发程序中，需要考虑通过 CSP 模型输入 / 输出原语的承载体 channel 在 goroutine 之间建立**联系**。为了满足这一需求，我们通常使用下面的方式来创建 goroutine：

```
type T struct {...}

func spawn(f func()) chan T {
    c := make(chan T)
    go func() {
        // 使用channel变量c(通过闭包方式)与调用spawn的goroutine通信
        ...
        f()
        ...
    }()

    return c
}

func main() {
    c := spawn(func(){})
    // 使用channel变量c与新创建的goroutine通信
}
```

以上方式**在内部创建一个 goroutine 并返回一个 channel 类型变量的函数**，这是 Go 中最常见的 goroutine 创建模式。spawn 函数创建的新 goroutine 与调用 spawn 函数的 goroutine 之间通过一个 channel 建立起了联系：两个 goroutine 可以通过这个 channel 进行**通信**。spawn 函数的实现得益于 channel 作为 Go 语言**一等公民（first-class citizen）**的存在：channel 可以像变量一样被初始化、传递和赋值。上面例子中的 spawn 只返回了一个 channel 变量，大家可以根据需要自行定义返回的 channel 个数和用途。

2. 退出模式

goroutine 的使用代价很低，Go 官方推荐多使用 goroutine。在多数情况下，我们无须考虑对 goroutine 的退出进行控制：goroutine 的执行函数返回，即意味着 goroutine 退出。但一些常驻的后台服务程序可能会对 goroutine 有着优雅退出的要求，在这里我们就分类说明一下 goroutine 的几种退出模式。

（1）分离模式

这里借鉴了一些线程模型中的术语，比如分离（detached）模式。分离模式是使用最为广泛的 goroutine 退出模式。对于分离的 goroutine，创建它的 goroutine 不需要关心它的退出，这类 goroutine 在启动后即与其创建者彻底分离，其生命周期与其执行的主函数相关，函数返回即 goroutine 退出。这类 goroutine 有两个常见用途。

1）一次性任务：顾名思义，新创建的 goroutine 用来执行一个简单的任务，执行后即退出。比如下面标准库中的代码：

```
// $GOROOT/src/net/dial.go

func (d *Dialer) DialContext(ctx context.Context, network, address string) (Conn,
error) {
    ...
    if oldCancel := d.Cancel; oldCancel != nil {
        subCtx, cancel := context.WithCancel(ctx)
        defer cancel()
        go func() {
            select {
            case <-oldCancel:
                cancel()
            case <-subCtx.Done():
            }
        }()
        ctx = subCtx
    }
    ...
}
```

我们看到在 DialContext 方法中创建了一个 goroutine，用来监听两个 channel 是否有数据，一旦有数据，处理后即退出。

2）常驻后台执行一些特定任务，如监视（monitor）、观察（watch）等。其实现通常采用 for {...} 或 for { select{...} } 代码段形式，并多以定时器（timer）或事件（event）驱动执行。

Go 为每个 goroutine 调度模型中的 P 内置的 GC goroutine 就是这种类型的：

```
// $GOROOT/src/runtime/mgc.go
func gcBgMarkStartWorkers() {
    // 每个P都有一个运行在后台的用于标记的G
    for _, p := range allp {
        if p.gcBgMarkWorker == 0 {
            go gcBgMarkWorker(p) // 为每个P创建一个goroutine，以运行gcBgMarkWorker
            notetsleepg(&work.bgMarkReady, -1)
            noteclear(&work.bgMarkReady)
        }
    }
}

func gcBgMarkWorker(_p_ *p) {
    gp := getg()
    ...
    for { // 常驻后台处理GC事宜
        ...
```

```
    }
}
```

（2）join 模式

在线程模型中，父线程可以通过 pthread_join 来等待子线程结束并获取子线程的结束状态。在 Go 中，我们有时候也有类似的需求：goroutine 的创建者需要等待新 goroutine 结束。笔者为这样的 goroutine 退出模式起名为**“join 模式”**。

① 等待一个 goroutine 退出

我们从一个简单的场景开始，先来看看如何等待一个 goroutine 结束。下面是模拟该场景的一段示例代码：

```
// chapter6/sources/go-concurrency-pattern-1.go
func worker(args ...interface{}) {
    if len(args) == 0 {
        return
    }
    interval, ok := args[0].(int)
    if !ok {
        return
    }

    time.Sleep(time.Second * (time.Duration(interval)))
}

func spawn(f func(args ...interface{}), args ...interface{}) chan struct{} {
    c := make(chan struct{})
    go func() {
        f(args...)
        c <- struct{}{}
    }()
    return c
}

func main() {
     done := spawn(worker, 5)
     println("spawn a worker goroutine")
     <-done
     println("worker done")
}
```

在上面的代码中，spawn 函数使用典型的 goroutine 创建模式创建了一个 goroutine，main goroutine 作为创建者通过 spawn 函数返回的 channel 与新 goroutine 建立联系，这个 channel 的用途就是在两个 goroutine 之间建立退出事件的“信号”通信机制。main goroutine 在创建完新 goroutine 后便在该 channel 上阻塞等待，直到新 goroutine 退出前向该 channel 发送了一个信号。

运行该示例：

```
$ go run go-concurrency-pattern-1.go
spawn a worker goroutine
worker done
```

② 获取 goroutine 的退出状态

如果新 goroutine 的创建者不仅要等待 goroutine 的退出，还要精准获取其结束状态，同样可以通过自定义类型的 channel 来实现这一场景需求。下面是基于上面的代码改造后的示例：

```
// chapter6/sources/go-concurrency-pattern-2.go

var OK = errors.New("ok")

func worker(args ...interface{}) error {
    if len(args) == 0 {
        return errors.New("invalid args")
    }
    interval, ok := args[0].(int)
    if !ok {
        return errors.New("invalid interval arg")
    }

    time.Sleep(time.Second * (time.Duration(interval)))
    return OK
}

func spawn(f func(args ...interface{}) error, args ...interface{}) chan error {
    c := make(chan error)
    go func() {
        c <- f(args...)
    }()
    return c
}

func main() {
    done := spawn(worker, 5)
    println("spawn worker1")
    err := <-done
    fmt.Println("worker1 done:", err)
    done = spawn(worker)
    println("spawn worker2")
    err = <-done
    fmt.Println("worker2 done:", err)
}
```

我们将 channel 中承载的类型由 struct{} 改为了 error，这样 channel 承载的信息就不只是一个信号了，还携带了有价值的信息：**新 goroutine 的结束状态**。运行上述示例：

```
$go run go-concurrency-pattern-2.go
spawn worker1
worker1 done: ok
spawn worker2
worker2 done: invalid args
```

③ 等待多个 goroutine 退出

在有些场景中，goroutine 的创建者可能会创建不止一个 goroutine，并且需要等待全部新

goroutine 退出。可以通过 Go 语言提供的 sync.WaitGroup 实现等待多个 goroutine 退出的模式：

```
// chapter6/sources/go-concurrency-pattern-3.go
func worker(args ...interface{}) {
    if len(args) == 0 {
        return
    }

    interval, ok := args[0].(int)
    if !ok {
        return
    }

    time.Sleep(time.Second * (time.Duration(interval)))
}

func spawnGroup(n int, f func(args ...interface{}), args ...interface{}) chan
    struct{} {
    c := make(chan struct{})
    var wg sync.WaitGroup

    for i := 0; i < n; i++ {
        wg.Add(1)
        go func(i int) {
            name := fmt.Sprintf("worker-%d:", i)
            f(args...)
            println(name, "done")
            wg.Done() // worker done!
        }(i)
    }

    go func() {
        wg.Wait()
        c <- struct{}{}
    }()

    return c
}

func main() {
    done := spawnGroup(5, worker, 3)
    println("spawn a group of workers")
    <-done
    println("group workers done")
}
```

我们看到，通过 sync.WaitGroup，spawnGroup 每创建一个 goroutine 都会调用 wg.Add(1)，新创建的 goroutine 会在退出前调用 wg.Done。在 spawnGroup 中还创建了一个用于监视的 goroutine，该 goroutine 调用 sync.WaitGroup 的 Wait 方法来等待所有 goroutine 退出。在所有新创建的 goroutine 退出后，Wait 方法返回，该监视 goroutine 会向 done 这个 channel 写入一个信号，这时 main goroutine 才会从阻塞在 done channel 上的状态中恢复，继续往下执行。

运行上述示例代码：

```
$go run go-concurrency-pattern-3.go
spawn a group of workers
worker-2: done
worker-1: done
worker-0: done
worker-4: done
worker-3: done
group workers done
```

④ 支持超时机制的等待

有时候，我们不想无限阻塞等待所有新创建 goroutine 的退出，而是仅等待一段合理的时间。如果在这段时间内 goroutine 没有退出，则创建者会继续向下执行或主动退出。下面的示例代码在等待多个 goroutine 退出的例子之上增加了超时机制：

```
// chapter6/sources/go-concurrency-pattern-4.go
func main() {
    done := spawnGroup(5, worker, 30)
    println("spawn a group of workers")

    timer := time.NewTimer(time.Second * 5)
    defer timer.Stop()
    select {
    case <-timer.C:
        println("wait group workers exit timeout!")
    case <-done:
        println("group workers done")
    }
}
```

在上述代码中，我们通过一个定时器（time.Timer）设置了超时等待时间，并通过 select 原语同时监听 timer.C 和 done 这两个 channel，哪个先返回数据就执行哪个 case 分支。

运行上述示例代码：

```
$ go run go-concurrency-pattern-4.go
spawn a group of workers
wait group workers exit timeout!
```

（3）notify-and-wait 模式

在前面的几个场景中，goroutine 的创建者都是在被动地等待着新 goroutine 的退出。但很多时候，goroutine 创建者需要主动通知那些新 goroutine 退出，尤其是当 main goroutine 作为创建者时。main goroutine 退出意味着 Go 程序的终止，而粗暴地直接让 main goroutine 退出的方式可能会导致业务数据损坏、不完整或丢失。我们可以通过 notify-and-wait（通知并等待）模式来满足这一场景的要求。虽然这一模式也不能完全避免损失，但是它给了各个 goroutine 一个挽救数据的机会，从而尽可能减少损失。

① 通知并等待一个 goroutine 退出

我们从一个简单的“通知并等待一个 goroutine 退出”场景入手。下面是满足该场景要求的示例代码：

```
// chapter6/sources/go-concurrency-pattern-5.go
func worker(j int) {
    time.Sleep(time.Second * (time.Duration(j)))
}

func spawn(f func(int)) chan string {
    quit := make(chan string)
    go func() {
        var job chan int // 模拟job channel
        for {
            select {
            case j := <-job:
                f(j)
            case <-quit:
                quit <- "ok"
                return
            }
        }
    }()
    return quit
}

func main() {
    quit := spawn(worker)
    println("spawn a worker goroutine")

    time.Sleep(5 * time.Second)

    // 通知新创建的goroutine退出
    println("notify the worker to exit...")
    quit <- "exit"

    timer := time.NewTimer(time.Second * 10)
    defer timer.Stop()
    select {
    case status := <-quit:
        println("worker done:", status)
    case <-timer.C:
        println("wait worker exit timeout")
    }
}
```

在上述示例代码中，使用创建模式创建 goroutine 的 spawn 函数返回的 channel 的作用发生了变化，从原先的只是用于新 goroutine 发送退出信号给创建者，变成了一个双向的数据通道：既承载创建者发送给新 goroutine 的退出信号，也承载新 goroutine 返回给创建者的退出状态。

运行上述示例代码：

```
$go run go-concurrency-pattern-5.go
spawn a worker goroutine
notify the worker to exit...
worker done: ok
```

② 通知并等待多个 goroutine 退出

下面是“通知并等待多个 goroutine 退出”的场景。Go 语言的 channel 有一个特性是，当使用 close 函数关闭 channel 时，所有阻塞到该 channel 上的 goroutine 都会得到通知。我们就利用这一特性实现满足这一场景的模式：

```
// chapter6/sources/go-concurrency-pattern-6.go
func worker(j int) {
    time.Sleep(time.Second * (time.Duration(j)))
}

func spawnGroup(n int, f func(int)) chan struct{} {
    quit := make(chan struct{})
    job := make(chan int)
    var wg sync.WaitGroup

    for i := 0; i < n; i++ {
        wg.Add(1)
        go func(i int) {
            defer wg.Done() // 保证wg.Done在goroutine退出前被执行
            name := fmt.Sprintf("worker-%d:", i)
            for {
                j, ok := <-job
                if !ok {
                    println(name, "done")
                    return
                }
                // 执行这个job
                worker(j)
            }
        }(i)
    }

    go func() {
        <-quit
        close(job) // 广播给所有新goroutine
        wg.Wait()
        quit <- struct{}{}
    }()

    return quit
}

func main() {
    quit := spawnGroup(5, worker)
    println("spawn a group of workers")

    time.Sleep(5 * time.Second)
    // 通知 worker goroutine 组退出
    println("notify the worker group to exit...")
    quit <- struct{}{}

    timer := time.NewTimer(time.Second * 5)
```

```
        defer timer.Stop()
        select {
        case <-timer.C:
            println("wait group workers exit timeout!")
        case <-quit:
            println("group workers done")
        }
    }
```

上面这段示例代码的关键是创建者直接利用了 worker goroutine 接收任务（job）的 channel 来广播退出通知，而实现这一广播的代码就是 close(job)。此时各个 worker goroutine 监听 job channel，当创建者关闭 job channel 时，通过“comma ok”模式获取的 ok 值为 false，也就表明该 channel 已经被关闭，于是 worker goroutine 执行退出逻辑（退出前 wg.Done() 被执行）。

运行上述示例代码：

```
$go run go-concurrency-pattern-6.go
spawn a group of workers
notify the worker group to exit...
worker-3: done
worker-0: done
worker-4: done
worker-2: done
worker-1: done
group workers done
```

（4）退出模式的应用

很多时候，我们在程序中要启动多个 goroutine 协作完成应用的业务逻辑，比如：

```
func main() {
    go producer.Start()
    go consumer.Start()
    go watcher.Start()
    ...
}
```

但这些 goroutine 的运行形态很可能不同，有的扮演服务端，有的扮演客户端，等等，因此似乎很难用一种统一的框架全面管理它们的启动、运行和退出。我们尝试将问题范围缩小，聚焦在实现一个“超时等待退出”框架，以统一解决各种运行形态 goroutine 的优雅退出问题。

我们来定义一个接口：

```
// chapter6/sources/go-concurrency-pattern-7.go
type GracefullyShutdowner interface {
    Shutdown(waitTimeout time.Duration) error
}
```

这样，凡是实现了该接口的类型均可在程序退出时得到退出的通知和调用，从而有机会做退出前的最后清理工作。这里还提供了一个类似 http.HandlerFunc 的类型 ShutdownerFunc，用于将普通函数转化为实现了 GracefullyShutdowner 接口的类型实例（得益于函数在 Go 中为“一等公民”的特质）：

```go
// chapter6/sources/go-concurrency-pattern-7.go
type ShutdownerFunc func(time.Duration) error

func (f ShutdownerFunc) Shutdown(waitTimeout time.Duration) error {
    return f(waitTimeout)
}
```

一组goroutine的退出总体上有两种情况。一种是**并发退出**，在这类退出方式下，各个goroutine的退出先后次序对数据处理无影响，因此各个goroutine可以并发执行退出逻辑；另一种则是**串行退出**，即各个goroutine之间的退出是按照一定次序逐个进行的，次序若错了可能会导致程序的状态混乱和错误。

我们先来看并发退出：

```go
// chapter6/sources/go-concurrency-pattern-7.go
func ConcurrentShutdown(waitTimeout time.Duration, shutdowners
    ...GracefullyShutdowner) error {
    c := make(chan struct{})

    go func() {
        var wg sync.WaitGroup
        for _, g := range shutdowners {
            wg.Add(1)
            go func(shutdowner GracefullyShutdowner) {
                defer wg.Done()
                shutdowner.Shutdown(waitTimeout)
            }(g)
        }
        wg.Wait()
        c <- struct{}{}
    }()

    timer := time.NewTimer(waitTimeout)
    defer timer.Stop()

    select {
    case <-c:
        return nil
    case <-timer.C:
        return errors.New("wait timeout")
    }
}
```

如上述代码所示，我们将各个GracefullyShutdowner接口的实现以一个变长参数的形式传入ConcurrentShutdown函数。ConcurrentShutdown函数的实现也很简单（类似上面的超时等待多个goroutine退出的模式），具体如下：

1）为每个传入的GracefullyShutdowner接口实现的实例启动一个goroutine来执行退出逻辑，并将timeout参数传入每个实例的Shutdown方法中；

2）通过sync.WaitGroup在外层等待每个goroutine的退出；

3）通过select监听一个退出通知channel和一个timer channel，决定到底是正常退出还是超时退出。

下面是该并发退出函数对应的测试用例，通过这个用例我们可以直观了解到该函数的使用方法：

```
// chapter6/sources/go-concurrency-pattern-7_test.go

func shutdownMaker(processTm int) func(time.Duration) error {
    return func(time.Duration) error {
        time.Sleep(time.Second * time.Duration(processTm))
        return nil
    }
}

func TestConcurrentShutdown(t *testing.T) {
    f1 := shutdownMaker(2)
    f2 := shutdownMaker(6)

    err := ConcurrentShutdown(10*time.Second, ShutdownerFunc(f1), ShutdownerFunc(f2))
    if err != nil {
        t.Errorf("want nil, actual: %s", err)
        return
    }

    err = ConcurrentShutdown(4*time.Second, ShutdownerFunc(f1), ShutdownerFunc(f2))
    if err == nil {
        t.Error("want timeout, actual nil")
        return
    }
}
```

在上面的测试中，我们通过一个工具函数 shutdownMaker 制作出通过 ShutdownerFunc 转型即可满足接口 GracefullyShutdowner 的类型实例，并分别测试了 ConcurrentShutdown 函数的正常和等待超时两种状况。运行上面的测试用例：

```
$ go test -v ./go-concurrency-pattern-7_test.go ./go-concurrency-pattern-7.go
=== RUN   TestConcurrentShutdown
--- PASS: TestConcurrentShutdown (10.00s)
PASS
ok      command-line-arguments  10.001s
```

有了**并发退出**作为基础，串行退出的实现也就很简单了：

```
// chapter6/sources/go-concurrency-pattern-7.go
func SequentialShutdown(waitTimeout time.Duration, shutdowners ...GracefullyShutdowner)
   error {
    start := time.Now()
    var left time.Duration
    timer := time.NewTimer(waitTimeout)

    for _, g := range shutdowners {
        elapsed := time.Since(start)
```

```
        left = waitTimeout - elapsed

        c := make(chan struct{})
        go func(shutdowner GracefullyShutdowner) {
            shutdowner.Shutdown(left)
            c <- struct{}{}
        }(g)

        timer.Reset(left)
        select {
        case <-c:
            // 继续执行
        case <-timer.C:
            return errors.New("wait timeout")
        }
    }
    return nil
}
```

串行退出有个问题是 waitTimeout 值的确定，因为这个超时时间是所有 goroutine 的退出时间之和。在上述代码里，将每次的 left（剩余时间）传入下一个要执行的 goroutine 的 Shutdown 方法中。select 同样使用这个 left 作为 timeout 的值（通过 timer.Reset 重新设置 timer 定时器周期）。对照 ConcurrentShutdown，SequentialShutdown 更简单，这里就不详细介绍了。

3. 管道模式

很多 Go 初学者在初次看到 Go 提供的并发原语 channel 时，很容易联想到 Unix/Linux 平台上的管道机制。下面就是一条利用管道机制过滤出当前路径下以 ".go" 结尾的文件列表的命令：

```
$ls -l|grep "\.go"
```

Unix/Linux 的管道机制就是将前面程序的输出数据作为输入数据传递给后面的程序，比如：上面的命令就是将 ls -l 的结果数据通过管道传递给 grep 程序。

管道是 Unix/Linux 上一种典型的并发程序设计模式，也是 Unix 崇尚“组合”设计哲学的具体体现。Go 中没有定义管道，但是具有深厚 Unix 文化背景的 Go 语言缔造者们显然借鉴了 Unix 的设计哲学，在 Go 中引入了 channel 这种并发原语，而 channel 原语使构建管道并发模式变得容易且自然，如图 33-3 所示。

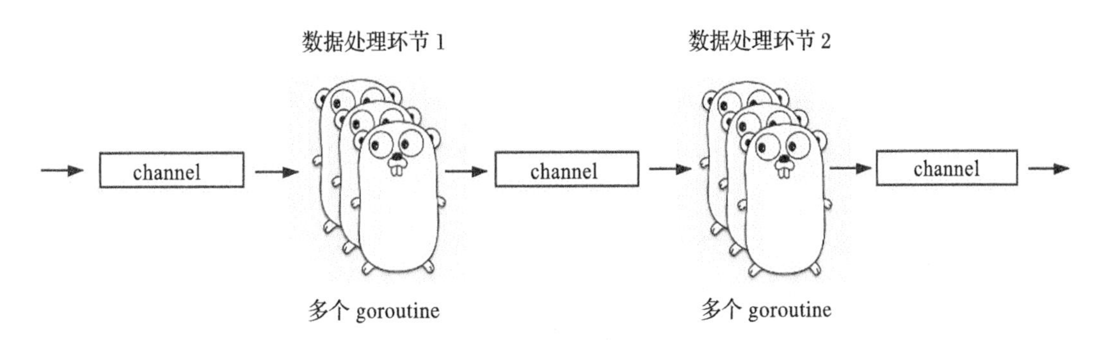

图 33-3　管道模式

在图 33-3 中，我们看到在 Go 中管道模式被实现成了由 channel 连接的一条“数据流水线”。在该流水线中，每个数据处理环节都由**一组功能相同的 goroutine** 完成。在每个数据处理环节，goroutine 都要从数据输入 channel 获取前一个环节生产的数据，然后对这些数据进行处理，并将处理后的结果数据通过数据输出 channel 发往下一个环节。

下面是一个使用了管道模式的示例：

```go
// chapter6/sources/go-concurrency-pattern-8.go
func newNumGenerator(start, count int) <-chan int {
    c := make(chan int)
    go func() {
        for i := start; i < start+count; i++ {
            c <- i
        }
        close(c)
    }()
    return c
}

func filterOdd(in int) (int, bool) {
    if in%2 != 0 {
      return 0, false
    }
    return in, true
}

func square(in int) (int, bool) {
    return in * in, true
}

func spawn(f func(int) (int, bool), in <-chan int) <-chan int {
    out := make(chan int)

    go func() {
        for v := range in {
            r, ok := f(v)
            if ok {
                out <- r
            }
        }
        close(out)
    }()

    return out
}

func main() {
    in := newNumGenerator(1, 20)
    out := spawn(square, spawn(filterOdd, in))

    for v := range out {
```

```
        println(v)
    }
}
```

这条流水线管道可以被称为“偶数的平方”。这条流水线管道有 4 个处理环节。

第一个环节是生成最初的数据序列，这个序列由 newNumGenerator 创建的 goroutine 负责生成并发送到输出 channel 中，在序列全部发送完毕后，该 goroutine 关闭 channel 并退出。

第二个环节是从序列中过滤奇数。由 spawn 函数创建的 goroutine 从第一个环节的输出 channel 中读取数据，并交由 filterOdd 函数处理。如果是奇数，则丢弃；如果是偶数，则发到该 goroutine 的输出 channel 中。在全部数据发送完毕后，该 goroutine 关闭 channel 并退出。

第三个环节是对序列中的数据进行平方运算处理。由 spawn 函数创建的 goroutine 从第二个环节的输出 channel 中读取数据，并交由 square 函数处理。处理后的数据被发到该 goroutine 的输出 channel 中。在全部数据发送完毕后，该 goroutine 关闭 channel 并退出。

第四个环节是将序列中的数据输出到控制台。main goroutine 从第三个环节的输出 channel 中读取数据，并将数据通过 println 输出到控制台上。在全部数据都读取并展示完毕后，main goroutine 退出。

运行上述示例代码：

```
$go run go-concurrency-pattern-8.go
4
16
36
64
100
144
196
256
324
400
```

管道模式具有良好的**可扩展性**。如果要在上面示例代码的基础上在最开始处新增一个处理环节，比如过滤掉所有大于 100 的数（filterNumOver100），可以像下面代码这样扩展管道流水线：

```
in := newNumGenerator(1, 20)
out := spawn(square, spawn(filterOdd, spawn(filterNumOver100, in)))
```

下面来了解两种基于管道模式的**扩展模式**。

（1）扇出模式

在某个处理环节，多个功能相同的 goroutine 从同一个 channel 读取数据并处理，直到该 channel 关闭，这种情况被称为“扇出”（fan-out）。使用扇出模式可以在一组 goroutine 中均衡分配工作量，从而更均衡地利用 CPU。

（2）扇入模式

在某个处理环节，处理程序面对不止一个输入 channel。我们把所有输入 channel 的数据汇聚到一个统一的输入 channel，然后处理程序再从这个 channel 中读取数据并处理，直到该 channel 因所有输入 channel 关闭而关闭。这种情况被称为“扇入”(fan-in)。

图 33-4 直观地展示了扇出模式和扇入模式。

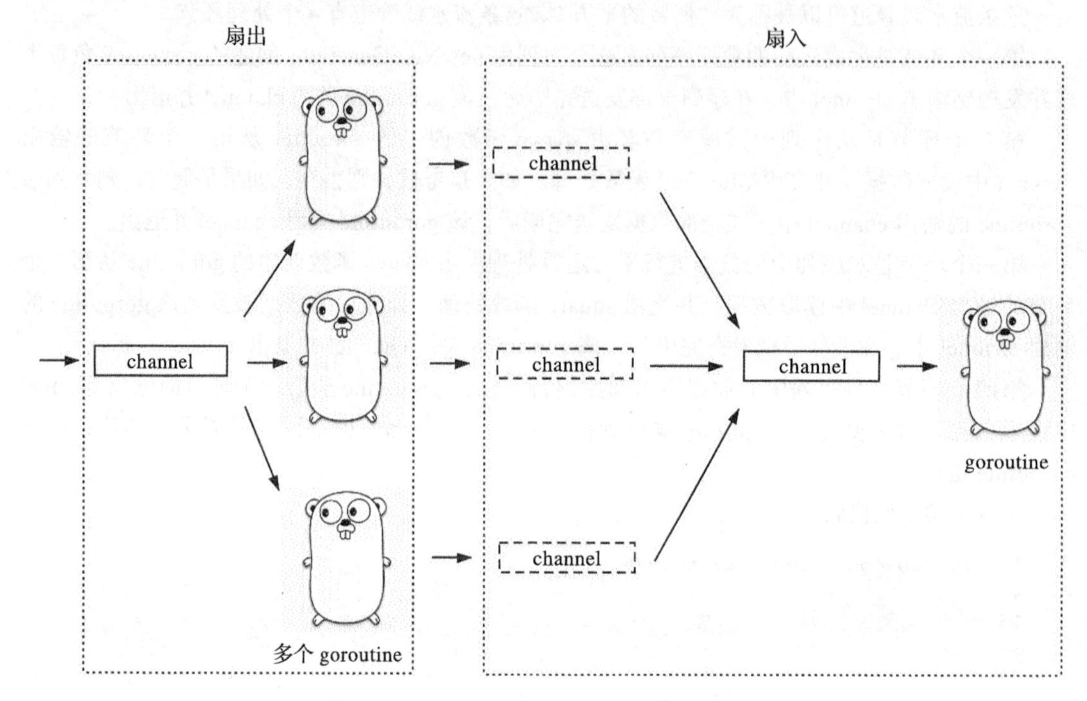

图 33-4 扇出模式和扇入模式

下面来看看扇出模式和扇入模式的实现示例：

```
// chapter6/sources/go-concurrency-pattern-9.go
func newNumGenerator(start, count int) <-chan int {
    c := make(chan int)
    go func() {
        for i := start; i < start+count; i++ {
            c <- i
        }
        close(c)
    }()
    return c
}

func filterOdd(in int) (int, bool) {
    if in%2 != 0 {
        return 0, false
    }
    return in, true
}
```

```
func square(in int) (int, bool) {
    return in * in, true
}

func spawnGroup(name string, num int, f func(int) (int, bool), in <-chan int)
    <-chan int {
    groupOut := make(chan int)
    var outSlice []chan int
    for i := 0; i < num; i++ {
        out := make(chan int)
        go func(i int) {
            name := fmt.Sprintf("%s-%d:", name, i)
            fmt.Printf("%s begin to work...\n", name)

            for v := range in {
                r, ok := f(v)
                if ok {
                    out <- r
                }
            }
            close(out)
            fmt.Printf("%s work done\n", name)
        }(i)
        outSlice = append(outSlice, out)
    }

    // 扇入模式
    //
    // out --\
    //        \
    // out ---- --> groupOut
    //        /
    // out --/
    //
    go func() {
        var wg sync.WaitGroup
        for _, out := range outSlice {
            wg.Add(1)
            go func(out <-chan int) {
                for v := range out {
                  groupOut <- v
                }
                wg.Done()
            }(out)
        }
        wg.Wait()
        close(groupOut)
    }()

    return groupOut
}
```

```
func main() {
	in := newNumGenerator(1, 20)
	out := spawnGroup("square", 2, square, spawnGroup("filterOdd", 3, filterOdd, in))

	time.Sleep(3 * time.Second) //为了输出更直观的结果，这里等上面的goroutine都就绪

	for v := range out {
		fmt.Println(v)
	}
}
```

在上面的代码中，我们通过 spawnGroup 函数实现了扇出模式，针对每个输入 channel，我们都建立多个功能相同的 goroutine，让它们从这个共同的输入 channel 读取数据并处理，直至 channel 被关闭。在 spawnGroup 函数的结尾处，我们将多个 goroutine 的输出 channel 聚合到一个 groupOut channel 中，这就是扇入模式的实现。

运行上述示例代码：

```
$ go run go-concurrency-pattern-9.go
square-1: begin to work...
filterOdd-1: begin to work...
square-0: begin to work...
filterOdd-2: begin to work...
filterOdd-0: begin to work...
filterOdd-1: work done
4
16
36
100
64
144
324
400
256
196
filterOdd-2: work done
filterOdd-0: work done
square-0: work done
square-1: work done
```

4. 超时与取消模式

我们经常会使用 Go 编写向服务发起请求并获取应答结果的客户端应用。来看一个例子：编写一个从气象数据服务中心获取气象信息的客户端。该客户端每次会并发向三个气象数据服务中心发起数据查询请求，并以最快返回的那个响应信息作为此次请求的应答返回值。下面的代码是这个例子的第一版实现：

```
// chapter6/sources/go-concurrency-pattern-10.go

type result struct {
    value string
```

```
}

func first(servers ...*httptest.Server) (result, error) {
    c := make(chan result, len(servers))
    queryFunc := func(server *httptest.Server) {
        url := server.URL
        resp, err := http.Get(url)
        if err != nil {
            log.Printf("http get error: %s\n", err)
            return
        }
        defer resp.Body.Close()
        body, _ := ioutil.ReadAll(resp.Body)
        c <- result{
            value: string(body),
        }
    }
    for _, serv := range servers {
        go queryFunc(serv)
    }
    return <-c, nil
}

func fakeWeatherServer(name string) *httptest.Server {
    return httptest.NewServer(http.HandlerFunc(func(w http.ResponseWriter,
        r *http.Request) {
        log.Printf("%s receive a http request\n", name)
        time.Sleep(1 * time.Second)
        w.Write([]byte(name + ":ok"))
    }))
}

func main() {
    result, err := first(fakeWeatherServer("open-weather-1"),
        fakeWeatherServer("open-weather-2"),
        fakeWeatherServer("open-weather-3"))
    if err != nil {
        log.Println("invoke first error:", err)
        return
    }

    log.Println(result)
}
```

以上代码使用 httptest 包的 NewServer 函数创建了三个模拟器的气象数据服务中心，然后将这三个气象数据服务中心的实例传入 first 函数。后者创建了三个 goroutine，每个 goroutine 向一个气象数据服务中心发起查询请求。三个发起查询的 goroutine 都会将应答结果写入同一个 channel 中，first 获取第一个结果数据后就返回了。

运行下面这段示例代码：

```
$go run go-concurrency-pattern-10.go
```

```
2020/01/21 21:57:04 open-weather-3 receive a http request
2020/01/21 21:57:04 open-weather-1 receive a http request
2020/01/21 21:57:04 open-weather-2 receive a http request
2020/01/21 21:57:05 {open-we  ather-3:ok}
```

上述例子运行在一种较为理想的情况下，而现实中的网络情况错综复杂，远程服务的状态也不甚明朗，很可能出现服务端长时间没有响应的情况。这时为了保证良好的用户体验，我们需要对客户端的行为进行**精细化控制**，比如：只等待 500ms，超过 500ms 仍然没有收到任何一个气象数据服务中心的响应，first 函数就返回失败，以保证等待时间在人类的忍耐力承受范围之内。我们在上述例子的基础上对 first 函数做的调整如下：

```
// chapter6/sources/go-concurrency-pattern-11.go
func first(servers ...*httptest.Server) (result, error) {
    c := make(chan result, len(servers))
    queryFunc := func(server *httptest.Server) {
        url := server.URL
        resp, err := http.Get(url)
        if err != nil {
            log.Printf("http get error: %s\n", err)
            return
        }
        defer resp.Body.Close()
        body, _ := ioutil.ReadAll(resp.Body)
        c <- result{
            value: string(body),
        }
    }
    for _, serv := range servers {
        go queryFunc(serv)
    }

    select {
    case r := <-c:
        return r, nil
    case <-time.After(500 * time.Millisecond):
        return result{}, errors.New("timeout")
    }
}
```

我们增加了一个定时器，并通过 select 原语监视该定时器事件和响应 channel 上的事件。如果响应 channel 上长时间没有数据返回，则当定时器事件触发时，first 函数返回超时错误：

```
$ go run go-concurrency-pattern-11.go
2020/01/21 22:41:02 open-weather-1 receive a http request
2020/01/21 22:41:02 open-weather-2 receive a http request
2020/01/21 22:41:02 open-weather-3 receive a http request
2020/01/21 22:41:02 invoke first error: timeout
```

加上了**超时模式**的版本依然有一个明显的问题，那就是即便 first 函数因超时而返回，三个已经创建的 goroutine 可能依然处在向气象数据服务中心请求或等待应答状态，没有返回，也没有被回收，资源仍然在占用，即使它们的存在已经没有任何意义。一种合理的解决思路是让这三个 goroutine 支持取消操作。在这种情况下，我们一般使用 Go 的 context 包来实现取消模式。context 包是谷歌内部关于 Go 的一个最佳实践，Go 在 1.7 版本将 context 包引入标准库中。下面是利用 context 包实现取消模式的代码：

```
// chapter6/sources/go-concurrency-pattern-12.go
type result struct {
    value string
}

func first(servers ...*httptest.Server) (result, error) {
    c := make(chan result)
    ctx, cancel := context.WithCancel(context.Background())
    defer cancel()
    queryFunc := func(i int, server *httptest.Server) {
        url := server.URL
        req, err := http.NewRequest("GET", url, nil)
        if err != nil {
            log.Printf("query goroutine-%d: http NewRequest error: %s\n", i, err)
            return
        }
        req = req.WithContext(ctx)

        log.Printf("query goroutine-%d: send request...\n", i)
        resp, err := http.DefaultClient.Do(req)
        if err != nil {
            log.Printf("query goroutine-%d: get return error: %s\n", i, err)
            return
        }
        log.Printf("query goroutine-%d: get response\n", i)
        defer resp.Body.Close()
        body, _ := ioutil.ReadAll(resp.Body)

        c <- result{
            value: string(body),
        }
        return
    }

    for i, serv := range servers {
        go queryFunc(i, serv)
    }

    select {
    case r := <-c:
        return r, nil
    case <-time.After(500 * time.Millisecond):
        return result{}, errors.New("timeout")
    }
}
```

```
func fakeWeatherServer(name string, interval int) *httptest.Server {
    return httptest.NewServer(http.HandlerFunc(func(w http.ResponseWriter,
        r *http.Request) {
        log.Printf("%s receive a http request\n", name)
        time.Sleep(time.Duration(interval) * time.Millisecond)
        w.Write([]byte(name + ":ok"))
    }))
}

func main() {
    result, err := first(fakeWeatherServer("open-weather-1", 200),
        fakeWeatherServer("open-weather-2", 1000),
        fakeWeatherServer("open-weather-3", 600))
    if err != nil {
        log.Println("invoke first error:", err)
        return
    }

    fmt.Println(result)
    time.Sleep(10 * time.Second)
}
```

在这版实现中，我们利用 context.WithCancel 创建了一个可以取消的 context.Context 变量，在每个发起查询请求的 goroutine 中，我们用该变量更新了 request 中的 ctx 变量，使其支持被取消。这样在 first 函数中，无论是成功得到某个查询 goroutine 的返回结果，还是超时失败返回，通过 defer cancel() 设定 cancel 函数在 first 函数返回前被执行，那些尚未返回的在途（on-flight）查询的 goroutine 都将收到 cancel 事件并退出（http 包支持利用 context.Context 的超时和 cancel 机制）。下面是运行该示例的结果：

```
$go run go-concurrency-pattern-12.go
2020/01/21 23:20:32 query goroutine-1: send request...
2020/01/21 23:20:32 query goroutine-0: send request...
2020/01/21 23:20:32 query goroutine-2: send request...
2020/01/21 23:20:32 open-weather-3 receive a http request
2020/01/21 23:20:32 open-weather-2 receive a http request
2020/01/21 23:20:32 open-weather-1 receive a http request
2020/01/21 23:20:32 query goroutine-0: get response
{open-weather-1:ok}
2020/01/21 23:20:32 query goroutine-1: get return error: Get http://127.0.0.1:56437:
    context canceled
2020/01/21 23:20:32 query goroutine-2: get return error: Get http://127.0.0.1:56438:
    context canceled
```

可以看到，first 函数在得到 open-weather-1 这个气象数据服务中心的响应后，执行了 cancel 函数，其余两个 http.DefaultClient.Do 调用便取消了请求，返回了 context canceled 的错误，于是这两个 goroutine 得以退出。

小结

在这一条中我们学习了 Go 的基于 CSP 理论的并发模型，并将其与传统的基于共享内存的模型做了对比。之后，我们了解了 Go 提供的并发模型实现原语（goroutine、channel 和 select），并总结了利用这些原语实现的常见的 Go 并发模式。

本条要点：

- 了解基于 CSP 的并发模型与传统基于共享内存的并发模型的区别；
- 了解 Go 为实现 CSP 模型而提供的并发原语及功能；
- 掌握常见的并发模式，包括创建模式、多种退出模式、管道模式、超时和取消模式等。

Suggestion 34 第 34 条

了解 channel 的妙用

channel 是 Go 语言提供的一种重要的并发原语。从前文中我们了解到，它在 Go 语言的 CSP 模型中扮演着重要的角色：既可以实现 goroutine 间的通信，又可以实现 goroutine 间的同步。

channel 类型在 Go 中为“一等公民”，我们可以像使用普通变量那样使用 channel，比如：定义 channel 类型变量，为 channel 变量赋值，将 channel 作为参数传递给函数 / 方法，将 channel 作为返回值从函数 / 方法中返回，甚至将 channel 发送到其他 channel 中。

正是由于 channel 一等公民的特性，channel 原语使用起来很简单：

```
c := make(chan int)     // 创建一个无缓冲(unbuffered)的int类型的channel
c := make(chan int, 5) // 创建一个带缓冲的int类型的channel
c <- x          // 向channel c中发送一个值
<- c            // 从channel c中接收一个值
x = <- c        // 从channel c接收一个值并将其存储到变量x中
x, ok = <- c  // 从channel c接收一个值。若channel关闭了，ok将被置为false
for i := range c { ... } // 将for range与channel结合使用
close(c)        // 关闭channel c

c := make(chan chan int) // 创建一个无缓冲的chan int类型的channel
func stream(ctx context.Context, out chan<- Value) error // 将只发送(send-only)
    channel作为函数参数
func spawn(...) <-chan T  // 将只接收(receive-only)类型channel作为返回值
```

当需要同时对多个 channel 进行操作时，我们会结合使用 Go 为 CSP 模型提供的另一个原语：select。通过 select，我们可以同时在多个 channel 上进行发送 / 接收操作：

```
select {
    case x := <-c1: // 从channel c1接收数据
        ...
    case y, ok := <-c2: // 从channel c2接收数据，并根据ok值判断c2是否已经关闭
```

```
    ...
case c3 <- z: // 将z值发送到channel c3中
    ...
default: // 当上面case中的channel通信均无法实施时，执行该默认分支
}
```

我们看到，channel 和 select 两种原语的操作十分简单，这遵循了 Go 语言**“追求简单”**的设计哲学，但它们却为 Go 并发程序带来了强大的表达能力。下面就来看看 Go 并发原语 channel 的妙用（结合 select）。

34.1　无缓冲 channel

无缓冲 channel 兼具通信和同步特性，在并发程序中应用颇为广泛。可以通过不带有 capacity 参数的内置 make 函数创建一个可用的无缓冲 channel：

```
c := make(chan T) // T为channel中元素的类型
```

由于无缓冲 channel 的运行时层实现不带有缓冲区，因此对无缓冲 channel 的接收和发送操作是同步的，即对于同一个无缓冲 channel，只有在对其进行接收操作的 goroutine 和对其进行发送操作的 goroutine 都存在的情况下，通信才能进行，否则单方面的操作会让对应的 goroutine 陷入阻塞状态。

如果一个无缓冲 channel 没有任何 goroutine 对其进行**接收**操作，一旦有 goroutine 先对其进行**发送**操作，那么动作发生和完成的时序如下：

发送动作发生
　-> 接收动作发生（有 goroutine 对其进行接收操作）
　　-> 发送动作完成 / 接收动作完成（先后顺序不能确定）

如果一个无缓冲 channel 没有任何 goroutine 对其进行**发送**操作，一旦有 goroutine 先对其进行**接收**操作，那么动作发生和完成的时序如下：

接收动作发生
　-> 发送动作发生（有 goroutine 对其进行发送操作）
　　-> 发送动作完成 / 接收动作完成（先后顺序不确定）

因此，根据上述时序结果，对于无缓冲 channel 而言，我们得到以下结论：

- 发送动作一定发生在接收动作完成之前；
- 接收动作一定发生在发送动作完成之前。

这与 Go 官方“ Go 内存模型”[㊀]一文中对 channel 通信的描述是一致的。正因如此，下面的代码可以保证 main 输出的变量 a 的值为 "hello, world"，因为函数 f 中的 channel 接收动作发生在主 goroutine 对 channel 发送动作完成之前，而 a = "hello, world" 语句又发生在 channel 接收动作之前，因此主 goroutine 在 channel 发送操作完成后看到的变量 a 的值一定是 "hello, world"，

㊀ https://tip.golang.org/ref/mem

而不是空字符串。

```
// chapter6/sources/go-channel-case-1.go

var c = make(chan int)
var a string

func f() {
    a = "hello, world"
    <-c
}

func main() {
    go f()
    c <- 5
    println(a)
}
```

1. 用作信号传递

在上一条中，我们已经接触到将 channel 作为信号传递通道的场景，这里再系统梳理一下。

(1) 一对一通知信号

无缓冲 channel 常被用于在两个 goroutine 之间一对一地传递通知信号，比如下面这个例子：

```
// chapter6/sources/go-channel-case-2.go

type signal struct{}

func worker() {
    println("worker is working...")
    time.Sleep(1 * time.Second)
}

func spawn(f func()) <-chan signal {
    c := make(chan signal)
    go func() {
        println("worker start to work...")
        f()
        c <- signal(truct{}{})
    }()
    return c
}

func main() {
    println("start a worker...")
    c := spawn(worker)
    <-c
    fmt.Println("worker work done!")
}
```

在这个例子中，spawn 函数返回的 channel 被用于承载新 goroutine 退出的**通知信号**，该信号专用于通知 main goroutine。main goroutine 在调用 spawn 函数后一直阻塞在对这个通知信号的接收动作上。

我们来运行一下这个例子：

```
$go run go-channel-case-2.go
start a worker...
worker start to work...
worker is working...
worker work done!
```

（2）一对多通知信号

有些时候，无缓冲 channel 还被用来实现**一对多的信号通知**机制。这样的信号通知机制常被用于协调多个 goroutine 一起工作，比如下面的例子：

```go
// chapter6/sources/go-channel-case-3.go

type signal struct{}

func worker(i int) {
    fmt.Printf("worker %d: is working...\n", i)
    time.Sleep(1 * time.Second)
    fmt.Printf("worker %d: works done\n", i)
}

func spawnGroup(f func(i int), num int, groupSignal <-chan signal) <-chan signal {
    c := make(chan signal)
    var wg sync.WaitGroup

    for i := 0; i < num; i++ {
        wg.Add(1)
        go func(i int) {
            <-groupSignal
            fmt.Printf("worker %d: start to work...\n", i)
            f(i)
            wg.Done()
        }(i + 1)
    }

    go func() {
        wg.Wait()
        c <- signal(struct{}{})
    }()
    return c
}

func main() {
    fmt.Println("start a group of workers...")
    groupSignal := make(chan signal)
    c := spawnGroup(worker, 5, groupSignal)
    time.Sleep(5 * time.Second)
    fmt.Println("the group of workers start to work...")
    close(groupSignal)
    <-c
```

```
    fmt.Println("the group of workers work done!")
}
```

在上面的例子中，main goroutine 创建了一组 5 个 worker goroutine，这些 goroutine 启动后会阻塞在名为 groupSignal 的无缓冲 channel 上。main goroutine 通过 close(groupSignal) 向所有 worker goroutine 广播“开始工作”的信号，所有 worker goroutine 在收到 groupSignal 后**一起**开始工作，就像起跑线上的运动员听到了裁判员发出的起跑信号枪声起跑一样。

这个例子的运行结果如下：

```
$go run go-channel-case-3.go
start a group of workers...
the group of workers start to work...
worker 3: start to work...
worker 3: is working...
worker 4: start to work...
worker 4: is working...
worker 1: start to work...
worker 1: is working...
worker 5: start to work...
worker 5: is working...
worker 2: start to work...
worker 2: is working...
worker 3: works done
worker 4: works done
worker 5: works done
worker 1: works done
worker 2: works done
the group of workers work done!
```

我们看到，关闭一个无缓冲 channel 会让所有阻塞在该 channel 上的接收操作返回，从而实现一种一对多的**广播**机制。该一对多的信号通知机制还常用于通知一组 worker goroutine 退出，比如下面的例子：

```
// chapter6/sources/go-channel-case-4.go

type signal struct{}

func worker(i int, quit <-chan signal) {
    fmt.Printf("worker %d: is working...\n", i)
LOOP:
    for {
        select {
        default:
            // 模拟worker工作
            time.Sleep(1 * time.Second)
        case <-quit:
            break LOOP
        }
    }
    fmt.Printf("worker %d: works done\n", i)
```

```
}

func spawnGroup(f func(int, <-chan signal), num int, groupSignal <-chan signal)
<-chan signal {
    c := make(chan signal)
    var wg sync.WaitGroup

    for i := 0; i < num; i++ {
        wg.Add(1)
        go func(i int) {
            fmt.Printf("worker %d: start to work...\n", i)
            f(i, groupSignal)
            wg.Done()
        }(i + 1)
    }

    go func() {
        wg.Wait()
        c <- signal(struct{}{})
    }()
    return c
}

func main() {
    fmt.Println("start a group of workers...")
    groupSignal := make(chan signal)
    c := spawnGroup(worker, 5, groupSignal)
    fmt.Println("the group of workers start to work...")

    time.Sleep(5 * time.Second)

    // 通知workers退出
    fmt.Println("notify the group of workers to exit...")
    close(groupSignal)
    <-c
    fmt.Println("the group of workers work done!")
}
```

运行该示例：

```
$go run go-channel-case-4.go
start a group of workers...
the group of workers start to work...
worker 1: start to work...
worker 1: is working...
worker 3: start to work...
worker 3: is working...
worker 5: start to work...
worker 5: is working...
worker 4: start to work...
worker 4: is working...
worker 2: start to work...
worker 2: is working...
```

```
notify the group of workers to exit...
worker 2: works done
worker 4: works done
worker 5: works done
worker 1: works done
worker 3: works done
the group of workers work done!
```

2. 用于替代锁机制

无缓冲 channel 具有同步特性，这让它在某些场合可以替代锁，从而使得程序更加清晰，可读性更好。下面是一个传统的基于共享内存 + 锁模式的 goroutine 安全的计数器实现：

```go
// chapter6/sources/go-channel-case-5.go
type counter struct {
    sync.Mutex
    i int
}

var cter counter

func Increase() int {
    cter.Lock()
    defer cter.Unlock()
    cter.i++
    return cter.i
}

func main() {
    for i := 0; i < 10; i++ {
        go func(i int) {
            v := Increase()
            fmt.Printf("goroutine-%d: current counter value is %d\n", i, v)
        }(i)
    }
    time.Sleep(5 * time.Second)
}
```

下面是使用无缓冲 channel 替代锁后的实现：

```go
// chapter6/sources/go-channel-case-6.go
type counter struct {
    c chan int
    i int
}

var cter counter

func InitCounter() {
    cter = counter{
        c: make(chan int),
    }

    go func() {
```

```
        for {
                cter.i++
                cter.c <- cter.i
        }
    }()
    fmt.Println("counter init ok")
}

func Increase() int {
    return <-cter.c
}

func init() {
    InitCounter()
}

func main() {
    for i := 0; i < 10; i++ {
        go func(i int) {
            v := Increase()
            fmt.Printf("goroutine-%d: current counter value is %d\n", i, v)
        }(i)
    }
    time.Sleep(5 * time.Second)
}
```

在这个实现中，我们将计数器操作全部交给一个独立的 goroutine 处理，并通过无缓冲 channel 的同步阻塞特性实现计数器的控制。这样其他 goroutine 通过 Increase 函数试图增加计数器值的动作实质上就转化为一次无缓冲 channel 的接收动作。这种并发设计逻辑更符合 Go 语言所倡导的**“不要通过共享内存来通信，而应该通过通信来共享内存”**的原则。

运行该示例，得到如下结果：

```
$go run go-channel-case-6.go
counter init ok
goroutine-9: current counter value is 10
goroutine-0: current counter value is 1
goroutine-6: current counter value is 7
goroutine-2: current counter value is 3
goroutine-8: current counter value is 9
goroutine-4: current counter value is 5
goroutine-5: current counter value is 6
goroutine-1: current counter value is 2
goroutine-7: current counter value is 8
goroutine-3: current counter value is 4
```

34.2 带缓冲 channel

与无缓冲 channel 不同，带缓冲 channel 可以通过带有 capacity 参数的内置 make 函数创建：

```
c := make(chan T, capacity) // T为channel中元素的类型，capacity为带缓冲channel的缓冲
                               区容量
```

由于带缓冲channel的运行时层实现带有缓冲区，因此对带缓冲channel的发送操作在缓冲区未满、接收操作在缓冲区非空的情况下是**异步**的（发送或接收无须阻塞等待）。也就是说，对一个带缓冲channel，在缓冲区无数据或有数据但未满的情况下，对其进行发送操作的goroutine不会阻塞；在缓冲区已满的情况下，对其进行发送操作的goroutine会阻塞；在缓冲区为空的情况下，对其进行接收操作的goroutine亦会阻塞。

1. 用作消息队列

channel经常被Go初学者视为在goroutine间通信的消息队列，这是由于channel的原生特性与我们认知中的消息队列十分相似，包括goroutine安全、有fifo（first-in, first out）保证等。

与主要用于信号/事件管道的无缓冲channel相比，可自行设置容量、异步收发的带缓冲channel更适合用作消息队列，并且带缓冲channel在数据收发性能上要明显好于无缓冲channel。下面是一些关于无缓冲channel和带缓冲channel收发性能测试的结果（Go 1.13.6, MacBook Pro 8核）。

（1）单收单发性能基准测试

先来看看在一个channel只有一个发送goroutine和一个接收goroutine的情况下，两种channel的收发性能比对数据：

```
// 无缓冲channel
// chapter6/sources/go-channel-operation-benchmark/unbuffered-chan

$go test -bench . one_to_one_test.go
goos: darwin
goarch: amd64
BenchmarkUnbufferedChan1To1Send-8        6202120             198 ns/op
BenchmarkUnbufferedChan1To1Recv-8        6752820             178 ns/op
PASS


// 带缓冲channel
// chapter6/sources/go-channel-operation-benchmark/buffered-chan

$go test -bench . one_to_one_cap_10_test.go
goos: darwin
goarch: amd64
BenchmarkBufferedChan1To1SendCap10-8    14397186             83.7 ns/op
BenchmarkBufferedChan1To1RecvCap10-8    14275723             82.2 ns/op
PASS

$go test -bench . one_to_one_cap_100_test.go
goos: darwin
goarch: amd64
BenchmarkBufferedChan1To1SendCap100-8   18011007             65.5 ns/op
BenchmarkBufferedChan1To1RecvCap100-8   18031082             65.4 ns/op
PASS
```

（2）多收多发性能基准测试

再来看看在一个 channel 有多个发送 goroutine 和多个接收 goroutine 的情况下，两种 channel 的收发性能比对数据（这里建立 10 个发送 goroutine 和 10 个接收 goroutine）：

```
// 无缓冲channel
// chapter6/sources/go-channel-operation-benchmark/unbuffered-chan

$go test -bench . multi_to_multi_test.go
goos: darwin
goarch: amd64
BenchmarkUnbufferedChanNToNSend-8          317324            3793 ns/op
BenchmarkUnbufferedChanNToNRecv-8          295288            4139 ns/op
PASS

// 带缓冲channel
// chapter6/sources/go-channel-operation-benchmark/buffered-chan

$go test -bench . multi_to_multi_cap_10_test.go
goos: darwin
goarch: amd64
BenchmarkBufferedChanNToNSendCap10-8       534625            2252 ns/op
BenchmarkBufferedChanNToNRecvCap10-8       476221            2752 ns/op
PASS

$go test -bench .  multi_to_multi_cap_100_test.go
goos: darwin
goarch: amd64
BenchmarkBufferedChanNToNSendCap100-8    1000000       1283 ns/op
BenchmarkBufferedChanNToNRecvCap100-8    1000000       1250 ns/op
PASS
```

综合以上结果数据可以得到两个结论：

- 无论是单收单发还是多收多发，带缓冲 channel 的收发性能都要好于无缓冲 channel 的；
- 对于带缓冲 channel 而言，选择适当容量会在一定程度上提升收发性能。

2. 用作计数信号量

Go 并发设计的一个惯用法是将带缓冲 channel 用作计数信号量（counting semaphore）。带缓冲 channel 中的当前数据个数代表的是当前同时处于活动状态（处理业务）的 goroutine 的数量，而带缓冲 channel 的容量（capacity）代表允许同时处于活动状态的 goroutine 的最大数量。一个发往带缓冲 channel 的发送操作表示获取一个信号量槽位，而一个来自带缓冲 channel 的接收操作则表示释放一个信号量槽位。

下面是一个将带缓冲 channel 用作计数信号量的例子：

```
// chapter6/sources/go-channel-case-7.go
var active = make(chan struct{}, 3)
var jobs = make(chan int, 10)
```

```
func main() {
    go func() {
        for i := 0; i < 8; i++ {
            jobs <- (i + 1)
        }
        close(jobs)
    }()

    var wg sync.WaitGroup

    for j := range jobs {
        wg.Add(1)
        go func(j int) {
            active <- struct{}{}
            log.Printf("handle job: %d\n", j)
            time.Sleep(2 * time.Second)
            <-active
            wg.Done()
        }(j)
    }
    wg.Wait()
}
```

上面的示例创建了一组goroutine来处理job，同一时间最多允许3个goroutine处于活动状态。为达成这一目标，示例使用了一个容量为3的带缓冲channel，active作为计数信号量，这意味着允许同时处于**活动状态**的最大goroutine数量为3。我们运行一下该示例：

```
$go run go-channel-case-7.go
2020/02/04 09:57:02 handle job: 8
2020/02/04 09:57:02 handle job: 4
2020/02/04 09:57:02 handle job: 1
2020/02/04 09:57:04 handle job: 2
2020/02/04 09:57:04 handle job: 3
2020/02/04 09:57:04 handle job: 7
2020/02/04 09:57:06 handle job: 6
2020/02/04 09:57:06 handle job: 5
```

由示例运行结果中的时间戳可以看到：虽然创建了很多goroutine，但由于计数信号量的存在，**同一时间**处理活动状态（正在处理job）的goroutine最多为3个。

3. len(channel)的应用

len是Go语言原生内置的函数，它可以接受数组、切片、map、字符串或channel类型的参数，并返回对应类型的“长度”——一个整型值。以len(s)为例：

- 如果s是字符串（string）类型，len(s)返回字符串中的字节数；
- 如果s是[n]T或*[n]T的数组类型，len(s)返回数组的长度n；
- 如果s是[]T的切片（slice）类型，len(s)返回切片的当前长度；
- 如果s是map[K]T的map类型，len(s)返回map中已定义的key的个数；

❑ 如果 s 是 chan T 类型，那么 len(s) 针对 channel 的类型不同，有如下两种语义：
  ■ 当 s 为无缓冲 channel 时，len(s) 总是返回 0；
  ■ 当 s 为带缓冲 channel 时，len(s) 返回当前 channel s 中尚未被读取的元素个数。

这样一来，针对带缓冲 channel 的 len 调用才是有意义的。那么是否可以使用 len 函数来实现带缓冲 channel 的“判满”“判有”和“判空”逻辑呢，就像下面示例中的伪代码这样？

```
var c chan T = make(chan T, capacity)

// 判空
if len(c) == 0 {
    // 此时channel c空了?
}

// 判有
if len(c) > 0 {
    // 此时channel c有数据?
}

// 判满
if len(channel) == cap(channel) {
    // 此时channel c满了?
}
```

上面代码注释中的“空了”“有数据”和“满了”后面都被**打上了问号**！channel 原语用于多个 goroutine 间的通信，一旦多个 goroutine 共同对 channel 进行收发操作，那么 len(channel) 就会在多个 goroutine 间形成竞态，单纯依靠 len(channel) 来判断 channel 中元素的状态，不能保证在后续对 channel 进行收发时 channel 的状态不变。以判空为例，如图 34-1 所示。

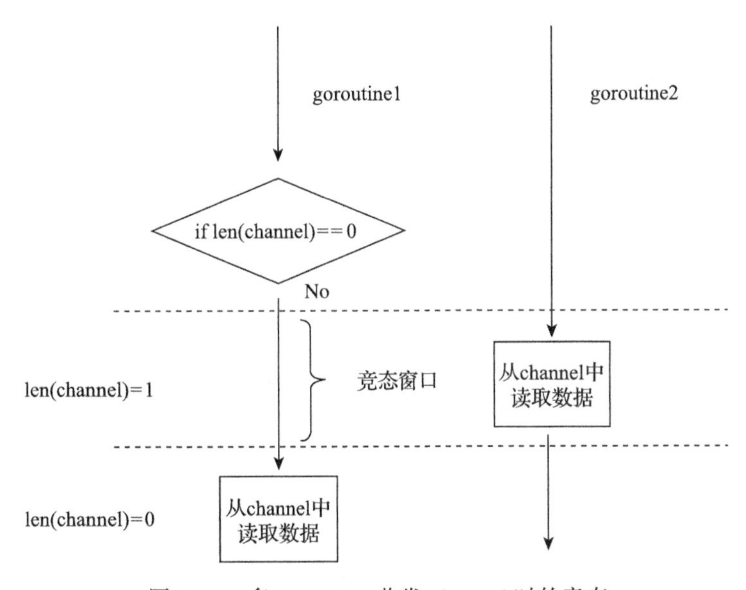

图 34-1　多 goroutine 收发 channel 时的竞态

goroutine1 在使用 len(channel) 判空后，便尝试从 channel 中接收数据。但在其真正从 channel 中读数据前，goroutine2 已经将数据读了出去，goroutine1 后面的**读取将阻塞在 channel 上**，导致后面逻辑失效。因此，**为了不阻塞在 channel 上**，常见的方法是将判空与读取放在一个事务中，将判满与写入放在一个事务中，而这类事务我们可以通过 select 实现。来看下面的示例：

```
// chapter6/sources/go-channel-case-8.go
func producer(c chan<- int) {
    var i int = 1
    for {
        time.Sleep(2 * time.Second)
        ok := trySend(c, i)
        if ok {
            fmt.Printf("[producer]: send [%d] to channel\n", i)
            i++
            continue
        }
        fmt.Printf("[producer]: try send [%d], but channel is full\n", i)
    }
}

func tryRecv(c <-chan int) (int, bool) {
    select {
    case i := <-c:
        return i, true
    default:
        return 0, false
    }
}

func trySend(c chan<- int, i int) bool {
    select {
    case c <- i:
        return true
    default:
        return false
    }
}

func consumer(c <-chan int) {
    for {
        i, ok := tryRecv(c)
        if !ok {
            fmt.Println("[consumer]: try to recv from channel, but the channel
                is empty")
            time.Sleep(1 * time.Second)
            continue
        }
        fmt.Printf("[consumer]: recv [%d] from channel\n", i)
        if i >= 3 {
            fmt.Println("[consumer]: exit")
            return
```

```
        }
    }
}

func main() {
    c := make(chan int, 3)
    go producer(c)
    go consumer(c)

    select {} // 仅用于演示，临时用来阻塞主goroutine
}
```

由于用到了select原语的default分支语义，当channel空的时候，tryRecv不会阻塞；当channel满的时候，trySend也不会阻塞。运行该示例：

```
$go run go-channel-case-8.go
[consumer]: try to recv from channel, but the channel is empty
[consumer]: try to recv from channel, but the channel is empty
[producer]: send [1] to channel
[consumer]: recv [1] from channel
[consumer]: try to recv from channel, but the channel is empty
[consumer]: try to recv from channel, but the channel is empty
[producer]: send [2] to channel
[consumer]: recv [2] from channel
[consumer]: try to recv from channel, but the channel is empty
[consumer]: try to recv from channel, but the channel is empty
[producer]: send [3] to channel
[consumer]: recv [3] from channel
[consumer]: exit
[producer]: send [4] to channel
[producer]: send [5] to channel
[producer]: send [6] to channel
[producer]: try send [7], but channel is full
[producer]: try send [7], but channel is full
[producer]: try send [7], but channel is full
```

这种方法适合大多数场合，但有一个问题，那就是它改变了channel的状态：接收或发送了一个元素。有些时候我们不想这么做，而想在不改变channel状态的前提下单纯地侦测channel的状态，又不会因channel满或空阻塞在channel上。但很遗憾，目前没有一种方法既可以实现这样的功能又适用于所有场合。在特定的场景下，可以用len(channel)来实现。比如图34-2中的这两种场景。

在图34-2中，a是一个多发送单接收的场景，即有多个发送者，但**有且只有一个接收者**。在这样的场景下，我们可以在接收者goroutine中根据len(channel)是否大于0来判断channel中是否有数据需要接收。

b是一个多接收单发送的场景，即有多个接收者，但**有且只有一个发送者**。在这样的场景下，我们可以在发送goroutine中根据len(channel)是否小于cap(channel)来判断是否可以执行向channel的发送操作。

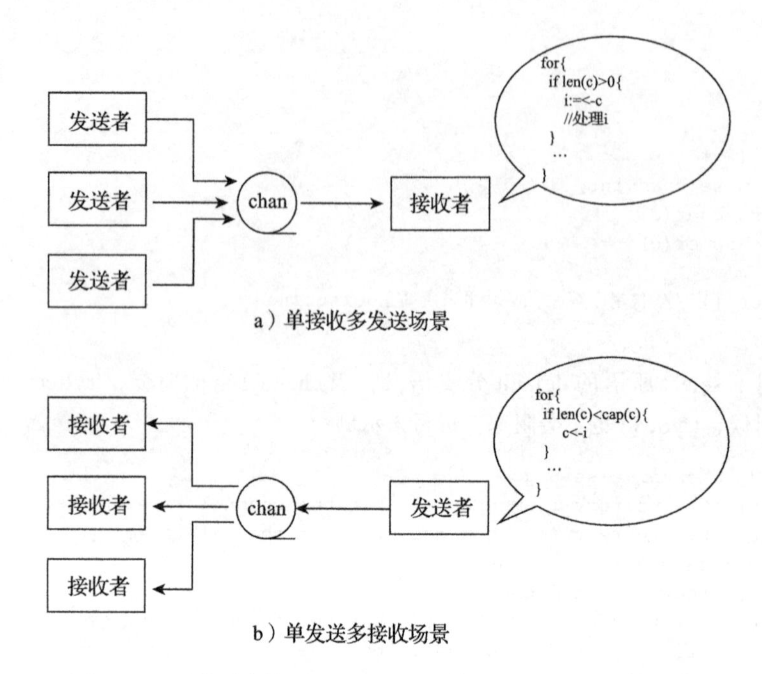

图 34-2 两种适合使用 len(channel) 侦测 channel 状态的场景

34.3 nil channel 的妙用

对没有初始化的 channel（nil channel）进行读写操作将会发生阻塞，比如下面这段代码：

```
func main() {
    var c chan int
    <-c
}
```

或者

```
func main() {
    var c chan int
    c<-1
}
```

上述无论哪段代码被执行，都将得到如下的错误信息：

```
fatal error: all goroutines are asleep - deadlock!
goroutine 1 [chan receive (nil chan)]:
```

或者

```
goroutine 1 [chan send (nil chan)]:
```

main goroutine 被阻塞在 channel 上，导致 Go 运行时认为出现 deadlock 状态并抛出 panic。

但nil channel并非一无是处，有些时候妙用nil channel可以达到事半功倍的效果。来看一个例子：

```
// chapter6/sources/go-channel-case-9.go

func main() {
    c1, c2 := make(chan int), make(chan int)
    go func() {
        time.Sleep(time.Second * 5)
        c1 <- 5
        close(c1)
    }()

    go func() {
        time.Sleep(time.Second * 7)
        c2 <- 7
        close(c2)
    }()

    var ok1, ok2 bool
    for {
        select {
        case x := <-c1:
            ok1 = true
            fmt.Println(x)
        case x := <-c2:
            ok2 = true
            fmt.Println(x)
        }

        if ok1 && ok2 {
            break
        }
    }
    fmt.Println("program end")
}
```

在这个示例中，我们期望程序在接收完c1和c2两个channel上的数据后就退出。但实际的运行情况如下：

```
$go run go-channel-case-9.go
5
0
0
0
... //循环输出0
7
program end
```

我们期望上述程序在依次输出5和7这两个数字后退出，但实际的输出结果却是在输出5之后，程序输出了许多个0后才输出7并退出。

简单分析一下上述代码的运行过程。

1）前 5s，select 一直处于阻塞状态。

2）第 5s，c1 返回一个 5 后被关闭，select 语句的 case x := <-c1 分支被选出执行，程序输出 5，回到 for 循环并开始新一轮 select。

3）c1 被关闭，由于从一个已关闭的 channel 接收数据将永远不会被阻塞，所以新一轮 select 又将 case x := <-c1 这个分支选出并执行。c1 处于关闭状态，从这个 channel 获取数据会得到该 channel 对应类型的零值，这里就是 0，于是程序再次输出 0。程序按这个逻辑循环执行，一直输出 0 值。

4）2s 后，c2 被写入一个数值 7，这样在某一轮 select 的过程中，分支 case x := <-c2 被选中并得以执行。程序在输出 7 之后满足退出条件，于是程序终止。

怎么来改进一下这个程序，使之按照我们的预期输出呢？ nil channel 是时候登场了！改进后的示例代码如下：

```
// chapter6/sources/go-channel-case-10.go
func main() {
    c1, c2 := make(chan int), make(chan int)
    go func() {
        time.Sleep(time.Second * 5)
        c1 <- 5
        close(c1)
    }()

    go func() {
        time.Sleep(time.Second * 7)
        c2 <- 7
        close(c2)
    }()

    for {
        select {
        case x, ok := <-c1:
            if !ok {
                c1 = nil
            } else {
                fmt.Println(x)
            }
        case x, ok := <-c2:
            if !ok {
                c2 = nil
            } else {
                fmt.Println(x)
            }
        }
        if c1 == nil && c2 == nil {
            break
        }
    }
    fmt.Println("program end")
}
```

改进后的示例程序的最关键变化是在判断 c1 或 c2 被关闭后，显式地将 c1 或 c2 置为 nil。我们知道，**对一个 nil channel 执行获取操作，该操作将被阻塞**，因此已经被置为 nil 的 c1 或 c2 的分支将再也不会被 select 选中执行。上述改进后的示例的运行结果如下：

```
$go run go-channel-case-10.go
5
7
program end
```

34.4　与 select 结合使用的一些惯用法

channel 与 select 的结合使用能形成强大的表达能力，这一点我们已经在前面的例子中或多或少见识过了，这里再总结一下几种与 select 结合使用的惯用法。

1. 利用 default 分支避免阻塞

select 语句的 default 分支的语义是在其他分支均因通信未就绪而无法被选择的时候执行，这就为 default 分支赋予了一种“避免阻塞”的特性。其实在前面 len(channel) 的例子中，我们就已经利用 default 分支实现了 trySend 和 tryRecv 两个函数。无论是无缓冲 channel 还是带缓冲 channel，trySend 和 tryRecv 这两个函数均适用，并且不会阻塞在空 channel 或元素个数已经达到容量上限的 channel 上。在 Go 标准库中，这个惯用法也有应用，比如：

```
// $GOROOT/src/time/sleep.go
func sendTime(c interface{}, seq uintptr) {
    // 无阻塞地向c发送当前时间
    // ...
    select {
        case c.(chan Time) <- Now():
        default:
    }
}
```

2. 实现超时机制

带超时机制的 select 是 Go 语言中一种常见的 select 和 channel 的组合用法，通过超时事件，我们既可以避免长期陷入某种操作的等待中，也可以做一些异常处理工作。下面的示例代码实现了一次具有 30s 超时的 select：

```
func worker() {
    select {
    case <-c:
        // ...
    case <-time.After(30 *time.Second):
        return
    }
}
```

在应用带有超时机制的 select 时，要特别注意 timer 使用后的释放，尤其是在大量创建

timer时。Go语言标准库提供的timer实质上是由Go运行时自行维护的，而不是操作系统级的定时器资源。Go运行时启动了一个单独的goroutine，该goroutine执行了一个名为timerproc的函数，维护了一个“最小堆”。该goroutine会被定期唤醒并读取堆顶的timer对象，执行该timer对象对应的函数（向timer.C中发送一条数据，触发定时器），执行完毕后就会从最小堆中移除该timer对象。创建一个time.Timer实则就是在这个最小堆中添加一个timer对象实例，而调用timer.Stop方法则是从堆中删除对应的timer对象。

作为time.Timer的使用者，我们要做的就是尽量减轻在使用Timer时对管理最小堆的goroutine和Go GC的压力，即要及时调用timer的Stop方法从最小堆中删除尚未到达过期时间的timer对象。

3. 实现心跳机制

结合time包的Ticker，我们可以实现带有心跳机制的select。这种机制使我们可以在监听channel的同时，执行一些**周期性的任务**，比如下面这段代码：

```
func worker() {
    heartbeat := time.NewTicker(30 * time.Second)
    defer heartbeat.Stop()
    for {
        select {
        case <-c:
            // ... 处理业务逻辑
        case <- heartbeat.C:
            //... 处理心跳
        }
    }
}
```

与timer一样，我们在使用完ticker之后，要记得调用其Stop方法停止ticker的运作，这样在heartbeat.C上就不会再持续产生心跳事件了。

小结

Go channel就像Go并发模型中的“胶水”，它将诸多并发执行单元连接起来，或者正是因为有channel的存在，Go并发模型才能迸发出强大的表达能力。

本条要点：

- ❑ 了解Go并发原语channel和select的基本语义；
- ❑ 掌握无缓冲channel在信号传递、替代锁同步场景下的应用模式；
- ❑ 掌握带缓冲channel在消息队列、计数信号量场景下的应用模式，了解在特定场景下利用len函数侦测带缓冲channel的状态；
- ❑ 了解nil channel在特定场景下的用途；
- ❑ 掌握select与channel结合使用的一些惯用法及注意事项。

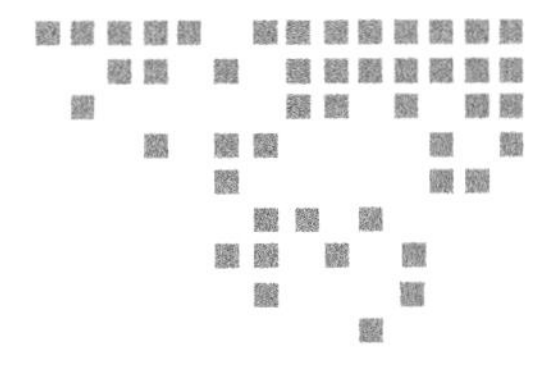

第 35 条 *Suggestion 35*

了解 sync 包的正确用法

Go 语言在提供 CSP 并发模型原语的同时，还通过标准库的 sync 包提供了针对传统**基于共享内存并发模型**的基本同步原语，包括互斥锁（sync.Mutex）、读写锁（sync.RWMutex）、条件变量（sync.Cond）等。在这一条中，我们就来一起学习这些传统并发模型的同步原语的应用场景与正确用法。

35.1 sync 包还是 channel

Go 语言提倡**“不要通过共享内存来通信，而应该通过通信来共享内存”**。正如在前文阐述的那样，建议大家优先使用 CSP 并发模型进行并发程序设计。但是在下面一些场景下，我们依然需要 sync 包提供的低级同步原语。

（1）需要高性能的临界区同步机制场景

在 Go 中，channel 属于高级同步原语，其实现是建构在低级同步原语之上的。因此，channel 自身的性能与低级同步原语相比要略微逊色。因此，在需要高性能的临界区（critical section）同步机制的情况下，sync 包提供的低级同步原语更为适合。下面是 sync.Mutex 和 channel 各自实现的临界区同步机制的一个简单性能对比。

```
// part6/sources/go-sync-package-1_test.go

var cs = 0 // 模拟临界区要保护的数据
var mu sync.Mutex
var c = make(chan struct{}, 1)

func criticalSectionSyncByMutex() {
    mu.Lock()
    cs++
```

```
    mu.Unlock()
}

func criticalSectionSyncByChan() {
    c <- struct{}{}
    cs++
    <-c
}

func BenchmarkCriticalSectionSyncByMutex(b *testing.B) {
    for n := 0; n < b.N; n++ {
        criticalSectionSyncByMutex()
    }
}

func BenchmarkCriticalSectionSyncByChan(b *testing.B) {
    for n := 0; n < b.N; n++ {
        criticalSectionSyncByChan()
    }
}
```

运行这个对比测试（Go 1.13.6）：

```
$go test -bench . go-sync-package-1_test.go
goos: darwin
goarch: amd64
BenchmarkCriticalSectionSyncByMutex-8    84364287               13.3 ns/op
BenchmarkCriticalSectionSyncByChan-8     26449521               44.4 ns/op
PASS
```

我们看到在这个对比实验中，sync.Mutex 实现的同步机制的性能要比 channel 实现的高出两倍多。

（2）不想转移结构体对象所有权，但又要保证结构体内部状态数据的同步访问的场景基于 channel 的并发设计的一个特点是，在 goroutine 间通过 channel 转移数据对象的所有权。只有拥有数据对象所有权（从 channel 接收到该数据）的 goroutine 才可以对该数据对象进行状态变更。如果你的设计中没有转移结构体对象所有权，但又要保证结构体内部状态数据能在多个 goroutine 之间同步访问，那么你可以使用 sync 包提供的低级同步原语来实现，比如最常用的 sync.Mutex。

35.2 使用 sync 包的注意事项

在 $GOROOT/src/sync/mutex.go 文件中，我们看到这样一行关于使用 sync 包的注意事项：

```
// Values containing the types defined in this package should not be copied.
// 不应复制那些包含了此包中类型的值
```

在 sync 包的其他源文件中，我们还会看到如下的一些注释：

```
// $GOROOT/src/sync/mutex.go
```

```
// A Mutex must not be copied after first use. (禁止复制首次使用后的Mutex)

// $GOROOT/src/sync/rwmutex.go
// A RWMutex must not be copied after first use.(禁止复制首次使用后的RWMutex)

// $GOROOT/src/sync/cond.go
// A Cond must not be copied after first use.(禁止复制首次使用后的Cond)
...
```

为什么在 Mutex 等 sync 包中定义的结构类型首次使用后不应对其进行复制操作呢？我们来看一个例子：

```
// chapter6/sources/go-sync-package-2.go

type foo struct {
    n int
    sync.Mutex
}

func main() {
    f := foo{n: 17}

    go func(f foo) {
        for {
            log.Println("g2: try to lock foo...")
            f.Lock()
            log.Println("g2: lock foo ok")
            time.Sleep(3 * time.Second)
            f.Unlock()
            log.Println("g2: unlock foo ok")
        }
    }(f)

    f.Lock()
    log.Println("g1: lock foo ok")

    // 在Mutex首次使用后复制其值
    go func(f foo) {
        for {
            log.Println("g3: try to lock foo...")
            f.Lock()
            log.Println("g3: lock foo ok")
            time.Sleep(5 * time.Second)
            f.Unlock()
            log.Println("g3: unlock foo ok")
        }
    }(f)

    time.Sleep(1000 * time.Second)
    f.Unlock()
    log.Println("g1: unlock foo ok")
}
```

运行该示例：

```
$go run go-sync-package-2.go
2020/02/08 21:16:46 g1: lock foo ok
2020/02/08 21:16:46 g2: try to lock foo...
2020/02/08 21:16:46 g2: lock foo ok
2020/02/08 21:16:46 g3: try to lock foo...
2020/02/08 21:16:49 g2: unlock foo ok
2020/02/08 21:16:49 g2: try to lock foo...
2020/02/08 21:16:49 g2: lock foo ok
2020/02/08 21:16:52 g2: unlock foo ok
2020/02/08 21:16:52 g2: try to lock foo...
2020/02/08 21:16:52 g2: lock foo ok
...
```

我们在示例中创建了两个 goroutine：g2 和 g3。示例运行的结果显示：g3 阻塞在加锁操作上了，而按 g2 则按预期正常运行。g2 和 g3 的差别就在于 g2 是在互斥锁首次使用之前创建的，而 g3 则是在互斥锁执行完加锁操作并处于锁定状态之后创建的，并且程序在创建 g3 的时候复制了 foo 的实例（包含 sync.Mutex 的实例）并在之后使用了这个副本。

Go 标准库中 sync.Mutex 的定义如下：

```
// $GOROOT/src/sync/mutex.go
type Mutex struct {
        state int32
        sema  uint32
}
```

我们看到 Mutex 的定义非常简单，它由两个字段 state 和 sema 组成。

- state：表示当前互斥锁的状态。
- sema：用于控制锁状态的信号量。

对 Mutex 实例的复制即是对两个整型字段的复制。在初始状态下，Mutex 实例处于 Unlocked 状态（state 和 sema 均为 0）。g2 复制了处于初始状态的 Mutex 实例，副本的 state 和 sema 均为 0，这与 g2 自定义一个新的 Mutex 实例无异，这决定了 g2 后续可以按预期正常运行。

后续主程序调用了 Lock 方法，Mutex 实例变为 Locked 状态（state 字段值为 sync.mutexLocked），而此后 g3 创建时恰恰复制了处于 Locked 状态的 Mutex 实例（副本的 state 字段值亦为 sync.mutexLocked），因此 g3 再对其实例副本调用 Lock 方法将会导致其进入阻塞状态（也是死锁状态，因为没有任何其他机会调用该副本的 Unlock 方法了，并且 Go 不支持递归锁）。

通过上述示例我们直观地看到，那些 sync 包中类型的实例在首次使用后被复制得到的副本一旦再被使用将导致不可预期的结果，为此在使用 sync 包中类型时，推荐通过**闭包**方式或**传递类型实例（或包裹该类型的类型实例）的地址或指针**的方式进行，这是使用 sync 包最值得注意的事项。

35.3 互斥锁还是读写锁

sync 包提供了两种用于临界区同步的原语：互斥锁（Mutex）和读写锁（RWMutex）。互斥锁是临界区同步原语的**首选**，它常被用来对结构体对象的内部状态、缓存等进行保护，是使用最为广泛的临界区同步原语。相比之下，读写锁颇受“冷落”，但它依然有其存在的道理和适用的场景。

那读写锁究竟适合在哪种场景下应用呢？我们先通过下面的示例来对比一下互斥锁和读写锁在不同并发量下的性能数据：

```go
// chapter6/sources/go-sync-package-3_test.go

var cs1 = 0 // 模拟临界区要保护的数据
var mu1 sync.Mutex
var cs2 = 0 // 模拟临界区要保护的数据
var mu2 sync.RWMutex

func BenchmarkReadSyncByMutex(b *testing.B) {
    b.RunParallel(func(pb *testing.PB) {
        for pb.Next() {
            mu1.Lock()
            _ = cs1
            mu1.Unlock()
        }
    })
}

func BenchmarkReadSyncByRWMutex(b *testing.B) {
    b.RunParallel(func(pb *testing.PB) {
        for pb.Next() {
            mu2.RLock()
            _ = cs2
            mu2.RUnlock()
        }
    })
}

func BenchmarkWriteSyncByRWMutex(b *testing.B) {
    b.RunParallel(func(pb *testing.PB) {
        for pb.Next() {
            mu2.Lock()
            cs2++
            mu2.Unlock()
        }
    })
}
```

分别在 cpu=2, 8, 16, 32, 64, 128 的情况下运行上述并发性能测试，测试结果如下：

```
$go test -bench . go-sync-package-3_test.go -cpu 2
goos: darwin
goarch: amd64
BenchmarkReadSyncByMutex-2        72718717              16.4 ns/op
BenchmarkReadSyncByRWMutex-2      29053934              41.2 ns/op
BenchmarkWriteSyncByRWMutex-2     38043865              28.7 ns/op
```

```
PASS

$go test -bench . go-sync-package-3_test.go -cpu 8
goos: darwin
goarch: amd64
BenchmarkReadSyncByMutex-8          23004751            52.8 ns/op
BenchmarkReadSyncByRWMutex-8        29302923            40.8 ns/op
BenchmarkWriteSyncByRWMutex-8       19118193            61.7 ns/op
PASS

$go test -bench . go-sync-package-3_test.go -cpu 16
goos: darwin
goarch: amd64
BenchmarkReadSyncByMutex-16                20492412                58.8 ns/op
BenchmarkReadSyncByRWMutex-16              29786635                40.9 ns/op
BenchmarkWriteSyncByRWMutex-16             17095704                68.1 ns/op
PASS

$go test -bench . go-sync-package-3_test.go -cpu 32
goos: darwin
goarch: amd64
BenchmarkReadSyncByMutex-32                20217310                63.4 ns/op
BenchmarkReadSyncByRWMutex-32              29373686                40.7 ns/op
BenchmarkWriteSyncByRWMutex-32             14463114                81.6 ns/op
PASS

$go test -bench . go-sync-package-3_test.go -cpu 64
goos: darwin
goarch: amd64
BenchmarkReadSyncByMutex-64                20733363                66.1 ns/op
BenchmarkReadSyncByRWMutex-64              34930328                34.4 ns/op
BenchmarkWriteSyncByRWMutex-64             15703741                82.8 ns/op
PASS

$go test -bench . go-sync-package-3_test.go -cpu 128
goos: darwin
goarch: amd64
BenchmarkReadSyncByMutex-128               19807524                68.2 ns/op
BenchmarkReadSyncByRWMutex-128             29254756                40.8 ns/op
BenchmarkWriteSyncByRWMutex-128            14505304                81.8 ns/op
PASS
```

通过测试结果对比，我们得到以下结论。

- 在并发量较小的情况下，互斥锁性能更好；随着并发量增大，互斥锁的竞争激烈，导致加锁和解锁性能下降。
- 读写锁的读锁性能并未随并发量的增大而发生较大变化，性能始终恒定在 40ns 左右。
- 在并发量较大的情况下，读写锁的写锁性能比互斥锁、读写锁的读锁都差，并且随着并发量增大，其写锁性能有继续下降的趋势。

由此我们可以看出，读写锁适合应用在**具有一定并发量且读多写少的场合**。在有大量并发读的情况下，多个 goroutine 可以同时持有读锁，从而减少在锁竞争中等待的时间；而互斥锁即便是读请求，同一时刻也只能有一个 goroutine 持有锁，其他 goroutine 只能阻塞在加锁操作上等待被调度。

35.4　条件变量

sync.Cond 是传统的条件变量原语概念在 Go 语言中的实现。一个条件变量可以理解为一个容器，这个容器中存放着一个或一组等待着某个条件成立的 goroutine。当条件成立时，这些处于等待状态的 goroutine 将得到通知并被唤醒以继续后续的工作。这与百米飞人大战赛场上各位运动员等待裁判员的发令枪声十分类似。

条件变量是同步原语的一种，如果没有条件变量，开发人员可能需要在 goroutine 中通过连续轮询的方式检查是否满足条件。连续轮询非常消耗资源，因为 goroutine 在这个过程中处于活动状态但其工作并无进展。下面就是一个用 sync.Mutex 实现对条件的轮询等待的例子：

```go
// chapter6/sources/go-sync-package-4.go

type signal struct{}
var ready bool

func worker(i int) {
    fmt.Printf("worker %d: is working...\n", i)
    time.Sleep(1 * time.Second)
    fmt.Printf("worker %d: works done\n", i)
}

func spawnGroup(f func(i int), num int, mu *sync.Mutex) <-chan signal {
    c := make(chan signal)
    var wg sync.WaitGroup

    for i := 0; i < num; i++ {
        wg.Add(1)
        go func(i int) {
            for {
                mu.Lock()
                if !ready {
                    mu.Unlock()
                    time.Sleep(100 * time.Millisecond)
                    continue
                }
                mu.Unlock()
                fmt.Printf("worker %d: start to work...\n", i)
                f(i)
                wg.Done()
                return
            }
        }(i + 1)
    }

    go func() {
```

```
        wg.Wait()
        c <- signal(struct{}{})
    }()
    return c
}

func main() {
    fmt.Println("start a group of workers...")
    mu := &sync.Mutex{}
    c := spawnGroup(worker, 5, mu)

    time.Sleep(5 * time.Second) // 模拟ready前的准备工作
    fmt.Println("the group of workers start to work...")

    mu.Lock()
    ready = true
    mu.Unlock()

    <-c
    fmt.Println("the group of workers work done!")
}
```

sync.Cond 为 goroutine 在上述场景下提供了另一种可选的、资源消耗更小、使用体验更佳的同步方式。使用条件变量原语，我们可以在实现相同目标的同时避免对条件的轮询。

用 sync.Cond 对上面的例子进行改造，改造后的代码如下：

```
// chapter6/sources/go-sync-package-5.go

type signal struct{}
var ready bool

func worker(i int) {
    fmt.Printf("worker %d: is working...\n", i)
    time.Sleep(1 * time.Second)
    fmt.Printf("worker %d: works done\n", i)
}

func spawnGroup(f func(i int), num int, groupSignal *sync.Cond) <-chan signal {
    c := make(chan signal)
    var wg sync.WaitGroup

    for i := 0; i < num; i++ {
        wg.Add(1)
        go func(i int) {
            groupSignal.L.Lock()
            for !ready {
                groupSignal.Wait()
            }
            groupSignal.L.Unlock()
            fmt.Printf("worker %d: start to work...\n", i)
            f(i)
            wg.Done()
```

```
        }(i + 1)
    }

    go func() {
        wg.Wait()
        c <- signal(struct{}{})
    }()
    return c
}

func main() {
    fmt.Println("start a group of workers...")
    groupSignal := sync.NewCond(&sync.Mutex{})
    c := spawnGroup(worker, 5, groupSignal)

    time.Sleep(5 * time.Second) // 模拟ready前的准备工作
    fmt.Println("the group of workers start to work...")

    groupSignal.L.Lock()
    ready = true
    groupSignal.Broadcast()
    groupSignal.L.Unlock()

    <-c
    fmt.Println("the group of workers work done!")
}
```

运行该实例：

```
$go run go-sync-package-5.go
start a group of workers...
the group of workers start to work...
worker 4: start to work...
worker 4: is working...
worker 1: start to work...
worker 1: is working...
worker 3: start to work...
worker 3: is working...
worker 5: start to work...
worker 5: is working...
worker 2: start to work...
worker 2: is working...
worker 1: works done
worker 3: works done
worker 4: works done
worker 2: works done
worker 5: works done
the group of workers work done!
```

我们看到 sync.Cond 实例的初始化需要一个满足实现了 sync.Locker 接口的类型实例，通常我们使用 sync.Mutex。条件变量需要这个互斥锁来同步临界区，保护用作条件的数据。各个等待条件成立的 goroutine 在加锁后判断条件是否成立，如果不成立，则调用 sync.Cond 的 Wait 方法进入等待状态。Wait 方法在 goroutine 挂起前会进行 Unlock 操作。

在 main goroutine 将 ready 置为 true 并调用 sync.Cond 的 Broadcast 方法后，各个阻塞的 goroutine 将被唤醒并从 Wait 方法中返回。在 Wait 方法返回前，Wait 方法会再次加锁让 goroutine 进入临界区。接下来 goroutine 会再次对条件数据进行判定，如果条件成立，则解锁并进入下一个工作阶段；如果条件依旧不成立，那么再次调用 Wait 方法挂起等待。

35.5 使用 sync.Once 实现单例模式

到目前为止，我们知道的在程序运行期间只被执行一次且 goroutine 安全的函数只有每个包的 init 函数。sync 包提供了另一种更为灵活的机制，可以保证**任意一个函数**在程序运行期间只被执行一次，这就是 sync.Once。

在 Go 标准库中，sync.Once 的“仅执行一次”语义被一些包用于初始化和资源清理的过程中，以避免重复执行初始化或资源关闭操作。比如：

```
// $GOROOT/src/mime/type.go
func TypeByExtension(ext string) string {
    once.Do(initMime)
    ...
}

// $GOROOT/src/io/pipe.go
func (p *pipe) CloseRead(err error) error {
    if err == nil {
        err = ErrClosedPipe
    }
    p.rerr.Store(err)
    p.once.Do(func() { close(p.done) })
    return nil
}
```

sync.Once 的语义十分适合实现单例（singleton）模式，并且实现起来十分简单，我们看下面的例子。注意：GetInstance 利用 sync.Once 实现的单例模式本可以十分简单，这里为了便于后续的讲解，在例子中的单例函数实现中增加了很多不必要的代码。

```
// chapter6/sources/go-sync-package-6.go

type Foo struct { }

var once sync.Once
var instance *Foo

func GetInstance(id int) *Foo {
    defer func() {
        if e := recover(); e != nil {
            log.Printf("goroutine-%d: caught a panic: %s", id, e)
        }
```

```
    }()
    log.Printf("goroutine-%d: enter GetInstance\n", id)
    once.Do(func() {
        instance = &Foo{}
        time.Sleep(3 * time.Second)
        log.Printf("goroutine-%d: the addr of instance is %p\n", id, instance)
        panic("panic in once.Do function")
    })
    return instance
}

func main() {
    var wg sync.WaitGroup
    for i := 0; i < 5; i++ {
        wg.Add(1)
        go func(i int) {
            inst := GetInstance(i)
            log.Printf("goroutine-%d: the addr of instance returned is %p\n", i,
                       inst)
            wg.Done()
        }(i + 1)
    }
    time.Sleep(5 * time.Second)
    inst := GetInstance(0)
    log.Printf("goroutine-0: the addr of instance returned is %p\n", inst)

    wg.Wait()
    log.Printf("all goroutines exit\n")
}
```

运行该示例：

```
$go run go-sync-package-6.go
2020/02/09 18:46:30 goroutine-1: enter GetInstance
2020/02/09 18:46:30 goroutine-4: enter GetInstance
2020/02/09 18:46:30 goroutine-5: enter GetInstance
2020/02/09 18:46:30 goroutine-3: enter GetInstance
2020/02/09 18:46:30 goroutine-2: enter GetInstance
2020/02/09 18:46:33 goroutine-1: the addr of instance is 0x1199b18
2020/02/09 18:46:33 goroutine-1: caught a panic: panic in once.Do function
2020/02/09 18:46:33 goroutine-1: the addr of instance returned is 0x0
2020/02/09 18:46:33 goroutine-4: the addr of instance returned is 0x1199b18
2020/02/09 18:46:33 goroutine-5: the addr of instance returned is 0x1199b18
2020/02/09 18:46:33 goroutine-3: the addr of instance returned is 0x1199b18
2020/02/09 18:46:33 goroutine-2: the addr of instance returned is 0x1199b18
2020/02/09 18:46:35 goroutine-0: enter GetInstance
2020/02/09 18:46:35 goroutine-0: the addr of instance returned is 0x1199b18
2020/02/09 18:46:35 all goroutines exit
```

通过上述例子，我们观察到：

- once.Do会等待f执行完毕后才返回，这期间其他执行once.Do函数的goroutine（如上面运行结果中的goroutine 2~5）将会阻塞等待；

- ❑ Do 函数返回后，后续的 goroutine 再执行 Do 函数将不再执行 f 并立即返回（如上面运行结果中的 goroutine 0）；
- ❑ 即便在函数 f 中出现 panic，sync.Once 原语也会认为 once.Do 执行完毕，后续对 once.Do 的调用将不再执行 f。

35.6 使用 sync.Pool 减轻垃圾回收压力

sync 包除了提供像 Mutex 这样的同步原语，还针对并发程序的实际需求提供了一些十分实用的工具，比如 sync.Pool 以及前面讲过的 sync.Once 等。sync.Pool 是一个数据对象缓存池，它具有如下特点：

- ❑ 它是 goroutine 并发安全的，可以被多个 goroutine 同时使用；
- ❑ 放入该缓存池中的数据对象的生命是暂时的，随时都可能被垃圾回收掉；
- ❑ 缓存池中的数据对象是可以重复利用的，这样可以在一定程度上降低数据对象重新分配的频度，减轻 GC 的压力；
- ❑ sync.Pool 为每个 P（goroutine 调度模型中的 P）单独建立一个 local 缓存池，进一步降低高并发下对锁的争抢。

我们来看一个使用 sync.Pool 分配数据对象与通过 new 等常规方法分配数据对象的对比示例：

```
// chapter6/sources/go-sync-package-7_test.go
var bufPool = sync.Pool{
    New: func() interface{} {
        return new(bytes.Buffer)
    },
}

func writeBufFromPool(data string) {
    b := bufPool.Get().(*bytes.Buffer)
    b.Reset()
    b.WriteString(data)
    bufPool.Put(b)
}

func writeBufFromNew(data string) *bytes.Buffer {
    b := new(bytes.Buffer)
    b.WriteString(data)
    return b
}

func BenchmarkWithoutPool(b *testing.B) {
    b.ReportAllocs()
    for i := 0; i < b.N; i++ {
        writeBufFromNew("hello")
    }
```

```
}

func BenchmarkWithPool(b *testing.B) {
    b.ReportAllocs()
    for i := 0; i < b.N; i++ {
        writeBufFromPool("hello")
    }
}
```

运行这个测试用例：

```
$go test -bench . go-sync-package-7_test.go
goos: darwin
goarch: amd64
BenchmarkWithoutPool-8    33605625                32.8 ns/op             64 B/op
1 allocs/op
BenchmarkWithPool-8       53222953                22.8 ns/op              0 B/op
0 allocs/op
PASS
```

我们看到通过 sync.Pool 来复用数据对象的方式可以有效降低内存分配频率，减轻垃圾回收压力，从而提高处理性能。sync.Pool 的一个典型应用就是建立像 bytes.Buffer 这样类型的临时缓存对象池：

```
var bufPool = sync.Pool{
    New: func() interface{} {
        return new(bytes.Buffer)
    },
}
```

但实践告诉我们，这么用很可能会产生一些问题[⊖]。由于 sync.Pool 的 Get 方法从缓存池中挑选 bytes.Buffer 数据对象时并未考虑该数据对象是否满足调用者的需求，因此一旦返回的 Buffer 对象是刚刚被“大数据”撑大后的，并且即将被长期用于处理一些“小数据”时，这个 Buffer 对象所占用的“大内存”将长时间得不到释放。一旦这类情况集中出现，将会给 Go 应用带来沉重的内存消耗负担。为此，目前的 Go 标准库采用两种方式来缓解这一问题。

（1）限制要放回缓存池中的数据对象大小

在 Go 标准库 fmt 包的代码中，我们看到：

```
// $GOROOT/src/fmt/print.go
func (p *pp) free() {
    // 要正确使用sync.Pool,要求每个条目具有大致相同的内存成本
    // 若缓存池中存储的类型具有可变大小的缓冲区
    // 对放回缓存池的对象增加一个最大缓冲区的硬限制(不能大于65 536字节)
    //
    // 参见https://golang.org/issue/23199
    if cap(p.buf) > 64<<10 {
        return
```

⊖ https://github.com/golang/go/issues/23199

```
    }

    p.buf = p.buf[:0]
    p.arg = nil
    p.value = reflect.Value{}
    p.wrappedErr = nil
    ppFree.Put(p)
}
```

fmt包对于要放回缓存池的buffer对象做了一个限制性校验：如果buffer的容量大于64<<10，则不让其回到缓存池中，这样可以在一定程度上缓解处理小对象时重复利用大Buffer导致的内存占用问题。

（2）建立多级缓存池

标准库的http包在处理http2数据时，预先建立了多个不同大小的缓存池：

```
// $GOROOT/src/net/http/h2_bundle.go
var (
    http2dataChunkSizeClasses = []int{
        1 << 10,
        2 << 10,
        4 << 10,
        8 << 10,
        16 << 10,
    }
    http2dataChunkPools = [...]sync.Pool{
        {New: func() interface{} { return make([]byte, 1<<10) }},
        {New: func() interface{} { return make([]byte, 2<<10) }},
        {New: func() interface{} { return make([]byte, 4<<10) }},
        {New: func() interface{} { return make([]byte, 8<<10) }},
        {New: func() interface{} { return make([]byte, 16<<10) }},
    }
)

func http2getDataBufferChunk(size int64) []byte {
    i := 0
    for ; i < len(http2dataChunkSizeClasses)-1; i++ {
        if size <= int64(http2dataChunkSizeClasses[i]) {
            break
        }
    }
    return http2dataChunkPools[i].Get().([]byte)
}

func http2putDataBufferChunk(p []byte) {
    for i, n := range http2dataChunkSizeClasses {
        if len(p) == n {
            http2dataChunkPools[i].Put(p)
            return
        }
    }
    panic(fmt.Sprintf("unexpected buffer len=%v", len(p)))
}
```

这样就可以根据要处理的数据的大小从最适合的缓存池中获取 Buffer 对象，并在完成数据处理后将对象归还到对应的池中，而池中的所有临时 buffer 对象的容量始终是保持一致的，从而尽量避免大材小用、浪费内存的情况。

小结

本条对 Go 语言通过 sync 包提供的针对共享内存并发模型的原语的使用方法尤其是注意事项做了细致说明。

本条要点：

- 明确 sync 包中原语应用的适用场景；
- sync 包内定义的结构体或包含这些类型的结构体在首次使用后禁止复制；
- 明确 sync.RWMutex 的适用场景；
- 掌握条件变量的应用场景和使用方法；
- 实现单例模式时优先考虑 sync.Once；
- 了解 sync.Pool 的优点、使用中可能遇到的问题及解决方法。

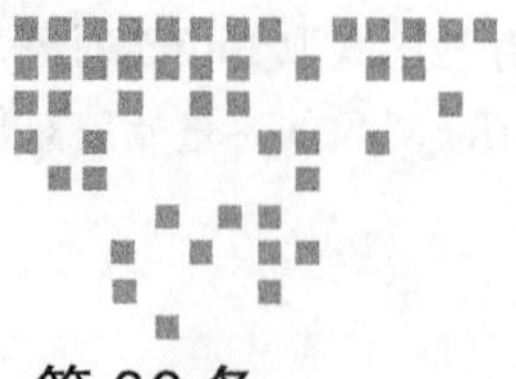

Suggestion 36 第 36 条

使用 atomic 包实现伸缩性更好的并发读取

面向 CSP 并发模型的 channel 原语和面向传统共享内存并发模型的 sync 包提供的原语已经足以满足 Go 语言应用并发设计中 99.9% 的并发同步需求了，而剩余那 0.1% 的需求，可以使用 Go 标准库提供的 atomic 包来实现。

36.1 atomic 包与原子操作

atomic 包是 Go 语言提供的原子操作（atomic operation）原语的相关接口。原子操作是相对于普通指令操作而言的。以一个整型变量自增的语句为例：

```
var a int
a++
```

a++ 这行语句需要以下 3 条普通机器指令来完成变量 a 的自增。

- LOAD：将变量从内存加载到 CPU 寄存器。
- ADD：执行加法指令。
- STORE：将结果存储回原内存地址。

这 3 条普通指令在执行过程中是可中断的。而原子操作的指令是不可中断的，它就好比一个事务，要么不执行，一旦执行就一次性全部执行完毕，不可分割。正因如此，原子操作可用于共享数据的并发同步。

原子操作由底层硬件直接提供支持，是一种硬件实现的指令级“事务”，因此相比操作系统层面和 Go 运行时层面提供的同步技术而言，它更为原始。atomic 包封装了 CPU 实现的部分原子操作指令，为用户层提供体验良好的原子操作函数，因此 atomic 包中提供的原语更接近硬件底层，也更为低级，它常被用于实现更为高级的并发同步技术（比如 channel 和 sync 包中的同步原语）。图 36-1 展示的是 Go 语言中各种并发同步技术的层级。

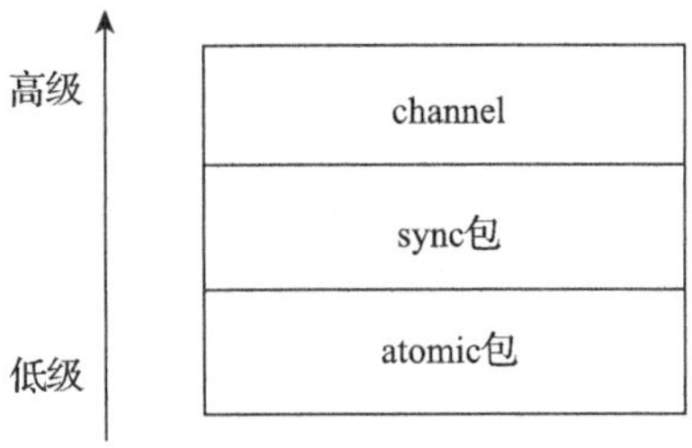

图 36-1　Go 语言中各种并发同步技术的层级

以 atomic.SwapInt64 函数在 x86_64 平台上的实现为例：

```
// $GOROOT/src/sync/atomic/doc.go
func SwapInt64(addr *int64, new int64)
    (old int64)

// $GOROOT/src/sync/atomic/asm.s

TEXT ·SwapInt64(SB),NOSPLIT,$0
    JMP     runtime/internal/atomic·Xchg64(SB)

// $GOROOT/src/runtime/internal/asm_amd64.s
TEXT runtime/internal/atomic·Xchg64(SB), NOSPLIT, $0-24
    MOVQ    ptr+0(FP), BX
    MOVQ    new+8(FP), AX
    XCHGQ   AX, 0(BX)
    MOVQ    AX, ret+16(FP)
    RET
```

从上面函数 SwapInt64 的实现中可以看到，它基本就是对 x86_64 CPU 实现的原子操作指令 XCHGQ 的直接封装。

原子操作的特性使 atomic 包可以用作对共享数据的并发同步，那么**在它与更为高级的 channel 及 sync 包中原语之间，我们究竟该如何选择呢？**在正式揭晓答案之前，我们先来看看下面两个应用 atomic 包的场景。

36.2　对共享整型变量的无锁读写

atomic 包提供了两大类原子操作接口：一类是针对整型变量的，包括有符号整型、无符号整型以及对应的指针类型；另一类是针对自定义类型的。第一类原子操作接口的存在让 atomic 包天然适合于实现某一个共享整型变量的并发同步。我们看个例子：

```
// chapter6/sources/go-atomic-package-1_test.go

var n1 int64

func addSyncByAtomic(delta int64) int64 {
    return atomic.AddInt64(&n1, delta)
}

func readSyncByAtomic() int64 {
    return atomic.LoadInt64(&n1)
}
```

```
var n2 int64
var rwmu sync.RWMutex

func addSyncByRWMutex(delta int64) {
    rwmu.Lock()
    n2 += delta
    rwmu.Unlock()
}

func readSyncByRWMutex() int64 {
    var n int64
    rwmu.RLock()
    n = n2
    rwmu.RUnlock()
    return n
}

func BenchmarkAddSyncByAtomic(b *testing.B) {
    b.RunParallel(func(pb *testing.PB) {
        for pb.Next() {
            addSyncByAtomic(1)
        }
    })
}

func BenchmarkReadSyncByAtomic(b *testing.B) {
    b.RunParallel(func(pb *testing.PB) {
        for pb.Next() {
            readSyncByAtomic()
        }
    })
}

func BenchmarkAddSyncByRWMutex(b *testing.B) {
    b.RunParallel(func(pb *testing.PB) {
        for pb.Next() {
            addSyncByRWMutex(1)
        }
    })
}

func BenchmarkReadSyncByRWMutex(b *testing.B) {
    b.RunParallel(func(pb *testing.PB) {
        for pb.Next() {
            readSyncByRWMutex()
        }
    })
}
```

我们分别在 cpu=2, 8, 16, 32 时运行上述性能基准测试，结果如下：

```
$go test -bench . go-atomic-package-1_test.go -cpu 2
```

```
goos: darwin
goarch: amd64
BenchmarkAddSyncByAtomic-2         56360716              20.4 ns/op
BenchmarkReadSyncByAtomic-2        1000000000            0.729 ns/op
BenchmarkAddSyncByRWMutex-2        41799388              28.9 ns/op
BenchmarkReadSyncByRWMutex-2       35381282              32.6 ns/op
PASS

$go test -bench . go-atomic-package-1_test.go -cpu 8
goos: darwin
goarch: amd64
BenchmarkAddSyncByAtomic-8         58224580              20.5 ns/op
BenchmarkReadSyncByAtomic-8        1000000000            0.234 ns/op
BenchmarkAddSyncByRWMutex-8        18438339              64.2 ns/op
BenchmarkReadSyncByRWMutex-8       29445268              40.8 ns/op
PASS

$go test -bench . go-atomic-package-1_test.go -cpu 16
goos: darwin
goarch: amd64
BenchmarkAddSyncByAtomic-16        58500958               20.4 ns/op
BenchmarkReadSyncByAtomic-16       1000000000             0.238 ns/op
BenchmarkAddSyncByRWMutex-16       16669366               71.8 ns/op
BenchmarkReadSyncByRWMutex-16      29137915               41.2 ns/op
PASS

$go test -bench . go-atomic-package-1_test.go -cpu 32
goos: darwin
goarch: amd64
BenchmarkAddSyncByAtomic-32        58587633              20.4 ns/op
BenchmarkReadSyncByAtomic-32       1000000000            0.231 ns/op
BenchmarkAddSyncByRWMutex-32       14315090              81.8 ns/op
BenchmarkReadSyncByRWMutex-32      29164032              41.1 ns/op
PASS
```

可以看到：

- 读写锁的性能随着并发量增大的变化情况与前面讲解 sync.RWMutex 时的一致；
- 利用原子操作的无锁并发写的性能随着并发量增大几乎保持恒定；
- 利用原子操作的无锁并发读的性能随着并发量增大有持续提升的趋势，并且性能约为读锁的 200 倍。

36.3　对共享自定义类型变量的无锁读写

我们再来看 atomic 包另一类函数的应用。如图 36-2 所示，atomic 通过 Value 类型的装拆箱操作实现了对任意自定义类型的原子操作（Load 和 Store），从而实现对共享自定义类型变量无锁读写的支持。

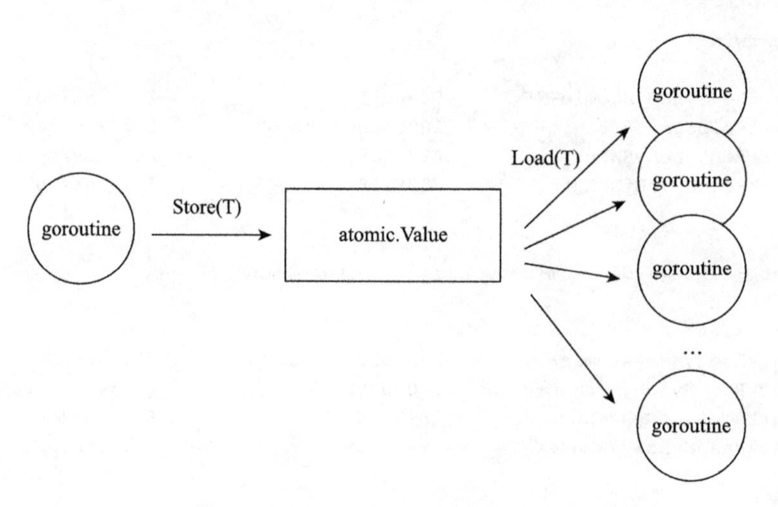

图 36-2 通过 atomic.Value 实现自定义类型的原子操作

再看一个例子：

```
// chapter6/sources/go-atomic-package-2_test.go

type Config struct {
    sync.RWMutex
    data string
}

func BenchmarkRWMutexSet(b *testing.B) {
    config := Config{}
    b.ReportAllocs()
    b.RunParallel(func(pb *testing.PB) {
        for pb.Next() {
            config.Lock()
            config.data = "hello"
            config.Unlock()
        }
    })
}

func BenchmarkRWMutexGet(b *testing.B) {
    config := Config{data: "hello"}
    b.ReportAllocs()
    b.RunParallel(func(pb *testing.PB) {
        for pb.Next() {
            config.RLock()
            _ = config.data
            config.RUnlock()
        }
    })
}
```

```
func BenchmarkAtomicSet(b *testing.B) {
    var config atomic.Value
    c := Config{data: "hello"}
    b.ReportAllocs()
    b.RunParallel(func(pb *testing.PB) {
        for pb.Next() {
            config.Store(c)
        }
    })
}

func BenchmarkAtomicGet(b *testing.B) {
    var config atomic.Value
    config.Store(Config{data: "hello"})
    b.ReportAllocs()
    b.RunParallel(func(pb *testing.PB) {
        for pb.Next() {
            _ = config.Load().(Config)
        }
    })
}
```

我们同样分别在 cpu=2, 8, 16, 32 时运行上述性能基准测试，结果如下：

```
$go test -bench . go-atomic-package-2_test.go -cpu=2
goos: darwin
goarch: amd64
BenchmarkRWMutexSet-2      40097684      29.3 ns/op      0 B/op      0 allocs/op
BenchmarkRWMutexGet-2      37523130      34.7 ns/op      0 B/op      0 allocs/op
BenchmarkAtomicSet-2       26030662      44.4 ns/op      48 B/op     1 allocs/op
BenchmarkAtomicGet-2       1000000000    0.677 ns/op     0 B/op      0 allocs/op
PASS

$go test -bench . go-atomic-package-2_test.go -cpu=8
goos: darwin
goarch: amd64
BenchmarkRWMutexSet-8      18696680      63.2 ns/op      0 B/op      0 allocs/op
BenchmarkRWMutexGet-8      29149304      41.0 ns/op      0 B/op      0 allocs/op
BenchmarkAtomicSet-8       42793735      29.1 ns/op      48 B/op     1 allocs/op
BenchmarkAtomicGet-8       1000000000    0.346 ns/op     0 B/op      0 allocs/op
PASS

$go test -bench . go-atomic-package-2_test.go -cpu=16
goos: darwin
goarch: amd64
BenchmarkRWMutexSet-16     17499681      68.9 ns/op      0 B/op      0 allocs/op
BenchmarkRWMutexGet-16     29048467      41.4 ns/op      0 B/op      0 allocs/op
BenchmarkAtomicSet-16      36774126      31.8 ns/op      48 B/op     1 allocs/op
BenchmarkAtomicGet-16      1000000000    0.356 ns/op     0 B/op      0 allocs/op
PASS

$go test -bench . go-atomic-package-2_test.go -cpu=32
goos: darwin
```

```
goarch: amd64
BenchmarkRWMutexSet-32     17546760       75.9 ns/op      0 B/op      0 allocs/op
BenchmarkRWMutexGet-32     34059410       35.3 ns/op      0 B/op      0 allocs/op
BenchmarkAtomicSet-32      36702122       33.3 ns/op      48 B/op     1 allocs/op
BenchmarkAtomicGet-32      1000000000     0.351 ns/op     0 B/op      0 allocs/op
PASS
```

根据上述测试结果，可以得到如下结论：

- 利用原子操作的无锁并发写的性能随着并发量的增大而小幅下降；
- 利用原子操作的无锁并发读的性能随着并发量增大有持续提升的趋势，并且性能约为读锁的100倍。

小结

是时候揭晓答案了。由上面两类atomic包应用的例子可知，随着并发量提升，使用atomic实现的**共享变量**的并发读写性能表现更为稳定，尤其是原子读操作，这让atomic与sync包中的原语比起来表现出更好的伸缩性和更高的性能。由此可以看出atomic包更适合**一些对性能十分敏感、并发量较大且读多写少的场合**。

但atomic原子操作可用来同步的范围有较大限制，仅是一个整型变量或自定义类型变量。如果要对一个复杂的临界区数据进行同步，那么首选依旧是sync包中的原语。

第七部分 Part 7

错误处理

Go 语言十分重视错误处理，它有着相对保守的设计和显式处理错误的惯例。本部分将涵盖 Go 错误处理的哲学以及在这套哲学下一些常见错误处理问题的优秀实践方案。

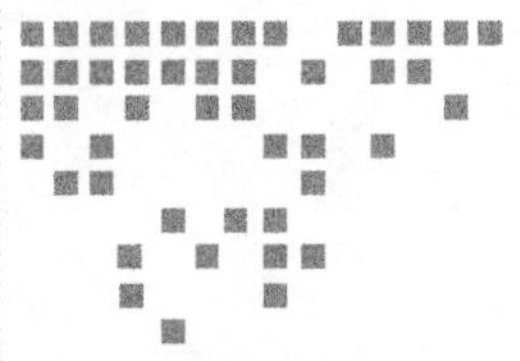

Suggestion 37 第 37 条

了解错误处理的 4 种策略

C++ 之父 Bjarne Stroustrup 曾说过："世界上有两类编程语言，一类是总被人抱怨和诟病的，而另一类是无人使用的。" Go 语言自出生那天起，就因其简单且看起来有些过时的**错误处理机制（error handling）**而被大家所诟病，直至今天这种声音依旧存在[⊖]。

Go 语言没有像 C++、Java、Python 等主流编程语言那样提供基于异常（exception）的结构化 try-catch-finally 错误处理机制，Go 的设计者们认为将异常耦合到程序控制结构中会导致代码混乱[⊜]，并且在那样的机制下，程序员会将大多常见错误（例如无法打开文件等）标记为异常，这与 Go 追求简单的价值观背道而驰。

Go 语言设计者们选择了 **C 语言家族**的经典错误机制：**错误就是值**，而错误处理就是基于值比较后的决策。同时，Go 结合函数 / 方法的多返回值机制避免了像 C 语言那样在单一函数返回值中承载多重信息的问题。比如：C 标准库中的 fprintf 函数的返回值就承载了两种含义：在正常情况下，其返回值表示输出到 FILE 流中的字符数量；如果出现错误，则返回值为一个负数，代表错误值。

```
// stdio.h
int fprintf(FILE * restrict stream, const char * restrict format, ...);
```

而 Go 标准库中等同功能的 fmt.Fprintf 的函数则通过一个独立的表示错误值的返回值变量（如下面代码返回值列表中的 err）避免了上述问题：

```
// fmt包
func Fprintf(w io.Writer, format string, a ...interface{}) (n int, err error)
```

Go 这种简单的**基于错误值比较**的错误处理机制使得每个 Go 开发人员必须显式地关注和处

⊖ 2019 年 Go 官方用户调查结果：https://blog.golang.org/survey2019。

⊜ https://tip.golang.org/doc/faq#exceptions

理每个错误，经过显式错误处理的代码会更为健壮，Go 开发人员也会对这些代码更有信心。Go 中的错误不是异常，它就是普通值，我们不需要额外的语言机制去处理它们，而只需利用已有的语言机制，像处理其他普通类型值一样去处理错误。这也决定了这样的错误处理机制让代码更容易调试（就像对待普通变量值那样），也更容易针对每个错误处理的决策分支进行测试覆盖；同时，没有 try-catch-finally 的异常处理机制也让 Go 代码的可读性更佳。

要写出高质量的 Go 代码，我们需要**始终想着错误处理**。这些年来，Go 核心开发团队与 Go 社区已经形成了 4 种惯用的 Go **错误处理策略**。在本条中，我们一起来了解和学习一下。

37.1　构造错误值

错误处理的策略与**构造错误值**的方法是密切关联的。

错误是值，只是以 error 接口变量的形式统一呈现（按惯例，函数或方法通常将 error 类型返回值放在返回值列表的末尾）：

```
var err error
err = errors.New("this is a demo error")

// $GOROOT/src/encoding/json
func Marshal(v interface{}) ([]byte, error)
func Unmarshal(data []byte, v interface{}) error
```

error 接口是 Go 原生内置的类型，它的定义如下：

```
// $GOROOT/src/builtin/builtin.go
type error interface{
    Error() string
}
```

任何实现了 Error() string 方法的类型的实例均可作为错误赋值给 error 接口变量。

在标准库中，Go 提供了构造错误值的两种基本方法——errors.New 和 fmt.Errorf，示例如下：

```
err := errors.New("your first demo error")
errWithCtx = fmt.Errorf("index %d is out of bounds", i)
wrapErr = fmt.Errorf("wrap error: %w", err) // 仅Go 1.13及后续版本可用
```

Go 1.13 版本之前，这两种方法实际上返回的是同一个实现了 error 接口的类型的实例，这个未导出的类型就是 errors.errorString：

```
// $GOROOT/src/errors/errors.go
type errorString struct {
    s string
}

func (e *errorString) Error() string {
    return e.s
}
```

Go 1.13 及后续版本中，当我们在格式化字符串中使用 %w 时，fmt.Errorf 返回的错误值的底层类型为 fmt.wrapError：

```
// $GOROOT/src/fmt/errors.go (Go 1.13及后续版本)
type wrapError struct {
    msg string
    err error
}

func (e *wrapError) Error() string {
    return e.msg
}

func (e *wrapError) Unwrap() error {
    return e.err
}
```

与 errorString 相比，wrapError 多实现了 Unwrap 方法，这使得被 wrapError 类型包装的错误值在**包装错误链**中被检视（inspect）到：

```
var ErrFoo = errors.New("the underlying error")

err := fmt.Errorf("wrap err: %w", ErrFoo)
errors.Is(err, ErrFoo) // true (仅适用于Go 1.13及后续版本)
```

我们看到，标准库中提供的构建错误值的方法虽方便有余，但给错误处理者提供的错误上下文（error context）则仅限于以字符串形式呈现的信息（Error 方法返回的信息）。在一些场景下，错误处理者需要从错误值中提取出更多信息以帮助其选择错误处理路径，这时他们可以自定义错误类型来满足需求。比如：标准库中的 net 包就定义了一种携带额外错误上下文的错误类型。

```
// $GOROOT/src/net/net.go
type OpError struct {
    Op string
    Net string
    Source Addr
    Addr Addr
    Err error
}
```

这样错误处理者便可以根据这个类型的错误值提供的额外上下文信息做出错误处理路径的选择，相关代码如下：

```
// $GOROOT/src/net/http/server.go
func isCommonNetReadError(err error) bool {
    if err == io.EOF {
        return true
    }
    if neterr, ok := err.(net.Error); ok && neterr.Timeout() {
        return true
```

```
    }
    if oe, ok := err.(*net.OpError); ok && oe.Op == "read" {
        return true
    }
    return false
}
```

error 接口是错误值提供者与错误值检视者之间的契约。error 接口的实现者负责提供错误上下文供负责错误处理的代码使用。这种错误上下文与 error 接口类型的分离体现了 Go 设计哲学中的“正交”理念。

37.2　透明错误处理策略

了解了错误值构造后，我们正式来看一下 Go 语言错误处理的几种惯用策略。

Go 语言中的错误处理就是根据函数 / 方法返回的 error 类型变量中携带的错误值信息做决策并选择后续代码执行路径的过程。最简单的错误策略莫过于完全不关心返回错误值携带的具体上下文信息，只要发生错误就进入唯一的错误处理执行路径。这也是 Go 语言中**最常见的错误处理策略**，80% 以上的 Go 错误处理情形可以归类到这种策略下。

```
err := doSomething()
if err != nil {
    // 不关心err变量底层错误值所携带的具体上下文信息
    // 执行简单错误处理逻辑并返回
    ...
    return err
}
```

在这种策略下由于错误处理方并不关心错误值的上下文，因此错误值的构造方（如上面的函数 doSomething）可以直接使用 Go 标准库提供的两个基本错误值构造方法 errors.New 和 fmt.Errorf 构造错误值。这样构造出的错误值对错误处理方是透明的，因此这种策略被称为**“透明错误处理策略”**。

```
func doSomething(...) error {
    ...
    return errors.New("some error occurred")
}
```

透明错误处理策略最大限度地减少了错误处理方与错误值构造方之间的耦合关系，它们之间唯一的耦合就是 error 接口变量所规定的契约。

37.3　“哨兵”错误处理策略

如果不能仅根据透明错误值就做出错误处理路径的选取决策，错误处理方会尝试对返回的错误值进行检视，于是就有可能出现下面的**反模式**：

```
data, err := b.Peek(1)
if err != nil {
    switch err.Error() {
    case "bufio: negative count":
        // ...
        return
    case "bufio: buffer full":
        // ...
        return
    case "bufio: invalid use of UnreadByte":
        // ...
        return
    default:
        // ...
        return
    }
}
```

错误处理方以透明错误值所能提供的唯一上下文信息作为选择错误处理路径的依据，这种反模式会造成严重的**隐式耦合**：错误值构造方不经意间的一次错误描述字符串的改动，都会造成错误处理方处理行为的变化，并且这种通过字符串比较的方式对错误值进行检视的性能也很差。

Go 标准库采用了定义导出的（exported）“哨兵”错误值的方式来辅助错误处理方检视错误值并做出错误处理分支的决策：

```
// $GOROOT/src/bufio/bufio.go
var (
    ErrInvalidUnreadByte = errors.New("bufio: invalid use of UnreadByte")
    ErrInvalidUnreadRune = errors.New("bufio: invalid use of UnreadRune")
    ErrBufferFull        = errors.New("bufio: buffer full")
    ErrNegativeCount     = errors.New("bufio: negative count")
)

// 错误处理代码
data, err := b.Peek(1)
if err != nil {
    switch err {
    case bufio.ErrNegativeCount:
        // ...
        return
    case bufio.ErrBufferFull:
        // ...
        return
    case bufio.ErrInvalidUnreadByte:
        // ...
        return
    default:
        // ...
        return
    }
```

```
}

// 或者

if err := doSomething(); err == bufio.ErrBufferFull {
    // 处理缓冲区满的错误情况
    ...
}
```

一般“哨兵”错误值变量以 ErrXXX 格式命名。与透明错误策略相比，“哨兵”策略让错误处理方在有检视错误值的需求时有的放矢。不过对于 API 的开发者而言，暴露“哨兵”错误值意味着这些错误值和包的公共函数 / 方法一起成为 API 的一部分。一旦发布出去，开发者就要对其进行很好的维护。而“哨兵”错误值也让使用这些值的错误处理方对其产生了依赖。

从 Go 1.13 版本开始，标准库 errors 包提供了 Is 方法用于错误处理方对错误值进行检视。Is 方法类似于将一个 error 类型变量与“哨兵”错误值的比较：

```
// 类似 if err == ErrOutOfBounds{ … }
if errors.Is(err, ErrOutOfBounds) {
    // 越界的错误处理
}
```

不同的是，如果 error 类型变量的底层错误值是一个包装错误（wrap error），errors.Is 方法会沿着该包装错误所在错误链（error chain）与链上所有被包装的错误（wrapped error）进行比较，直至找到一个匹配的错误。下面是 Is 函数的一个应用。

```
// chapter7/sources/go-error-handling-strategy-1.go

var ErrSentinel = errors.New("the underlying sentinel error")

func main() {
    err1 := fmt.Errorf("wrap err1: %w", ErrSentinel)
    err2 := fmt.Errorf("wrap err2: %w", err1)
    if errors.Is(err2, ErrSentinel) {
        println("err is ErrSentinel")
        return
    }

    println("err is not ErrSentinel")
}
```

运行上述代码：

```
$go run go-error-handling-strategy-1.go
err is ErrSentinel
```

我们看到，errors.Is 函数沿着 err2 所在错误链向上找到了被包装到最深处的“哨兵”错误值 ErrSentinel。因此，如果你使用的是 Go 1.13 及后续版本，请尽量使用 errors.Is 方法检视某个错误值是不是某个特定的“哨兵”错误值。

37.4 错误值类型检视策略

基于 Go 标准库提供的错误值构造方法构造的"哨兵"错误值除了让错误处理方可以有的放矢地进行值比较，并未提供其他有效的错误上下文信息。如果错误处理方需要错误值提供更多的错误上下文，上面的错误处理策略和错误值构造方式将无法满足。

我们需要通过自定义错误类型的构造错误值的方式来提供更多的错误上下文信息，并且由于错误值均通过 error 接口变量统一呈现，要得到底层错误类型携带的错误上下文信息，错误处理方需要使用 Go 提供的**类型断言机制（type assertion）**或**类型选择机制（type switch）**，这种错误处理笔者称之为**错误值类型检视策略**。我们来看一个标准库中的例子。

json 包中自定义了一个 UnmarshalTypeError 的错误类型：

```
// $GOROOT/src/encoding/json/decode.go
type UnmarshalTypeError struct {
    Value  string
    Type   reflect.Type
    Offset int64
    Struct string
    Field  string
}
```

错误处理方可以通过错误类型检视策略获得更多错误值的错误上下文信息：

```
// $GOROOT/src/encoding/json/decode_test.go
// 通过类型断言机制获取
func TestUnmarshalTypeError(t *testing.T) {
    for _, item := range decodeTypeErrorTests {
        err := Unmarshal([]byte(item.src), item.dest)
        if _, ok := err.(*UnmarshalTypeError); !ok {
            t.Errorf("expected type error for Unmarshal(%q, type %T): got %T",
                    item.src, item.dest, err)
        }
    }
}

// $GOROOT/src/encoding/json/decode.go
// 通过类型选择机制获取
func (d *decodeState) addErrorContext(err error) error {
    if d.errorContext.Struct != nil || len(d.errorContext.FieldStack) > 0 {
        switch err := err.(type) {
        case *UnmarshalTypeError:
            err.Struct = d.errorContext.Struct.Name()
            err.Field = strings.Join(d.errorContext.FieldStack, ".")
            return err
        }
    }
    return err
}
```

一般自定义导出的错误类型以 XXXError 的形式命名。与"哨兵"错误处理策略一样，由于错误值类型检视策略暴露了自定义的错误类型给错误处理方，因此这些错误类型也和包的公共函数 / 方法一起成为了 API 的一部分。一旦发布出去，开发者就要对其进行很好的维护。而它们也让借由这些类型进行检视的错误处理方对其产生了依赖。

从 Go 1.13 版本开始，标准库 errors 包提供了 As 方法用于错误处理方对错误值进行检视。As 方法类似于通过类型断言判断一个 error 类型变量是否为特定的自定义错误类型：

```
// 类似 if e, ok := err.(*MyError); ok { … }
var e *MyError
if errors.As(err, &e) {
    // 如果err类型为*MyError，变量e将被设置为对应的错误值
}
```

不同的是，如果 error 类型变量的底层错误值是一个包装错误，那么 errors.As 方法会沿着该包装错误所在错误链与链上所有被包装的错误的类型进行比较，直至找到一个匹配的错误类型。下面是 As 函数的一个应用。

```
// chapter7/sources/go-error-handling-strategy-2.go
type MyError struct {
    e string
}

func (e *MyError) Error() string {
    return e.e
}

func main() {
    var err = &MyError{"my error type"}
    err1 := fmt.Errorf("wrap err1: %w", err)
    err2 := fmt.Errorf("wrap err2: %w", err1)
    var e *MyError
    if errors.As(err2, &e) {
        println("MyError is on the chain of err2 ")
        println(e == err)
        return
    }

    println("MyError is not on the chain of err2 ")
}
```

运行上述代码：

```
$go run go-error-handling-strategy-2.go
MyError is on the chain of err2
true
```

我们看到，errors.As 函数沿着 err2 所在错误链向上找到了被包装到最深处的错误值，并将 err2 与其类型 *MyError 成功匹配。

因此，如果你使用的是 Go 1.13 及后续版本，请尽量使用 errors.As 方法去检视某个错误值是不是某个自定义错误类型的实例。

37.5 错误行为特征检视策略

到这里，我们需要思考一个问题：除了透明错误处理策略，是否还有手段可以降低错误处理方与错误值构造方的耦合？在Go标准库中，我们发现了这样一种错误处理方式：将某个包中的错误类型归类，统一提取出一些公共的错误行为特征（behaviour），并将这些错误行为特征放入一个公开的接口类型中。以标准库中的net包为例，它将包内的所有错误类型的公共行为特征抽象并放入net.Error这个接口中。而错误处理方仅需依赖这个公共接口即可检视具体错误值的错误行为特征信息，并根据这些信息做出后续错误处理分支选择的决策。

```
// $GOROOT/src/net/net.go
type Error interface {
    error
    Timeout() bool   // 是超时类错误吗?
    Temporary() bool // 是临时性错误吗?
}
```

下面是http包使用错误行为特征检视策略进行错误处理的代码：

```
// $GOROOT/src/net/http/server.go
func (srv *Server) Serve(l net.Listener) error {
    ...
    for {
        rw, e := l.Accept()
        if e != nil {
            select {
            case <-srv.getDoneChan():
                return ErrServerClosed
            default:
            }
            if ne, ok := e.(net.Error); ok && ne.Temporary() {
                // 这里对临时性错误进行处理
                ...
                time.Sleep(tempDelay)
                continue
            }
            return e
        }
        ...
    }
    ...
}
```

Accept方法实际上返回的错误类型为*OpError，它是net包中的一个自定义错误类型，实现了错误公共特征接口net.Error，因此可以被错误处理方通过net.Error接口的方法判断其行为是否满足Temporary或Timeout特征。

```
// $GOROOT/src/net/net.go
type OpError struct {
    ...
    // Err is the error that occurred during the operation.
```

```
    Err error
}

type temporary interface {
    Temporary() bool
}

func (e *OpError) Temporary() bool {
    if ne, ok := e.Err.(*os.SyscallError); ok {
        t, ok := ne.Err.(temporary)
        return ok && t.Temporary()
    }
    t, ok := e.Err.(temporary)
    return ok && t.Temporary()
}
```

小结

Go 社区中关于如何进行错误处理的讨论有很多，但唯一正确的结论是**没有哪一种错误处理策略适用于所有项目或场合**。综合上述的构造错误值方法及错误处理策略，请记住如下几点：

- 尽量使用透明错误处理策略降低错误处理方与错误值构造方之间的耦合；
- 如果可以通过错误行为特征进行错误检视，那么尽量使用错误行为特征检视策略；
- 在上述两种策略无法实施的情况下，再用“哨兵”策略和错误值类型检视策略；
- 在 Go 1.13 及后续版本中，尽量用 errors.Is 和 errors.As 方法替换原先的错误检视比较语句。

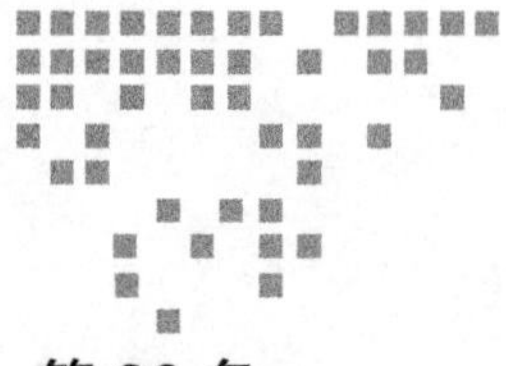

Suggestion 38 第 38 条

尽量优化反复出现的 if err != nil

在上一条谈 Go 错误处理策略时提到，C++、C#、Java 和 Python 等支持异常处理的主流编程语言采用**对隐式结果的隐式错误检查**，与之不同的是，Go 在最初设计时就有意识地**选择了使用显式错误结果和显式错误检查**。

但 Go 在错误处理方面体现出的这种与主流语言的格格不入，让很多来自这些主流语言的 Go 初学者感到困惑：Go 代码中反复出现了太多方法单一的错误检查 if err != nil。比如下面这段摘自“Go 2 错误处理概述”[⊖]的代码：

```
func CopyFile(src, dst string) error {
    r, err := os.Open(src)
    if err != nil {
        return fmt.Errorf("copy %s %s: %v", src, dst, err)
    }
    defer r.Close()

    w, err := os.Create(dst)
    if err != nil {
        return fmt.Errorf("copy %s %s: %v", src, dst, err)
    }

    if _, err := io.Copy(w, r); err != nil {
        w.Close()
        os.Remove(dst)
        return fmt.Errorf("copy %s %s: %v", src, dst, err)
    }

    if err := w.Close(); err != nil {
        os.Remove(dst)
```

⊖ https://github.com/golang/proposal/blob/master/design/go2draft-error-handling-overview.md

```
        return fmt.Errorf("copy %s %s: %v", src, dst, err)
    }
}
```

面对这样的情况，我们该如何处理呢？在这一条中，我们就一起来看看优化这种情况的几条思路。

38.1 两种观点

对于 Go 错误处理方式在某些时候显得过于冗长甚至有些啰唆，Go 社区和 Go 专家们的看法出现了分歧。

我们先来看看 Go 社区对 Go 错误处理的诟病，这体现在 Go 官方用户调查数据当中。图 38-1 来自 2018 年 Go 官方用户调查的结果[⊖]。

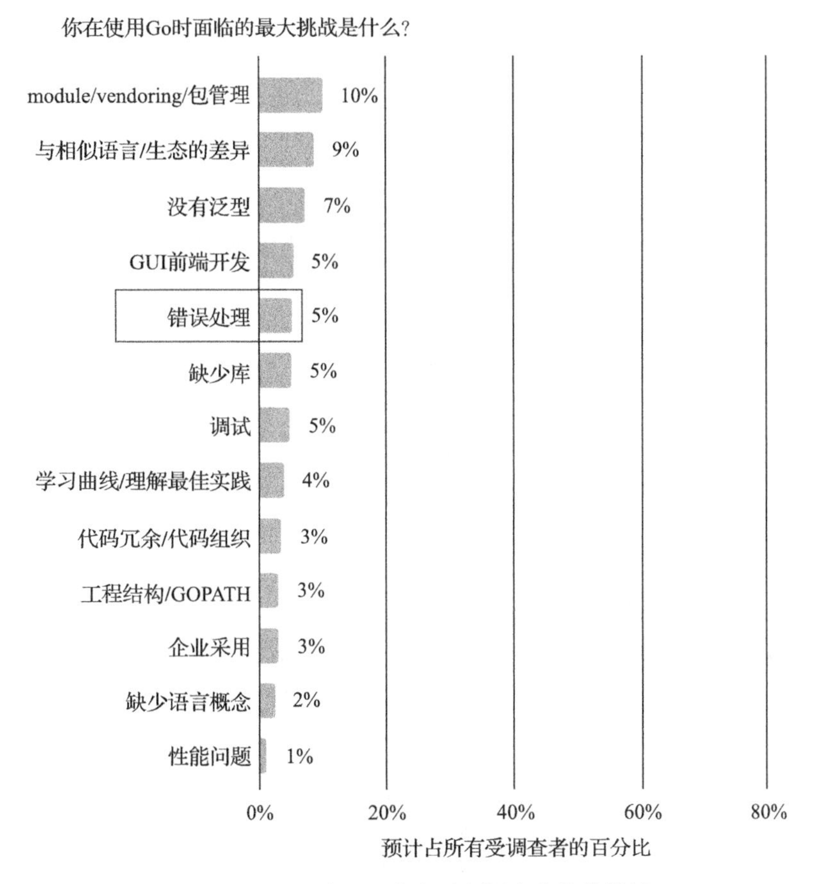

图 38-1　2018 年 Go 官方用户调查的部分结果

⊖ https://blog.golang.org/survey2018-results

在**“你在使用 Go 时面临的最大挑战是什么”**这一项调查中，参与调查的用户将“错误处理”（error handling）列在了**第五位**。而在 2016 年和 2017 年的两次官方 Go 用户调查中，错误处理也名列前茅。这促使 Go 核心团队在 **Go 2** 的演进和开发计划中，将改善 Go 错误处理列为一项重点工作。下面是 Go 核心团队在错误处理改善方面的工作梳理。

- 2018 年 8 月
  - Go 2 错误处理设计草案[一]
  - Go 2 错误检查设计草案[二]
- 2019 年 6 月
  - 原生 Go 错误检查——try 设计草案[三]
  - tryhard 项目[四]：try 设计草案的实验性实现

不过一些知名 Go 程序员却给出了与调查结果**不一样的观点**。比如，知名 Go 程序员 Dave Cheney 就在其博客文章“Go 语言之禅”[五]中直言不讳地表达了自己的观点：

> Go 的成功很大程度上要归功于显式的处理错误方式，因为它让 Go 程序员首先考虑失败情况，这将引导 Go 程序员在编写代码时处理故障，而不是在程序部署并运行在生产环境后再处理。而为反复出现的代码片段 if err != nil {...} 所付出的成本已基本被在故障发生时处理故障的成本超过。

Go 语言之父 Rob Pike 在 2019 年的 Go Sydney 聚会上的演讲中谈及 Go 2 的变化[六]，他认为 if err != nil 在代码库中的使用远没有少数人所说的那么普遍。

著名 Go 培训师、《Go 语言实战》一书的合著者 William Kennedy 更是在 Go 开发团队的 **try 提案**公示之后发表了对 Go 社区的公开信[七]。他认为上面的 Go 用户调查结果（2018 年）可能夸大了人们对错误处理的抱怨，而这些变化可能并不是大多数 Go 开发人员真正想要或需要的。同时他希望 Go 开发团队不要接受这个 **try 提案**，因为它引入了两种方法来完成相同的事情，这与 **Go 完成一种事情仅有一种方法的原则**相背离，会导致代码库中出现严重的不一致（有的人使用新引入的 try，有的人则依旧喜欢使用传统的 if err != nil 的错误检查）。他甚至认为 Go 开发团队应该重新评估错误处理改善在 Go2 演进中的优先级，毕竟它在用户调查中仅排名第五位，并希望 Go 核心团队对调查数据进行重新评估。

以上两种观点交锋的结果是 Go 核心团队否决了大部分之前编写的关于 Go 错误处理改善的设计草案，仅“Go 2 错误检查设计草案”中的部分内容最终在 Go 1.13 版本中被接纳和实现。

㊀ https://github.com/golang/proposal/blob/master/design/go2draft-error-handling.md
㊁ https://github.com/golang/proposal/blob/master/design/go2draft-error-inspection.md
㊂ https://github.com/golang/proposal/blob/master/design/32437-try-builtin.md
㊃ https://github.com/griesemer/tryhard
㊄ https://dave.cheney.net/2020/02/23/the-zen-of-go
㊅ https://youtu.be/RIvL2ONhFBI
㊆ https://www.ardanlabs.com/blog/2019/07/an-open-letter-to-the-go-team-about-try.html

38.2　尽量优化

面对分歧，作为普通用户的我们究竟该怎么办呢？也许 Go 用户调查结果（2018 年）夸大了人们对错误处理的抱怨，但现实中反复出现 if err != nil 的现象的确存在。就连 Go 核心团队的技术负责人 Russ Cox 也承认**当前的 Go 错误处理机制对于 Go 开发人员来说确实会有一定的心智负担**。如果像上面例子（CopyFile）中那样编写错误处理代码，虽然功能正确，但显然错误处理不够简洁和优雅。

另一名 Go 核心开发团队成员 Marcel van Lohuizen 也对 if err != nil 的重复出现情况进行了研究。如图 38-2 所示，他发现代码所在栈帧越低（越接近于 main 函数栈帧），if err != nil 就越不常见；反之，代码在栈中的位置越高（更接近于网络 I/O 操作或操作系统 API 调用），if err != nil 就越常见，正如上面 CopyFile 例子中的情况。

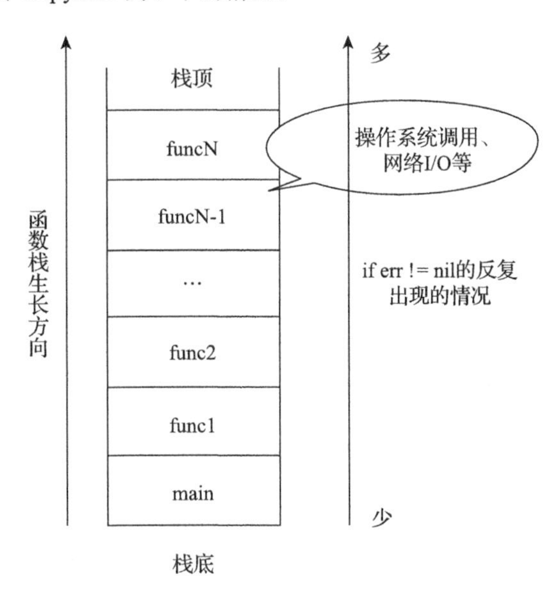

图 38-2　if err != nil 反复出现在函数栈中的分布特点

不过该开发人员也认为，可以通过良好的设计减少或消除这类反复出现的错误检查。

好了！到这里我们可以确定要对反复出现的 if err != nil 尽可能优化，但是在未引入 try 或 check/handle 这些新语法的情况下，我们要怎么做呢？

38.3　优化思路

优化反复出现的 if err != nil 代码块的根本目的是让错误检查和处理较少，不要干扰正常业务代码，让正常业务代码更具**视觉连续性**。大致有两个努力的方向。

1）**改善代码的视觉呈现**。这个优化方法就好比给开发人员施加了某种障眼法，使得错误处理代码在开发者眼中的视觉呈现更为优雅。上面提到的 Go2 关于改善错误处理的几个技术草案本质上就是提供一种改善代码视觉呈现的语法糖。

比如，如果待优化的代码像下面这样：

```
func SomeFunc() error {
    err := doStuff1()
    if err != nil {
        // 处理错误
    }

    err = doStuff2()
    if err != nil {
        // 处理错误
    }

    err = doStuff3()
    if err != nil {
        // 处理错误
    }
}
```

那么经由 try 技术草案优化后的代码将大致变成这样（由于 try 提案被否决，因此我们无法真实实现下面的错误处理）：

```
func SomeFunc() error {
    defer func() {
        if err != nil {
            // 处理错误
        }
    }()
    try(doStuff1())
    try(doStuff2())
    try(doStuff3())
}
```

2）**降低 if err != nil 重复的次数**。如果觉得 if err != nil 重复的次数过多，可以降低其出现次数，这其实是将该问题转换为降低函数 / 方法的复杂度了。

一个函数 / 方法内部出现多少个 if err != nil 才需要我们去优化和消除这种代码重复呢？这显然没有标准可言。有一个粗略的评估方法：利用圈复杂度（Cyclomatic complexity）。圈复杂度是一种代码复杂度的衡量标准，我们常用它来衡量一个模块判定结构的复杂程度。圈复杂度高，说明程序代码可能质量低且难于测试和维护。根据经验，程序的可能错误与高的圈复杂度有着很大关系。

圈复杂度可以通过程序控制流图计算，公式为 $V(G) = e + 2 - n$。其中：e 为控制流图中边的数量；n 为控制流图中节点的数量（包括起点和终点；所有终点只计算一次，多个 return 和 throw 算作一个节点）。图 38-3 是不同数量的 if 语句对应的不同圈复杂度的示意图。

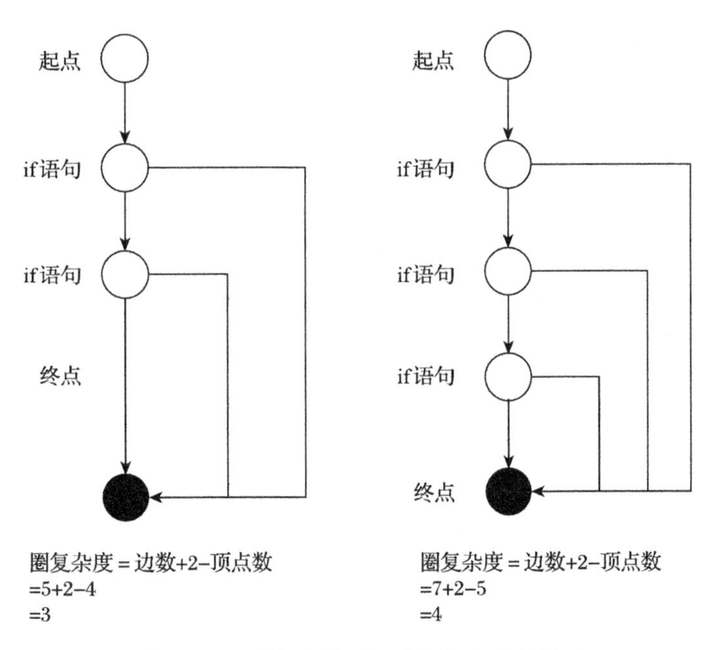

图 38-3　if 语句个数对函数圈复杂度的影响

我们看到三组 if 语句（不带 else）的圈复杂度已经达到 4，两组 if 语句的圈复杂度为 3。因此这里给出一个建议：对圈复杂度为 4 或 4 以上的模块代码进行重构优化。也就是说，如果一个函数 / 方法中的 if err != nil 数量为 3 个或 3 个以上，则尝试对其进行优化，以减少或消除过多的 if err != nil 代码片段。当然这个建议对于那些有代码洁癖的 Gopher 来说可以全不作数。

现实中的真实优化实施更多是上述两个方向的结合，这里用图 38-4 所示的四象限图来直观展示可能的优化思路。

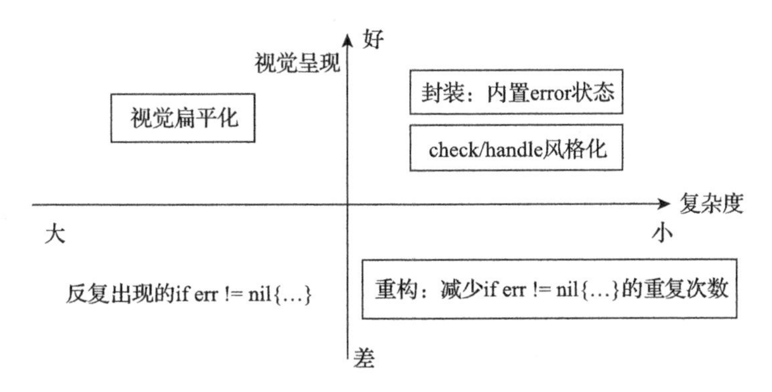

图 38-4　if err != nil 优化思路的四象限图

下面来分别详细说明一下各个象限的优化思路（第三象限显然表示的是待优化的代码）。

1. 视觉扁平化

Go 支持将触发错误处理的语句与错误处理代码放在一行，比如上面的 SomeFunc 函数，可以将之等价重写为下面的代码：

```
func SomeFunc() error {
    if err := doStuff1(); err != nil { // 处理错误 }
    if err := doStuff2(); err != nil { // 处理错误 }
    if err := doStuff3(); err != nil { // 处理错误 }
}
```

虽然这并未从本质上消除 if err != nil 代码块过多的问题，也没有降低 SomeFunc 的圈复杂度，但经过这种**视觉呈现上的优化**，多数 Gopher 会觉得代码看起来更舒服了。

不过这种优化显然是有约束的，如果错误处理分支的语句不是简单的 return err，而是复杂如下面的代码：

```
if _, err = io.Copy(w, r); err != nil {
    return fmt.Errorf("copy %s %s: %v", src, dst, err)
}
```

那么“扁平化”会导致代码行过长，反倒降低了视觉呈现的优雅度。另外如果你使用 goimports 或 gofmt 工具对代码进行自动格式化，那么这些格式化工具会自动展开上述代码，这会让你困惑不已。

2. 重构：减少 if err != nil 的重复次数

沿着降低复杂度的方向对待优化代码进行重构，以减少 if err != nil 代码片段的重复次数。以上面的 CopyFile 为优化对象。原 CopyFile 函数有 4 个 if err != nil 代码段，这里要将其减至 2 个。下面是一种优化方案的代码实现：

```
// chapter7/sources/go-if-error-check-optimize-1.go

func openBoth(src, dst string) (*os.File, *os.File, error) {
    var r, w *os.File
    var err error
    if r, err = os.Open(src); err != nil {
        return nil, nil, fmt.Errorf("copy %s %s: %v", src, dst, err)
    }

    if w, err = os.Create(dst); err != nil {
        r.Close()
        return nil, nil, fmt.Errorf("copy %s %s: %v", src, dst, err)
    }
    return r, w, nil
}

func CopyFile(src, dst string) error {
    var err error
    var r, w *os.File
    if r, w, err = openBoth(src, dst); err != nil {
        return err
    }
    defer func() {
        r.Close()
```

```
        w.Close()
        if err != nil {
            os.Remove(dst)
        }
    }()

    if _, err = io.Copy(w, r); err != nil {
        return fmt.Errorf("copy %s %s: %v", src, dst, err)
    }
    return nil
}
```

为了减少 CopyFile 函数中的 if 检查的重复次数，以上代码引入了一个中间层：openBoth 函数。我们将打开源文件和创建目的文件的工作转移到了 openBoth 函数中。这样优化之后，CopyFile 的圈复杂度下降到可接受的范围内，而新增的 openBoth 函数的圈复杂度也在可接受范围内。

3. check/handle 风格化

上面位于第四象限的重构之法虽然减少了 if err != nil 代码片段的重复次数，但其视觉呈现依旧欠佳。Go2 的 check/handle 技术草案的思路给了我们一些启发：可以利用 panic 和 recover 封装一套跳转机制，模拟实现一套 check/handle 机制。这样在降低复杂度的同时，也能在视觉呈现上有所改善。仍然以 CopyFile 为例进行优化：

```
// chapter7/sources/go-if-error-check-optimize-2.go
func check(err error) {
    if err != nil {
        panic(err)
    }
}

func CopyFile(src, dst string) (err error) {
    var r, w *os.File

    // 处理错误
    defer func() {
        if r != nil {
            r.Close()
        }
        if w != nil {
            w.Close()
        }
        if e := recover(); e != nil {
            if w != nil {
                os.Remove(dst)
            }
            err = fmt.Errorf("copy %s %s: %v", src, dst, err)
        }
    }()

    r, err = os.Open(src)
```

```
    check(err)

    w, err = os.Create(dst)
    check(err)

    _, err = io.Copy(w, r)
    check(err)

    return nil
}
```

这段 check/handle 风格的 CopyFile 代码，无论是从业务代码（Open→Create→Copy）的视觉连续性还是从 CopyFile 的圈复杂度来看，这次优化显然都要好于前面的优化。这也印证了现实中真正好的优化更多是上述两个方向的结合。

不过这一优化方案也具有一定的约束，比如函数必须使用具名的 error 返回值，使用 defer 有额外的性能开销（在 Go 1.14 版本中，与不使用 defer 的性能差异微乎其微，可忽略不计），使用 panic 和 recover 也有额外的性能开销等。尤其是，panic 和 recover 的性能要比正常函数返回的性能差很多，下面是一个简单的性能基准对比测试：

```
// chapter7/sources/panic_recover_performance_test.go

func check(err error) {
    if err != nil {
        panic(err)
    }
}

func FooWithoutDefer() error {
    return errors.New("foo demo error")
}

func FooWithDefer() (err error) {
    defer func() {
        err = errors.New("foo demo error")
    }()
    return
}

func FooWithPanicAndRecover() (err error) {
    // 处理错误
    defer func() {
        if e := recover(); e != nil {
            err = errors.New("foowithpanic demo error")
        }
    }()

    check(FooWithoutDefer())
    return nil
}
```

```
func FooWithoutPanicAndRecover() error {
    return FooWithDefer()
}

func BenchmarkFuncWithoutPanicAndRecover(b *testing.B) {
    for i := 0; i < b.N; i++ {
        FooWithoutPanicAndRecover()
    }
}

func BenchmarkFuncWithPanicAndRecover(b *testing.B) {
    for i := 0; i < b.N; i++ {
        FooWithPanicAndRecover()
    }
}
```

运行上述性能基准测试：

```
$ go test -bench . panic_recover_performance_test.go
goos: darwin
goarch: amd64
BenchmarkFuncWithoutPanicAndRecover-8    39020437             28.8 ns/op
BenchmarkFuncWithPanicAndRecover-8        4442336              271 ns/op
PASS
```

panic 和 recover 让函数调用的性能降低了约 90%。因此，我们在使用这种方案优化重复代码前，需要全面了解这些约束。

4. 封装：内置 error 状态

在“Errors are values”[⊖]一文中，Rob Pike 为我们呈现了在 Go 标准库中使用了避免 if err != nil 反复出现的一种代码设计思路。bufio 包的 Writer 就是使用这个思路实现的，因此它可以像下面这样使用：

```
b := bufio.NewWriter(fd)
b.Write(p0[a:b])
b.Write(p1[c:d])
b.Write(p2[e:f])

if b.Flush() != nil {
    return b.Flush()
}
```

上述代码中并没有判断三个 b.Write 的返回错误值，那么错误处理放在哪里了呢？打开 $GOROOT/src/bufio/bufio.go 可以看到下面的代码：

```
// $GOROOT/src/bufio/bufio.go
type Writer struct {
    err error
    buf []byte
```

⊖ http://blog.golang.org/errors-are-values

```
    n   int
    wr  io.Writer
}

func (b *Writer) Write(p []byte) (nn int, err error) {
    for len(p) > b.Available() && b.err == nil {
        ...
    }
    if b.err != nil {
        return nn, b.err
    }
    ......
    return nn, nil
}
```

可以看到，错误状态被封装在 bufio.Writer 结构的内部了，Writer 定义了一个 err 字段作为内部错误状态值，它与 Writer 的实例绑定在了一起，并且在 Write 方法的入口判断是否为 nil。一旦不为 nil，Write 什么都不做就会返回。

这显然是消除 if err != nil 代码片段重复出现的理想方法。我们还是以 CopyFile 为例，看看使用这种“内置 error 状态”的新封装方法后，能得到什么样的代码：

```
// chapter7/sources/go-if-error-check-optimize-3.go

type FileCopier struct {
    w   *os.File
    r   *os.File
    err error
}

func (f *FileCopier) open(path string) (*os.File, error) {
    if f.err != nil {
        return nil, f.err
    }

    h, err := os.Open(path)
    if err != nil {
        f.err = err
        return nil, err
    }
    return h, nil
}

func (f *FileCopier) openSrc(path string) {
    if f.err != nil {
        return
    }

    f.r, f.err = f.open(path)
    return
}
```

```go
func (f *FileCopier) createDst(path string) {
    if f.err != nil {
        return
    }

    f.w, f.err = os.Create(path)
    return
}

func (f *FileCopier) copy() {
    if f.err != nil {
        return
    }

    if _, err := io.Copy(f.w, f.r); err != nil {
        f.err = err
    }
}

func (f *FileCopier) CopyFile(src, dst string) error {
    if f.err != nil {
        return f.err
    }

    defer func() {
        if f.r != nil {
            f.r.Close()
        }
        if f.w != nil {
            f.w.Close()
        }
        if f.err != nil {
            if f.w != nil {
                os.Remove(dst)
            }
        }
    }()

    f.openSrc(src)
    f.createDst(dst)
    f.copy()
    return f.err
}

func main() {
    var fc FileCopier
    err := fc.CopyFile("foo.txt", "bar.txt")
    if err != nil {
        fmt.Println("copy file error:", err)
        return
    }
    fmt.Println("copy file ok")
}
```

这次的重构很彻底。我们将原 CopyFile 函数彻底抛弃，而重新将其逻辑封装到一个名为 FileCopier 结构的 CopyFile 方法中。FileCopier 结构内置了一个 err 字段用于保存内部的错误状态，这样在其 CopyFile 方法中，我们只需按照正常业务逻辑，顺序执行 openSrc、createDst 和 copy 即可，正常业务逻辑的视觉连续性就这样被很好地实现了。同时该 CopyFile 方法的复杂度因 if 检查的“大量缺席”而变得很低。

小结

Go 显式错误处理的设计既有其优势，也有其编写冗长的不足，至今针对 Go 错误处理尚未形成一致的改进意见。我们能做的就是尽可能对反复出现的 if err != nil 进行优化，本条给出了若干优化思路。

本条要点：

- 使用显式错误结果和显式的错误检查是 Go 语言成功的重要因素，也是 if err != nil 反复出现的根本原因；
- 了解关于改善 Go 错误处理的两种观点；
- 了解减少甚至消除 if err != nil 代码片段的两个优化方向，即改善视觉呈现与降低复杂度；
- 掌握错误处理代码优化的四种常见方法（位于三个不同象限中），并根据所处场景与约束灵活使用。

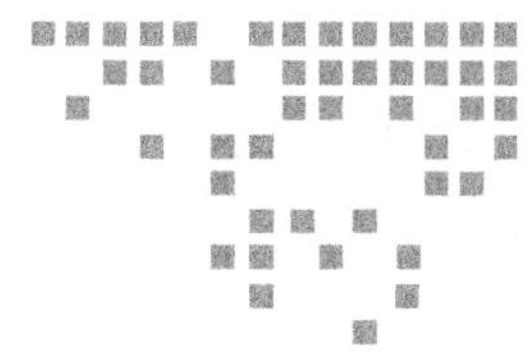

第 39 条 Suggestion 39

不要使用 panic 进行正常的错误处理

Go 的正常错误处理与异常处理之间是泾渭分明的，这与其他主流编程语言使用结构化错误处理统一处理错误与异常是两种不同的理念。Go 提供了 panic 专门用于处理异常，而我们建议不要使用 panic 进行正常的错误处理。

39.1 Go 的 panic 不是 Java 的 checked exception

Go 语言初学者，尤其是那些来自 Java 语言阵营的程序员，在使用 Go 进行错误处理时，Java 的那种基于 try-catch-finally 捕捉异常的错误处理思维惯性让他们更倾向于寻找与 Java 异常 throw 和 catch 相似的机制，而不是使用 Go 惯用的显式错误处理，于是 Go 语言提供的 panic 和 recover 机制似乎成为他们的“救命稻草”。但事情真的如这些初学者所愿吗？

熟悉 Java 语言的程序员都清楚：**Java 的错误处理是建构在整套异常处理机制之上的**。Java 中的异常有两种：checked exception 和 unchecked exception。如果一个 API 抛出 checked exception，那么调用该 API 的外层代码就必须处理该 checked exception（要么通过 try-catch 捕捉，要么重新抛给更上一层处理），否则代码无法通过编译。API 的调用者还可以通过 API 方法原型中的 throws 语句显式了解到该 API 可能会抛出哪些 checked exception。

那么 Go 的 panic 是否真的可以像 Java 的 checked exception 一样用于正常的错误处理呢？我们要看看两者在语义和语言机制上面是否真的相似。

1. checked exception 实质是错误，而 panic 是异常

查看 Java 标准类库，我们可以看到 Java 已预定义好的一些 checked exception 类，较为常见的有 IOException、TimeoutException、EOFException、FileNotFoundException 等。一个深谙 Go 标准库的 Gopher 看到这些后肯定会感叹：这和 Go 标准库预定义的哨兵错误，比如 io.EOF、 os.ErrNotExist 等是如此相似。

Java 程序员还可以根据多变的业务场景自定义 checked exception 类（继承自 java.lang.Exception），用来满足该场景下错误处理的需要，比如：

```
// chapter7/sources/JavaDemoHeightException/HeightOutOfBound.java
package demo;

public class HeightOutOfBound extends Exception {
    public String toString() {
        return "the height is out of the human's height bound";
    }
}

// chapter7/sources/JavaDemoHeightException/HeightInput.java
package demo;

public class HeightInput {
    public static void checkHeight(int height) throws HeightOutOfBound {
        if(height>20 && height<300){
            System.out.print("ok");
        }else{
            throw new HeightOutOfBound();
        }
    }
}

// chapter7/sources/JavaDemoHeightException/Demo.java
package demo;

public class Demo {
    public static void main(String[] args) {
        int height = 300;
        try {
            HeightInput.checkHeight(height);
        } catch (HeightOutOfBound e) {
             System.out.printf("%s %s\n", "Are you a real human?", e);
        }
    }
}
```

以上是一个校验人身高范围的场景。这里自定义了一个 HeightOutOfBound 类，如果身高不在合理范围内，则 checkHeight 方法将抛出该自定义 checked exception：HeightOutOfBound 类的实例。

编译运行该示例：

```
$make
javac Demo.java HeightInput.java HeightOutOfBound.java
mv *.class demo

$java demo/Demo
Are you a real human? the height is out of the human's height bound
```

这种自定义的checked exception与Go中使用errors.New、fmt.Errorf定义的error接口的实现类型十分类似。因此我们可以明确：Java的checked exception用于一些可预见的、常会发生的错误场景，针对checked exception的所谓异常处理就是针对这些场景的**错误处理预案**。也可以说对checked exception的使用、捕获、自定义等行为均是“**有意而为之**”。如果非要与Go中的某种语法对应，它对应的也应该是Go的正常错误处理，即基于显式error模型的显式错误处理。因此，对checked exception处理的**本质是错误处理**，虽然其名字中带有exception（异常）字样。

而panic又是什么呢？Go官方博客上的文章“Defer, Panic, and Recover”[1]是这么介绍引发panic的panic函数的：

> panic是一个Go内置函数，它用来停止当前常规控制流并启动panicking过程。当函数F调用panic函数时，函数F的执行停止，函数F中已进行了求值的defer函数都将得到正常执行，然后函数F将控制权返还给其调用者。对于函数F的调用者而言，函数F之后的行为就如同调用者调用的函数是panic一样，该panicking过程将继续在栈上进行下去，直到当前goroutine中的所有函数都返回为止，此时程序将崩溃退出。panic可以通过直接调用panic函数来引发，它们也可能是由运行时错误引起，例如越界数组访问。

和Java中checked exception的“**有意而为之**”相反，在Go中，panic则是“**不得已而为之**”，即所有引发panic的情形，无论是显式的（我们主动调用panic函数引发的）还是隐式的（Go运行时检测到违法情况而引发的），都是我们不期望看到的。对这些引发的panic，我们很少有预案应对，更多的是让程序快速崩溃掉。因此一旦发生panic，就意味着我们的代码很大可能出现了bug。因此，Go中的panic更接近于Java的RuntimeException+Error，而不是checked exception。

2. API调用者没有义务处理panic

前面提到过Java的checked exception是必须被上层代码处理的，要么捕获处理，要么重新抛给更上层。但是在Go中，我们通常会导入大量第三方包，但不知道这些第三方包API中是否会引发panic（目前也没有现成的工具去发现），因此上层代码，即API调用者根本不会逐一了解API是否会引发panic，也没有义务去处理引发的panic。一旦你像使用checked exception那样将panic作为正常错误处理的手段，而在你编写的API中将引发的panic当作错误，那么你就会给你的API调用者带去大麻烦！

3. 未被捕获的panic意味着“游戏结束”

如果API抛出checked exception，那么Java编译器将严格要求上层代码对这个checked exception进行处理。但一旦你在Go API中引发panic，就像上面提到的，API的调用者并没有义务处理该panic，因此该panic就会沿着调用函数栈向上“蔓延”，直到所有函数都返回，调用该API的goroutine将携带着panic信息退出。但事情并没有就此打住，一旦panic没有被捕获（recover），

---

[1] https://blog.golang.org/defer-panic-and-recover

它导致的可不只是一个 goroutine 的退出，而是整个 Go 程序的“游戏结束”—— 崩溃退出！

综上，Go panic 不应被当作 Java 的 checked exception 来进行正常的错误处理。使用错误（error）和多返回值的显式错误处理方式才符合 Go 的错误处理哲学。

39.2 panic 的典型应用

如果你的业务代码中没有自行调用 panic 引发异常，那么至少说明除了 Go 运行时 panic 外，你的代码对任何“**不正常**”的情况都是可以明确告知上层代码准备处理预案的（有准备的正常错误处理逻辑）。我们要**尽可能少用** panic，避免给上层带去它们也无法处理的情况。不过，少用不代表不用，关于如何更好地使用 panic，Go 标准库对 panic 的使用给了我们一些启示。

1. 充当断言角色，提示潜在 bug

使用 C 编写代码时，我们经常在一些代码执行路径上使用断言（assert 宏）来表达这段执行路径上某种条件一定为真的信心。断言为真，则程序处于正确运行状态，否则就是出现了意料之外的问题，而这个问题很可能就是一个潜在的 bug，这时我们可以借助断言信息快速定位到问题所在。

Go 语言标准库没有提供断言（虽然我们可以自己实现一个），我们可以使用 panic 来部分模拟断言的潜在 bug 提示的功能。下面是标准库 encoding/json 包中关于 panic 消息的一段注释：

```
// $GOROOT/src/encoding/json/decode.go
...
// 当一些本不该发生的事情导致我们结束处理时，phasePanicMsg将被用作panic消息
// 它可以指示JSON解码器中有bug
// 或者在解码器执行时还有其他代码正在修改数据切片
const phasePanicMsg = "JSON decoder out of sync - data changing underfoot?"

func (d *decodeState) init(data []byte) *decodeState {
    d.data = data
    d.off = 0
    d.savedError = nil
    d.errorContext.Struct = nil

    d.errorContext.FieldStack = d.errorContext.FieldStack[:0]
    return d
}
```

下面是 json 包中的函数 / 方法使用 phasePanicMsg 的代码：

```
// $GOROOT/src/encoding/json/decode.go

func (d *decodeState) valueQuoted() interface{} {
    switch d.opcode {
    default:
        panic(phasePanicMsg)

    case scanBeginArray, scanBeginObject:
```

```
        d.skip()
        d.scanNext()

    case scanBeginLiteral:
        v := d.literalInterface()
        switch v.(type) {
        case nil, string:
            return v
        }
    }
    return unquotedValue{}
}
```

在 valueQuoted 这个方法中，如果程序执行流进入了 default case，该方法会引发 panic，该 panic 将提示开发人员：这里很可能是一个 bug。

同样，在 json 包的 encode.go 中也有 panic 作为潜在 bug 提示的例子：

```
// $GOROOT/src/encoding/json/encode.go

func (w *reflectWithString) resolve() error {
    if w.v.Kind() == reflect.String {
        w.s = w.v.String()
        return nil
    }
    if tm, ok := w.v.Interface().(encoding.TextMarshaler); ok {
        if w.v.Kind() == reflect.Ptr && w.v.IsNil() {
            return nil
        }
        buf, err := tm.MarshalText()
        w.s = string(buf)
        return err
    }
    switch w.v.Kind() {
    case reflect.Int, reflect.Int8, reflect.Int16, reflect.Int32, reflect.Int64:
        w.s = strconv.FormatInt(w.v.Int(), 10)
        return nil
    case reflect.Uint, reflect.Uint8, reflect.Uint16, reflect.Uint32, reflect.
        Uint64, reflect.Uintptr:
        w.s = strconv.FormatUint(w.v.Uint(), 10)
        return nil
    }
    panic("unexpected map key type")
}
```

上面 resolve 方法的最后一行代码相当于一个“代码逻辑不会走到这里”的断言。一旦触发“断言”，这很可能就是一个潜在 bug。我们看到：去掉这行代码不会对 resolve 方法的逻辑造成任何影响，但真正出现问题时，开发人员就缺少了“断言”潜在 bug 提醒的辅助了。在 Go 标准库中，**大多数 panic 是充当类似断言的作用的**。

2. 用于简化错误处理控制结构

panic 的语义机制决定了它可以在函数栈间游走，直到被某函数栈上的 defer 函数中的

recover 捕获，因此它在一定程度上可以用于简化错误处理的控制结构。在上一条中，我们在介绍 check/handle 风格化这个方法时就利用了 panic 的这个**特性**，这里再回顾一下：

```
// chapter7/sources/go-if-error-check-optimize-2.go
func check(err error) {
    if err != nil {
        panic(err)
    }
}

func CopyFile(src, dst string) (err error) {
    var r, w *os.File

    // 错误处理
    defer func() {
        if r != nil {
            r.Close()
        }
        if w != nil {
            w.Close()
        }
        if e := recover(); e != nil {
            if w != nil {
                os.Remove(dst)
            }
            err = fmt.Errorf("copy %s %s: %v", src, dst, err)
        }
    }()

    r, err = os.Open(src)
    check(err)

    w, err = os.Create(dst)
    check(err)

    _, err = io.Copy(w, r)
    check(err)

    return nil
}
```

在 Go 标准库中，我们也看到了这种利用 panic 辅助简化错误处理控制结构，减少 if err != nil 重复出现的例子。我们来看一下 fmt 包中的这个例子：

```
// $GOROOT/src/fmt/scan.go
type scanError struct {
    err error
}

func (s *ss) error(err error) {
    panic(scanError{err})
}
```

```
func (s *ss) Token(skipSpace bool, f func(rune) bool) (tok []byte, err error) {
    defer func() {
        if e := recover(); e != nil {
            if se, ok := e.(scanError); ok {
                err = se.err
            } else {
                panic(e)
            }
        }
    }()
    if f == nil {
        f = notSpace
    }
    s.buf = s.buf[:0]
    tok = s.token(skipSpace, f)
    return
}

func (s *ss) token(skipSpace bool, f func(rune) bool) []byte {
    if skipSpace {
        s.SkipSpace()
    }
    for {
        r := s.getRune()
        if r == eof {
            break
        }
        if !f(r) {
            s.UnreadRune()
            break
        }
        s.buf.writeRune(r)
    }
    return s.buf
}

func (s *ss) getRune() (r rune) {
    r, _, err := s.ReadRune()
    if err != nil {
        if err == io.EOF {
            return eof
        }
        s.error(err)
    }
    return
}
```

我们看到 Token 方法调用的 token 方法、token 方法调用的 getRune 方法都没有使用错误返回值，这使这两个方法可以专注于业务逻辑而非错误处理。当 getRune 方法内部要将错误返回到上层函数时，它使用了包装了 panic 的 error 方法。最外层的 Token 方法使用 recover 捕获 panic，并对 panic 携带的 error 类型进行检查：如果是 scanError 类型错误，则返回该错误，实现了错误值的传递；否则将再次抛出该 panic。

3. 使用 recover 捕获 panic，防止 goroutine 意外退出

前面提到了 panic 的“危害”：**无论在哪个 goroutine 中发生未被捕获的 panic，整个程序都将崩溃退出**。在有些场景下我们必须抑制这种“危害”，保证程序的**健壮性**。在这方面，标准库中的 http server 就是一个典型的代表：

```
// $GOROOT/src/net/http/server.go

func (c *conn) serve(ctx context.Context) {
    c.remoteAddr = c.rwc.RemoteAddr().String()
    ctx = context.WithValue(ctx, LocalAddrContextKey, c.rwc.LocalAddr())
    defer func() {
        if err := recover(); err != nil && err != ErrAbortHandler {
            const size = 64 << 10
            buf := make([]byte, size)
            buf = buf[:runtime.Stack(buf, false)]
            c.server.logf("http: panic serving %v: %v\n%s", c.remoteAddr, err, buf)
        }
        if !c.hijacked() {
            c.close()
            c.setState(c.rwc, StateClosed)
        }
    }()
    ...
}
```

针对每个连接，http 包都会启动一个单独的 goroutine 运行用户传入的 handler 函数。如果处理某个连接的 goroutine 引发 panic，我们需要保证应用程序本身以及处理其他连接的 goroutine 仍然是可正常运行的。因此，标准库在每个连接对应的 goroutine 处理函数（serve）中使用 recover 来捕获该 goroutine 可能引发的 panic，使其“破坏”不会蔓延到整个程序。

39.3 理解 panic 的输出信息

由前面的描述可以知道，在 Go 标准库中，**大多数 panic 是充当类似断言的作用的**。每次因 panic 导致程序崩溃后，程序都会输出大量信息，这些信息可以辅助程序员快速定位 bug。那么如何理解这些信息呢？这里我们通过一个真实发生的例子中输出的 panic 信息来说明一下。

下面是某程序发生 panic 时真实输出的异常信息摘录：

```
panic: runtime error: invalid memory address or nil pointer dereference
[signal SIGSEGV: segmentation violation code=0x1 addr=0x0 pc=0x8ca449]

goroutine 266900 [running]:
pkg.tonybai.com/smspush/vendor/github.com/bigwhite/gocmpp.(*Client).
    Connect(0xc42040c7f0, 0xc4203d29c0, 0x11, 0xc420423256, 0x6, 0xc420423260,
    0x8, 0x37e11d600, 0x0, 0x0)
        /root/.go/src/pkg.tonybai.com/smspush/vendor/github.com/bigwhite/gocmpp/
            client.go:79 +0x239
pkg.tonybai.com/smspush/pkg/pushd/pusher.cmpp2Login(0xc4203d29c0, 0x11,
```

```
    0xc420423256, 0x6, 0xc420423260, 0x8, 0x37e11d600, 0xc4203d29c0, 0x11, 0x73)
            /root/.go/src/pkg.tonybai.com/smspush/pkg/pushd/pusher/cmpp2_handler.
go:25 +0x9a
pkg.tonybai.com/smspush/pkg/pushd/pusher.newCMPP2Loop(0xc42071f800, 0x4,
    0xaaecd8)
        /root/.go/src/pkg.tonybai.com/smspush/pkg/pushd/pusher/cmpp2_handler.
            go:65 +0x226
pkg.tonybai.com/smspush/pkg/pushd/pusher.(*tchanSession).Run(0xc42071f800,
    0xaba7c3, 0x17)
            /root/.go/src/pkg.tonybai.com/smspush/pkg/pushd/pusher/session.go:52
+0x98
pkg.tonybai.com/smspush/pkg/pushd/pusher.(*gateway).addSession.func1(0xc4200881a0,
    0xc42071f800, 0xc42040c700)
        /root/.go/src/pkg.tonybai.com/smspush/pkg/pushd/pusher/gateway.go:61 +0x11e
created by pkg.tonybai.com/smspush/pkg/pushd/pusher.(*gateway).addSession
        /root/.go/src/pkg.tonybai.com/smspush/pkg/pushd/pusher/gateway.go:58 +0x350
```

对于 panic 导致的程序崩溃，我们首先检查位于栈顶的栈跟踪信息，并定位到直接引发 panic 的那一行代码：

```
/root/.go/src/pkg.tonybai.com/smspush/vendor/github.com/bigwhite/gocmpp/client.
    go:79 +0x239
```

图 39-1 所示为 client.go 这个源文件第 79 行周围的代码片段。

```
74          var ok bool
75          var status uint8
76          if cli.typ == V20 || cli.typ == V21 {
77                  var rsp *Cmpp2ConnRspPkt
78                  rsp, ok = p.(*Cmpp2ConnRspPkt)
79                  status = rsp.Status
80          } else {
81                  var rsp *Cmpp3ConnRspPkt
82                  rsp, ok = p.(*Cmpp3ConnRspPkt)
83                  status = uint8(rsp.Status)
84          }
85
86          if !ok {
87                  err = ErrRespNotMatch
88                  return err
89          }
```

图 39-1　panic 实例代码片段

多数情况下，通过这行代码即可直接揪出导致问题的“元凶”。

如果没能做到，接下来，我们将继续调查 panic 输出的函数调用栈中参数是否正确。要想知道函数调用栈中参数传递是否有问题，我们就要知晓发生 panic 后输出的栈帧信息是什么，比如下面 panic 信息中参数中的各种数值分别代表什么。

```
gocmpp.(*Client).Connect(0xc42040c7f0, 0xc4203d29c0, 0x11, 0xc420423256, 0x6,
    0xc420423260, 0x8, 0x37e11d600, 0x0, 0x0)
pusher.cmpp2Login(0xc4203d29c0, 0x11, 0xc420423256, 0x6, 0xc420423260, 0x8,
    0x37e11d600, 0xc4203d29c0, 0x11, 0x73)
pusher.newCMPP2Loop(0xc42071f800, 0x4, 0xaaecd8)
```

关于发生 panic 后输出的栈跟踪信息（stack trace）的识别，总体可遵循以下几个要点。

- 栈跟踪信息中每个函数 / 方法后面的“参数数值”个数与函数 / 方法原型的参数个数不是一一对应的。
- 栈跟踪信息中每个函数 / 方法后面的“参数数值”是按照函数 / 方法原型参数列表中从左到右的参数类型的内存布局逐一展开的，每个数值占用一个字（word，64 位平台下为 8 字节）。
- 如果是方法，则第一个参数是 receiver 自身。如果 receiver 是指针类型，则第一个参数数值就是一个指针地址；如果是非指针的实例，则栈跟踪信息会按照其内存布局输出。
- 函数 / 方法返回值放在栈跟踪信息的“参数数值”列表的后面；如果有多个返回值，则同样按从左到右的顺序，按照返回值类型的内存布局输出。
- 指针类型参数：占用栈跟踪信息的“参数数值”列表的一个位置；数值表示指针值，也是指针指向的对象的地址。
- string 类型参数：由于 string 在内存中由两个字表示（第一个字是数据指针，第二个字是 string 的长度），因此在栈跟踪信息的“参数数值”列表中将占用两个位置。
- slice 类型参数：由于 slice 类型在内存中由三个字表示（第一个字是数据指针，第二个字是 len，第三个字是 cap），因此在栈跟踪信息的“参数数值”列表中将占用三个位置。
- 内建整型（int、rune、byte）：由于按字逐个输出，对于类型长度不足一个字的参数，会进行合并处理。比如，一个函数有 5 个 int16 类型的参数，那么在栈跟踪信息中这 5 个参数将占用“参数数值”列表中的两个位置：第一个位置是前 4 个参数的“合体”，第二个位置则是最后那个 int16 类型的参数值。
- struct 类型参数：会按照 struct 中字段的内存布局顺序在栈跟踪信息中展开。
- interface 类型参数：由于 interface 类型在内存中由两部分组成（一部分是接口类型的参数指针，另一部分是接口值的参数指针），因此 interface 类型参数将使用“参数数值”列表中的两个位置。
- 栈跟踪输出的信息是在函数调用过程中的“快照”信息，因此一些输出数值虽然看似不合理，但由于其并不是最终值，问题也不一定发生在它们身上，比如返回值参数。

结合上面要点、函数 / 方法原型及栈跟踪的输出，我们来定位一下上述栈跟踪输出的各个参数的含义。cmpp2Login 和 Connect 的函数 / 方法原型及调用关系如下：

```
func cmpp2Login(dstAddr, user, password string, connectTimeout time.Duration)
    (*cmpp.Client, error)
func (cli *Client) Connect(servAddr, user, password string, timeout
    time.Duration) error
func cmpp2Login(dstAddr, user, password string, connectTimeout time.Duration)
```

```
    (*cmpp.Client, error) {
    c := cmpp.NewClient(cmpp.V21)
    return c, c.Connect(dstAddr, user, password, connectTimeout)
}
```

将上述原型与栈跟踪信息中的参数对照后，我们得出下面的对应关系：

```
pusher.cmpp2Login(
    0xc4203d29c0,   // dstAddr string的数据指针
    0x11,           // dstAddr string的length
    0xc420423256,   // user string的数据指针
    0x6,            // user string的length
    0xc420423260,   // password string的数据指针
    0x8,            // password string的length
    0x37e11d600,    // connectTimeout (64位整型)
    0xc4203d29c0,   // 返回值: Client的指针
    0x11,           // 返回值: error接口的类型指针
    0x73)           // 返回值: error接口的数据指针

gocmpp.(*Client).Connect(
    0xc42040c7f0,   // cli的指针
    0xc4203d29c0,   // servAddr string的数据指针
    0x11,           // servAddr string的length
    0xc420423256,   // user string的数据指针
    0x6,            // user string的length
    0xc420423260,   // password string的数据指针
    0x8,            // password string的length
    0x37e11d600,    // timeout
    0x0,            // 返回值: error接口的类型指针
    0x0)            // 返回值: error接口的数据指针
```

在这里，cmpp2Login 的 dstAddr、user、password、connectTimeout 这些输入参数值都非常正常；看起来不正常的两个返回值在栈帧中的值其实意义不大，因为 connect 没有返回，这些值处于“非最终态”；而 Connect 执行到第 79 行发生 panic，其返回值 error 的两个值也处于“中间状态”。从这个例子中我们读懂了 panic 输出的栈跟踪信息，虽然这些信息并没有给予我们多少解题提示，但这种分析至少让我们确信发生 panic 位置之前的函数栈都是未被污染过的。

而导致这个真实案例发生 panic 的“元凶”是图 39-1 中的第 78 行。这行中使用了类型断言（type assertion），但却没有对类型断言返回的 ok 值进行有效性判断就使用了类型断言返回的 rsp 变量。由于类型断言失败，rsp 为 nil，这就是发生 panic 的真实原因。

在 Go 1.11 及以后版本中，Go 编译器得到更深入的优化，很多简单的函数或方法会被自动内联（inline）。函数一旦内联化，我们就无法在栈跟踪信息中看到栈帧信息了，栈帧信息都变成了省略号，如下面的代码示例那样：

```
$go run go-panic-stacktrace.go
panic: panic in baz

goroutine 1 [running]:
main.(*Y).baz(...)
    /Users/tonybai/.../go-panic-stacktrace.go:32
```

```
main.main()
    /Users/tonybai/.../go-panic-stacktrace.go:51 +0x39
exit status 2
```

要想看到栈跟踪信息中的栈帧数据，我们需要使用 -gcflags="-l" 来告诉编译器不要执行内联优化，就像下面的代码这样：

```
$ go run -gcflags="-l" go-panic-stacktrace.go
panic: panic in baz

goroutine 1 [running]:
main.(*Y).baz(0xc00006cf30, 0xc00006cf28, 0x5, 0x10ccd43, 0x5, 0xc00006cf60,
0xe000d000c000b, 0xc00010000f, 0xc00006cf48, 0x103d29a)
    /Users/tonybai/.../go-panic-stacktrace.go:32 +0x39
main.main()
    /Users/tonybai/.../go-panic-stacktrace.go:51 +0xff
exit status 2
```

小结

在这一条中，我们首先将 Go panic 与 Java 的结构化处理机制进行了对比，指出了 panic 与本质上为错误处理的 Java checked exception 的不同，明确了 Go panic 仅可用于异常处理。之后，我们结合 Go 标准库中对 panic 的应用，梳理出了 panic 的几种常见应用场景和使用方法，并给出了理解和分析 panic 异常输出信息的方法。

本条要点：

- 深入理解不要使用 panic 进行正常错误处理的原因。
- Go 标准库中 panic 的常见使用场景。
- 理解程序发生 panic 时输出的栈帧信息有助于快速定位 bug，找出“元凶”。